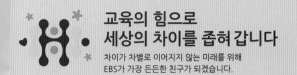

교육의 힘으로
세상의 차이를 좁혀 갑니다

차이가 차별로 이어지지 않는 미래를 위해
EBS가 가장 든든한 친구가 되겠습니다.

모든 교재 정보와 다양한 이벤트가 가득!
EBS 교재사이트 book.ebs.co.kr

본 교재는 EBS 교재사이트에서
eBook으로도 구입하실 수 있습니다.

2025학년도
수능 연계교재
수능완성

과학탐구영역
생명과학 I

KB214489

기획 및 개발	감수	책임 편집
권현지	한국교육과정평가원	윤기해
강유진		
심미연		
조은정(개발총괄위원)		

본 교재의 강의는 TV와 모바일 APP, EBSi 사이트(www.ebsi.co.kr)에서 무료로 제공됩니다.

발행일 2024. 5. 20. 1쇄 인쇄일 2024. 5. 13. 신고번호 제2017-000193호 펴낸곳 한국교육방송공사 경기도 고양시 일산동구 한류월드로 281

표지디자인 ㈜무닉 내지디자인 다우 내지조판 다우 인쇄 동아출판㈜ 사진 게티이미지코리아

인쇄 과정 중 잘못된 교재는 구입하신 곳에서 교환하여 드립니다. 신규 사업 및 교재 광고 문의 pub@ebs.co.kr

정답과 해설 PDF 파일은 EBSi 사이트(www.ebsi.co.kr)에서 내려받으실 수 있습니다.

교재 내용 문의	교재 정오표 공지	교재 정정 신청
교재 및 강의 내용 문의는 EBSi 사이트(www.ebsi.co.kr)의 학습 Q&A 서비스를 활용하시기 바랍니다.	발행 이후 발견된 정오 사항을 EBSi 사이트 정오표 코너에서 알려 드립니다. 교재 ▸ 교재 자료실 ▸ 교재 정오표	공지된 정오 내용 외에 발견된 정오 사항이 있다면 EBSi 사이트를 통해 알려 주세요. 교재 ▸ 교재 정정 신청

CHOSUN
UNIVERSITY

학생의 성공을 여는 대학!
발전적 미래를 모색하는 대학!

2025학년도
조선대학교 신입생 모집안내

수시모집 2024. 09. 09.(월) ~ 2024. 09. 13.(금)
정시모집 2024. 12. 31.(화) ~ 2025. 01. 03.(금)

문의사항 및 상담 ┃ 수시(학생부교과, 실기/실적위주), 정시: 062-230-6666 ┃ 수시(학생부종합): 062-230-6669
입학처 홈페이지 ┃ http://i.chosun.ac.kr

본 교재 광고의 수익금은 콘텐츠 품질 개선과 공익사업에 사용됩니다. 모두의 요강(mdipsi.com)을 통해 조선대학교의 입시정보를 확인할 수 있습니다.

조선대학교
CHOSUN UNIVERSITY

2025학년도

수능 연계교재

수능완성

✦ ✦ ✦

과학탐구영역

생명과학 I

이 책의 **차례** CONTENTS

이 책의 **구성과 특징** STRUCTURE

테마별 교과 내용 정리

교과서의 주요 내용을 핵심만 일목 요연하게 정리하고, 하단에 더 알 기를 수록하여 심층적인 이해를 도 모하였습니다.

테마 대표 문제

기출문제, 접근 전략, 간략 풀이를 통해 대표 유형을 익힐 수 있고, 함 께 실린 닮은 꼴 문제를 스스로 풀 며 유형에 대한 적응력을 기를 수 있습니다.

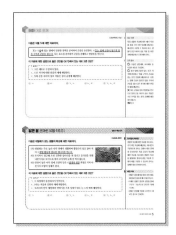

수능 2점 테스트와 수능 3점 테스트

수능 출제 경향 분석에 근거하여 개발한 다양한 유형의 문제들을 수록하였습니다.

실전 모의고사 5회분

실제 수능과 동일한 배점과 난이도의 모 의고사를 풀어봄으로써 수능에 대비할 수 있도록 하였습니다.

정답과 해설

정답의 도출 과정과 교과의 내용을 연결 하여 설명하고, 오답을 찾아 분석함으로 써 유사 문제 및 응용 문제에 대한 대비 가 가능하도록 하였습니다.

학생

인공지능 DANCHOQ
푸리봇 문|제|검|색

EBS*i* 사이트와 EBS*i* 고교강의 APP 하단의 AI 학습도우미 푸리봇을 통해 문항코드를 검색하면 푸리봇이 해당 문제의 해설과 해설 강의를 찾아 줍니다. **사진 촬영으로도 검색**할 수 있습니다.

문제별 문항코드 확인 → 문항코드 검색

[24068-0001]
1. 아래 그래프를 이해한 내용으로 가장 적절한 것은?

24068-0001

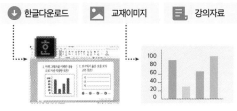

선생님

EBS 교사지원센터
교재 관련 자|료|제|공

교재의 문항 한글(HWP) 파일과 교재이미지, 강의자료를 무료로 제공합니다.

↓ 한글다운로드   🖼 교재이미지   📄 강의자료

• 교사지원센터(teacher.ebsi.co.kr)에서 '교사인증' 이후 이용하실 수 있습니다.
• 교사지원센터에서 제공하는 자료는 교재별로 다를 수 있습니다.

① 생물의 특성

(1) **세포로 구성**: 세포는 생물을 구성하는 구조적 단위이면서, 생명 활동이 일어나는 기능적 단위이다. 모든 생물은 세포로 이루어져 있다.

(2) **물질대사**: 생물체에서 생명을 유지하기 위해 일어나는 모든 화학 반응으로 물질의 전환과 에너지의 출입이 일어난다. 물질대사가 일어날 때는 효소가 관여한다.

   예 효모는 포도당을 분해하여 에너지를 얻는다.

(3) **자극에 대한 반응과 항상성**

① 자극에 대한 반응: 생물은 환경 변화를 자극으로 받아들이고, 그 자극에 적절히 반응한다.

   예 파리지옥의 잎에 파리가 앉으면 잎이 접힌다.

② 항상성: 생물이 체내·외의 환경 변화에 대해 체내 상태를 정상 범위로 유지하려는 성질이다.

   예 사람은 더울 때 땀을 흘려 체온을 조절한다.

(4) **발생과 생장**: 다세포 생물은 발생과 생장을 통해 구조적·기능적으로 완전한 개체가 된다.

① 발생: 하나의 수정란이 세포 분열을 통해 세포 수가 늘어나고, 세포의 종류와 기능이 다양해지면서 개체가 되는 과정이다.

   예 개구리 알은 부화하여 올챙이를 거쳐 개구리가 된다.

② 생장: 어린 개체가 세포 분열을 통해 몸이 커지며 성체로 자라는 과정이다.

(5) **생식과 유전**

① 생식: 생물이 자손을 남기는 것이다.

   예 짚신벌레는 분열법으로 번식한다.

② 유전: 생식을 통해 유전 물질이 자손에게 전해져 자손이 어버이의 유전 형질을 이어받는 것이다.

   예 적록 색맹인 어머니로부터 적록 색맹인 아들이 태어난다.

(6) **적응과 진화**

① 적응: 생물이 서식 환경에 적합한 몸의 형태, 기능, 생활 습성 등을 갖게 되는 것이다.

   예 선인장은 잎이 가시로 변해 건조한 환경에 살기에 적합하다.

② 진화: 생물이 여러 세대를 거치면서 집단 내의 유전자 구성이 변하고, 새로운 종이 나타나는 것이다.

② 생명 과학의 특성

(1) **생명 과학의 통합적 특성**: 생명 과학은 지구에 살고 있는 생물의 특성과 다양한 생명 현상을 연구하는 학문으로 생물을 구성하는 분자에서부터 생태계에 이르기까지 다양한 범위의 대상을 통합적으로 연구한다. 생명 과학은 생명의 본질을 밝힐 뿐 아니라, 그 성과를 인류의 생존과 복지에 응용하는 종합 학문이다.

(2) **생명 과학과 다른 학문 분야와의 연계**: 정보학, 의학, 물리학, 수학, 공학, 화학, 심리학 등 다양한 학문 분야와 연계되어 서로 영향을 주고받으며 발달한다.

③ 생명 과학의 탐구 방법

(1) **귀납적 탐구 방법**: 자연 현상을 관찰하여 얻은 자료를 종합하고 분석하여 규칙성을 발견하고, 이로부터 일반적인 원리나 법칙을 이끌어 내는 탐구 방법이다.

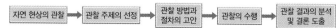

(2) **연역적 탐구 방법**: 자연 현상을 관찰하면서 인식한 문제를 해결하기 위해 잠정적인 답인 가설을 세우고, 이를 실험적으로 검증해 결론을 이끌어 내는 탐구 방법이다.

① 대조 실험: 실험군 외에 대조군을 설정하여 수행하는 실험

대조군	검증하려는 요인을 조작하지 않은 집단
실험군	검증하려는 요인을 조작한 집단

② 변인

• 독립변인: 탐구 결과에 영향을 미칠 수 있는 요인

조작 변인	실험군에서 의도적으로 변화시키는 변인
통제 변인	대조군과 실험군에서 모두 동일하게 유지시키는 변인

• 종속변인: 조작 변인의 영향을 받아 변하는 요인

더 알기   생명 과학이 다른 학문 분야와 연계된 사례

• 분자 농업

최근 농업의 새 트렌드로 주목 받고 있는 것이 '분자 농업'이다. 분자 농업은 상업적 가치가 있는 화합물을 생산하는 작물을 유전 공학적 기술로 제작하고 이를 재배하여 수확하는 분야이다. 목적하는 물질 생산을 위한 유용 유전자를 확보하고(①) 이를 식물 발현 벡터를 통해서 식물에 도입하여 유용 유전자가 도입된 개체를 선발한다. 이를 격리된 환경에서 재배하여 수확한 생산물을(②, ③) 분리, 정제 후 판매한다(④). 기존 농업의 경우 작물 자체를 재배하는 데 반해 분자 농업은 특정 물질의 생산에 그 목적을 두고 있는 것이다. 또 기존의 유전자 변형 농산물(GMO)은 식물 자체의 생산성 및 기능성을 높인 데 반해, 분자 농업은 식물을 이용해 다른 물질을 생산한다는 점에서 차이가 있다. 분자 농업은 생명 과학과 유전 공학, 의학 등이 연계된 사례이다.

| 2024학년도 수능 |

다음은 식물 X에 대한 자료이다.

X는 ⊙잎에 있는 털에서 달콤한 점액을 분비하여 곤충을 유인한다. ⓒX는 털에 곤충이 닿으면 잎을 구부려 곤충을 잡는다. X는 효소를 분비하여 곤충을 분해하고 영양분을 얻는다.

이 자료에 대한 설명으로 옳은 것만을 〈보기〉에서 있는 대로 고른 것은?

┌ 보기 ┐
ㄱ. ⊙은 세포로 구성되어 있다.
ㄴ. ⓒ은 자극에 대한 반응의 예에 해당한다.
ㄷ. X와 곤충 사이의 상호 작용은 상리 공생에 해당한다.
└───────┘

① ㄱ   ② ㄷ   ③ ㄱ, ㄴ   ④ ㄴ, ㄷ   ⑤ ㄱ, ㄴ, ㄷ

접근 전략

특정 생물의 특성에 대한 예시 자료를 통해 각각 어떤 특성에 해당하는 예시인지 구분할 수 있어야 하고, 생물적 요인 사이의 상호 작용 중 어떤 것에 해당하는지 찾아내야 한다.

간략 풀이

⊙. ⊙(잎)은 공변세포, 표피세포 등 다양한 세포로 구성된다.

ⓒ. 'X의 털에 곤충이 닿는 것'은 자극에 해당하고, '잎을 구부려 곤충을 잡는 것'은 반응에 해당하므로 ⓒ(X는 털에 곤충이 닿으면 잎을 구부려 곤충을 잡는다.)은 자극에 대한 반응의 예에 해당한다.

✗. X는 곤충을 잡아 영양분을 얻으므로 X와 곤충 사이의 상호 작용은 서로 이익을 얻는 상리 공생에 해당하지 않는다.

정답 | ③

닮은 꼴 문제로 유형 익히기

정답과 해설 2쪽

▶24068-0001

다음은 대벌레가 갖는 생물의 특성에 대한 자료이다.

(가) 대벌레는 주로 높은 나무 위에서 생활하며 활엽수의 잎을 갉아 먹어 ⊙생명 활동에 필요한 에너지를 얻는다.
(나) 포식자가 접근해 오면 길쭉한 앞다리를 쩍 벌리고 움직임을 멈춰 나뭇가지로 보이도록 하여 포식자의 눈에 잘 띄지 않는다.
(다) 암컷이 낳은 나무 열매 모양의 알은 ⓒ발생과 생장 과정을 거쳐 나뭇가지 모양의 성체가 된다.

이 자료에 대한 설명으로 옳은 것만을 〈보기〉에서 있는 대로 고른 것은?

┌ 보기 ┐
ㄱ. ⊙ 과정에서 물질대사가 일어난다.
ㄴ. (나)는 적응과 진화의 예에 해당한다.
ㄷ. '초파리의 알이 애벌레와 번데기를 거쳐 성체가 된다.'는 ⓒ의 예에 해당한다.
└───────┘

① ㄱ   ② ㄷ   ③ ㄱ, ㄴ   ④ ㄴ, ㄷ   ⑤ ㄱ, ㄴ, ㄷ

유사점과 차이점

생물의 특성에 대한 자료를 제시하고, 각각 어떤 특성에 해당하는 예시인지 구분하도록 한다는 점에서 대표 문제와 유사하지만, 특정 곤충의 특성에 대한 자료를 제시하여 생물의 특성 중 물질대사, 발생과 생장, 적응과 진화의 예를 구분할 수 있도록 한다는 점에서 대표 문제와 다르다.

배경 지식

• 생물은 물질대사를 통해 생명 활동에 필요한 물질과 에너지를 얻는다.
• 다세포 생물은 발생과 생장을 통해 구조적·기능적으로 완전한 개체가 된다.
• 생물은 환경에 적응해 나가면서 새로운 종으로 진화한다.

01

▶ 24068-0002

다음은 박테리아(세균)의 방어 작용에 대한 자료이다.

> 박테리아는 침입자인 바이러스의 DNA 정보를 자신의 DNA에 새겨 넣고, 이 정보를 바탕으로 바이러스가 다시 공격해 오면 바이러스의 DNA를 찾아내 파괴한다. ㉠박테리아는 ㉡바이러스의 DNA를 추적하는 RNA를 만들어 표적을 찾아내며, 이어 ㉢가위 역할을 하는 효소인 카스9 단백질을 이용해 바이러스의 DNA를 잘라낸다. 이처럼 ㉣박테리아가 자신을 공격하는 바이러스를 방어하기 위해 발달시킨 면역 체계가 크리스퍼이다.

이 자료에 대한 설명으로 옳은 것만을 〈보기〉에서 있는 대로 고른 것은?

┌ 보기 ┐
ㄱ. ㉠과 ㉡은 모두 세포로 구성된다.
ㄴ. ㉢에서 물질대사가 일어난다.
ㄷ. ㉣은 적응과 진화의 예에 해당한다.

① ㄱ   ② ㄷ   ③ ㄱ, ㄴ   ④ ㄴ, ㄷ   ⑤ ㄱ, ㄴ, ㄷ

02

▶ 24068-0003

다음은 로즈마리 잎의 항균 효과를 알아보기 위한 실험 설계 내용이다.

> (가) 로즈마리 잎 5 g을 갈아서 증류수 10 mL에 넣어 일정 시간이 경과된 후, 여과기를 통과시켜 로즈마리 추출액을 준비한다.
> (나) 세균을 고르게 펴 바른 고체 배지에 지름 7 mm의 동그란 거름종이를 올려놓고 로즈마리 잎 추출액 0.2 mL를 떨어뜨린다.
> (다) (나)의 배지를 37 ℃의 배양기에 넣고 일정한 시간이 지난 뒤 거름종이 주변에 세균이 자라지 못한 범위(투명환)의 지름을 측정한다.

로즈마리 잎 추출액을
떨어뜨린 거름종이

투명환

이 실험 설계에 추가로 실시해야 하는 실험 과정으로 가장 적절한 것은? (단, 제시된 조건 이외의 다른 조건은 동일하다.)

① 배지를 서로 다른 온도의 배양기에 넣고 투명환의 지름을 측정한다.
② 로즈마리 이외에 다른 식물의 줄기 추출물을 거름종이에 떨어뜨리고 투명환의 지름을 측정한다.
③ 잎 이외에 로즈마리의 다른 부위의 추출액을 거름종이에 떨어뜨리고 투명환의 지름을 측정한다.
④ 다른 거름종이에 로즈마리 잎 추출액 없이 증류수 0.2 mL를 떨어뜨리고 투명환의 지름을 측정한다.
⑤ 다른 거름종이에 로즈마리 잎 추출액 0.4 mL를 떨어뜨리고 투명환의 지름을 측정한다.

03

▶ 24068-0004

표는 생물의 특성의 예를 나타낸 것이다. (가)와 (나)는 발생과 생장, 적응과 진화를 순서 없이 나타낸 것이다.

생물의 특성	예
(가)	수염고래는 턱에 이빨이 있는 자리에서 나온 긴 수염을 가지며, 이 수염은 수염고래의 먹이가 되는 크릴이나 물고기와 같은 작은 해양성 동물을 거르는 역할을 한다.
항상성	㉠
(나)	초파리는 25 ℃에서 약 10일이면 ⓐ알, 유충, 번데기를 거쳐 성체가 되고 곧 성적인 성숙에 도달하여 자손을 낳을 수 있게 된다.

이에 대한 설명으로 옳은 것만을 〈보기〉에서 있는 대로 고른 것은?

┌ 보기 ┐
ㄱ. (가)는 적응과 진화이다.
ㄴ. '물을 많이 마시면 오줌의 생성량이 증가한다.'는 ㉠에 해당한다.
ㄷ. ⓐ에서 세포 분열이 일어난다.

① ㄱ   ② ㄷ   ③ ㄱ, ㄴ   ④ ㄴ, ㄷ   ⑤ ㄱ, ㄴ, ㄷ

04

▶ 24068-0005

다음은 어떤 과학자가 수행한 탐구의 일부이다.

> (가) ㉠이 침에 의한 녹말의 분해 작용에 영향을 줄 것이라 생각하였다.
> (나) 시험관 A~G에 표와 같이 물질을 첨가하고, 온도 조건을 설정한다.

시험관	A	B	C	D	E	F	G
녹말 용액(mL)	25	25	25	25	25	25	25
침 희석액(mL)	10	0	10	10	20	10	10
증류수(mL)	15	25	10	15	5	10	15
묽은 HCl 용액(mL)	·	·	5	·	·	·	·
묽은 NaOH 용액(mL)	·	·	·	·	·	5	·
온도(℃)	35	35	35	0	35	35	90

> (다) 일정 시간이 지난 후 각 시험관의 녹말 분해 정도를 비교한다.

이에 대한 설명으로 옳은 것만을 〈보기〉에서 있는 대로 고른 것은? (단, 제시된 조건 이외의 다른 조건은 동일하다.)

┌ 보기 ┐
ㄱ. 연역적 탐구 방법이 이용되었다.
ㄴ. 시험관 내 침 희석액의 농도는 ㉠에 해당한다.
ㄷ. pH가 침의 녹말 분해 활성에 미치는 영향을 알아보기 위해 C, D, G의 결과를 비교하는 것은 타당하다.

① ㄱ   ② ㄴ   ③ ㄱ, ㄴ   ④ ㄱ, ㄷ   ⑤ ㄴ, ㄷ

05
▶24068-0006

다음은 과학의 탐구 방법 (가)와 (나)를 이용한 연구 사례이다. (가)와 (나)는 귀납적 탐구 방법과 연역적 탐구 방법을 순서 없이 나타낸 것이다.

(가) 창명아주(*Atriplex prostrata*) 개체군의 밀도가 식물의 생장에 영향을 줄 것이라고 생각하였다. ㉠다양한 밀도로 창명아주를 심은 화분들을 준비하고, 실험실 내 통제된 환경 조건 하에서 4주 동안 기른 후 생물량, 키 등을 측정하였다. 분석 결과, 식물 개체군의 밀도가 높을수록 개별 식물의 생장이 감소한다는 결론을 내렸다.

(나) 베르그만의 법칙은 정온 동물에서 연평균 기온이 낮아질수록 몸의 크기가 증가하는 경향이 있다는 것이다. '인간 활동의 결과로 인한 기후 온난화가 동물들의 몸 크기에 영향을 미쳤을까?'라는 의문을 해결하기 위해 47년 동안 뉴질랜드붉은부리갈매기의 평균 체중 자료를 조사하였다. 조사한 자료를 종합한 결과 ㉡대기 온도가 증가하면서 갈매기의 평균 체중이 감소하였다는 결론을 내렸다.

이에 대한 설명으로 옳은 것만을 〈보기〉에서 있는 대로 고른 것은?

┌─ 보기 ┐
ㄱ. ㉠은 통제 변인에 해당한다.
ㄴ. (가)에서 대조 실험이 수행되었다.
ㄷ. ㉡은 생물의 특성 중 적응과 진화의 예에 해당한다.
└─────┘

① ㄱ　　② ㄴ　　③ ㄷ　　④ ㄱ, ㄴ　　⑤ ㄴ, ㄷ

06
▶24068-0007

그림 (가)와 (나)는 화성 토양에 생물체가 존재하는지 알아보기 위한 실험 장치를 나타낸 것이다.

화성 토양이 든 용기에 ¹⁴C로 표지된 영양 물질을 넣고 일정 시간 동안 용기 속 공기에서 ¹⁴CO₂가 나타나는지 조사한다.
(가)

화성 토양이 든 용기에 ¹⁴CO₂를 넣고 빛을 비춘 후, 일정 시간 후 용기 속 방사성 기체를 제거한 다음 토양을 가열한다.
(나)

이에 대한 설명으로 옳은 것만을 〈보기〉에서 있는 대로 고른 것은?

┌─ 보기 ┐
ㄱ. (가)와 (나)의 공통 기본 전제는 '생물체는 물질대사를 한다.'이다.
ㄴ. 화성 토양에 이화 작용을 하는 생물체가 있다면 (가)에서 방사선이 검출될 것이다.
ㄷ. (나)는 동화 작용을 하는 생물체의 존재 여부를 확인하기 위한 것이다.
└─────┘

① ㄱ　　② ㄴ　　③ ㄱ, ㄷ　　④ ㄴ, ㄷ　　⑤ ㄱ, ㄴ, ㄷ

07
▶24068-0008

다음은 과학자 A가 수행한 귀납적 탐구 방법에 대한 사례이다.

'우리 눈은 어떻게 글자를 빨리 인식할까?'라는 의문을 해결하기 위해 탐구를 진행했다. 자연에 존재하는 사물의 모양이 종이 위에 옮겨진 것이 글자라고 생각했으며, 자연에 존재하는 사물과 글자에서 공통으로 찾아볼 수 있는 모양을 기호 형태로 정리한 주기율표를 제시하였다. 예를 들면 주기율표 5번의 'Y' 형태는 세 개의 윤곽선과 한 개의 접점을 사용하며 육면체의 모서리에서 그 형태를 찾아볼 수 있다.

A는 자연과 인간 생활 모습이 담긴 사진 자료들과 한자 및 표음 문자를 비교·분석하여 주기율표에 제시된 기호가 사진 자료와 글자에서 어떤 빈도로 나타나는지 조사하였다. 분석 결과 사진 자료와 글자에서 발견되는 기호의 빈도가 매우 유사함을 알아내었으며, 인간의 시각 기호인 글자가 자연의 사물처럼 보이도록 진화해왔다는 결론을 내렸다.

이 자료에 대한 설명으로 옳은 것만을 〈보기〉에서 있는 대로 고른 것은?

┌─ 보기 ┐
ㄱ. 관찰 주제를 선정하는 단계가 있다.
ㄴ. 이 탐구에서는 대조 실험이 수행되었다.
ㄷ. 탐구 결과 자연에서 흔한 형태의 모양일수록 글자에서도 높은 빈도로 나타난다고 주장할 수 있다.
└─────┘

① ㄱ　　② ㄴ　　③ ㄱ, ㄷ　　④ ㄴ, ㄷ　　⑤ ㄱ, ㄴ, ㄷ

08
▶24068-0009

표 (가)는 개체 Ⅰ~Ⅲ에서 특징 ㉠~㉢의 유무를 나타낸 것이고, (나)는 ㉠~㉢을 순서 없이 나타낸 것이다. Ⅰ~Ⅲ은 대장균, 박테리오파지, 시금치를 순서 없이 나타낸 것이다.

개체＼특징	㉠	㉡	㉢
Ⅰ	?	×	○
Ⅱ	○	ⓐ	×
Ⅲ	?	?	?

(○: 있음, ×: 없음)
(가)

특징(㉠~㉢)
• 단백질을 갖는다.
• 다세포 생물이다.
• 독립적으로 물질대사를 한다.

(나)

이에 대한 설명으로 옳은 것만을 〈보기〉에서 있는 대로 고른 것은?

┌─ 보기 ┐
ㄱ. ⓐ는 '○'이다.
ㄴ. Ⅰ은 대장균이다.
ㄷ. ㉢은 '다세포 생물이다.'이다.
└─────┘

① ㄴ　　② ㄷ　　③ ㄱ, ㄴ　　④ ㄱ, ㄷ　　⑤ ㄴ, ㄷ

01

▶24068-0010

그림은 생명 과학과 다른 학문 분야의 관계를, 표는 사례 (가)와 (나)를 나타낸 것이다.

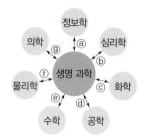

구분	사례
(가)	유용한 유전자를 식물에 도입하는 분자 농업은 작물 개량과 식량 증산에 공헌하였으며, 각종 질병을 치료하는 의약품 생산에 활용되고 있다.
(나)	AI 의료 플랫폼 업체는 코로나19 바이러스의 특징(유전자 분석, 감염 방식, 잠복기), 행정 정보(인구 수, 지리적 위치), 소셜네트워크 서비스, 항공 운항 데이터까지 종합적으로 고려해 기존의 역학 조사보다 빠르게 질병의 전파를 예측하였다.

이에 대한 설명으로 옳은 것만을 〈보기〉에서 있는 대로 고른 것은?

보기
ㄱ. (가)는 ⑨와 관련이 있다.
ㄴ. (나)는 ⓒ보다 ⓐ와 관련이 깊다.
ㄷ. 인간의 정신 작용인 의식을 뇌의 활동으로 설명하려는 연구는 ⓑ의 사례에 해당한다.

① ㄱ   ② ㄷ   ③ ㄱ, ㄴ   ④ ㄴ, ㄷ   ⑤ ㄱ, ㄴ, ㄷ

02

▶24068-0011

다음은 어떤 과학자가 수행한 탐구이다.

• 진딧물은 식물의 체관부 조직의 양분을 빨아먹으며 살아간다. 진딧물의 천적인 쐐기노린재는 진딧물에 긴 주둥이를 꽂아 몸의 내용물을 섭취한다.

[탐구 과정 및 결론]
(가) 진딧물이 쐐기노린재의 공격을 받으면 사망하지만, 일부 진딧물은 섭식을 중단하고 식물에서 떨어짐으로써 포식자의 존재에 반응하는 것을 관찰하였다.
(나) 쐐기노린재의 포식은 진딧물의 직접적인 사망뿐만 아니라, 포식자에 대한 방어 반응을 유도하여 진딧물 개체군의 생장에 부정적 영향을 줄 것이라고 생각하였다.
(다) 진딧물을 세 집단 ⓐ~ⓒ로 나누고 ⓐ와 ⓑ에만 쐐기노린재를 넣어주었다. ⓐ에는 정상 쐐기노린재를, ⓑ에는 주둥이를 잘라 없앤(진딧물을 섭식할 수 없게 만든) 쐐기노린재를 넣어주었다.
(라) 일정 시간 후 ⓐ~ⓒ에서 진딧물 개체군의 생장을 측정한 결과는 그림과 같다. ㉠~㉢은 ⓐ~ⓒ를 순서 없이 나타낸 것이다.

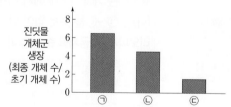

(마) 쐐기노린재의 포식에 의한 사망이 진딧물 개체군 생장 감소에 가장 큰 영향을 주며, 쐐기노린재에 의해 유도된 진딧물의 행동 변화 또한 진딧물 개체군의 생장 감소에 부분적으로 영향을 준다는 결론을 내렸다.

이 자료에 대한 설명으로 옳은 것만을 〈보기〉에서 있는 대로 고른 것은? (단, 제시된 조건 이외의 다른 조건은 동일하다.)

보기
ㄱ. (나)에서 문제 해결을 위한 잠정적인 답을 설정하였다.
ㄴ. ㉢은 ⓒ이다.
ㄷ. 진딧물 개체군의 평균 사망률은 ⓐ>ⓑ>ⓒ이다.

① ㄱ   ② ㄷ   ③ ㄱ, ㄴ   ④ ㄱ, ㄷ   ⑤ ㄴ, ㄷ

03

▶ 24068-0012

다음은 어떤 과학자가 수행한 탐구이다.

- 햇빛이 잘 드는 얕은 바다에서 일반적으로 산호는 해초에 비해 천천히 생장하므로 산호 위로 해초가 자라 산호를 덮게 되어 결국 산호가 죽는다.

[탐구 과정 및 결론]

(가) 산호 군체가 풍부하게 잘 자라는 어떤 바다에서 해초를 먹고 살아가는 초식성 게의 개체 수가 많은 것을 관찰하고, 산호로부터 은신처를 제공받은 초식성 게가 해초를 제거하여 산호의 생존이 증가할 것이라고 생각했다.

(나) 동일한 지역에서 산호를 집단 A와 B로 나눈 후, A에만 초식성 게를 넣었다.

(다) 일정 시간이 지난 후, ㉠과 ㉡ 각각에서 사망한 산호의 개체 수는 ㉠에서가 ㉡에서보다 많았다. ㉠과 ㉡은 A와 B를 순서 없이 나타낸 것이다.

(라) 산호는 초식성 게에게 포식자로부터의 은신처를 제공하고, 초식성 게는 해초의 과생장을 억제하여 산호의 생존을 증가시킨다는 결론을 내렸다.

이 자료에 대한 설명으로 옳은 것만을 〈보기〉에서 있는 대로 고른 것은? (단, 제시된 조건 이외의 다른 조건은 동일하다.)

〈 보기 〉
ㄱ. ㉠은 B이다.
ㄴ. 이 실험에서 조작 변인은 사망한 산호의 개체 수이다.
ㄷ. (라)에서 산호와 초식성 게 사이의 상호 작용은 상리 공생에 해당한다.

① ㄱ   ② ㄴ   ③ ㄱ, ㄷ   ④ ㄴ, ㄷ   ⑤ ㄱ, ㄴ, ㄷ

04

▶ 24068-0013

다음은 어떤 과학자가 수행한 탐구이다.

- 염도가 높은 습지에 사는 식물인 검은골풀(*Juncus gerardi*)은 그늘을 만들어 토양의 수분 증발과 염분 축적을 방지한다.

[탐구 과정 및 결론]

(가) 검은골풀이 토양의 환경을 변화시켜 습지 경계부에 함께 서식하는 육상 관목의 생장에 영향을 줄 것이라고 생각하였다.

(나) 같은 지역의 관목을 집단 A와 B로 나눈 후, B에만 주위 반경 0.5 m 내에 있는 검은골풀을 주기적으로 제거하였다.

(다) 2년 동안 ㉠과 ㉡의 토양 염도, ⓐ관목 개체들의 생장량(평균 잎의 수)을 조사한 결과는 그림과 같다. ㉠과 ㉡은 A와 B를 순서 없이 나타낸 것이다.

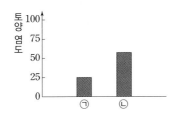 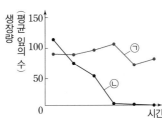

(라) 검은골풀이 토양 염도를 감소시키고 관목의 생장에 유리한 환경을 만들어냈다는 결론을 내렸다.

이 자료에 대한 설명으로 옳은 것만을 〈보기〉에서 있는 대로 고른 것은? (단, 제시된 조건 이외의 다른 조건은 동일하다.)

〈 보기 〉
ㄱ. ⓐ는 독립변인에 해당한다.
ㄴ. 토양의 높은 염도는 관목의 생장을 저해한다.
ㄷ. 검은골풀을 주기적으로 제거한 집단의 토양 염도는 대조군의 토양 염도보다 2배 이상 높다.

① ㄴ   ② ㄷ   ③ ㄱ, ㄴ   ④ ㄱ, ㄷ   ⑤ ㄴ, ㄷ

① 세포의 생명 활동

(1) 물질대사

① 생물체 내에서 일어나는 화학 반응으로 대부분 효소가 관여한다.

② 에너지 출입이 함께 일어난다.

(2) 물질대사의 종류

동화 작용	이화 작용
• 간단하고 작은 물질을 복잡하고 큰 물질로 합성하는 반응이다.	• 복잡하고 큰 물질을 간단하고 작은 물질로 분해하는 반응이다.
• 에너지를 흡수하는 반응이다.	• 에너지를 방출하는 반응이다.
• 예 광합성, 단백질 합성 등	• 예 세포 호흡, 소화 등

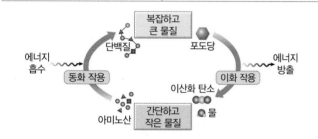

② 에너지 전환과 이용

(1) 세포 호흡

① 우리가 섭취한 음식물의 화학 에너지는 세포 호흡에 의해 생명 활동에 필요한 에너지로 전환된다.

② 세포 호흡: 세포 내에서 영양소를 분해하여 생명 활동에 필요한 에너지를 얻는 과정이다.

③ 세포 호흡 장소: 주로 미토콘드리아에서 일어나며, 일부 과정은 세포질에서 진행된다.

④ 세포 호흡 과정: 포도당은 세포질을 거쳐 미토콘드리아에서 산소에 의해 산화되어 이산화 탄소와 물로 최종 분해된다. 이 과정에서 에너지가 방출된다. 이때 방출된 에너지의 일부는 ATP에 저장되고, 나머지는 열에너지로 방출된다.

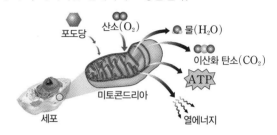

(2) 에너지의 전환과 이용

① ATP: 생명 활동에 직접 이용되는 에너지 저장 물질로, 아데노신(아데닌과 리보스)에 3개의 인산기가 결합한 화합물이다.

② ATP는 ADP와 무기 인산(P_i)으로 분해될 때 에너지가 방출된다. 생물체는 이 에너지를 이용하여 생명 활동을 한다.

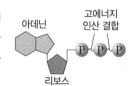

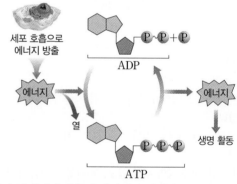

③ ATP가 분해되어 방출된 에너지는 기계적 에너지, 소리 에너지, 화학 에너지, 열에너지 등으로 전환되어 근육 운동, 물질 합성, 정신 활동, 체온 유지, 발성, 생장 등 다양한 생명 활동에 이용된다.

더 알기 광합성과 세포 호흡의 비교

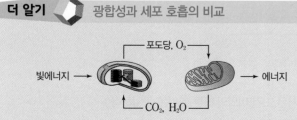

• 공통점: 생물체 내에서 일어나는 화학 반응으로 효소가 관여한다.

• 차이점

구분	광합성	세포 호흡
물질 전환	동화 작용 (저분자 물질인 이산화 탄소와 물로부터 고분자 물질인 포도당이 합성된다.)	이화 작용 (고분자 물질인 포도당이 저분자 물질인 물과 이산화 탄소로 분해된다.)
에너지 출입	에너지 흡수	에너지 방출
일어나는 장소	엽록체	주로 미토콘드리아, 일부 세포질

| 2024학년도 9월 모의평가 |

다음은 사람에서 일어나는 물질대사에 대한 자료이다.

(가) 암모니아가 ㉠요소로 전환된다.
(나) 지방은 세포 호흡을 통해 물과 이산화 탄소로 분해된다.

이에 대한 설명으로 옳은 것만을 〈보기〉에서 있는 대로 고른 것은?

┌ 보기 ┌
ㄱ. 간에서 (가)가 일어난다.
ㄴ. (나)에서 효소가 이용된다.
ㄷ. 배설계를 통해 ㉠이 몸 밖으로 배출된다.

① ㄱ   ② ㄷ   ③ ㄱ, ㄴ   ④ ㄴ, ㄷ   ⑤ ㄱ, ㄴ, ㄷ

접근 전략

단백질의 분해 과정에서 생성된 암모니아는 간으로 운반되어 비교적 독성이 약한 요소로 전환된 다음, 콩팥으로 운반되어 오줌을 통해 배설되며, 지방이 세포 호흡을 통해 분해되는 과정에서 효소가 이용된다는 것을 알아야 한다.

간략 풀이

㉠ 간에서 암모니아가 요소(㉠)로 전환되는 반응(가)이 일어난다.

㉡ 지방이 세포 호흡을 통해 물과 이산화 탄소로 분해되는 반응(나)은 물질대사로 효소가 이용된다.

㉢ 배설계를 통해 요소(㉠)가 몸 밖으로 배출된다.

정답 | ⑤

정답과 해설 4쪽

▶24068-0014

다음은 사람에서 일어나는 물질대사에 대한 자료이다.

(가) ㉠포도당이 글리코젠으로 합성된다.
(나) 단백질은 소화 과정을 거쳐 아미노산으로 분해된다.
(다) 지방이 세포 호흡을 통해 분해된 결과 생성되는 노폐물에는 ㉡이 있다.

이에 대한 설명으로 옳은 것만을 〈보기〉에서 있는 대로 고른 것은?

┌ 보기 ┌
ㄱ. 인슐린은 간에서 ㉠을 촉진한다.
ㄴ. (나)에서 효소가 이용된다.
ㄷ. 호흡계를 통해 ㉡이 몸 밖으로 배출된다.

① ㄱ   ② ㄷ   ③ ㄱ, ㄴ   ④ ㄴ, ㄷ   ⑤ ㄱ, ㄴ, ㄷ

유사점과 차이점

사람의 물질대사에 대한 자료를 서술하여 제시한다는 점에서 대표 문제와 유사하지만, 포도당을 글리코젠으로 합성하는 호르몬을 파악하고, 지방의 세포 호흡 결과 발생한 노폐물이 몸 밖으로 배출되는 과정을 알아야 한다는 점에서 대표 문제와 다르다.

배경 지식

• 인슐린은 간에서 포도당이 글리코젠으로 전환되는 과정을 촉진한다.
• 지방의 분해 과정에서 생성된 노폐물인 이산화 탄소와 물은 모두 폐에서 날숨을 통해 배출된다.

01

▶24068-0015

다음은 사람에서 일어나는 물질대사에 대한 자료이다.

> (가) 여러 분자의 아미노산이 결합하여 단백질을 합성한다.
> (나) 아미노산이 세포 호흡을 통해 분해된 결과 생성되는 노폐
>   물에는 ⓐ가 있다.
> (다) 포도당은 세포 호흡을 통해 물과 이산화 탄소로 분해된다.

이에 대한 설명으로 옳은 것만을 〈보기〉에서 있는 대로 고른 것은?

> [보기]
> ㄱ. (가)에서 에너지의 흡수가 일어난다.
> ㄴ. 암모니아(NH_3)는 ⓐ에 해당한다.
> ㄷ. (가)와 (다)에서 모두 효소가 이용된다.

① ㄱ 　② ㄴ 　③ ㄱ, ㄷ 　④ ㄴ, ㄷ 　⑤ ㄱ, ㄴ, ㄷ

02

▶24068-0016

그림은 물질대사가 일어날 때 물질의 변화와 각 물질에 저장된 에너지양을 나타낸 것이다. (가)와 (나)는 각각 동화 작용과 이화 작용 중 하나이다.

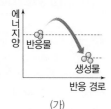 

이에 대한 설명으로 옳은 것만을 〈보기〉에서 있는 대로 고른 것은?

> [보기]
> ㄱ. (가)는 동화 작용이다.
> ㄴ. 식물에서 (가)가 일어난다.
> ㄷ. 단백질이 합성되는 과정에서 (나)가 일어난다.

① ㄱ 　② ㄴ 　③ ㄱ, ㄷ 　④ ㄴ, ㄷ 　⑤ ㄱ, ㄴ, ㄷ

03

▶24068-0017

그림 (가)는 사람에서 일어나는 물질대사 과정 Ⅰ과 Ⅱ를, (나)는 미토콘드리아에서 일어나는 세포 호흡을 나타낸 것이다.

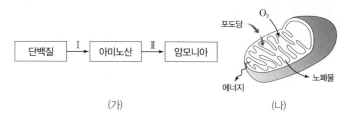

이에 대한 설명으로 옳은 것만을 〈보기〉에서 있는 대로 고른 것은?

> [보기]
> ㄱ. Ⅰ과 (나)에서 모두 이화 작용이 일어난다.
> ㄴ. Ⅱ에서 효소가 관여한다.
> ㄷ. (나)에서 생성된 에너지의 일부는 ATP에 저장된다.

① ㄱ 　② ㄴ 　③ ㄱ, ㄷ 　④ ㄴ, ㄷ 　⑤ ㄱ, ㄴ, ㄷ

04

▶24068-0018

그림은 ATP와 ADP 사이의 전환을 나타낸 것이다.

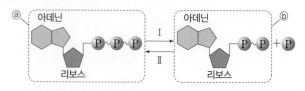

이에 대한 설명으로 옳은 것만을 〈보기〉에서 있는 대로 고른 것은?

> [보기]
> ㄱ. Ⅰ에서 에너지가 흡수된다.
> ㄴ. Ⅱ에서 고에너지 인산 결합이 형성된다.
> ㄷ. 1분자당 에너지양은 ⓐ가 ⓑ보다 적다.

① ㄱ 　② ㄴ 　③ ㄱ, ㄷ 　④ ㄴ, ㄷ 　⑤ ㄱ, ㄴ, ㄷ

05
▶24068-0019

그림 (가)는 간에서 일어나는 물질의 전환 과정을, (나)는 사람의 체내에서 포도당이 세포 호흡을 거쳐 최종 분해 산물로 되는 과정을 나타낸 것이다.

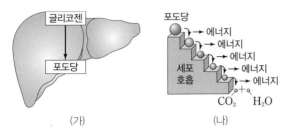

(가)   (나)

이에 대한 설명으로 옳은 것만을 〈보기〉에서 있는 대로 고른 것은?

> 보기
> ㄱ. (가)는 인슐린에 의해 촉진된다.
> ㄴ. (나)에서 효소가 이용된다.
> ㄷ. (나)에서 방출된 에너지 중 일부는 체온 유지에 이용된다.

① ㄱ   ② ㄷ   ③ ㄱ, ㄴ   ④ ㄴ, ㄷ   ⑤ ㄱ, ㄴ, ㄷ

06
▶24068-0020

그림 (가)는 광합성과 세포 호흡에서의 에너지와 물질의 이동을, (나)는 ATP와 ADP 사이의 전환을 나타낸 것이다. ⓐ와 ⓑ는 각각 광합성과 세포 호흡 중 하나이다.

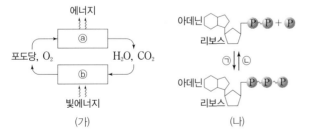

(가)   (나)

이에 대한 설명으로 옳은 것만을 〈보기〉에서 있는 대로 고른 것은?

> 보기
> ㄱ. ⓐ에서 ㉠ 과정이 일어난다.
> ㄴ. ⓑ에서 빛에너지가 화학 에너지로 전환된다.
> ㄷ. 정신 활동에 ㉡ 과정에서 방출된 에너지가 사용된다.

① ㄱ   ② ㄴ   ③ ㄱ, ㄷ   ④ ㄴ, ㄷ   ⑤ ㄱ, ㄴ, ㄷ

07
▶24068-0021

그림 (가)와 (나)는 사람에서 일어나는 물질대사 과정을 나타낸 것이다. ㉠과 ㉡은 각각 단백질과 아미노산 중 하나이다.

지방   지방산, 모노글리세리드   ㉠   ㉡
    (가)   (나)

이에 대한 설명으로 옳은 것만을 〈보기〉에서 있는 대로 고른 것은?

> 보기
> ㄱ. (가)에서 이화 작용이 일어난다.
> ㄴ. ㉠은 아미노산이다.
> ㄷ. (나)는 소화 효소에 의해 촉진된다.

① ㄱ   ② ㄷ   ③ ㄱ, ㄴ   ④ ㄴ, ㄷ   ⑤ ㄱ, ㄴ, ㄷ

08
▶24068-0022

다음은 식물에서 일어나는 물질대사에 대한 학생 A~C의 발표 내용이다.

제시한 내용이 옳은 학생만을 있는 대로 고른 것은?

① A   ② C   ③ A, B   ④ B, C   ⑤ A, B, C

01

▶ 24068-0023

표 (가)는 물과 물질 Ⅰ~Ⅲ이 갖는 특징을, (나)는 (가)의 특징 중 물과 Ⅰ~Ⅲ이 갖는 특징의 개수를 나타낸 것이다. Ⅰ~Ⅲ은 ATP, 이산화 탄소, 포도당을 순서 없이 나타낸 것이다.

특징
• 구성 원소에 탄소(C)가 있다.
• 호흡계를 통해 몸 밖으로 배출된다.
• 탄수화물이 세포 호흡에 의해 완전 분해되면 생성된다.

(가)

물질	특징의 개수
물	㉠
Ⅰ	1
Ⅱ	㉠
Ⅲ	㉡

(나)

이에 대한 설명으로 옳은 것만을 〈보기〉에서 있는 대로 고른 것은?

┌─ 보기 ┌
ㄱ. ㉡은 3이다.
ㄴ. Ⅱ는 포도당이다.
ㄷ. Ⅲ에는 고에너지 인산 결합이 있다.

① ㄱ   ② ㄴ   ③ ㄱ, ㄷ   ④ ㄴ, ㄷ   ⑤ ㄱ, ㄴ, ㄷ

02

▶ 24068-0024

그림 (가)는 미토콘드리아에서 일어나는 세포 호흡을, (나)는 사람에서 일어나는 물질대사 Ⅰ~Ⅲ을, (다)는 Ⅱ와 Ⅲ 중 하나에서의 에너지 변화를 나타낸 것이다. ㉠과 ㉡은 이산화 탄소와 ATP를 순서 없이 나타낸 것이다.

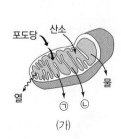
(가)

(나)

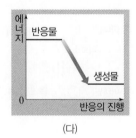
(다)

이에 대한 설명으로 옳은 것만을 〈보기〉에서 있는 대로 고른 것은?

┌─ 보기 ┌
ㄱ. (가)에서 포도당의 화학 에너지는 모두 ㉠에 저장된다.
ㄴ. 소화계에서 Ⅰ과 Ⅲ이 모두 일어난다.
ㄷ. (다)는 Ⅱ에서의 에너지 변화이다.

① ㄱ   ② ㄴ   ③ ㄱ, ㄷ   ④ ㄴ, ㄷ   ⑤ ㄱ, ㄴ, ㄷ

03

▶24068-0025

그림은 사람에서 세포 호흡을 통해 포도당으로부터 생성된 에너지가 생명 활동에 사용되는 과정을 나타낸 것이다.
㉠과 ㉡은 H_2O과 O_2를 순서 없이 나타낸 것이고, ⓐ와 ⓑ는 각각 ADP와 ATP 중 하나이다.

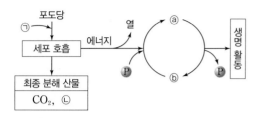

이에 대한 설명으로 옳은 것만을 〈보기〉에서 있는 대로 고른 것은?

┌ 보기 ┌
ㄱ. ㉡은 호흡계를 통해 몸 밖으로 배출된다.
ㄴ. ⓐ가 ⓑ로 전환되는 과정에서 에너지가 흡수된다.
ㄷ. 근육 수축 과정에는 ⓐ에 저장된 에너지가 사용된다.

① ㄱ   ② ㄴ   ③ ㄱ, ㄷ   ④ ㄴ, ㄷ   ⑤ ㄱ, ㄴ, ㄷ

04

▶24068-0026

다음은 효모를 이용한 물질대사 실험이다.

[실험 과정 및 결과]
(가) 발효관 ㉠~㉢에 표와 같이 서로 다른 용액을 넣고, 맹관부에 기체가 들어가지 않도록 세운 다음 입구를 솜마개
로 막는다.

발효관	용액
㉠	10 % 포도당 용액 15 mL+증류수 15 mL
㉡	10 % 포도당 용액 15 mL+효모액 15 mL
㉢	20 % 포도당 용액 15 mL+효모액 15 mL

(나) ㉠~㉢을 각각 35 ℃의 항온기에 30분간 넣어둔다.
(다) ㉠~㉢을 관찰한 결과는 그림과 같다. A~C는 ㉠~㉢을 순서 없이 나타낸 것이고, h는 B의 맹관부에 모인 기체
의 높이이다.

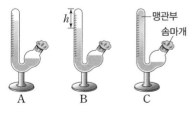

이에 대한 설명으로 옳은 것만을 〈보기〉에서 있는 대로 고른 것은? (단, 제시된 조건 이외의 다른 조건은 동일하다.)

┌ 보기 ┌
ㄱ. ㉠은 C이다.
ㄴ. (다)의 A에서 이화 작용이 일어났다.
ㄷ. (다)의 B에 이산화 탄소를 흡수하는 용액을 넣으면 h는 증가한다.

① ㄱ   ② ㄷ   ③ ㄱ, ㄴ   ④ ㄴ, ㄷ   ⑤ ㄱ, ㄴ, ㄷ

① 기관계와 에너지 대사

(1) 에너지의 흡수와 이동

① 영양소의 소화: 탄수화물, 단백질, 지방 등의 크기가 큰 물질은 세포막을 통과하기 어려우므로 음식물이 소화관을 지나는 동안 소화 과정을 통해 세포막을 통과할 수 있는 크기인 작은 분자로 분해된다.

② 3대 영양소의 소화 산물: 탄수화물은 포도당, 과당, 갈락토스와 같은 단당류로, 단백질은 아미노산으로, 지방은 지방산과 모노글리세리드로 분해된다.

③ 영양소의 흡수와 운반: 소장에서 최종 소화된 영양소는 소장 내벽의 융털에서 모세 혈관과 암죽관으로 흡수된 후, 순환계를 통하여 온몸의 조직 세포로 운반된다.

(2) 기체의 교환과 물질의 운반

① 기체 교환: 호흡계를 통해 흡수된 산소는 폐포에서 모세 혈관(혈액)으로 이동한 후 순환계를 통해 세포로 이동하고, 물질대사 결과 생성된 이산화 탄소는 세포에서 모세 혈관(혈액)으로 이동한 후 순환계를 통해 폐포로 이동한다.

② 물질 운반: 소화 기관에서 흡수한 영양소와 호흡 기관에서 흡수한 산소가 혈액에 의해 세포로 공급되고, 세포에서 생성된 노폐물은 배설 기관인 콩팥과 호흡 기관인 폐로 운반된다.

(3) 노폐물의 생성과 배설

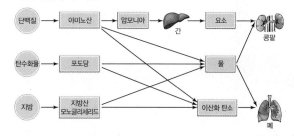

(4) 기관계의 통합적 작용

소화계, 호흡계, 순환계, 배설계는 각각 고유의 기능을 수행하면서 서로 협력하여 에너지 생성에 필요한 영양소와 산소를 세포에 공급하고 노폐물을 몸 밖으로 내보내는 기능을 함으로써 생명 활동이 원활하게 이루어지도록 한다.

② 대사성 질환과 에너지 균형

(1) 대사성 질환

우리 몸에서 물질대사 장애에 의해 발생하는 질환을 통틀어 대사성 질환이라 한다.

① 대사성 질환의 종류와 증상

당뇨병	혈당량 조절에 필요한 인슐린의 분비가 부족하거나 인슐린이 제대로 작용하지 못해 발생하며, 오줌 속에 포도당이 섞여 나오고 합병증을 일으킨다.
고혈압	혈압이 정상보다 높은 만성 질환으로, 심혈관계 질환 및 뇌혈관계 질환의 원인이 된다.
고지혈증 (고지질 혈증)	혈액 속 콜레스테롤이나 중성 지방이 혈관 내벽에 과다하게 쌓인 상태로, 동맥벽의 탄력이 떨어지고 혈관의 지름이 좁아지는 동맥 경화 등 심혈관계 질환의 원인이 된다.

② 대사 증후군과 예방

- 체내 물질대사 장애로 인해 높은 혈압, 높은 혈당, 비만, 고지혈증(고지질 혈증) 등의 증상이 동시에 나타나는 것을 대사 증후군이라고 한다.
- 적절한 운동과 식이 요법 등으로 예방이 가능하다.

(2) 에너지의 균형

기초 대사량	생명 현상을 유지하는 데 필요한 최소한의 에너지양이다.
활동 대사량	다양한 생명 활동을 하면서 소모되는 에너지양이다.
1일 대사량	기초 대사량과 활동 대사량, 음식물의 소화와 흡수에 필요한 에너지양 등을 더한 값으로 하루 동안 생활하는 데 필요한 총에너지양이다.

① 에너지 섭취량 > 에너지 소비량: 에너지가 축적되어 비만이 될 수 있으며, 이 상태가 지속되면 대사성 질환에 걸릴 확률이 높아진다.

② 에너지 소비량 > 에너지 섭취량: 이 상태가 지속되면 체중이 감소하고, 영양이 부족하여 면역력 저하 등이 발생된다.

에너지 균형 상태　　　에너지 과잉 상태　　　에너지 부족 상태

더 알기　고지혈증(고지질 혈증)

- 고지혈증은 대사성 질환 중 하나로서, 혈액 속에 콜레스테롤이나 중성 지방이 과다하게 쌓인 상태이다.
- 혈액 속 콜레스테롤이 혈관벽에 쌓이면 혈액의 흐름을 방해하여 혈액 순환이 잘 이루어지지 않으며 심하면 혈액의 흐름이 멈추기도 한다.

혈액의 흐름이 수월하다.　혈액의 흐름이 약해진다.　혈액의 흐름이 멈춘다.

| 2024학년도 수능 |

다음은 사람에서 일어나는 물질대사에 대한 자료이다.

(가) 녹말이 소화 과정을 거쳐 ㉠포도당으로 분해된다.
(나) 포도당이 세포 호흡을 통해 물과 이산화 탄소로 분해된다.
(다) ㉡포도당이 글리코젠으로 합성된다.

이에 대한 설명으로 옳은 것만을 〈보기〉에서 있는 대로 고른 것은?

보기
ㄱ. 소화계에서 ㉠이 흡수된다.
ㄴ. (가)와 (나)에서 모두 이화 작용이 일어난다.
ㄷ. 글루카곤은 간에서 ㉡을 촉진한다.

① ㄱ ② ㄷ ③ ㄱ, ㄴ ④ ㄴ, ㄷ ⑤ ㄱ, ㄴ, ㄷ

접근 전략

물질대사의 다양한 예시가 제시되었을 때, '분해'와 '합성'이라는 단어를 통해서 이화 작용과 동화 작용을 구분할 수 있어야 한다.

간략 풀이

(가)와 (나)는 이화 작용, (다)는 동화 작용이다.
㉠ 포도당(㉠)은 소화계에 속하는 소장에서 흡수된다.
㉡ (가)와 (나)는 모두 분해 반응이므로 이화 작용에 해당한다.
✗ 이자의 α세포에서 분비되는 글루카곤은 간에서 글리코젠이 포도당으로 분해되는 과정을 촉진한다.

정답 | ③

닮은꼴 문제로 유형 익히기

정답과 해설 6쪽

▶24068-0027

다음은 사람에서 일어나는 물질대사에 대한 자료이다. ⓐ와 ⓑ는 요소와 암모니아를 순서 없이 나타낸 것이고, A는 배설계와 순환계 중 하나이다.

(가) 단백질은 소화 과정을 거쳐 아미노산으로 분해된다.
(나) 단백질이 세포 호흡을 통해 분해된 결과 생성되는 노폐물에는 ⓐ가 있다.
(다) ⓐ는 간에서 ⓑ로 전환되어 A를 통해 ㉠콩팥으로 운반된다.

이에 대한 설명으로 옳은 것만을 〈보기〉에서 있는 대로 고른 것은?

보기
ㄱ. A는 배설계이다.
ㄴ. ⓐ의 독성은 ⓑ보다 약하다.
ㄷ. ㉠은 항이뇨 호르몬(ADH)의 표적 기관이다.

① ㄱ ② ㄷ ③ ㄱ, ㄴ ④ ㄱ, ㄷ ⑤ ㄴ, ㄷ

유사점과 차이점

동화 작용과 이화 작용의 예를 들고, 기관계와 간에서 일어나는 일에 대해 묻고 있다는 점에서 대표 문제와 유사하지만 단백질의 세포 호흡으로 발생한 질소 노폐물의 독성과 호르몬의 표적 기관에 대해서 묻고 있다는 점에서 대표 문제와 다르다.

배경 지식

• 단백질의 분해 과정에서 생성된 암모니아는 간으로 운반되어 비교적 독성이 약한 요소로 전환된 다음, 콩팥으로 운반되어 오줌을 통해 배출된다.
• 항이뇨 호르몬(ADH)의 분비 기관은 뇌하수체 후엽이고, 표적 기관은 콩팥이다.

01

▶24068-0028

그림 (가)와 (나)는 각각 사람의 소화계와 배설계 중 하나이고, A와 B는 각각 위와 방광 중 하나이다.

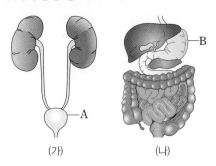

(가)   (나)

이에 대한 설명으로 옳은 것만을 〈보기〉에서 있는 대로 고른 것은?

┌─ 보기 ─────────────────────────┐
ㄱ. A에서 물의 재흡수가 일어난다.
ㄴ. B에서 이화 작용이 일어난다.
ㄷ. (가)와 (나)를 구성하는 세포에서 모두 ATP가 생성된다.
└────────────────────────────┘

① ㄱ   ② ㄷ   ③ ㄱ, ㄴ   ④ ㄴ, ㄷ   ⑤ ㄱ, ㄴ, ㄷ

02

▶24068-0029

표는 사람의 몸을 구성하는 기관계 A와 B의 특징을 나타낸 것이다. A와 B는 순환계와 호흡계를 순서 없이 나타낸 것이다.

기관계	특징
A	폐가 속하는 기관계이다.
B	㉠인슐린을 표적 세포로 이동시킨다.

이에 대한 설명으로 옳은 것만을 〈보기〉에서 있는 대로 고른 것은?

┌─ 보기 ─────────────────────────┐
ㄱ. A에서 기체 교환이 일어난다.
ㄴ. B를 통해 산소가 세포로 운반된다.
ㄷ. ㉠은 세포로의 포도당 흡수를 촉진하는 호르몬이다.
└────────────────────────────┘

① ㄱ   ② ㄷ   ③ ㄱ, ㄴ   ④ ㄴ, ㄷ   ⑤ ㄱ, ㄴ, ㄷ

03

▶24068-0030

다음은 사람의 몸을 구성하는 기관 A~C에 대한 설명이다. A~C는 간, 소장, 이자를 순서 없이 나타낸 것이고, ㉠은 인슐린과 글루카곤 중 하나이다.

┌────────────────────────────┐
• A에서 ㉠이 분비된다.
• B에서 ㉠에 의해 글리코젠의 분해가 촉진된다.
• C에서 아미노산이 체내로 흡수된다.
└────────────────────────────┘

이에 대한 설명으로 옳은 것만을 〈보기〉에서 있는 대로 고른 것은?

┌─ 보기 ─────────────────────────┐
ㄱ. ㉠은 A의 β세포에서 분비된다.
ㄴ. B는 소화계에 속한다.
ㄷ. C는 소장이다.
└────────────────────────────┘

① ㄱ   ② ㄷ   ③ ㄱ, ㄴ   ④ ㄴ, ㄷ   ⑤ ㄱ, ㄴ, ㄷ

04

▶24068-0031

표는 사람의 몸을 구성하는 기관계 A~C에서 3가지 특징의 유무를 나타낸 것이다. A~C는 배설계, 소화계, 호흡계를 순서 없이 나타낸 것이다.

기관계 특징	A	B	C
㉠항이뇨 호르몬(ADH)의 표적 기관이 있다.	?	○	×
세포 호흡 결과 생성된 노폐물인 이산화 탄소와 물이 몸 밖으로 배출되는 과정에 관여한다.	○	?	?
암모니아가 ㉡요소로 전환되어 몸 밖으로 배출되는 과정에 관여한다.	?	○	ⓐ

(○: 있음, ×: 없음)

이에 대한 설명으로 옳은 것만을 〈보기〉에서 있는 대로 고른 것은?

┌─ 보기 ─────────────────────────┐
ㄱ. ⓐ는 '×'이다.
ㄴ. ㉡은 순환계를 통해 ㉠으로 이동한다.
ㄷ. B에는 부교감 신경이 작용하는 기관이 있다.
└────────────────────────────┘

① ㄱ   ② ㄴ   ③ ㄷ   ④ ㄱ, ㄴ   ⑤ ㄴ, ㄷ

05

▶24068-0032

그림은 사람 몸에 있는 각 기관계의 통합적 작용을 나타낸 것이다. A~C는 배설계, 소화계, 호흡계를 순서 없이 나타낸 것이다.

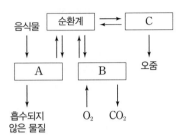

이에 대한 설명으로 옳은 것만을 〈보기〉에서 있는 대로 고른 것은?

┌ 보기 ┐
ㄱ. A는 배설계이다.
ㄴ. B는 대장이 속하는 기관계이다.
ㄷ. C는 오줌을 통해 노폐물을 몸 밖으로 내보낸다.

① ㄱ ② ㄴ ③ ㄷ ④ ㄱ, ㄴ ⑤ ㄴ, ㄷ

06

▶24068-0033

그림은 사람 A의 1일 대사량과 1일 에너지 섭취량을, 표는 기초 대사량과 활동 대사량에 대한 설명을 나타낸 것이다. ㉠과 ㉡은 기초 대사량과 활동 대사량을 순서 없이 나타낸 것이다.

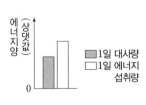

| • 하루 평균 휴식 시간을 늘리고 운동 시간을 줄이면 ㉠이 감소한다. |
| • ㉡은 생명 현상을 유지하는 데 필요한 최소한의 에너지 양이다. |

이에 대한 설명으로 옳은 것만을 〈보기〉에서 있는 대로 고른 것은?

┌ 보기 ┐
ㄱ. ㉠은 기초 대사량이다.
ㄴ. 음식물의 소화·흡수에 사용되는 에너지양은 1일 대사량에 포함된다.
ㄷ. 사람 A에서 1일 대사량과 1일 에너지 섭취량이 이 상태로 지속되면 비만이 될 가능성이 높다.

① ㄱ ② ㄷ ③ ㄱ, ㄴ ④ ㄴ, ㄷ ⑤ ㄱ, ㄴ, ㄷ

07

▶24068-0034

표는 사람의 질환 A~C와 각각의 특징을 나타낸 것이다. A~C는 고혈압, 당뇨병, 고지혈증(고지질 혈증)을 순서 없이 나타낸 것이다.

질환	특징
A	혈압이 정상보다 높은 만성 질환이다.
B	㉠인슐린의 분비가 부족할 때 발생한다.
C	혈액 속에 콜레스테롤이나 ㉡중성 지방이 정상보다 많은 상태이다.

이에 대한 설명으로 옳은 것만을 〈보기〉에서 있는 대로 고른 것은?

┌ 보기 ┐
ㄱ. A는 고혈압이다.
ㄴ. ㉠과 글루카곤은 길항 작용으로 혈당량을 조절한다.
ㄷ. ㉡의 소화 산물에는 모노글리세리드가 있다.

① ㄱ ② ㄷ ③ ㄱ, ㄴ ④ ㄴ, ㄷ ⑤ ㄱ, ㄴ, ㄷ

08

▶24068-0035

그림은 사람의 혈액 순환 경로를 나타낸 것이다. A와 B는 각각 폐와 콩팥 중 하나이며, ㉠과 ㉡은 간과 연결된 혈관이다.

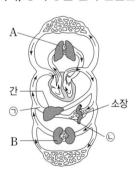

이에 대한 설명으로 옳은 것만을 〈보기〉에서 있는 대로 고른 것은?

┌ 보기 ┐
ㄱ. A는 배설계에 속한다.
ㄴ. B에는 항이뇨 호르몬(ADH)에 대한 수용체가 있다.
ㄷ. 혈액의 단위 부피당 요소의 양은 ㉠에서가 ㉡에서보다 적다.

① ㄱ ② ㄴ ③ ㄷ ④ ㄱ, ㄴ ⑤ ㄴ, ㄷ

09

▶24068-0036

그림은 질환 A에 의한 혈관벽의 변화와 혈액의 흐름 변화를 나타낸 것이다. A는 당뇨병과 고지혈증(고지질 혈증) 중 하나이다.

A에 대한 설명으로 옳은 것만을 〈보기〉에서 있는 대로 고른 것은?

| 보기 |
ㄱ. 감염성 질병에 해당한다.
ㄴ. 동맥 경화의 원인에 해당한다.
ㄷ. 물질대사 장애에 의해 발생하는 질환이다.

① ㄱ   ② ㄷ   ③ ㄱ, ㄴ   ④ ㄴ, ㄷ   ⑤ ㄱ, ㄴ, ㄷ

10

▶24068-0037

표는 남자 A가 하루 동안 소비한 에너지양을 나타낸 것이다. A의 하루 동안 에너지 섭취량은 3200 kcal이고, 체중은 60 kg이다.

활동	에너지양 (kcal/kg·h)	시간
잠자기	1	9
식사	2	3
공부	3	8
운동	4	4

이에 대한 설명으로 옳은 것만을 〈보기〉에서 있는 대로 고른 것은? (단, 제시된 조건 이외는 고려하지 않는다.)

| 보기 |
ㄱ. A의 1일 에너지 소비량은 3300 kcal이다.
ㄴ. A가 잠자는 시간을 줄여 공부 시간으로 사용한다면 1일 에너지 소비량이 감소할 것이다.
ㄷ. 이 상태로 에너지 섭취량과 에너지 소비량이 지속되면 A의 체중은 증가할 것이다.

① ㄱ   ② ㄴ   ③ ㄷ   ④ ㄱ, ㄴ   ⑤ ㄴ, ㄷ

11

▶24068-0038

다음은 사람의 조직 세포에서 일어나는 세포 호흡에 대한 자료이다. ㉠~㉣은 배설계, 소화계, 순환계, 호흡계를, ⓐ~ⓒ는 물, 산소, 이산화 탄소를 순서 없이 나타낸 것이다.

- ⓐ는 ㉠과 ㉡을 통해 조직 세포에 제공된다.
- ⓑ는 ㉡을 통해 몸 밖으로 배출된다.
- ⓒ는 ㉡, ㉢을 통해 몸 밖으로 배출된다.
- 체내에서 흡수되지 못한 영양소는 ㉣을 통해 몸 밖으로 배출된다.

이에 대한 설명으로 옳은 것만을 〈보기〉에서 있는 대로 고른 것은?

| 보기 |
ㄱ. 1분자당 산소 원자의 개수는 ⓑ에서가 ⓒ에서보다 많다.
ㄴ. ㉠과 ㉣에서 모두 이화 작용이 일어난다.
ㄷ. ㉣에는 요소를 생성하는 기관이 있다.

① ㄱ   ② ㄷ   ③ ㄱ, ㄴ   ④ ㄴ, ㄷ   ⑤ ㄱ, ㄴ, ㄷ

12

▶24068-0039

다음은 콩즙에 들어 있는 효소의 작용을 알아보기 위한 실험이다. BTB 용액은 산성일 때 노란색, 중성일 때 초록색, 염기성일 때 푸른색을 띤다.

[실험 과정]
(가) 오줌, 콩즙, 증류수, 요소 용액, BTB 용액을 준비한다.

비커	용액
A	요소 용액
B	오줌
C	증류수

(나) 비커 A~C에 표와 같이 용액을 넣은 후 각 비커에 BTB 용액을 떨어뜨려 색깔을 관찰한다.
(다) A~C에 각각 콩즙을 첨가하고, 일정 시간이 지난 후 각 용액의 색깔을 관찰한다.

[실험 결과]
• A~C에서 용액의 색깔 변화는 표와 같다.

비커	용액의 색깔	
	(나)의 결과	(다)의 결과
A	초록색	푸른색
B	초록색	푸른색
C	초록색	노란색

이에 대한 설명으로 옳은 것만을 〈보기〉에서 있는 대로 고른 것은? (단, 제시된 조건 이외의 다른 조건은 동일하다.)

| 보기 |
ㄱ. 콩즙은 증류수보다 pH가 낮다.
ㄴ. 오줌에는 요소를 분해하는 효소가 들어 있다.
ㄷ. A~C에서는 모두 요소가 분해된다.

① ㄱ   ② ㄴ   ③ ㄷ   ④ ㄱ, ㄴ   ⑤ ㄴ, ㄷ

01

▶24068-0040

다음은 간세포에서 세포 호흡 결과 생성된 노폐물에 대한 자료이다. (가)~(다)는 배설계, 순환계, 호흡계를 순서 없이 나타낸 것이다.

- 이산화 탄소가 몸 밖으로 배출되는 과정에 (가)와 (나)가 관여한다.
- ⊙암모니아가 ⓒ요소로 전환된 후 몸 밖으로 배출되는 과정에 (나)와 (다)가 관여한다.

이에 대한 설명으로 옳은 것만을 〈보기〉에서 있는 대로 고른 것은?

┌ 보기 ┐
ㄱ. ⊙은 ⓒ보다 독성이 강하다.
ㄴ. 물이 몸 밖으로 배출되는 과정에는 (가)~(다)가 모두 관여한다.
ㄷ. 포도당이 조직 세포로 이동하는 과정에 (나)가 관여한다.

① ㄱ   ② ㄴ   ③ ㄱ, ㄷ   ④ ㄴ, ㄷ   ⑤ ㄱ, ㄴ, ㄷ

02

▶24068-0041

그림은 사람의 혈액 순환 경로 일부를, 표는 기관 Ⅰ과 Ⅱ의 특징을 나타낸 것이다. Ⅰ과 Ⅱ는 폐와 콩팥을 순서 없이 나타낸 것이고, ⊙과 ⓒ은 Ⅰ에 연결된 혈관을 지나는 혈액이다. A~C는 물, 요소, 이산화 탄소를 순서 없이 나타낸 것이다.

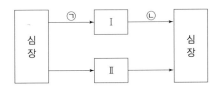

특징
• Ⅰ을 통해 A와 B가 몸 밖으로 배출된다.
• Ⅱ를 통해 B와 C가 몸 밖으로 배출된다.
• C의 구성 원소에 질소(N)가 포함된다.

이에 대한 설명으로 옳은 것만을 〈보기〉에서 있는 대로 고른 것은?

┌ 보기 ┐
ㄱ. A는 이산화 탄소이다.
ㄴ. C는 순환계를 통해 Ⅱ로 이동한다.
ㄷ. 단위 부피당 산소의 양은 ⊙에서가 ⓒ에서보다 많다.

① ㄱ   ② ㄷ   ③ ㄱ, ㄴ   ④ ㄴ, ㄷ   ⑤ ㄱ, ㄴ, ㄷ

03

▶24068-0042

그림 (가)는 사람에서 일어나는 물질대사 I~III을, (나)는 콩팥을 나타낸 것이다. A~C는 포도당, 암모니아, 이산화 탄소를 순서 없이 나타낸 것이고, 혈액 ㉠과 ㉡은 각각 콩팥 동맥을 흐르는 혈액과 콩팥 정맥을 흐르는 혈액 중 하나이다.

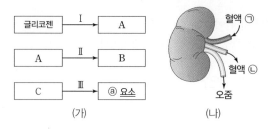

(가)   (나)

이에 대한 설명으로 옳은 것만을 〈보기〉에서 있는 대로 고른 것은?

```
┌ 보기 ┌
ㄱ. 간에서 I~III이 모두 일어난다.
ㄴ. 당뇨병 환자의 오줌에는 A가 포함된다.
ㄷ. ㉡에서 ⓐ의 농도 / ㉠에서 ⓐ의 농도 는 1보다 크다.
```

① ㄱ   ② ㄷ   ③ ㄱ, ㄴ   ④ ㄴ, ㄷ   ⑤ ㄱ, ㄴ, ㄷ

04

▶24068-0043

그림은 사람에서 일어나는 영양소의 물질대사 과정의 일부를, 표는 사람의 몸을 구성하는 기관계 ㉠~㉢의 특징을 나타낸 것이다. (가)와 (나)는 포도당과 아미노산을 순서 없이, A~D는 물, 요소, 암모니아, 이산화 탄소를 순서 없이, ㉠~㉢은 배설계, 소화계, 순환계를 순서 없이 나타낸 것이다.

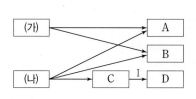

- (가)와 (나)는 ㉠에서 흡수되어 ㉡을 통해 운반된다.
- B와 D는 ㉢을 통해 몸 밖으로 배출된다.

이에 대한 설명으로 옳은 것만을 〈보기〉에서 있는 대로 고른 것은?

```
┌ 보기 ┌
ㄱ. (가)는 포도당이다.
ㄴ. 호흡계를 통해 A가 몸 밖으로 배출된다.
ㄷ. 과정 I이 일어나는 기관은 ㉡에 속한다.
```

① ㄱ   ② ㄷ   ③ ㄱ, ㄴ   ④ ㄴ, ㄷ   ⑤ ㄱ, ㄴ, ㄷ

05

▶24068-0044

그림은 사람 몸에 있는 각 기관계의 통합적 작용을 나타낸 것이다. A~C는 각각 배설계, 소화계, 호흡계 중 하나이다.

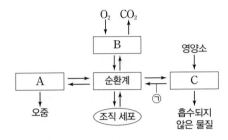

이에 대한 설명으로 옳은 것만을 〈보기〉에서 있는 대로 고른 것은?

┌─ 보기 ┌
ㄱ. 간은 C에 속한다.
ㄴ. ㉠에는 요소의 이동이 포함된다.
ㄷ. 세포 호흡 결과 생성되는 노폐물이 몸 밖으로 배출되는 과정에 A와 B가 모두 관여한다.
└─────

① ㄱ   ② ㄴ   ③ ㄱ, ㄷ   ④ ㄴ, ㄷ   ⑤ ㄱ, ㄴ, ㄷ

06

▶24068-0045

그림은 정상인 A와 당뇨병 환자 B의 탄수화물 섭취 후 혈액 내 ㉠의 농도와 ㉡의 농도 변화를 나타낸 것이다. ㉠과 ㉡은 인슐린과 포도당을 순서 없이, ⓐ와 ⓑ는 A와 B를 순서 없이 나타낸 것이다. B는 이자의 β세포가 파괴된 환자이다.

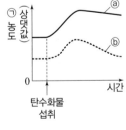 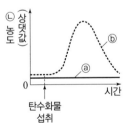

이에 대한 설명으로 옳은 것만을 〈보기〉에서 있는 대로 고른 것은? (단, 제시된 자료 이외에 혈액 내 포도당 농도에 영향을 미치는 요인은 없다.)

┌─ 보기 ┌
ㄱ. ㉠은 포도당이다.
ㄴ. ⓑ는 B이다.
ㄷ. 소화계에는 ㉡의 표적 기관이 있다.
└─────

① ㄱ   ② ㄴ   ③ ㄱ, ㄷ   ④ ㄴ, ㄷ   ⑤ ㄱ, ㄴ, ㄷ

① 뉴런

(1) 뉴런의 구조

① **신경 세포체**: 핵과 미토콘드리아 등이 있어 뉴런의 생명 활동에 필요한 에너지와 물질을 생성한다.

② **가지 돌기**: 신경 세포체에서 나뭇가지 모양으로 뻗어 나온 여러 개의 짧은 돌기로, 다른 뉴런이나 감각 기관으로부터 전달된 흥분을 받아들인다.

③ **축삭 돌기**: 신경 세포체에서 뻗어 나온 긴 돌기로, 다른 뉴런이나 반응 기관에 흥분을 전달한다.

④ **말이집**: 슈반 세포가 축삭 돌기를 반복적으로 감아 형성된 구조로, 말이집으로 싸인 부위에서는 활동 전위가 발생하지 않는다.

(2) 뉴런의 종류

① **말이집 유무에 따른 구분**

- **민말이집 뉴런**: 말이집이 없어 축삭 돌기 전체에서 흥분이 발생한다.
- **말이집 뉴런**: 축삭 돌기 일부가 말이집으로 싸여 있어 말이집으로 싸여 있지 않은 랑비에 결절에서만 흥분이 발생하는 도약전도가 일어난다.

② **기능에 따른 구분**

구심성 뉴런 (감각 뉴런)	자극을 받아들인 감각 기관으로부터 발생한 흥분을 연합 뉴런으로 전달한다.
원심성 뉴런 (운동 뉴런)	연합 뉴런으로부터 반응 명령을 전달받아 반응 기관으로 흥분을 전달한다.
연합 뉴런	구심성 뉴런(감각 뉴런)으로부터 전달받은 정보를 처리하고, 처리 결과에 따라 원심성 뉴런(운동 뉴런)에 명령을 전달한다.

② 흥분의 전도

(1) **분극**: 자극을 받지 않은 뉴런에서 세포막을 경계로 안쪽은 상대적으로 음(−)전하를, 바깥쪽은 상대적으로 양(+)전하를 띠고 있는 상태이다. 이때 형성되는 막전위를 휴지 전위라고 하며, 뉴런의 일반적인 휴지 전위는 약 −70 mV이다.

(2) **탈분극**: 뉴런에 역치 이상의 자극이 가해지면 세포막에 있는 Na^+ 통로가 열리면서 Na^+이 급속히 세포 안으로 확산되어 유입되고 막전위가 상승하는 현상이다. 막전위의 상승은 약 +30∼+40 mV가 될 때까지 일어난다.

(3) **재분극**: 열렸던 Na^+ 통로가 닫히고, K^+ 통로가 열리면서 K^+이 세포 밖으로 확산되어 유출되며, 막전위가 다시 휴지 전위로 되는 현상이다.

(4) **흥분의 전도**: 분극 상태인 뉴런의 한 지점에 역치 이상의 자극이 가해질 때 일어나는 막전위 변화를 활동 전위라고 한다. 활동 전위가 축삭 돌기를 따라 연쇄적으로 발생하여 흥분이 뉴런 내에서 이동하는 현상을 흥분의 전도라고 한다.

③ 흥분의 전달

(1) **신경 전달 물질의 분비**: 시냅스 이전 뉴런의 흥분이 축삭 돌기 말단까지 전도되면 시냅스 소포가 세포막과 융합되면서 신경 전달 물질이 시냅스 틈으로 분비된다.

(2) **신경 전달 물질의 작용**: 시냅스 틈으로 분비된 신경 전달 물질이 확산되어 시냅스 이후 뉴런의 수용체에 결합하면 시냅스 이후 뉴런에서 이온 통로가 열리면서 탈분극이 일어나 흥분이 전달된다.

④ 골격근의 구조와 수축 과정

(1) **골격근의 구조**: 골격근은 여러 개의 근육 섬유 다발로 이루어진다. 여러 개의 핵이 존재하는 근육 섬유(근육 세포)에는 미세한 근육 원섬유 다발이 들어 있다. 근육 원섬유는 액틴 필라멘트와 마이오신 필라멘트 등으로 구성된다.

(2) **근육 원섬유 마디의 구조**: 근육 원섬유 마디에는 액틴 필라멘트만 있어 밝게 보이는 I대(명대)와 마이오신 필라멘트가 있어 어둡게 보이는 A대(암대)가 있다. A대에서 마이오신 필라멘트만 있는 부분을 H대라고 한다.

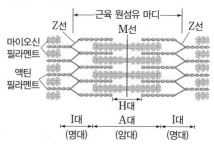

(3) **골격근의 수축 과정**: ATP가 분해될 때 방출되는 에너지를 사용하여 액틴 필라멘트가 마이오신 필라멘트 사이로 미끄러져 들어가면 근육 원섬유 마디가 짧아지면서 근수축이 일어난다.

더 알기 ◈ **골격근의 수축 과정에서 길이 변화**

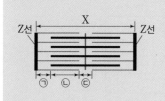

1) 근육 원섬유 마디(X)의 길이는 $2x$만큼 짧아진다.($-2x$)
2) 액틴 필라멘트(㉠+㉡)의 길이는 변하지 않는다.
3) A대인 마이오신 필라멘트(2㉡+㉢)의 길이는 변하지 않는다.
4) H대(마이오신 필라멘트만 있는 부분, ㉢)의 길이는 $2x$만큼 짧아진다.($-2x$)
5) I대의 절반(액틴 필라멘트만 있는 부분, ㉠)의 길이는 x만큼 짧아진다.($-x$)
6) 액틴 필라멘트와 마이오신 필라멘트가 겹치는 부분(㉡)의 길이는 x만큼 길어진다.($+x$)

다음은 민말이집 신경 A의 흥분 전도와 전달에 대한 자료이다.

| 2024학년도 수능 |

- A는 2개의 뉴런으로 구성되고, 각 뉴런의 흥분 전도 속도는 ㉮로 같다. 그림은 A의 지점 $d_1 \sim d_5$의 위치를, 표는 ㉠d_1에 역치 이상의 자극을 1회 주고 경과된 시간이 2 ms, 4 ms, 8 ms일 때 $d_1 \sim d_5$에서의 막전위를 나타낸 것이다. I~III은 2 ms, 4 ms, 8 ms를 순서 없이 나타낸 것이다.

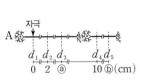

시간	막전위(mV)				
	d_1	d_2	d_3	d_4	d_5
I	?	-70	?	$+30$	0
II	$+30$	?	-70	?	?
III	?	-80	$+30$	?	?

- A에서 활동 전위가 발생하였을 때, 각 지점에서의 막전위 변화는 그림과 같다.

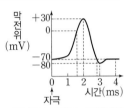

이에 대한 설명으로 옳은 것만을 〈보기〉에서 있는 대로 고른 것은? (단, A에서 흥분의 전도는 1회 일어났고, 휴지 전위는 -70 mV이다.)

〈보기〉
ㄱ. ㉮는 2 cm/ms이다.
ㄴ. ⓐ는 4이다.
ㄷ. ㉠이 9 ms일 때 d_5에서 재분극이 일어나고 있다.

① ㄱ ② ㄷ ③ ㄱ, ㄴ ④ ㄴ, ㄷ ⑤ ㄱ, ㄴ, ㄷ

접근 전략

자극을 준 지점과 같은 지점에서의 막전위 비교를 통해 I~III을 찾고, 흥분 전도 속도를 구한다.

간략 풀이

㉠ ㉠이 III(4 ms)일 때 d_2에서의 막전위가 -80 mV이므로 d_1에서 d_2까지 흥분이 전도되는 데 걸린 시간은 1 ms이다. 흥분 전도 속도는 2 cm/ms(㉮)이다.

㉡ ㉠이 III(4 ms)일 때 d_2와 d_3에서의 막전위가 각각 -80 mV와 $+30$ mV이므로 d_2에서 d_3까지 흥분이 전도되는 데 걸린 시간은 1 ms이다. d_2에서 d_3까지 거리는 2 cm이고, ⓐ는 4이다.

㉢ ㉠이 I(8 ms)일 때 d_4에서의 막전위는 $+30$ mV이므로 d_5에서의 막전위가 0 mV인 경우는 막전위 변화 시간이 1 ms와 2 ms 사이이다. ㉠이 9 ms일 때 d_5에서 막전위 변화 시간이 2 ms와 3 ms 사이이므로 d_5에서 재분극이 일어나고 있다.

정답 | ⑤

닮은꼴 문제로 유형 익히기

정답과 해설 8쪽

▶ 24068-0046

다음은 민말이집 신경 A의 흥분 전도와 전달에 대한 자료이다.

- A는 2개의 뉴런으로 구성되고, 각 뉴런의 흥분 전도 속도는 ㉮로 같다. 그림은 A의 지점 $d_1 \sim d_5$의 위치를, 표는 ㉠지점 X에 역치 이상의 자극을 1회 주고 경과된 시간이 3 ms, 5 ms, 7 ms일 때 $d_1 \sim d_5$에서의 막전위를 나타낸 것이다. X는 $d_1 \sim d_3$ 중 하나이다.

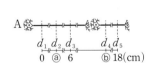

시간	막전위(mV)				
	d_1	d_2	d_3	d_4	d_5
3 ms	?	$+30$	?	?	?
5 ms	-80	?	-70	?	-70
7 ms	-70	?	?	0	$+30$

- A에서 활동 전위가 발생하였을 때, 각 지점에서의 막전위 변화는 그림과 같다.

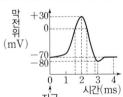

이에 대한 설명으로 옳은 것만을 〈보기〉에서 있는 대로 고른 것은? (단, A에서 흥분의 전도는 1회 일어났고, 휴지 전위는 -70 mV이다.)

〈보기〉
ㄱ. X는 d_3이다.
ㄴ. ⓐ는 3이다.
ㄷ. ㉠이 6 ms일 때 d_4에서 탈분극이 일어나고 있다.

① ㄱ ② ㄷ ③ ㄱ, ㄴ ④ ㄴ, ㄷ ⑤ ㄱ, ㄴ, ㄷ

유사점과 차이점

자극을 주고 경과된 시간이 다른 상황에서 막전위 자료를 통해 흥분 전도 속도와 지점 사이의 거리를 구한다는 점에서 대표 문제와 유사하지만 자극을 준 지점을 구한다는 점에서 대표 문제와 다르다.

배경 지식

- 뉴런의 어느 한 지점에서 흥분이 도달한 후 막전위가 변화하는 데 걸린 시간은 역치 이상의 자극을 1회 주고 경과된 시간에서 흥분이 전도되는 데 걸린 시간을 뺀 것과 같다.

01
▶24068-0047

그림은 시냅스로 연결된 뉴런 Ⅰ과 Ⅱ를 나타낸 것이다. Ⅰ과 Ⅱ는 감각 뉴런과 연합 뉴런을 순서 없이 나타낸 것이다.

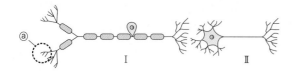

이에 대한 설명으로 옳은 것만을 〈보기〉에서 있는 대로 고른 것은?

┌─ 보기 ┐
ㄱ. Ⅰ은 구심성 뉴런이다.
ㄴ. Ⅱ에서 도약전도가 일어난다.
ㄷ. @에 시냅스 소포가 있다.
└─────┘

① ㄱ   ② ㄴ   ③ ㄷ   ④ ㄱ, ㄴ   ⑤ ㄱ, ㄷ

02
▶24068-0048

그림은 어떤 뉴런에 역치 이상의 자극을 주었을 때 이 뉴런 세포막의 한 지점에서 이온 ㉠과 ㉡의 막 투과도를 시간에 따라 나타낸 것이고, 표는 이 뉴런이 분극 상태일 때 뉴런의 X와 Y에서 ㉠과 ㉡의 농도를 나타낸 것이다. ㉠과 ㉡은 각각 Na^+과 K^+ 중 하나이고, X와 Y는 각각 세포 안과 세포 밖 중 하나이다.

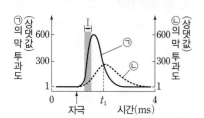

이온	X	Y
㉠	150	15
㉡	5.5	150

(단위: mM)

이에 대한 설명으로 옳은 것만을 〈보기〉에서 있는 대로 고른 것은?

┌─ 보기 ┐
ㄱ. X는 세포 밖이다.
ㄴ. 구간 Ⅰ에서 ㉠이 세포 밖에서 세포 안으로 이동할 때 ATP를 소모한다.
ㄷ. t_1일 때 이온의 $\dfrac{Y에서의 농도}{X에서의 농도}$는 ㉠이 ㉡보다 크다.
└─────┘

① ㄱ   ② ㄴ   ③ ㄱ, ㄷ   ④ ㄴ, ㄷ   ⑤ ㄱ, ㄴ, ㄷ

03
▶24068-0049

그림 (가)는 어떤 뉴런에 역치 이상의 자극을 주었을 때 이 뉴런의 한 지점에서의 막전위 변화를, (나)는 이 뉴런의 세포막에서 Ⅰ과 Ⅱ를 통한 이온 ㉠의 이동을 나타낸 것이다. ㉠은 Na^+과 K^+ 중 하나이고, Ⅰ과 Ⅱ는 K^+ 통로와 Na^+-K^+ 펌프를 순서 없이 나타낸 것이다.

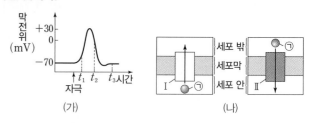

이에 대한 설명으로 옳은 것만을 〈보기〉에서 있는 대로 고른 것은?

┌─ 보기 ┐
ㄱ. Ⅰ은 K^+ 통로이다.
ㄴ. K^+의 막 투과도는 t_1일 때가 t_2일 때보다 크다.
ㄷ. t_3일 때 Ⅱ를 통해 Na^+이 세포 안으로 유입된다.
└─────┘

① ㄱ   ② ㄴ   ③ ㄷ   ④ ㄱ, ㄴ   ⑤ ㄱ, ㄷ

04
▶24068-0050

다음은 민말이집 신경 A의 흥분 전도에 대한 자료이다.

• 그림은 A의 지점 $d_1 \sim d_3$의 위치를, 표는 ㉠(가)~(다) 중 한 곳에 역치 이상의 자극을 각각 1회 주고 경과된 시간이 t일 때 $d_1 \sim d_3$에서의 막전위를 나타낸 것이다. (가)~(다)는 지점 Ⅰ~Ⅲ을 순서 없이 나타낸 것이다.

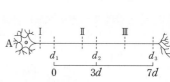

자극을	t일 때 막전위(mV)		
준 지점	d_1	d_2	d_3
(가)	0	−80	−80
(나)	−80	?	@
(다)	?	+30	?

• Ⅰ에서 d_1까지의 거리와 Ⅱ에서 d_2까지의 거리는 모두 d이고, Ⅲ에서 d_3까지의 거리는 $2d$이다.

• A에서 활동 전위가 발생하였을 때, 각 지점에서의 막전위 변화는 그림과 같다.

이에 대한 설명으로 옳은 것만을 〈보기〉에서 있는 대로 고른 것은? (단, A에서 흥분의 전도는 1회 일어났고, 휴지 전위는 −70 mV이다.)

┌─ 보기 ┐
ㄱ. (나)는 Ⅱ이다.   ㄴ. @는 0이다.
ㄷ. 자극을 준 지점이 Ⅰ이고 ㉠이 $\dfrac{3}{4}t$일 때 d_1에서의 막전위는 +30 mV이다.
└─────┘

① ㄱ   ② ㄷ   ③ ㄱ, ㄴ   ④ ㄴ, ㄷ   ⑤ ㄱ, ㄴ, ㄷ

05

▶24068-0051

그림은 원심성 뉴런의 한 지점 P에 역치 이상의 자극을 1회 주었을 때 발생한 흥분이 P로부터 축삭 돌기 말단 방향의 각

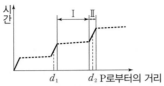

지점에 도달하는 데 걸린 시간을 P로부터의 거리에 따라 나타낸 것이다. Ⅰ과 Ⅱ는 이 뉴런의 축삭 돌기에서 말이집으로 싸여 있는 부분과 말이집으로 싸여 있지 않은 부분을 순서 없이 나타낸 것이다. P에 역치 이상의 자극을 1회 주고 경과된 시간이 t일 때 P로부터의 거리가 d_1인 지점과 d_2인 지점 중 하나에서는 탈분극이, 나머지 하나에서는 재분극이 일어나고 있다. 이에 대한 설명으로 옳은 것만을 〈보기〉에서 있는 대로 고른 것은? (단, 흥분의 전도는 1회 일어났다.)

〔 보기 〕
ㄱ. Ⅰ에 슈반 세포가 있다.
ㄴ. t일 때 P로부터의 거리가 d_1인 지점에서 탈분극이 일어나고 있다.
ㄷ. P로부터의 거리가 d_2인 지점에 역치 이상의 자극을 주면 P에서 활동 전위가 발생한다.

① ㄱ   ② ㄴ   ③ ㄷ   ④ ㄱ, ㄷ   ⑤ ㄴ, ㄷ

06

▶24068-0052

그림은 민말이집 신경 A와 B의 흥분 전도와 전달에 대한 자료이다.

- 그림은 A와 B의 지점 $d_1 \sim d_4$의 위치를 나타낸 것이다. Ⅰ과 Ⅱ는 B를 구성하는 두 뉴런이다.

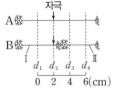

신경	4 ms일 때 막전위(mV)			
	d_1	d_2	d_3	d_4
A	?	−70	−80	ⓐ
B	−80	?	ⓐ	−60

- 표는 ㉠A와 B의 d_2에 역치 이상의 자극을 동시에 1회 주고 경과된 시간이 4 ms일 때 $d_1 \sim d_4$에서의 막전위를 나타낸 것이다.
- A와 B 각각에서 활동 전위가 발생하였을 때, 각 지점에서의 막전위 변화는 그림과 같다.

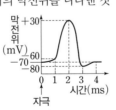

이에 대한 설명으로 옳은 것만을 〈보기〉에서 있는 대로 고른 것은? (단, A와 B에서 흥분의 전도는 각각 1회 일어났고, 휴지 전위는 −70 mV이다.)

〔 보기 〕
ㄱ. 흥분 전도 속도는 A와 Ⅱ가 서로 같다.
ㄴ. ㉠이 3 ms일 때 B의 d_3에서 재분극이 일어나고 있다.
ㄷ. ㉠이 5 ms일 때 A의 d_1에서 Na^+은 세포 안에서 세포 밖으로 유출되고 있다.

① ㄱ   ② ㄴ   ③ ㄷ   ④ ㄱ, ㄴ   ⑤ ㄱ, ㄷ

07

▶24068-0053

그림 (가)는 팔을 폈을 때와 구부렸을 때를, (나)는 뉴런 Ⅰ과 Ⅱ 사이의 시냅스에서 일어나는 흥분 전달 과정을 나타낸 것이다. ⓐ가 일어나는 동안 근육 ㉠의 근육 원섬유 마디에서 H대의 길이는 0보다 크다. Ⅰ은 근육 ㉡에 연결되어 있다.

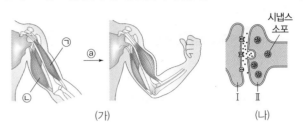

(가)   (나)

이에 대한 설명으로 옳은 것만을 〈보기〉에서 있는 대로 고른 것은?

〔 보기 〕
ㄱ. Ⅱ에서 Ⅰ로 흥분의 전달이 일어난다.
ㄴ. Ⅰ의 축삭 돌기 말단에서 아세틸콜린이 분비된다.
ㄷ. ⓐ가 일어나는 동안 ㉠의 근육 원섬유 마디에서 $\dfrac{\text{H대의 길이}}{\text{근육 원섬유 마디의 길이}}$는 증가한다.

① ㄱ   ② ㄷ   ③ ㄱ, ㄴ   ④ ㄴ, ㄷ   ⑤ ㄱ, ㄴ, ㄷ

08

▶24068-0054

그림은 민말이집 신경 A의 흥분 전도에 대한 자료이다.

- 그림은 A의 지점 $d_1 \sim d_5$의 위치를, 표는 ㉠지점 X에 역치 이상의 자극을 1회 주고 경과된 시간이 5 ms일 때 $d_1 \sim d_5$ 중 X를 제외한 나머지 지점에서의 막전위를 순서 없이 나타낸 것이다. X는 $d_1 \sim d_5$ 중 하나이다.

5 ms일 때 막전위(mV)
−80, −70, −50, +30

- A의 흥분 전도 속도는 1 cm/ms이다.
- A에서 활동 전위가 발생하였을 때, 각 지점에서의 막전위 변화는 그림과 같다.

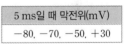
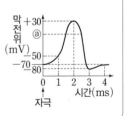

이에 대한 설명으로 옳은 것만을 〈보기〉에서 있는 대로 고른 것은? (단, A에서 흥분의 전도는 1회 일어났고, 휴지 전위는 −70 mV이다.)

〔 보기 〕
ㄱ. X는 d_2이다.
ㄴ. ㉠이 4 ms일 때 $d_1 \sim d_5$ 중 탈분극이 일어나고 있는 지점이 있다.
ㄷ. ㉠이 3 ms일 때 막전위가 ⓐ인 지점은 구간 Ⅰ과 Ⅲ에 모두 있다.

① ㄴ   ② ㄷ   ③ ㄱ, ㄴ   ④ ㄱ, ㄷ   ⑤ ㄴ, ㄷ

09
▶24068-0055

그림 (가)는 골격근 ⓐ의 구조를, (나)의 ㉠~㉢은 근육 원섬유 마디 X의 서로 다른 지점에서의 단면을 나타낸 것이다. ㉮는 A대와 I대 중 하나이다.

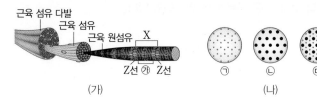

(가)   (나)

이에 대한 설명으로 옳은 것만을 〈보기〉에서 있는 대로 고른 것은?

┌─ 보기 ┐
ㄱ. 근육 섬유에는 여러 개의 핵이 있다.
ㄴ. ㉮에서 ㉡과 ㉢이 모두 관찰된다.
ㄷ. ⓐ가 수축할 때 ㉠이 관찰되는 부분의 길이가 감소한다.
└──────┘

① ㄱ   ② ㄷ   ③ ㄱ, ㄴ   ④ ㄴ, ㄷ   ⑤ ㄱ, ㄴ, ㄷ

10
▶24068-0056

다음은 골격근의 수축 과정에 대한 자료이다.

• 그림은 근육 원섬유 마디 X의 구조를 나타낸 것이다. X는 좌우 대칭이다.

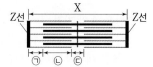

• 구간 ㉠은 액틴 필라멘트만 있는 부분이고, ㉡은 액틴 필라멘트와 마이오신 필라멘트가 겹치는 부분이며, ㉢은 마이오신 필라멘트만 있는 부분이다.
• 표는 골격근 수축 과정의 세 시점 t_1~t_3일 때 Q의 길이를 P의 길이로 나눈 값$\left(\dfrac{Q}{P}\right)$, R의 길이를 Q의 길이로 나눈 값$\left(\dfrac{R}{Q}\right)$, P의 길이를 R의 길이로 나눈 값$\left(\dfrac{P}{R}\right)$을 나타낸 것이다. P, Q, R는 ㉠~㉢을 순서 없이 나타낸 것이다.
• t_1일 때 ㉢의 길이는 0.6 μm이고, t_2일 때 ㉠의 길이와 ㉡의 길이를 더한 값은 1.0 μm이며, t_3일 때 A대의 길이는 1.6 μm이다.

시점	$\dfrac{Q}{P}$	$\dfrac{R}{Q}$	$\dfrac{P}{R}$
t_1	ⓐ	$\dfrac{6}{5}$	?
t_2	$\dfrac{2}{3}$	ⓐ	ⓑ
t_3	4	ⓑ	$\dfrac{1}{6}$

이에 대한 설명으로 옳은 것만을 〈보기〉에서 있는 대로 고른 것은?

┌─ 보기 ┐
ㄱ. Q는 ㉠이다.
ㄴ. ⓐ+ⓑ=3이다.
ㄷ. X의 길이는 t_2일 때가 t_3일 때보다 0.8 μm 짧다.
└──────┘

① ㄱ   ② ㄴ   ③ ㄱ, ㄷ   ④ ㄴ, ㄷ   ⑤ ㄱ, ㄴ, ㄷ

11
▶24068-0057

다음은 골격근의 수축 과정에 대한 자료이다.

• 그림은 근육 원섬유 마디 X의 구조를 나타낸 것이다. X는 좌우 대칭이다.

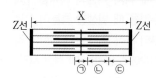

• 구간 ㉠은 마이오신 필라멘트만 있는 부분이고, ㉡은 액틴 필라멘트와 마이오신 필라멘트가 겹치는 부분이며, ㉢은 액틴 필라멘트만 있는 부분이다.
• 골격근 수축 과정의 두 시점 t_1과 t_2 중, t_1일 때 X의 길이는 3.2 μm이고, t_2일 때 A대의 길이는 1.6 μm이다.
• t_1일 때 ㉠의 길이는 t_2일 때 ㉢의 길이와 같다.
• t_1일 때 ㉡의 길이는 t_2일 때 ㉢의 길이보다 0.1 μm 짧다.

이에 대한 설명으로 옳은 것만을 〈보기〉에서 있는 대로 고른 것은?

┌─ 보기 ┐
ㄱ. t_1일 때 ㉢의 길이는 0.8 μm이다.
ㄴ. t_2일 때 ㉠의 길이는 ㉡의 길이보다 짧다.
ㄷ. X의 길이는 t_1일 때가 t_2일 때보다 0.4 μm 길다.
└──────┘

① ㄱ   ② ㄴ   ③ ㄱ, ㄷ   ④ ㄴ, ㄷ   ⑤ ㄱ, ㄴ, ㄷ

12
▶24068-0058

다음은 골격근의 수축 과정에 대한 자료이다.

• 그림은 근육 원섬유 마디 X의 구조를, 표는 골격근 수축 과정의 두 시점 t_1과 t_2일 때 X의 길이, A대의 길이에서 H대의 길이를 뺀 값(A대−H대), ⓐ의 길이를 나타낸 것이다. X는 좌우 대칭이다.

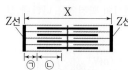

시점	X의 길이	A대−H대	ⓐ의 길이
t_1	?	㉮	0.9
t_2	2.6	1.0	0.5

(단위: μm)

• 구간 ㉠은 액틴 필라멘트만 있는 부분이고, ㉡은 액틴 필라멘트와 마이오신 필라멘트가 겹치는 부분이다.
• t_1일 때 A대의 길이는 1.6 μm이다.
• ⓐ는 ㉠과 ㉡ 중 하나이다.

이에 대한 설명으로 옳은 것만을 〈보기〉에서 있는 대로 고른 것은?

┌─ 보기 ┐
ㄱ. ⓐ는 ㉡이다.
ㄴ. $\dfrac{t_1일 때 ㉡의 길이}{㉮}=\dfrac{1}{2}$이다.
ㄷ. t_2일 때 H대의 길이는 ㉠의 길이보다 길다.
└──────┘

① ㄱ   ② ㄷ   ③ ㄱ, ㄴ   ④ ㄴ, ㄷ   ⑤ ㄱ, ㄴ, ㄷ

01

▶24068-0059

그림 (가)는 말이집 뉴런에서 지점 X~Z를, (나)는 X에 역치 이상의 자극을 주었을 때 지점 @에서 이온 ㉠과 ㉡의 막 투과도를 시간에 따라 나타낸 것이다. @는 Y와 Z 중 하나이고, ㉠과 ㉡은 각각 Na^+과 K^+ 중 하나이다.

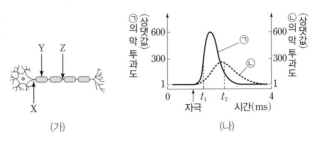

(가)   (나)

이에 대한 설명으로 옳은 것만을 〈보기〉에서 있는 대로 고른 것은?

┌─ 보기 ────────────────────────────────┐
ㄱ. @는 Z이다.
ㄴ. t_1일 때 @에서 ㉠이 이온 통로를 통해 세포 안에서 세포 밖으로 이동한다.
ㄷ. t_2일 때 @에서 $\dfrac{㉡의\ 세포\ 밖\ 농도}{㉡의\ 세포\ 안\ 농도}$는 1보다 작다.
└─────────────────────────────────────┘

① ㄱ   ② ㄴ   ③ ㄷ   ④ ㄱ, ㄴ   ⑤ ㄱ, ㄷ

02

▶24068-0060

다음은 민말이집 신경 A~C의 흥분 전도와 전달에 대한 자료이다.

┌─────────────────────────────────────┐
• 그림은 A~C의 지점 d_1~d_4의 위치를 나타낸 것이다. @에서 A와 B는 시냅스를 형성하지 않고, A와 B 중 하나만 C와 시냅스를 형성하며, @에는 A~C 중 2개의 축삭 돌기 말단이 있다.
• 표는 ㉠C의 d_4에 역치 이상의 자극을 1회 주고 경과된 시간이 5 ms일 때 d_1~d_4에서의 막전위를 나타낸 것이다. Ⅰ~Ⅲ은 A~C를 순서 없이 나타낸 것이다.

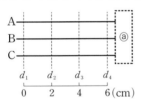

신경	5 ms일 때 막전위(mV)			
	d_1	d_2	d_3	d_4
Ⅰ	−50	㉮	−80	−70
Ⅱ	?	−70	?	−70
Ⅲ	−80	?	?	−70

• A와 B의 d_2에 역치 이상의 자극을 동시에 1회 주고 경과된 시간이 t일 때 A와 B의 d_4에서의 막전위는 모두 0 mV이다.
• 흥분 전도 속도는 A가 4 cm/ms, B가 2 cm/ms, C가 3 cm/ms이다.
• A~C 각각에서 활동 전위가 발생하였을 때, 각 지점에서의 막전위 변화는 그림과 같다.

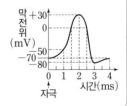
└─────────────────────────────────────┘

이에 대한 설명으로 옳은 것만을 〈보기〉에서 있는 대로 고른 것은? (단, A~C에서 흥분의 전도는 각각 1회 일어났고, 휴지 전위는 −70 mV이다.)

┌─ 보기 ────────────────────────────────┐
ㄱ. ㉮는 0이다.
ㄴ. @에는 Ⅱ와 Ⅲ의 축삭 돌기 말단이 모두 있다.
ㄷ. ㉠이 t일 때 A~C의 d_3 중에서 탈분극이 일어나고 있는 지점의 수는 1이다.
└─────────────────────────────────────┘

① ㄱ   ② ㄷ   ③ ㄱ, ㄴ   ④ ㄴ, ㄷ   ⑤ ㄱ, ㄴ, ㄷ

03

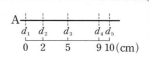

다음은 민말이집 신경 A의 흥분 전도에 대한 자료이다.

• 그림은 A의 지점 $d_1{\sim}d_5$의 위치를, 표는 A의 지점 X에 역치 이상의 자극을 1회 주고 지점 I~Ⅳ에서의 막전위 변화를 나타낸 것이다. X는 $d_1{\sim}d_4$ 중 하나이고, I~Ⅳ는 $d_1{\sim}d_4$를 순서 없이 나타낸 것이다.

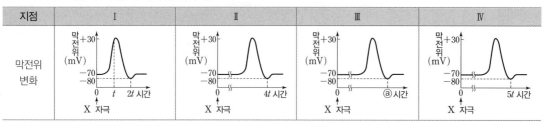

지점	I	Ⅱ	Ⅲ	Ⅳ
막전위 변화				

• ⓐ는 $2t$보다 크다.

이에 대한 설명으로 옳은 것만을 〈보기〉에서 있는 대로 고른 것은? (단, A에서 흥분의 전도는 1회 일어났고, 휴지 전위는 $-70\,\text{mV}$이다.)

┌ 보기 ┐
ㄱ. X는 d_3이다. ㄴ. ⓐ는 $9t$이다.
ㄷ. A의 d_5에 역치 이상의 자극을 1회 주고 경과된 시간이 $6t$일 때 Ⅳ에서 탈분극이 일어나고 있다.

① ㄱ ② ㄴ ③ ㄷ ④ ㄱ, ㄷ ⑤ ㄴ, ㄷ

04

▶24068-0062

다음은 민말이집 신경 A~C의 흥분 전도에 대한 자료이다.

• 그림은 A~C의 지점 $d_1{\sim}d_5$의 위치를, 표는 ㉠A~C의 d_1에 역치 이상의 자극을 동시에 1회 주고 경과된 시간이 $3\,\text{ms}$, $4\,\text{ms}$, $5\,\text{ms}$, $6\,\text{ms}$일 때 지점 X에서의 막전위를 나타낸 것이다. I~Ⅳ는 $3\,\text{ms}$, $4\,\text{ms}$, $5\,\text{ms}$, $6\,\text{ms}$를 순서 없이 나타낸 것이고, X는 $d_1{\sim}d_5$ 중 하나이다.

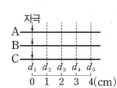

신경	X에서의 막전위(mV)			
	I	Ⅱ	Ⅲ	Ⅳ
A	-60	-80	?	ⓐ
B	-80	?	$+30$	-70
C	ⓑ	?	0	?

• A~C의 흥분 전도 속도는 서로 다르며, 각각 $1\,\text{cm/ms}$, $2\,\text{cm/ms}$, $3\,\text{cm/ms}$ 중 하나이다.
• A~C 각각에서 활동 전위가 발생하였을 때, 각 지점에서의 막전위 변화는 그림과 같다.

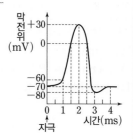

이에 대한 설명으로 옳은 것만을 〈보기〉에서 있는 대로 고른 것은? (단, A~C에서 흥분의 전도는 각각 1회 일어났고, 휴지 전위는 $-70\,\text{mV}$이다.)

┌ 보기 ┐
ㄱ. X는 d_4이다. ㄴ. ⓐ와 ⓑ는 서로 같다.
ㄷ. ㉠이 $3.5\,\text{ms}$일 때 B의 X에서 탈분극이 일어나고 있다.

① ㄱ ② ㄷ ③ ㄱ, ㄴ ④ ㄱ, ㄷ ⑤ ㄴ, ㄷ

05

▶24068-0063

그림은 민말이집 뉴런 A~E의 연결 상태를, 표는 A~E 중 한 뉴런에 역치 이상의 자극을 각각 1회 주었을 때 A~E 중 활동 전위가 발생한 뉴런의 수를 나타낸 것이다. ㉠과 ㉡에서 각각 3개의 뉴런이 시냅스를 형성하고 있다. ㉠에는 A~C 중 2개의 축삭 돌기 말단이 있고, ㉡에는 C~E 중 1개의 축삭 돌기 말단이 있다.

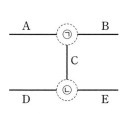

자극을 준 뉴런	A~E 중 활동 전위가 발생한 뉴런의 수
A	1
B	2
C	?
D	ⓐ
E	1

이에 대한 설명으로 옳은 것만을 〈보기〉에서 있는 대로 고른 것은? (단, A~E 이외의 다른 뉴런은 고려하지 않으며, 자극에 대한 흥분을 전달받은 뉴런은 모두 활동 전위가 발생한다.)

┌ 보기 ┌
ㄱ. ⓐ는 4이다.
ㄴ. ㉡에는 D의 축삭 돌기 말단이 있다.
ㄷ. C에 역치 이상의 자극을 주면 B에서 활동 전위가 발생한다.

① ㄱ   ② ㄷ   ③ ㄱ, ㄴ   ④ ㄴ, ㄷ   ⑤ ㄱ, ㄴ, ㄷ

06

▶24068-0064

다음은 민말이집 신경 A~C의 흥분 전도와 전달에 대한 자료이다.

- 그림은 A~C의 지점 d_1~d_5의 위치를 나타낸 것이다. C에서 ㉮와 ㉯ 중 한 곳에만 시냅스가 있다.
- 표는 A~C의 d_1에 역치 이상의 자극을 동시에 1회 주고 경과된 시간이 4 ms일 때 d_1~d_5에서의 막전위를 나타낸 것이다. I~III은 A~C를 순서 없이 나타낸 것이고, ㉠~㉢은 +30, -60, -80을 순서 없이 나타낸 것이다.

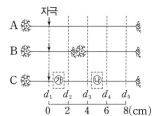

신경	4 ms일 때 막전위(mV)				
	d_1	d_2	d_3	d_4	d_5
I	-70	㉠	?	?	㉡
II	-70	?	0	㉢	0
III	?	㉠	㉢	㉡	-70

- A의 흥분 전도 속도는 ⓐ cm/ms이고, B를 구성하는 두 뉴런의 흥분 전도 속도는 ⓑ cm/ms로 같으며, C를 구성하는 두 뉴런의 흥분 전도 속도는 ⓒ cm/ms로 같다. ⓐ~ⓒ는 2, 3, 4를 순서 없이 나타낸 것이다.
- A~C 각각에서 활동 전위가 발생하였을 때, 각 지점에서의 막전위 변화는 그림과 같다.

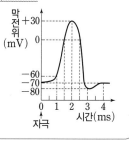

이에 대한 설명으로 옳은 것만을 〈보기〉에서 있는 대로 고른 것은? (단, A~C에서 흥분의 전도는 각각 1회 일어났고, 휴지 전위는 -70 mV이다.)

┌ 보기 ┌
ㄱ. II는 B이다.   ㄴ. ⓐ는 ⓒ보다 크다.
ㄷ. B와 C의 d_2에 역치 이상의 자극을 동시에 1회 주고 경과된 시간이 3 ms일 때 B와 C의 d_5에서의 막전위는 모두 ㉡이다.

① ㄱ   ② ㄷ   ③ ㄱ, ㄴ   ④ ㄱ, ㄷ   ⑤ ㄴ, ㄷ

07
▸24068-0065

다음은 골격근의 수축 과정에 대한 자료이다.

- 그림 (가)는 다리를 구부렸다 펴는 과정에서 두 시점 t_1과 t_2일 때 근육 P와 Q의 모습을, (나)는 P와 Q 중 하나에서 근육 원섬유 마디 X의 구조를 나타낸 것이다. X는 좌우 대칭이다.

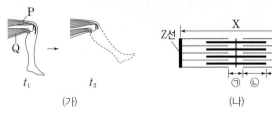

시점	X의 길이	ⓐ의 길이	ⓑ의 길이	ⓒ의 길이
t_1	2.4	0.6	0.4	0.4
t_2	?	?	0.7	1.0

(단위: μm)

- 구간 ㉠은 마이오신 필라멘트만 있는 부분이고, ㉡은 액틴 필라멘트와 마이오신 필라멘트가 겹치는 부분이며, ㉢은 액틴 필라멘트만 있는 부분이다.
- 표는 t_1과 t_2일 때 X의 길이, ⓐ~ⓒ의 길이를 나타낸 것이다. ⓐ~ⓒ는 ㉠~㉢을 순서 없이 나타낸 것이다.

이에 대한 설명으로 옳은 것만을 〈보기〉에서 있는 대로 고른 것은?

> **보기**
> ㄱ. X는 Q의 근육 원섬유 마디이다.
> ㄴ. ⓐ는 ㉢이다.
> ㄷ. $\dfrac{\text{X의 길이}-ⓒ\text{의 길이}}{ⓐ\text{의 길이}+ⓑ\text{의 길이}}$ 는 t_1일 때와 t_2일 때가 같다.

① ㄱ   ② ㄴ   ③ ㄷ   ④ ㄱ, ㄴ   ⑤ ㄱ, ㄷ

08
▸24068-0066

다음은 골격근의 수축 과정에 대한 자료이다.

- 그림은 근육 원섬유 마디 X의 구조를 나타낸 것이다. X는 좌우 대칭이다.
- 구간 ㉠은 액틴 필라멘트만 있는 부분이고, ㉡은 액틴 필라멘트와 마이오신 필라멘트가 겹치는 부분이며, ㉢은 마이오신 필라멘트만 있는 부분이다.
- 표는 골격근 수축 과정의 세 시점 t_1~t_3일 때 X의 길이, ㉠의 길이에서 ㉡의 길이를 뺀 값(㉠-㉡)을 나타낸 것이다.
- $\dfrac{t_2\text{일 때 ㉢의 길이}}{t_1\text{일 때 ㉢의 길이}}=\dfrac{1}{2}$ 이고, $\dfrac{t_1\text{일 때 ㉢의 길이}}{t_3\text{일 때 ㉢의 길이}}=\dfrac{3}{4}$ 이다.

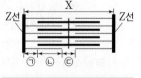

시점	X의 길이	㉠-㉡
t_1	3.2	0.3
t_2	?	0
t_3	?	0.5

(단위: μm)

이에 대한 설명으로 옳은 것만을 〈보기〉에서 있는 대로 고른 것은?

> **보기**
> ㄱ. ㉡의 길이는 t_2일 때가 t_3일 때보다 0.5 μm 길다.
> ㄴ. t_1일 때 ㉠의 길이와 t_3일 때 ㉢의 길이는 서로 같다.
> ㄷ. X의 길이가 3.0 μm일 때 $\dfrac{㉠\text{의 길이}-㉡\text{의 길이}}{㉢\text{의 길이}}=\dfrac{1}{4}$ 이다.

① ㄱ   ② ㄴ   ③ ㄷ   ④ ㄱ, ㄷ   ⑤ ㄴ, ㄷ

09

▶24068-0067

다음은 골격근의 수축 과정에 대한 자료이다.

- 그림은 근육 원섬유 마디 X의 구조를 나타낸 것이다. X는 좌우 대칭이고, Z_1과 Z_2는 X의 Z선이다.
- 지점 d_1은 마이오신 필라멘트의 끝 지점이고, d_2는 액틴 필라멘트의 끝 지점이며, d_3은 액틴 필라멘트 ㉮를 절반으로 나누는 지점이다.
- 표는 골격근 수축 과정의 두 시점 t_1과 t_2일 때 M선으로부터 $d_1 \sim d_3$까지의 거리를 각각 나타낸 것이다.

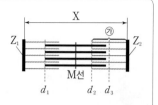

시점	M선으로부터 거리(μm)		
	d_1	d_2	d_3
t_1	0.8	0.5	1.0
t_2	?	0.2	?

이에 대한 설명으로 옳은 것만을 〈보기〉에서 있는 대로 고른 것은?

보기

ㄱ. X의 길이는 t_1일 때가 t_2일 때보다 0.3 μm 길다.
ㄴ. t_2일 때 d_3은 A대에 포함된다.
ㄷ. t_1일 때 Z_1로부터 d_2까지의 거리는 t_2일 때 Z_2로부터 d_1까지의 거리보다 짧다.

① ㄱ   ② ㄴ   ③ ㄷ   ④ ㄱ, ㄴ   ⑤ ㄴ, ㄷ

10

▶24068-0068

다음은 골격근의 수축과 이완 과정에 대한 자료이다.

- 그림 (가)는 근육 원섬유 마디 X의 구조를 나타낸 것이다. X는 좌우 대칭이고, Z_1과 Z_2는 X의 Z선이다.
- 구간 ㉠은 액틴 필라멘트만 있는 부분이고, ㉡은 액틴 필라멘트와 마이오신 필라멘트가 겹치는 부분이며, ㉢은 마이오신 필라멘트만 있는 부분이다.
- 그림 (나)는 골격근 수축과 이완 과정에서 P와 Q의 길이 변화를 시간에 따라 나타낸 것이다. P와 Q는 각각 ㉠~㉢ 중 하나이다.
- 구간 ㉮에서 X의 길이의 최솟값은 2.6 μm이고, t_1일 때 A대의 길이는 1.6 μm이다.

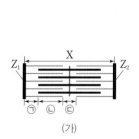

(가)

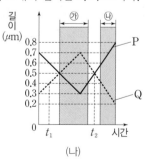

(나)

이에 대한 설명으로 옳은 것만을 〈보기〉에서 있는 대로 고른 것은?

보기

ㄱ. P는 ㉠이다.
ㄴ. H대의 길이는 t_1일 때가 t_2일 때보다 0.1 μm 짧다.
ㄷ. 구간 ㉯에는 Z_1로부터 거리가 0.3 μm인 지점이 ㉡에 해당하는 시기가 있다.

① ㄱ   ② ㄴ   ③ ㄷ   ④ ㄱ, ㄷ   ⑤ ㄴ, ㄷ

① 중추 신경계

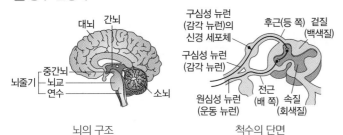

뇌의 구조 / 척수의 단면

(1) 중추 신경계는 구심성 신경(감각 신경)을 통해 들어온 감각 정보를 통합하여 반응 기관에 명령을 내린다.

(2) 뇌

① 대뇌: 겉질은 신경 세포체가 있는 회색질, 속질은 축삭 돌기가 있는 백색질이다. 겉질은 기능에 따라 감각령, 연합령, 운동령으로 구분하고, 위치에 따라 전두엽, 두정엽, 측두엽, 후두엽 등으로 구분한다. 고등 정신 활동과 감각, 수의 운동을 담당한다.

② 소뇌: 수의 운동이 정확하고 원활하게 일어나도록 조절하며, 몸의 평형 유지에 관여한다.

③ 간뇌: 시상과 시상 하부로 구분되며, 시상 하부는 자율 신경과 내분비계를 조절한다. 혈당량, 체온, 혈장 삼투압 조절 등 항상성에 중요한 역할을 한다.

④ 중간뇌: 안구 운동과 홍채 조절을 담당하며, 몸의 평형 유지에 관여한다.

⑤ 뇌교: 소뇌와 대뇌 사이의 정보 전달을 중계하며, 호흡 운동 조절에 관여한다.

⑥ 연수: 심장 박동, 호흡, 소화 등을 조절하고, 기침, 재채기 등의 반사 중추이다. 대뇌에 연결되는 대부분의 신경이 교차한다.

(3) 척수: 겉질은 백색질, 속질은 회색질이다. 원심성 신경(운동 신경) 다발이 전근을 이루고, 구심성 신경(감각 신경) 다발이 후근을 이룬다.

(4) 의식적인 반응과 무조건 반사

① 의식적인 반응: 대뇌의 판단과 명령에 의해 일어나는 행동을 의식적인 반응이라고 한다.

② 무조건 반사: 대뇌가 관여하지 않고 척수, 연수, 중간뇌, 뇌교 등을 중추로 하여 일어나는 반응을 무조건 반사라고 한다

반사	중추	반응
척수 반사	척수	무릎 반사, 회피 반사, 배뇨·배변 반사 등
연수 반사	연수	재채기, 하품, 침 분비 등
중간뇌 반사	중간뇌	동공 반사, 안구 운동 등

② 말초 신경계

(1) 뇌와 주변 기관을 연결하는 12쌍의 뇌 신경과 척수와 주변 기관을 연결하는 31쌍의 척수 신경으로 분류한다.

(2) 감각 기관에서 중추 신경계로 흥분을 전달하는 구심성 신경(감각 신경)과 중추 신경계의 명령을 반응 기관으로 전달하는 원심성 신경(운동 신경)으로 분류한다.

(3) 원심성 신경(운동 신경): 골격근에 명령을 전달하는 체성 신경과 내장 기관에 명령을 전달하는 자율 신경이 있다.

① 체성 신경: 주로 대뇌의 지배를 받으며, 골격근에 아세틸콜린을 분비하여 명령을 전달한다. 중추 신경계와 반응 기관 사이에서 1개의 신경이 명령을 전달한다.

② 자율 신경: 중간뇌, 연수, 척수의 명령을 내장 기관에 아세틸콜린이나 노르에피네프린을 분비하여 전달한다. 중추 신경계와 반응 기관 사이에서 2개의 신경이 명령을 전달하며, 두 신경 사이에 신경절이 있다. 자율 신경은 교감 신경과 부교감 신경으로 구성되며, 교감 신경과 부교감 신경은 길항 작용을 한다.

구분	동공	심장 박동	혈압	방광	소화액 분비
교감 신경	확대	촉진	상승	확장	억제
부교감 신경	축소	억제	하강	수축	촉진

③ 신경계 이상과 질환

(1) **중추 신경계 이상**: 알츠하이머병(대뇌 기능 저하), 파킨슨병(도파민 분비 이상)

(2) **말초 신경계 이상**: 근위축성 측삭 경화증(운동 신경 손상)

더 알기 교감 신경과 부교감 신경의 비교

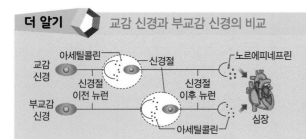

• 교감 신경: 척수와 연결되어 있으며, 신경절 이전 뉴런의 축삭 돌기 말단에서는 아세틸콜린이, 신경절 이후 뉴런의 축삭 돌기 말단에서는 노르에피네프린이 분비된다.

• 부교감 신경: 중간뇌, 연수, 척수와 연결되어 있으며, 신경절 이전 뉴런과 신경절 이후 뉴런의 축삭 돌기 말단에서 모두 아세틸콜린이 분비된다.

| 2024학년도 9월 모의평가 |

그림은 동공의 크기 조절에 관여하는 자율 신경 X가 중추 신경계에 연결된 경로를 나타낸 것이다. A~C는 대뇌, 연수, 중간뇌를 순서 없이 나타낸 것이고, ㉠에 하나의 신경절이 있다.

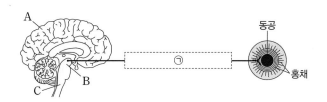

이에 대한 설명으로 옳은 것만을 〈보기〉에서 있는 대로 고른 것은?

┌ 보기 ┐
ㄱ. X는 신경절 이전 뉴런이 신경절 이후 뉴런보다 짧다.
ㄴ. A의 겉질은 회색질이다.
ㄷ. B와 C는 모두 뇌줄기에 속한다.

① ㄱ　　　② ㄷ　　　③ ㄱ, ㄴ　　　④ ㄴ, ㄷ　　　⑤ ㄱ, ㄴ, ㄷ

정답과 해설 14쪽

▶24068-0069

그림은 사람의 중추 신경계와 홍채가 자율 신경으로 연결된 경로를 나타낸 것이다. ㉠~㉣은 소뇌, 연수, 척수, 중간뇌를 순서 없이 나타낸 것이고, ⓐ와 ⓑ에는 각각 하나의 신경절이 있다.

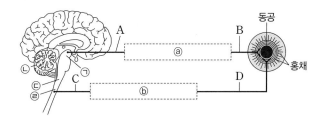

이에 대한 설명으로 옳지 <u>않은</u> 것은?

① ㉠과 ㉢은 모두 뇌줄기에 속한다.
② ㉡은 좌우 2개의 반구로 나누어져 있다.
③ ㉣은 배변·배뇨 반사의 중추이다.
④ B의 활동 전위 발생 빈도가 증가하면 동공이 커진다.
⑤ C의 길이는 D의 길이보다 짧다.

01
▶ 24068-0070

그림은 사람의 신경계 일부를 나타낸 것이다. A와 B는 각각 뇌 신경과 척수 신경 중 하나이다.

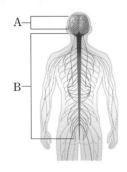

이에 대한 설명으로 옳은 것만을 〈보기〉에서 있는 대로 고른 것은?

> **보기**
> ㄱ. A는 중추 신경계에 속한다.
> ㄴ. B는 모두 원심성 신경(운동 신경)에 속한다.
> ㄷ. B는 31쌍으로 구성된다.

① ㄱ   ② ㄷ   ③ ㄱ, ㄴ   ④ ㄱ, ㄷ   ⑤ ㄴ, ㄷ

02
▶ 24068-0071

그림은 무릎 반사가 일어날 때 흥분 전달 경로를 나타낸 것이다.

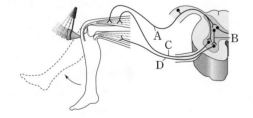

이에 대한 설명으로 옳은 것만을 〈보기〉에서 있는 대로 고른 것은?

> **보기**
> ㄱ. B는 연합 뉴런이다.
> ㄴ. C의 축삭 돌기 말단에서 분비되는 신경 전달 물질은 아세틸콜린이다.
> ㄷ. A에 활동 전위가 발생하면 D에서의 활동 전위 발생 빈도가 C에서의 활동 전위 발생 빈도보다 높아진다.

① ㄱ   ② ㄷ   ③ ㄱ, ㄴ   ④ ㄴ, ㄷ   ⑤ ㄱ, ㄴ, ㄷ

03
▶ 24068-0072

그림은 중추 신경계의 구조를 나타낸 것이다. A~C는 간뇌, 뇌교, 대뇌를 순서 없이 나타낸 것이다.

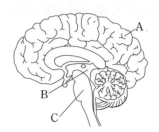

이에 대한 설명으로 옳은 것만을 〈보기〉에서 있는 대로 고른 것은?

> **보기**
> ㄱ. A의 속질은 회색질이다.
> ㄴ. B에 시상 하부가 있다.
> ㄷ. C는 뇌줄기에 속한다.

① ㄱ   ② ㄴ   ③ ㄱ, ㄴ   ④ ㄱ, ㄷ   ⑤ ㄴ, ㄷ

04
▶ 24068-0073

그림은 중추 신경계에 연결된 ㉠의 작용으로 눈에서 일어나는 반응 A를 나타낸 것이다. ㉠은 교감 신경과 부교감 신경 중 하나이다.

 반응 A →

동공   동공

이에 대한 설명으로 옳은 것만을 〈보기〉에서 있는 대로 고른 것은?

> **보기**
> ㄱ. 반응 A는 무조건 반사에 해당한다.
> ㄴ. ㉠의 신경절 이전 뉴런의 신경 세포체는 중간뇌에 있다.
> ㄷ. ㉠의 신경절 이후 뉴런의 축삭 돌기 말단에서 분비되는 신경 전달 물질은 노르에피네프린이다.

① ㄱ   ② ㄴ   ③ ㄱ, ㄷ   ④ ㄴ, ㄷ   ⑤ ㄱ, ㄴ, ㄷ

05

▶24068-0074

그림은 심장의 박동 조절에 관여하는 신경 A와 B가 중추 신경계에 연결된 경로를 나타낸 것이다.

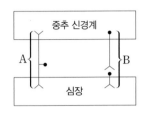

이에 대한 설명으로 옳은 것만을 〈보기〉에서 있는 대로 고른 것은?

┌─ 보기 ┌──────────────────────────────
ㄱ. A는 구심성 신경(감각 신경)이다.
ㄴ. B가 흥분하면 심장 박동이 촉진된다.
ㄷ. A와 B는 모두 자율 신경에 속한다.
└──────────────────────────────────

① ㄱ ② ㄷ ③ ㄱ, ㄴ ④ ㄴ, ㄷ ⑤ ㄱ, ㄴ, ㄷ

06

▶24068-0075

표 (가)는 중추 신경계를 구성하는 구조 Ⅰ~Ⅲ에서 특징 ㉠~㉢의 유무를, (나)는 ㉠~㉢을 순서 없이 나타낸 것이다. Ⅰ~Ⅲ은 소뇌, 척수, 중간뇌를 순서 없이 나타낸 것이다.

특징 구조	㉠	㉡	㉢
Ⅰ	?	○	?
Ⅱ	×	○	?
Ⅲ	×	×	○

(○:있음, ×: 없음)

(가)

특징(㉠~㉢)
• 몸의 평형 유지에 관여한다.
• 무조건 반사의 중추이다.
• 교감 신경이 연결되어 있다.

(나)

이에 대한 설명으로 옳은 것만을 〈보기〉에서 있는 대로 고른 것은?

┌─ 보기 ┌──────────────────────────────
ㄱ. ㉢은 '몸의 평형 유지에 관여한다.'이다.
ㄴ. Ⅰ은 배변·배뇨 반사의 중추이다.
ㄷ. Ⅲ은 좌우 2개의 반구로 이루어져 있다.
└──────────────────────────────────

① ㄱ ② ㄷ ③ ㄱ, ㄴ ④ ㄴ, ㄷ ⑤ ㄱ, ㄴ, ㄷ

07

▶24068-0076

표는 신경계 질환 (가)~(다)의 발병 원인을 나타낸 것이다. (가)~(다)는 파킨슨병, 알츠하이머병, 근위축성 측삭 경화증을 순서 없이 나타낸 것이다. ㉠~㉢은 각각 대뇌, 중간뇌, 체성 신경 중 하나이다.

신경계 질환	발병 원인
(가)	골격근을 조절하는 ㉠ 파괴
(나)	㉡ 기능의 저하
(다)	㉢의 도파민 분비 이상

이에 대한 설명으로 옳은 것만을 〈보기〉에서 있는 대로 고른 것은?

┌─ 보기 ┌──────────────────────────────
ㄱ. ㉠은 원심성 신경(운동 신경)에 속한다.
ㄴ. ㉡의 속질에는 주로 뉴런의 신경 세포체가 모여 있다.
ㄷ. ㉢에는 부교감 신경이 연결되어 있다.
└──────────────────────────────────

① ㄱ ② ㄷ ③ ㄱ, ㄴ ④ ㄱ, ㄷ ⑤ ㄴ, ㄷ

08

▶24068-0077

그림은 단어를 듣고 따라 말할 때, 활성화되는 대뇌 겉질의 영역을 나타낸 것이다. ㉠은 입의 움직임을 조절하는 운동 겉질이고, ㉡은 받은 정보를 분석하여 표현할 말을 만드는 영역이며, ㉢은 언어의 이해를 담당하는 영역이다. ㉣은 시각 중추와 청각 중추 중 하나가 있는 영역이다.

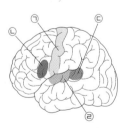

이에 대한 설명으로 옳은 것만을 〈보기〉에서 있는 대로 고른 것은?

┌─ 보기 ┌──────────────────────────────
ㄱ. ㉠은 두정엽에 속하는 영역이다.
ㄴ. ㉠~㉣ 중 ㉢이 손상되면 언어를 이해할 수 없어도 말은 할 수 있다.
ㄷ. 단어를 듣고 따라 말할 때 활성화되는 대뇌의 영역을 순서대로 나열하면 ㉣ → ㉢ → ㉡ → ㉠이다.
└──────────────────────────────────

① ㄱ ② ㄴ ③ ㄱ, ㄴ ④ ㄱ, ㄷ ⑤ ㄴ, ㄷ

01

▶24068-0078

그림은 감각 기관 Ⅰ, Ⅱ에서 수용된 자극이 중추 신경계를 거쳐 반응 기관 A∼C로 전달되는 경로를, 표는 자극에 대한 반응 (가)∼(다)를 나타낸 것이다. A∼C는 (가)∼(다)에서의 반응 기관을 순서 없이 나타낸 것이며, 뉴런 ⓐ와 ⓑ는 모두 체성 신경을 구성하고, 뉴런 ⓒ는 척수를 구성한다.

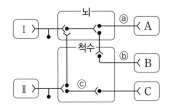

구분	반응
(가)	㉠
(나)	뜨거운 돌을 밟았을 때 자신도 모르게 발을 뗀다.
(다)	어두운 방에서 손으로 벽을 더듬어 스위치를 누른다.

이에 대한 설명으로 옳은 것만을 〈보기〉에서 있는 대로 고른 것은?

보기
ㄱ. ⓒ는 척수 신경이다.
ㄴ. (다)의 흥분 전달 경로에 ⓑ가 관여한다.
ㄷ. '밝은 빛을 볼 때 동공의 크기가 작아진다.'는 ㉠에 해당한다.

① ㄱ   ② ㄴ   ③ ㄱ, ㄷ   ④ ㄴ, ㄷ   ⑤ ㄱ, ㄴ, ㄷ

02

▶24068-0079

표는 자율 신경 A와 B에 각각 역치 이상의 자극을 주었을 때 생명 활동 ㉠과 ㉡을, 그림은 A에 역치 이상의 자극을 주었을 때 위 내부의 pH 변화를 나타낸 것이다. ㉠과 ㉡은 심장 박동과 소화 작용에 의한 위액 분비를 순서 없이 나타낸 것이고, A와 B는 각각 교감 신경과 부교감 신경 중 하나이며, 위액은 산성을 띤다.

구분	㉠	㉡
A 자극	촉진	억제
B 자극	억제	촉진

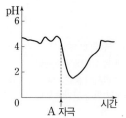

이에 대한 설명으로 옳은 것만을 〈보기〉에서 있는 대로 고른 것은?

보기
ㄱ. ㉠은 심장 박동이다.
ㄴ. ㉠과 ㉡의 반응 중추는 모두 연수이다.
ㄷ. A의 신경절 이전 뉴런의 축삭 돌기 말단과 B의 신경절 이후 뉴런의 축삭 돌기 말단에서 분비되는 신경 전달 물질은 같다.

① ㄱ   ② ㄴ   ③ ㄱ, ㄴ   ④ ㄱ, ㄷ   ⑤ ㄴ, ㄷ

03

▶24068-0080

그림은 중추 신경계로부터 자율 신경 Ⅰ과 Ⅱ를 통해 심장과 방광에 연결된 경로를 나타낸 것이다. ⓐ와 ⓑ 중 한 군데, ⓒ와 ⓓ 중 한 군데에 각각 하나의 신경절이 있다. ⓛ에 역치 이상의 자극을 주었을 때 ㉠~㉢ 중 활동 전위가 발생한 지점의 수와 ㉭에 역치 이상의 자극을 주었을 때 ㉣~㉭ 중 활동 전위가 발생한 지점의 수를 더하면 3이다.

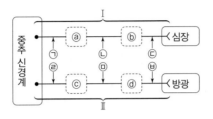

이에 대한 설명으로 옳은 것만을 〈보기〉에서 있는 대로 고른 것은?

보기
ㄱ. ⓑ에 신경절이 있다.
ㄴ. ㉣에 역치 이상의 자극을 주면 방광이 수축한다.
ㄷ. Ⅰ과 Ⅱ의 신경절 이전 뉴런의 신경 세포체는 모두 척수에 있다.

① ㄱ ② ㄷ ③ ㄱ, ㄴ ④ ㄴ, ㄷ ⑤ ㄱ, ㄴ, ㄷ

04

▶24068-0081

다음은 말초 신경 (가)~(다)에 대한 자료이다.

- (가)는 뉴런 ㉠으로 구성되어 있으며, 다리의 골격근에 연결되어 있다.
- (나)는 뉴런 ㉡과 ㉢으로 이루어져 있으며 소장에 연결되어 있고, (다)는 뉴런 ㉣과 ㉤으로 이루어져 있으며 눈에 연결되어 있다. (나)와 (다)는 교감 신경과 부교감 신경을 순서 없이, ㉡~㉤은 (나)와 (다) 각각을 이루는 신경절 이전 뉴런과 신경절 이후 뉴런을 순서 없이 나타낸 것이다.
- ㉠과 ㉢의 말단에서 분비되는 신경 전달 물질은 같고, ㉡과 ㉣의 말단에서 분비되는 신경 전달 물질은 서로 다르다.
- ㉤에 역치 이상의 자극을 주면 ⓐ동공의 크기가 작아진다.
- 아세틸콜린 분해 효소는 아세틸콜린이 반응 기관에 지속적으로 작용하여 과도한 흥분이 일어나는 것을 막는다.

이에 대한 설명으로 옳은 것만을 〈보기〉에서 있는 대로 고른 것은?

보기
ㄱ. (가)~(다)는 모두 전근을 통해 나온다.
ㄴ. ㉡에 역치 이상의 자극을 주면 소장에서의 소화액 분비가 억제된다.
ㄷ. (다)의 신경절 이후 뉴런 말단에 아세틸콜린 분해 효소의 작용을 저해하는 물질을 처리하면 ⓐ가 억제된다.

① ㄴ ② ㄷ ③ ㄱ, ㄴ ④ ㄱ, ㄷ ⑤ ㄱ, ㄴ, ㄷ

05

▶ 24068-0082

그림 (가)는 사람의 말초 신경계를 구분하여 나타낸 것이고, (나)는 척수와 소장 사이에 연결된 뉴런 A와 B를 나타낸 것이다. ⊙과 ⓒ은 각각 체성 신경과 구심성 신경(감각 신경) 중 하나이고, ⓐ와 ⓑ 중 한 지점에 신경절이 있다. B는 자율 신경의 신경절 이전 뉴런과 신경절 이후 뉴런 중 하나이다.

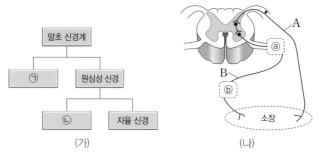

(가)   (나)

이에 대한 설명으로 옳은 것만을 〈보기〉에서 있는 대로 고른 것은?

보기
ㄱ. A는 ⓒ에 속한다.
ㄴ. B의 신경 세포체는 척수의 회색질에 존재한다.
ㄷ. A와 B는 모두 척수 신경이다.

① ㄱ   ② ㄷ   ③ ㄱ, ㄴ   ④ ㄱ, ㄷ   ⑤ ㄴ, ㄷ

06

▶ 24068-0083

표는 사람의 중추 신경계를 구성하는 구조 A~D에서 3가지 특징의 유무를 나타낸 것이다. A~D는 간뇌, 소뇌, 척수, 중간뇌를 순서 없이 나타낸 것이다.

특징 \ 구조	A	B	C	D
자율 신경을 통해 방광과 연결되어 있다.	?	×	×	?
부교감 신경의 신경절 이전 뉴런의 신경 세포체가 존재한다.	○	×	ⓐ	×
항상성의 조절 중추이다.	?	○	×	?

(○: 있음, ×: 없음)

이에 대한 설명으로 옳은 것만을 〈보기〉에서 있는 대로 고른 것은?

보기
ㄱ. ⓐ는 '○'이다.
ㄴ. B는 체온 조절에 관여한다.
ㄷ. C와 D는 모두 뇌줄기를 구성한다.

① ㄱ   ② ㄴ   ③ ㄱ, ㄴ   ④ ㄱ, ㄷ   ⑤ ㄴ, ㄷ

07
▶24068-0084

그림은 사람에서 중추 신경계와 위, 골격근에 연결된 말초 신경 ㉠~㉣을, 표는 A~D의 특징을 나타낸 것이다. A~D는 ㉠~㉣을 순서 없이 나타낸 것이다.

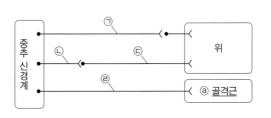

- A~C는 척수 신경에 속하고, D는 척수 신경에 속하지 않는다.
- B와 C의 축삭 돌기 말단에서 분비되는 신경 전달 물질은 같다.
- B에서 활동 전위 발생 빈도가 증가하면 위액 분비가 억제된다.

이에 대한 설명으로 옳은 것만을 〈보기〉에서 있는 대로 고른 것은?

| 보기 |
ㄱ. C는 ㉣이다.
ㄴ. ⓐ는 얼굴에 있는 근육이다.
ㄷ. D의 신경 세포체는 기침, 재채기의 반사 중추에 있다.

① ㄱ   ② ㄷ   ③ ㄱ, ㄴ   ④ ㄱ, ㄷ   ⑤ ㄴ, ㄷ

08
▶24068-0085

그림은 우리 몸에서 정보가 전달되는 경로를, 표는 A와 B가 각각 손상되었을 때 나타나는 증상을 나타낸 것이다. A와 B는 ⓐ와 ⓑ를 순서 없이 나타낸 것이고, ⓐ와 ⓑ가 손상되면 흥분의 이동이 각각 차단된다.

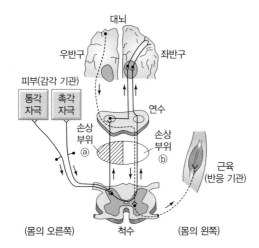

손상 부위	증상
A	㉠
B	오른손으로 사포의 거친 면을 만져도 거친 정도를 느낄 수 없다.

이에 대한 설명으로 옳은 것만을 〈보기〉에서 있는 대로 고른 것은?

| 보기 |
ㄱ. A는 ⓐ이다.
ㄴ. '오른손이 가시에 찔려도 통증을 느낄 수 없다.'는 ㉠에 해당한다.
ㄷ. A와 B 중 B가 손상되어도 왼쪽 손으로 공을 던지는 의식적인 운동을 할 수 있다.

① ㄱ   ② ㄷ   ③ ㄱ, ㄴ   ④ ㄱ, ㄷ   ⑤ ㄴ, ㄷ

1 호르몬의 특성과 종류

(1) 호르몬의 특성

① 내분비샘에서 생성되어 혈액이나 조직액으로 분비된다.

② 혈액을 따라 이동하다가 특정 호르몬 수용체를 가진 표적 세포 혹은 표적 기관에만 작용한다.

③ 미량으로 생리 작용을 조절하며 부족하면 결핍증이, 많으면 과다 증이 나타난다.

(2) 호르몬과 신경의 작용 비교

구분	특성
호르몬의 작용	호르몬이 혈액을 통해 이동하여 표적 세포(기관)에 신호를 전달하므로 신경의 작용보다 전달 속도가 느리고, 효과가 지속적이다.
신경의 작용	축삭 돌기를 따라 일어나는 흥분의 전도나 시냅스를 통해 특정 세포(기관)로 신호를 전달하므로 호르몬의 작용보다 전달 속도가 빠르고 효과가 일시적이다.

(3) 사람의 주요 내분비샘과 호르몬

내분비샘	호르몬의 예	호르몬의 기능
시상 하부	갑상샘 자극 호르몬 방출 호르몬(TRH)	뇌하수체의 TSH 분비 촉진
뇌하수체 전엽	갑상샘 자극 호르몬(TSH) 부신 겉질 자극 호르몬(ACTH)	갑상샘, 부신 겉질 등 다른 내분비샘의 호르몬 분비 촉진
뇌하수체 후엽	항이뇨 호르몬(ADH)	콩팥에서 수분의 재흡수 촉진
갑상샘	티록신	세포의 물질대사 촉진
이자	인슐린, 글루카곤	혈당량 조절

(4) 내분비계 질환

구분	원인
당뇨병	제1형 당뇨병은 이자의 β세포가 파괴되어 인슐린을 생성하지 못하는 경우에, 제2형 당뇨병은 인슐린이 생성되지만 인슐린 표적 세포가 인슐린에 반응하지 못하는 경우에 나타난다.
거인증, 소인증	생장 호르몬의 분비량이 너무 많은 경우 거인증이, 생장 호르몬의 분비량이 너무 적은 경우 소인증이 나타난다.
갑상샘 기능 항진증, 저하증	티록신 분비량이 과다하면 갑상샘 기능 항진증이, 티록신 분비량이 부족하면 갑상샘 기능 저하증이 나타난다.

2 항상성

(1) 항상성 유지의 원리

① 음성 피드백 작용: 어느 과정의 산물이 그 과정을 억제하는 조절 작용이다.

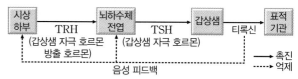

- 혈중 티록신의 농도가 높아지면 티록신에 의해 시상 하부의 TRH와 뇌하수체 전엽의 TSH 분비가 각각 억제되어 혈중 티록신의 농도가 감소한다.

② 길항 작용: 2가지 요인이 같은 생리 작용에 대해 서로 반대로 작용하여 서로의 효과를 줄이는 작용이다.

(2) 혈당량 조절

① 혈당량은 이자에서 분비되는 인슐린과 글루카곤의 길항 작용을 통해 조절된다.

② 인슐린과 글루카곤의 작용 결과에 따라 나타나는 혈당량의 변화가 음성 피드백으로 작용하여 두 호르몬의 상대적 분비량을 조절한다.

(3) 체온 조절

① 체온 변화 감지와 조절의 중추는 간뇌의 시상 하부이며, 체내에서의 열 발생량과 몸의 표면을 통한 열 발산량의 조절을 통해 체온이 유지된다.

② 열 발생량은 골격근의 수축·이완에 의한 몸 떨림으로 증가하고, 열 발산량은 피부 근처 혈류량 증가와 땀 분비 촉진으로 증가한다.

(4) 삼투압 조절

① 혈장 삼투압이 증가하면 뇌하수체 후엽에서 ADH의 분비가 증가하여 콩팥에서 물의 재흡수량이 증가한다.

② 콩팥에서 물의 재흡수량이 증가하면 오줌 생성량과 혈장 삼투압이 감소한다.

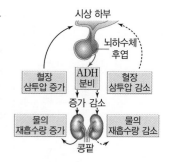

더 알기 ◆ 체온 조절

- 체온이 정상 범위보다 낮아졌을 때: 시상 하부가 저체온을 감지하면 골격근이 빠르게 수축·이완되어 몸이 떨리고, 열 발생량이 증가한다. 또한 피부 근처 혈관이 수축됨으로써 피부 근처를 흐르는 혈액의 양이 감소하여 열 발산량이 감소한다.
- 체온이 정상 범위보다 높아졌을 때: 시상 하부가 고체온을 감지하면 피부 근처 혈관이 확장되어 피부 근처를 흐르는 혈액의 양이 증가하고, 땀 분비가 촉진됨으로써 열 발산량이 증가한다.

체온이 하강했을 때 피부 근처 혈관이 수축하여 열 발산량이 감소한다.

체온이 상승했을 때, 피부 근처 혈관이 확장하여 열 발산량이 증가한다.

| 2024학년도 9월 모의평가 |

그림은 어떤 동물 종의 개체 A와 B를 고온 환경에 노출시켜 같은 양의 땀을 흘리게 하면서 측정한 혈장 삼투압을 시간에 따라 나타낸 것이다. A와 B는 '항이뇨 호르몬(ADH)이 정상적으로 분비되는 개체'와 '항이뇨 호르몬(ADH)이 정상보다 적게 분비되는 개체'를 순서 없이 나타낸 것이다.

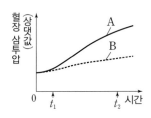

이에 대한 설명으로 옳은 것만을 〈보기〉에서 있는 대로 고른 것은? (단, 제시된 조건 이외는 고려하지 않는다.)

┌─ 보기 ┐
ㄱ. ADH는 콩팥에서 물의 재흡수를 촉진한다.
ㄴ. A는 'ADH가 정상적으로 분비되는 개체'이다.
ㄷ. B에서 생성되는 오줌의 삼투압은 t_1일 때가 t_2일 때보다 높다.
└─────────┘

① ㄱ   ② ㄴ   ③ ㄷ   ④ ㄱ, ㄴ   ⑤ ㄱ, ㄷ

접근 전략
같은 시간 동안 혈장 삼투압의 변화량을 통해 항이뇨 호르몬(ADH)의 분비 이상 유무를 유추해야 한다.

간략 풀이
㉠ 뇌하수체 후엽에서 분비되는 항이뇨 호르몬(ADH)은 표적 기관인 콩팥에서 물의 재흡수를 촉진한다.
✘ 같은 시간 동안 A의 혈장 삼투압이 B의 혈장 삼투압보다 더 크게 증가하므로 A는 '항이뇨 호르몬(ADH)이 정상보다 적게 분비되는 개체'이다.
✘ 혈장 삼투압이 높을 때 생성되는 오줌의 삼투압은 높다. B(항이뇨 호르몬(ADH)가 정상적으로 분비되는 개체)에서 혈장 삼투압은 t_1일 때가 t_2일 때보다 낮으므로 생성되는 오줌의 삼투압 역시 t_1일 때가 t_2일 때보다 낮다.

정답 | ①

닮은 꼴 문제로 유형 익히기

정답과 해설 17쪽

▶24068-0086

그림 (가)는 어떤 동물 종 ⓐ에서 ㉠에 따른 혈중 ADH 농도를, (나)는 ⓐ의 개체 A와 B를 고온 환경에 노출시켜 같은 양의 땀을 흘리게 하면서 측정한 ㉠을 시간에 따라 나타낸 것이다. A와 B는 '항이뇨 호르몬(ADH)이 정상적으로 분비되는 개체'와 '항이뇨 호르몬(ADH)이 정상보다 적게 분비되는 개체'를 순서 없이 나타낸 것이다. ㉠은 전체 혈액량과 혈장 삼투압 중 하나이다.

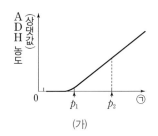
(가)

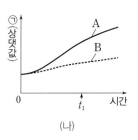
(나)

이에 대한 설명으로 옳은 것만을 〈보기〉에서 있는 대로 고른 것은? (단, 제시된 조건 이외는 고려하지 않는다.)

┌─ 보기 ┐
ㄱ. ㉠은 전체 혈액량이다.
ㄴ. 생성되는 오줌의 삼투압은 p_1일 때가 p_2일 때보다 낮다.
ㄷ. t_1일 때 $\dfrac{\text{A의 혈중 ADH 농도}}{\text{B의 혈중 ADH 농도}}$는 1보다 작다.
└─────────┘

① ㄴ   ② ㄷ   ③ ㄱ, ㄴ   ④ ㄱ, ㄷ   ⑤ ㄴ, ㄷ

유사점과 차이점
혈장 삼투압의 변화를 통해 항이뇨 호르몬(ADH)의 분비 이상을 다룬다는 점에서 대표 문제와 유사하지만 혈장 삼투압에 따른 항이뇨 호르몬(ADH)의 농도를 함께 제시했다는 점에서 대표 문제와 다르다.

배경 지식
• 혈장 삼투압이 높아지면 항이뇨 호르몬(ADH) 분비량이 많아진다.
• 항이뇨 호르몬(ADH) 분비량이 많아지면 생성되는 오줌 삼투압은 높아진다.

01
▶24068-0087

그림은 호르몬의 특징에 대한 학생 A~C의 발표 내용이다.

에피네프린은 간에서 글리코젠의 합성을 촉진합니다.

혈중 티록신의 농도가 증가하면 갑상샘 자극 호르몬(TSH)의 분비가 억제됩니다.

항이뇨 호르몬(ADH)의 표적 기관은 방광입니다.

학생 A   학생 B   학생 C

제시한 내용이 옳은 학생만을 있는 대로 고른 것은?

① A   ② B   ③ A, B   ④ A, C   ⑤ B, C

02
▶24068-0088

그림 (가)는 정상인의 혈중 포도당 농도에 따른 ㉠과 ㉡의 혈중 농도를, (나)는 ㉠에 의해 촉진되는 물질 전환을 나타낸 것이다. ㉠과 ㉡은 인슐린과 글루카곤을 순서 없이, A와 B는 포도당과 글리코젠을 순서 없이 나타낸 것이다.

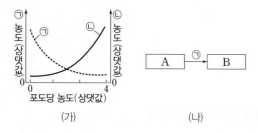

(가)   (나)

이에 대한 설명으로 옳은 것만을 〈보기〉에서 있는 대로 고른 것은?

보기
ㄱ. ㉠은 글루카곤이다.
ㄴ. 간은 ㉡의 표적 기관에 해당한다.
ㄷ. 이자에 연결된 부교감 신경의 흥분 발생 빈도가 증가하면 간에서 A의 양이 감소한다.

① ㄱ   ② ㄷ   ③ ㄱ, ㄴ   ④ ㄴ, ㄷ   ⑤ ㄱ, ㄴ, ㄷ

03
▶24068-0089

그림은 티록신 분비 조절 과정의 일부를 나타낸 것이다. A와 B는 갑상샘과 뇌하수체 전엽을 순서 없이, ㉠과 ㉡은 TRH와 TSH를 순서 없이 나타낸 것이다.

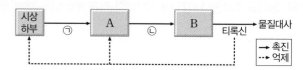

이에 대한 설명으로 옳은 것만을 〈보기〉에서 있는 대로 고른 것은?

보기
ㄱ. ㉠은 TRH이다.
ㄴ. A는 ㉡의 표적 기관이다.
ㄷ. 혈중 티록신 농도는 길항 작용에 의해 조절된다.

① ㄱ   ② ㄷ   ③ ㄱ, ㄴ   ④ ㄱ, ㄷ   ⑤ ㄴ, ㄷ

04
▶24068-0090

그림은 어떤 동물의 체온 조절 중추에 ㉠ 자극과 ㉡ 자극을 주었을 때 시간에 따른 시상 하부 온도의 변화를 나타낸 것이다. ㉠과 ㉡은 고온과 저온을 순서 없이 나타낸 것이다.

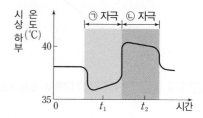

이에 대한 설명으로 옳은 것만을 〈보기〉에서 있는 대로 고른 것은?

보기
ㄱ. ㉠은 고온이다.
ㄴ. ㉡ 자극을 주었을 때 피부 근처 혈관이 확장된다.
ㄷ. 열 발생량은 t_1일 때가 t_2일 때보다 많다.

① ㄱ   ② ㄷ   ③ ㄱ, ㄴ   ④ ㄱ, ㄷ   ⑤ ㄴ, ㄷ

05

▶24068-0091

그림은 정상인에서 체내 혈액량이 A와 B일 때 혈장 삼투압에 따른 혈중 ㉠의 농도를 나타낸 것이다. ㉠은 뇌하수체 후엽에서 분비되며, A와 B는 전체 혈액량이 정상인 상태와 전체 혈액량이 정상보다 증가한 상태를 순서 없이 나타낸 것이다.

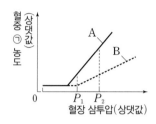

이에 대한 설명으로 옳은 것만을 〈보기〉에서 있는 대로 고른 것은? (단, 제시된 조건 이외는 고려하지 않는다.)

┌─ 보기 ┌
ㄱ. ㉠은 항이뇨 호르몬(ADH)이다.
ㄴ. B는 전체 혈액량이 정상보다 증가한 상태이다.
ㄷ. A일 때 생성되는 오줌의 삼투압은 P_1일 때가 P_2일 때보다 높다.

① ㄱ   ② ㄷ   ③ ㄱ, ㄴ   ④ ㄱ, ㄷ   ⑤ ㄴ, ㄷ

06

▶24068-0092

표는 정상인의 호르몬 (가)~(다)의 특징을 나타낸 것이다. (가)~(다)는 에피네프린, 항이뇨 호르몬(ADH), 부신 겉질 자극 호르몬(ACTH)을 순서 없이 나타낸 것이다. (나)는 부신 속질에서 분비된다.

호르몬	특징
(가)	당질 코르티코이드의 분비를 촉진한다.
(나)	ⓐ에 의해 분비가 촉진된다.
(다)	㉠

이에 대한 설명으로 옳은 것만을 〈보기〉에서 있는 대로 고른 것은?

┌─ 보기 ┌
ㄱ. (가)의 표적 기관은 뇌하수체 전엽이다.
ㄴ. 교감 신경은 ⓐ에 해당한다.
ㄷ. '콩팥에서 단위 시간당 오줌 생성량을 증가시킨다.'는 ㉠에 해당한다.

① ㄱ   ② ㄴ   ③ ㄱ, ㄴ   ④ ㄱ, ㄷ   ⑤ ㄴ, ㄷ

07

▶24068-0093

그림은 정상인이 운동을 시작한 후 시간에 따른 혈중 ㉠의 농도를 나타낸 것이다. ㉠은 인슐린과 글루카곤 중 하나이다.

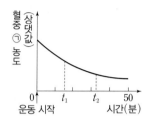

이에 대한 설명으로 옳은 것만을 〈보기〉에서 있는 대로 고른 것은? (단, 제시된 조건 이외는 고려하지 않는다.)

┌─ 보기 ┌
ㄱ. ㉠은 인슐린이다.
ㄴ. ㉠은 이자의 α세포에서 분비된다.
ㄷ. 혈중 포도당 농도는 t_1일 때가 t_2일 때보다 높다.

① ㄱ   ② ㄴ   ③ ㄱ, ㄴ   ④ ㄱ, ㄷ   ⑤ ㄴ, ㄷ

08

▶24068-0094

그림은 어떤 동물에게 ㉠과 ㉡을 순서대로 투여하였을 때 시간에 따른 단위 시간당 오줌 생성량을 나타낸 것이다. ㉠과 ㉡은 물과 소금물을 순서 없이 나타낸 것이다.

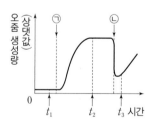

이에 대한 설명으로 옳은 것만을 〈보기〉에서 있는 대로 고른 것은? (단, 제시된 조건 이외는 고려하지 않는다.)

┌─ 보기 ┌
ㄱ. ㉠은 소금물이다.
ㄴ. 혈중 항이뇨 호르몬(ADH)의 농도는 t_1일 때가 t_2일 때보다 높다.
ㄷ. 생성되는 오줌의 삼투압은 t_2일 때가 t_3일 때보다 작다.

① ㄱ   ② ㄷ   ③ ㄱ, ㄴ   ④ ㄱ, ㄷ   ⑤ ㄴ, ㄷ

01

▶24068-0095

그림은 사람에서 호르몬 ㉠과 ㉡의 분비가 촉진되는 경로와 각 호르몬의 주된 작용을 나타낸 것이다. (가)는 뇌하수체 전엽과 뇌하수체 후엽 중 하나이고, ㉠과 ㉡은 티록신과 에피네프린을 순서 없이 나타낸 것이다. ⓐ와 ⓑ는 '신경에 의한 신호 전달'과 '호르몬에 의한 신호 전달'을 순서 없이 나타낸 것이다.

이에 대한 설명으로 옳은 것만을 〈보기〉에서 있는 대로 고른 것은?

보기
ㄱ. (가)에서 생장 호르몬이 분비된다.
ㄴ. 혈중 ㉠의 농도가 증가하면 TSH의 분비가 촉진된다.
ㄷ. 신호 전달 속도는 ⓐ에서가 ⓑ에서보다 빠르다.

① ㄱ   ② ㄴ   ③ ㄱ, ㄷ   ④ ㄴ, ㄷ   ⑤ ㄱ, ㄴ, ㄷ

02

▶24068-0096

그림 (가)는 이자에서 분비되는 호르몬 ㉠과 ㉡에 의한 혈당량 조절 과정의 일부를, (나)는 정상인과 당뇨병 환자 A가 탄수화물을 섭취한 후 시간에 따른 혈중 X의 농도를 나타낸 것이다. ㉠과 ㉡은 인슐린과 글루카곤을 순서 없이 나타낸 것이고, X는 ㉠과 ㉡ 중 하나이다.

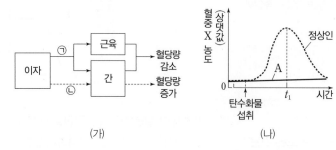

(가)   (나)

이에 대한 설명으로 옳은 것만을 〈보기〉에서 있는 대로 고른 것은? (단, 제시된 조건 이외는 고려하지 않는다.)

보기
ㄱ. X는 ㉠이다.
ㄴ. ㉡은 간세포에 작용하여 글리코젠의 분해를 촉진한다.
ㄷ. t_1일 때 혈중 포도당 농도는 정상인이 A보다 낮다.

① ㄱ   ② ㄷ   ③ ㄱ, ㄴ   ④ ㄴ, ㄷ   ⑤ ㄱ, ㄴ, ㄷ

03

▶24068-0097

그림 (가)는 정상인에서 열이 발생했다가 다시 정상 체온으로 돌아오는 과정에서 시간에 따른 ㉠과 ㉡을, (나)는 정상인에서 체온 조절 과정 일부를 나타낸 것이다. ㉠과 ㉡은 각각 시상 하부의 설정 온도와 체온 중 하나이고, ⓐ는 '피부 근처 혈관 수축'과 '피부 근처 혈관 확장' 중 하나이다. 시상 하부의 설정 온도는 열 발생량(열 생산량)과 열 발산량(열 방출량)을 변화시켜 체온을 조절하는 데 기준이 되는 온도이다.

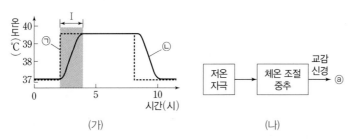

(가)   (나)

이에 대한 설명으로 옳은 것만을 〈보기〉에서 있는 대로 고른 것은?

> **보기**
> ㄱ. ㉠은 시상 하부의 설정 온도이다.
> ㄴ. ⓐ는 '피부 근처 혈관 수축'이다.
> ㄷ. 구간 I에서 땀샘을 통한 땀의 분비가 증가한다.

① ㄱ   ② ㄴ   ③ ㄱ, ㄴ   ④ ㄱ, ㄷ   ⑤ ㄴ, ㄷ

04

▶24068-0098

그림은 정상인과 오줌이 다량 생성되는 질환이 있는 사람 A에서 물 섭취를 중단한 후 시간에 따른 오줌 삼투압을 나타낸 것이다. 구간 I에서 A에게 일정량의 항이뇨 호르몬(ADH)을 주사했다. A는 '콩팥에 이상이 있는 사람'과 '뇌하수체 후엽에 이상이 있는 사람' 중 하나이다.

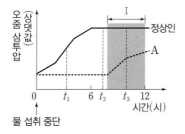

이에 대한 설명으로 옳은 것만을 〈보기〉에서 있는 대로 고른 것은? (단, 제시된 조건 이외는 고려하지 않는다.)

> **보기**
> ㄱ. 정상인에서 혈장 삼투압은 t_1일 때가 t_2일 때보다 높다.
> ㄴ. A는 '뇌하수체 후엽에 이상이 있는 사람'이다.
> ㄷ. t_3일 때 콩팥에서의 단위 시간당 수분 재흡수량은 A가 정상인보다 적다.

① ㄱ   ② ㄴ   ③ ㄱ, ㄷ   ④ ㄴ, ㄷ   ⑤ ㄱ, ㄴ, ㄷ

05
▶24068-0099

그림은 사람 A의 시간에 따른 ㉠과 ㉡의 혈중 농도를 나타낸 것이다. ㉠과 ㉡은 티록신과 TSH를 순서 없이 나타낸 것이고, 이 사람은 t_1일 때 갑상샘의 기능이 저하되었다.

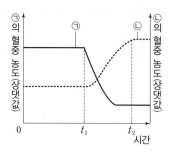

이에 대한 설명으로 옳은 것만을 〈보기〉에서 있는 대로 고른 것은? (단, 제시된 조건 이외는 고려하지 않는다.)

> 보기
> ㄱ. 티록신 분비 조절의 중추는 연수이다.
> ㄴ. 혈중 TRH의 농도는 t_1일 때가 t_2일 때보다 낮다.
> ㄷ. t_2일 때 A에게 ㉠을 주사하면 혈중 ㉡의 농도는 감소할 것이다.

① ㄱ   ② ㄴ   ③ ㄱ, ㄷ   ④ ㄴ, ㄷ   ⑤ ㄱ, ㄴ, ㄷ

06
▶24068-0100

그림은 정상인과 당뇨병 환자 A가 각각 같은 양의 주스를 마신 후 시간에 따른 혈중 ㉠의 농도를 나타낸 것이다. A는 ㉠을 생성하지 못하는 사람과 ㉠의 표적 세포에 이상이 있는 사람 중 하나이고, ㉠은 인슐린과 글루카곤 중 하나이다.

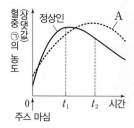

이에 대한 설명으로 옳은 것만을 〈보기〉에서 있는 대로 고른 것은? (단, 제시된 조건 이외는 고려하지 않는다.)

> 보기
> ㄱ. ㉠은 이자의 β세포에서 분비된다.
> ㄴ. A는 ㉠을 생성하지 못하는 사람이다.
> ㄷ. 정상인에서 ㉠의 농도가 t_1일 때보다 t_2일 때 낮은 것은 음성 피드백에 의한 결과이다.

① ㄱ   ② ㄴ   ③ ㄱ, ㄷ   ④ ㄴ, ㄷ   ⑤ ㄱ, ㄴ, ㄷ

07

▶24068-0101

그림은 정상인에게 ㉠ 자극과 ㉡ 자극을 주었을 때 피부 근처 혈관을 흐르는 단위 시간당 혈액량의 변화를, 표는 정상인의 체온 조절 과정에서 나타나는 생리 작용 Ⅰ과 Ⅱ를 나타낸 것이다. ㉠과 ㉡은 고온과 저온을 순서 없이 나타낸 것이고, Ⅰ과 Ⅱ는 ㉠ 자극을 주었을 때와 ㉡ 자극을 주었을 때 나타나는 작용을 순서 없이 나타낸 것이다. ⓐ는 '증가'와 '감소' 중 하나이다.

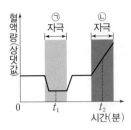

구분	생리 작용
Ⅰ	피부 근처 혈관 수축
Ⅱ	땀 분비 (ⓐ)

이에 대한 설명으로 옳은 것만을 〈보기〉에서 있는 대로 고른 것은?

보기
ㄱ. Ⅰ은 ㉠ 자극을 주었을 때 나타나는 작용이다.
ㄴ. ⓐ는 '감소'이다.
ㄷ. $\frac{열 발생량}{열 발산량}$ 은 t_1일 때가 t_2일 때보다 크다.

① ㄱ   ② ㄴ   ③ ㄱ, ㄷ   ④ ㄴ, ㄷ   ⑤ ㄱ, ㄴ, ㄷ

08

▶24068-0102

그림 (가)는 정상인에서 호르몬 X의 혈중 농도에 따른 $\frac{㉡ 삼투압}{㉠ 삼투압}$ 을, (나)는 정상인에서 ㉠ 삼투압의 변화량에 따른 갈증을 느끼는 정도를 나타낸 것이다. ㉠과 ㉡은 각각 오줌과 혈장 중 하나이고, X는 뇌하수체 후엽에서 분비된다.

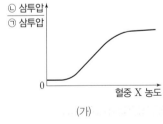 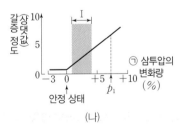

(가)   (나)

이에 대한 설명으로 옳은 것만을 〈보기〉에서 있는 대로 고른 것은? (단, 제시된 조건 이외는 고려하지 않는다.)

보기
ㄱ. ㉠은 오줌이다.
ㄴ. 구간 Ⅰ에서 ㉠ 삼투압이 증가할수록 단위 시간당 수분 재흡수량이 증가한다.
ㄷ. 단위 시간당 생성되는 오줌의 양은 안정 상태일 때가 p_1일 때보다 많다.

① ㄱ   ② ㄴ   ③ ㄱ, ㄷ   ④ ㄴ, ㄷ   ⑤ ㄱ, ㄴ, ㄷ

① 질병과 병원체

(1) 질병의 구분

감염성 질병	병원체의 감염에 의해 나타나며 전염이 되기도 한다. 예 독감, 감기, 홍역, 콜레라, 결핵, 말라리아, 무좀 등
비감염성 질병	병원체의 감염 없이 환경, 유전, 생활 방식 등이 원인이 되어 나타난다. 예 고혈압, 당뇨병, 혈우병 등

(2) 병원체

세균	• 핵이 없는 단세포 원핵생물로, 대부분 분열법으로 증식한다. • 결핵, 세균성 식중독, 세균성 폐렴, 콜레라 등을 유발한다.
바이러스	• 비세포 구조이다. • 살아 있는 숙주 세포 내에서 증식한다. • 감기, 독감, 홍역, 후천성 면역 결핍증(AIDS) 등을 유발한다.

② 우리 몸의 방어 작용

(1) 비특이적 방어 작용

① 병원체의 종류나 감염 경험의 유무와 관계없이 감염 발생 시 신속하게 반응이 일어난다.

② 피부, 점막, 분비액에 의한 방어와 식세포 작용(식균 작용), 염증 반응이 해당된다.

(2) 특이적 방어 작용: 특정 항원을 인식하여 제거하는 방어 작용으로 T 림프구와 B 림프구가 관여한다.

① 세포성 면역: 활성화된 세포독성 T림프구가 병원체에 감염된 세포를 제거하는 면역 반응이다.

② 체액성 면역: 형질 세포에 의해 생성된 항체로 항원의 병원성을 무력화시키는 면역 반응이다.

• 1차 면역 반응: 항원의 1차 침입 시 보조 T 림프구의 도움을 받은 B 림프구는 기억 세포와 형질 세포로 분화되며, 형질 세포는 항체를 생성한다.

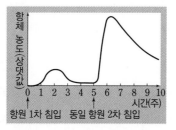

① 항원 1차 침입   동일 항원 2차 침입

• 2차 면역 반응: 동일 항원의 재침입 시 그 항원에 대한 기억 세포가 빠르게 분화하여 기억 세포와 형질 세포를 만들고, 형질 세포는 항체를 생성한다.

(3) 백신: 면역 반응이 일어나 기억 세포가 생성되도록 하기 위해 질

병을 일으키지 않을 정도로 독성을 약화시키거나 비활성 상태로 만든 항원이다.

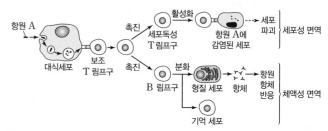

③ 항원 항체 반응

(1) 항원과 항체: 항원은 체내에서 면역 반응을 일으키는 원인 물질이고, 항체는 항원과 결합하여 항원의 병원성을 무력화시키는 면역 단백질이다.

항체의 구조

(2) 항원 항체 반응의 특이성: 한 종류의 항체는 특정 항원에만 결합하여 작용한다.

④ ABO식 혈액형과 수혈 관계

(1) ABO식 혈액형

① ABO식 혈액형의 구분

혈액형	A형	B형	AB형	O형
응집원 (항원)	응집원 A / 적혈구	응집원 B	응집원 B / 응집원 A	없음
응집소 (항체)	응집소 β	응집소 α	없음	응집소 α / 응집소 β

② ABO식 혈액형의 판정: 응집원(항원)과 응집소(항체)의 응집 반응(항원 항체 반응)을 이용하여 혈액형을 판정한다.

(2) ABO식 혈액형의 수혈 관계: 기본적으로 수혈은 같은 혈액형인 경우에 하며, 혈액을 주는 쪽의 응집원과 받는 쪽의 응집소 사이에 응집 반응이 나타나지 않으면 서로 다른 혈액형이라도 소량 수혈이 가능하다.

⑤ 면역 관련 질환

(1) 알레르기: 특정 항원에 대한 면역 반응이 과민하게 나타나는 현상이다.

(2) 자가 면역 질환: 면역계가 자기 조직 성분을 항원으로 인식하여 세포나 조직을 공격하여 생기는 질환이다.

 더 알기 염증 반응과 식세포 작용(식균 작용)

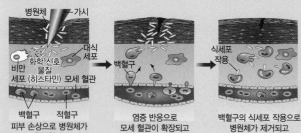

① 피부가 손상되어 병원체가 체내로 들어오면 손상된 부위의 비만세포에서 화학 신호 물질(히스타민)을 분비한다.

② 화학 신호 물질(히스타민)이 모세 혈관을 확장시켜 혈관벽의 투과성이 증가되면 상처 부위는 붉게 부어오르고 백혈구는 손상된 조직으로 유입된다.

③ 상처 부위에 모인 백혈구가 식세포 작용(식균 작용)으로 병원체를 제거한다.

| 2024학년도 수능 |

다음은 바이러스 X에 대한 생쥐의 방어 작용 실험이다.

[실험 과정 및 결과]
(가) 유전적으로 동일하고 X에 노출된 적이 없는 생쥐 A~D를 준비한다. A와 B는 ㉠이고, C와 D
는 ㉡이다. ㉠과 ㉡은 '정상 생쥐'와 '가슴샘이 없는 생쥐'를 순서 없이 나타낸 것이다.
(나) A~D 중 B와 D에 X를 각각 주사한 후 A~D에서 ⓐX에 감염된 세포의 유무를 확인한 결과,
B와 D에서만 ⓐ가 있었다.
(다) 일정 시간이 지난 후, 각 생쥐에 대해 조사한 결과는 표와 같다.

구분	㉠		㉡	
	A	B	C	D
X에 대한 세포성 면역 반응 여부	일어나지 않음	일어남	일어나지 않음	일어나지 않음
생존 여부	산다	산다	산다	죽는다

이에 대한 설명으로 옳은 것만을 〈보기〉에서 있는 대로 고른 것은? (단, 제시된 조건 이외는 고려하지
않는다.)

┌ 보기 ┌
ㄱ. X는 유전 물질을 갖는다.
ㄴ. ㉡은 '가슴샘이 없는 생쥐'이다.
ㄷ. (다)의 B에서 세포독성 T림프구가 ⓐ를 파괴하는 면역 반응이 일어났다.

① ㄱ   ② ㄷ   ③ ㄱ, ㄴ   ④ ㄴ, ㄷ   ⑤ ㄱ, ㄴ, ㄷ

접근 전략

가슴샘에서 세포성 면역을 담당하는
T 림프구가 성숙하므로 가슴샘이 없
는 생쥐에서는 X를 주사하여도 X에
대한 세포성 면역 반응이 일어나지
않는다는 것을 알아야 한다.

간략 풀이

㉠ 바이러스는 유전 물질을 갖는다.

㉡ X를 주사한 D에서 세포성 면역
이 일어나지 않았으므로 ㉡은 '가슴샘
이 없는 생쥐'이다.

㉢ (다)의 B에서 세포독성 T림프구
가 ⓐ를 파괴하는 세포성 면역 반응
이 일어났다.

정답 | ⑤

정답과 해설 19쪽

▶ 24068-0103

다음은 바이러스 X에 대한 생쥐의 방어 작용 실험이다.

[실험 과정 및 결과]
(가) 유전적으로 동일하고 X에 노출된 적이 없는 생쥐 A~C를 준비한다.
(나) A~C 중 하나에서는 ⓐ가슴샘을 제거하고, 다른 하나에는 X에 있는 항원 ㉠을 주사하고, 나머
지 다른 하나는 그대로 둔다.
(다) A~C에게 각각 X를 주사하고 일정 시간 후 생존 여부를 조사한 결과 A와 B는 살아남았고, C
는 죽었다.
(라) 일정 시간이 지난 후 X에 대한 혈중 항체 농도를 조사한 결과 A에서가 B에서보다 높았다.

이에 대한 설명으로 옳은 것만을 〈보기〉에서 있는 대로 고른 것은? (단, 제시된 조건 이외는 고려하지
않는다.)

┌ 보기 ┌
ㄱ. B 림프구는 ⓐ에서 성숙하였다.
ㄴ. ⓐ를 제거한 쥐는 C이다.
ㄷ. (다)의 B에서 X에 대한 2차 면역 반응이 일어났다.

① ㄱ   ② ㄴ   ③ ㄷ   ④ ㄱ, ㄴ   ⑤ ㄴ, ㄷ

유사점과 차이점

가슴샘이 제거된 생쥐는 X에 감염되
었을 때 정상적인 면역 반응이 일어
나지 못해 죽는다는 점에서 유사하고,
세포성 면역뿐 아니라 항원 ㉠ 주사
여부와 혈중 항체 농도를 비교하여 2
차 면역 반응을 파악해야 하는 점에
서 차이가 난다.

배경 지식

• T 림프구는 가슴샘에서 성숙하고,
B 림프구는 골수에서 성숙한다.
• 세포성 면역 반응에서는 세포독성
T림프구에 의해 병원체에 감염된
세포가 제거되고, 체액성 면역 반응
에서는 체액에 있는 항체가 항원과
결합하는 항원 항체 반응으로 병원
체가 제거된다.

01
▶24068-0104

그림 (가)와 (나)는 결핵의 병원체와 독감의 병원체를 순서 없이 나타낸 것이다.

세포막
리보솜

(가)   (나)

이에 대한 설명으로 옳은 것만을 〈보기〉에서 있는 대로 고른 것은?

┌─ 보기 ─────────────────────────┐
ㄱ. (가)는 결핵의 병원체이다.
ㄴ. (나)는 스스로 물질대사를 할 수 있다.
ㄷ. (가)와 (나)는 모두 유전 물질을 갖는다.
└──────────────────────────────┘

① ㄱ   ② ㄴ   ③ ㄷ   ④ ㄱ, ㄷ   ⑤ ㄴ, ㄷ

02
▶24068-0105

표 (가)는 질병 A~C에서 특징 ㉠~㉢의 유무를, (나)는 ㉠~㉢을 순서 없이 나타낸 것이다. A~C는 결핵, 홍역, 말라리아를 순서 없이 나타낸 것이다.

특징 질병	㉠	㉡	㉢
A	×	×	○
B	?	○	?
C	?	×	○

(○: 있음, ×: 없음)

특징(㉠~㉢)
• 병원체가 세포막을 갖는다.
• 병원체가 유전 물질을 갖는다.
• 모기를 매개로 전염된다.

(가)   (나)

이에 대한 설명으로 옳은 것만을 〈보기〉에서 있는 대로 고른 것은?

┌─ 보기 ─────────────────────────┐
ㄱ. A의 병원체는 원생생물이다.
ㄴ. ㉠은 '병원체가 세포막을 갖는다.'이다.
ㄷ. C의 치료에 항생제가 사용된다.
└──────────────────────────────┘

① ㄱ   ② ㄴ   ③ ㄱ, ㄷ   ④ ㄴ, ㄷ   ⑤ ㄱ, ㄴ, ㄷ

03
▶24068-0106

표 (가)는 사람에서 질병을 일으키는 병원체의 특징 3가지를, (나)는 (가)의 특징 중에서 질병 A~C의 병원체가 가지는 특징의 개수를 나타낸 것이다. A~C는 무좀, 탄저병, 후천성 면역 결핍증(AIDS)을 순서 없이 나타낸 것이다.

특징
• 세균이다.
• 유전 물질을 갖는다.
• 스스로 물질대사를 한다.

질병	특징의 개수
A	3
B	㉠
C	2

(가)   (나)

이에 대한 설명으로 옳은 것만을 〈보기〉에서 있는 대로 고른 것은?

┌─ 보기 ─────────────────────────┐
ㄱ. ㉠은 1이다.
ㄴ. A의 병원체는 바이러스이다.
ㄷ. C의 병원체는 핵막을 갖는다.
└──────────────────────────────┘

① ㄱ   ② ㄴ   ③ ㄷ   ④ ㄱ, ㄴ   ⑤ ㄱ, ㄷ

04
▶24068-0107

그림은 가시에 찔려 병원체에 감염되었을 때 일어난 염증 반응의 일부를 나타낸 것이다. ㉠과 ㉡은 대식세포와 비만세포를 순서 없이 나타낸 것이며, ㉡은 보조 T 림프구에게 항원 정보를 제공한다.

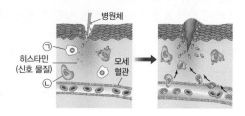

병원체
히스타민
(신호 물질)
모세
혈관

이에 대한 설명으로 옳은 것만을 〈보기〉에서 있는 대로 고른 것은?

┌─ 보기 ─────────────────────────┐
ㄱ. ㉠은 비만세포이다.
ㄴ. ㉡은 병원체를 세포 내로 들여와 분해한다.
ㄷ. 히스타민이 모세 혈관에 작용하면 모세 혈관이 수축된다.
└──────────────────────────────┘

① ㄱ   ② ㄴ   ③ ㄱ, ㄴ   ④ ㄱ, ㄷ   ⑤ ㄴ, ㄷ

05
▶ 24068-0108

그림은 세균 X가 우리 몸에 침입하였을 때 나타나는 방어 작용의 일부를 나타낸 것이다. ㉠~㉢은 B 림프구, 대식세포, 보조 T 림프구를 순서 없이 나타낸 것이다.

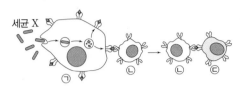

이에 대한 설명으로 옳은 것만을 〈보기〉에서 있는 대로 고른 것은?

```
보기
ㄱ. ㉠은 식세포 작용을 한다.
ㄴ. ㉡은 체액성 면역에 관여한다.
ㄷ. ㉢은 가슴샘에서 성숙하였다.
```

① ㄱ   ② ㄴ   ③ ㄷ   ④ ㄱ, ㄴ   ⑤ ㄴ, ㄷ

06
▶ 24068-0109

그림 (가)는 어떤 사람이 병원체 X에 감염되었을 때 일어난 방어 작용의 일부를, (나)는 이 사람에서 X에 대한 혈중 항체 농도 변화를 나타낸 것이다. ㉠과 ㉡은 기억 세포와 형질 세포를 순서 없이 나타낸 것이다.

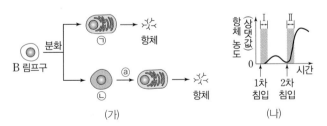

(가)   (나)

이에 대한 설명으로 옳은 것만을 〈보기〉에서 있는 대로 고른 것은?

```
보기
ㄱ. ㉠은 형질 세포이다.
ㄴ. 구간 Ⅰ에서 B 림프구의 분화가 일어난다.
ㄷ. 구간 Ⅱ에서 과정 ⓐ가 일어난다.
```

① ㄱ   ② ㄴ   ③ ㄱ, ㄷ   ④ ㄴ, ㄷ   ⑤ ㄱ, ㄴ, ㄷ

07
▶ 24068-0110

그림 (가)와 (나)는 어떤 사람이 세균 X에 처음 감염되었을 때 일어난 방어 작용을 순차적으로 나타낸 것이다. ㉠과 ㉡은 보조 T 림프구와 세포독성 T림프구를 순서 없이 나타낸 것이다.

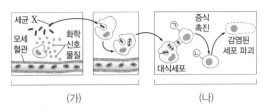

(가)   (나)

이에 대한 설명으로 옳은 것만을 〈보기〉에서 있는 대로 고른 것은?

```
보기
ㄱ. (가)에서 비특이적 방어 작용이 일어났다.
ㄴ. ㉠과 ㉡은 모두 골수에서 성숙되었다.
ㄷ. ㉡은 세포성 면역에 관여한다.
```

① ㄱ   ② ㄴ   ③ ㄷ   ④ ㄱ, ㄷ   ⑤ ㄴ, ㄷ

08
▶ 24068-0111

표 (가)는 사람 Ⅰ~Ⅲ의 혈액에서 응집원 A와 응집소 β의 유무를, (나)는 Ⅰ~Ⅲ의 혈액을 혈장 ㉠~㉢과 각각 섞었을 때의 ABO식 혈액형에 대한 응집 반응 결과를 나타낸 것이다. ㉠~㉢은 Ⅰ의 혈장, Ⅱ의 혈장, Ⅲ의 혈장을 순서 없이 나타낸 것이다.

구분	응집원 A	응집소 β
Ⅰ	?	○
Ⅱ	×	×
Ⅲ	?	?

(○: 있음, ×: 없음)

(가)

구분	㉠	㉡	㉢
Ⅰ의 혈액	×	×	○
Ⅱ의 혈액	×	○	?
Ⅲ의 혈액	×	○	○

(○: 응집됨, ×: 응집 안 됨)

(나)

이에 대한 설명으로 옳은 것만을 〈보기〉에서 있는 대로 고른 것은?

```
보기
ㄱ. Ⅰ의 ABO식 혈액형은 O형이다.
ㄴ. Ⅲ의 적혈구에는 응집원 B가 있다.
ㄷ. ㉡에 응집소 $\beta$가 있다.
```

① ㄱ   ② ㄴ   ③ ㄱ, ㄴ   ④ ㄱ, ㄷ   ⑤ ㄴ, ㄷ

01

▶24068-0112

표 (가)는 사람의 6가지 질병을 발병 원인과 병원체의 종류에 따라 A~C로 구분하여 나타낸 것이고, (나)는 질병의 특징 2가지를 나타낸 것이다. A~C는 각각 비감염성 질병, 세균에 의한 질병, 바이러스에 의한 질병 중 하나이다.

구분	질병
A	당뇨병, 헌팅턴 무도병
B	결핵, 콜레라
C	㉠, 홍역

(가)

특징
• 감염성 질병이다.
• 병원체가 세포 분열하여 증식한다.

(나)

이에 대한 설명으로 옳은 것만을 〈보기〉에서 있는 대로 고른 것은?

┌ 보기 ┐
ㄱ. 독감은 ㉠에 해당한다.
ㄴ. A는 한 사람에서 다른 사람으로 전염될 수 있다.
ㄷ. B는 (나)의 특징을 모두 갖는다.

① ㄱ   ② ㄴ   ③ ㄷ   ④ ㄱ, ㄷ   ⑤ ㄴ, ㄷ

02

▶24068-0113

다음은 병원체 ㉠~㉢에 대한 자료이다. ㉠~㉢은 결핵의 병원체, 무좀의 병원체, 후천성 면역 결핍증(AIDS)의 병원체를 순서 없이 나타낸 것이다.

• ㉠은 항생제에 의해 죽거나 증식이 억제된다.
• ㉡과 ㉢을 각각 세포가 없는 배지에서 배양하였을 때 ㉡과 ㉢ 중 ㉡만 증식하였다.

이에 대한 설명으로 옳은 것만을 〈보기〉에서 있는 대로 고른 것은?

┌ 보기 ┐
ㄱ. ㉠은 후천성 면역 결핍증(AIDS)의 병원체이다.
ㄴ. ㉡은 곰팡이이다.
ㄷ. ㉢은 스스로 물질대사를 한다.

① ㄱ   ② ㄴ   ③ ㄷ   ④ ㄱ, ㄴ   ⑤ ㄴ, ㄷ

03

▶24068-0114

표는 100명의 학생 집단을 대상으로 ABO식 혈액형에 대한 응집원 ㉠, ㉡과 응집소 ㉢, ㉣의 유무와 Rh식 혈액형에 대한 응집원의 유무를 조사한 결과를, 그림은 ㉡과 ㉣을 모두 갖는 학생의 혈액에 항 A 혈청과 항 B 혈청 중 하나를 섞었을 때 일어나는 응집 반응 결과를 나타낸 것이다. Rh 응집원이 없는 학생의 ABO식 혈액형은 모두 B형이다.

구분	학생 수
㉠을 갖는 학생	42
㉢을 갖는 학생	52
㉡과 ㉣을 모두 갖는 학생	38
Rh 응집원을 갖는 학생	98

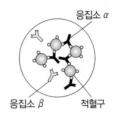

응집소 α
응집소 β
적혈구

이에 대한 설명으로 옳은 것만을 〈보기〉에서 있는 대로 고른 것은?

┌─ 보기 ┌
ㄱ. ABO식 혈액형이 O형인 학생의 수는 AB형인 학생의 수의 2배이다.
ㄴ. ㉠과 ㉢을 모두 갖는 학생 중 Rh 응집원을 갖는 학생의 수는 30이다.
ㄷ. 항 A 혈청에 응집되는 혈액을 갖는 학생의 수는 항 B 혈청에 응집되는 혈액을 갖는 학생의 수보다 많다.

① ㄱ   ② ㄴ   ③ ㄱ, ㄷ   ④ ㄴ, ㄷ   ⑤ ㄱ, ㄴ, ㄷ

04

▶24068-0115

다음은 질병을 일으키는 세균 A와 B에 대한 생쥐의 방어 작용 실험이다.

[실험 과정 및 결과]
(가) A와 B 중 한 세균의 병원성을 약화시켜 백신 ㉠을 만든다.
(나) 유전적으로 동일하고 A, B, ㉠에 노출된 적이 없는 생쥐 Ⅰ~Ⅴ를 준비한다.
(다) Ⅰ에는 A를, Ⅱ에는 B를, Ⅲ에는 ㉠을 각각 주사하고 일정 시간이 지난 후, Ⅰ~Ⅲ 중 Ⅲ만 살아남았다.
(라) 2주 후 (다)의 Ⅲ에서 추출한 혈장 ⓐ를 Ⅳ와 Ⅴ에 각각 주사한다.
(마) Ⅳ에는 A를, Ⅴ에는 B를 각각 주사하고 일정 시간이 지난 후, Ⅳ는 죽었고 Ⅴ는 살아남았다.

이에 대한 설명으로 옳은 것만을 〈보기〉에서 있는 대로 고른 것은? (단, 제시된 조건 이외는 고려하지 않는다.)

┌─ 보기 ┌
ㄱ. ⓐ에 기억 세포가 들어 있다.
ㄴ. (다)의 Ⅲ에서 특이적 방어 작용이 일어났다.
ㄷ. ㉠을 만드는 데 사용된 세균은 A이다.

① ㄱ   ② ㄴ   ③ ㄷ   ④ ㄱ, ㄴ   ⑤ ㄴ, ㄷ

05

▶24068-0116

다음은 항원 X에 대한 생쥐의 방어 작용 실험이다.

[실험 과정]
(가) 유전적으로 동일하고 X에 노출된 적이 없는 생쥐 ㉠~㉢을 준비한다.
(나) ㉠에게 X를 주사하고, 1주 후 ⓐ와 ⓑ를 각각 분리한다. ⓐ와 ⓑ는 혈장과 X에 대한 기억 세포를 순서 없이 나타낸 것이다.
(다) ㉡에게 ⓐ를, ㉢에게 ⓑ를 각각 주사한다.
(라) 일정 시간이 지난 후, ㉡과 ㉢에게 X를 각각 주사한다.

[실험 결과]
㉡과 ㉢의 X에 대한 혈중 항체 농도 변화는 그림과 같다.

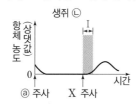 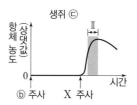

이에 대한 설명으로 옳은 것만을 〈보기〉에서 있는 대로 고른 것은? (단, 제시된 조건 이외는 고려하지 않는다.)

┌ 보기 ┐
ㄱ. ⓐ는 X에 대한 기억 세포이다.
ㄴ. 구간 Ⅰ에서 X에 대한 비특이적 방어 작용이 일어났다.
ㄷ. 구간 Ⅱ에서 X에 대한 2차 면역 반응이 일어났다.

① ㄱ   ② ㄴ   ③ ㄱ, ㄷ   ④ ㄴ, ㄷ   ⑤ ㄱ, ㄴ, ㄷ

06

▶24068-0117

다음은 병원체 X에 대한 백신을 개발하기 위한 실험이다.

[실험 과정 및 결과]
(가) X로부터 백신 후보 물질 ㉠과 ㉡을 얻는다.
(나) X, ㉠, ㉡에 노출된 적이 없고, 유전적으로 동일한 생쥐 Ⅰ~Ⅴ를 준비한다.
(다) 표와 같이 주사액을 Ⅰ~Ⅲ에게 주사하고 일정 시간이 지난 후, 생쥐의 생존 여부를 확인한다.
(라) (다)의 Ⅱ에서 혈장 ⓐ를 분리하여 Ⅳ에게 주사하고, ㉡에 대한 B 림프구가 분화한 기억 세포를 분리하여 Ⅴ에게 주사한다.
(마) (다)의 Ⅰ, (라)의 Ⅳ와 Ⅴ에게 각각 X를 주사하고 일정 시간이 지난 후, 생쥐의 생존 여부를 확인한다.

생쥐	주사액 조성	생존 여부
Ⅰ	㉠	산다
Ⅱ	㉡	산다
Ⅲ	X	죽는다

생쥐	생존 여부
Ⅰ	죽는다
Ⅳ	산다
Ⅴ	산다

이에 대한 설명으로 옳은 것만을 〈보기〉에서 있는 대로 고른 것은? (단, 제시된 조건 이외는 고려하지 않는다.)

┌ 보기 ┐
ㄱ. (다)의 Ⅱ에서 특이적 방어 작용이 일어났다.
ㄴ. ⓐ에는 X에 대한 항체가 들어 있다.
ㄷ. ㉠과 ㉡ 중 X에 대한 백신으로 적합한 물질은 ㉠이다.

① ㄱ   ② ㄷ   ③ ㄱ, ㄴ   ④ ㄴ, ㄷ   ⑤ ㄱ, ㄴ, ㄷ

07

▶24068-0118

그림은 어떤 사람에서 병원체 X에 대한 면역 반응 (가)와 (나)를 나타낸 것이다. (가)와 (나)는 각각 세포성 면역과 체액성 면역 중 하나이며, ㉠~㉢은 기억 세포, 형질 세포, 세포독성 T림프구를 순서 없이 나타낸 것이다.

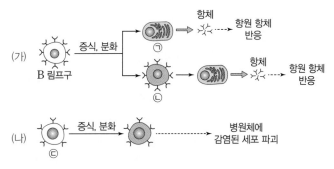

이에 대한 설명으로 옳은 것만을 〈보기〉에서 있는 대로 고른 것은?

┌ 보기 ┐
ㄱ. (가)는 체액성 면역이다.
ㄴ. X에 재감염되었을 때 ㉠이 ㉡으로 분화된다.
ㄷ. ㉢은 골수에서 성숙하였다.

① ㄱ   ② ㄴ   ③ ㄷ   ④ ㄱ, ㄴ   ⑤ ㄱ, ㄷ

08

▶24068-0119

다음은 병원체 A~C를 이용한 생쥐의 방어 작용 실험이다.

• A~C에 있는 항원은 그림과 같다.

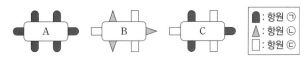

[실험 과정 및 결과]
(가) A의 병원성을 약화시켜 백신 X를 만든다. X에는 A의 항원이 들어 있다.
(나) A~C와 ㉠~㉢에 노출된 적이 없고, 유전적으로 동일한 생쥐 1과 생쥐 2에 각각 X를 주사한다.
(다) 일정 시간이 지난 후 생쥐 1에 ㉮를, 생쥐 2에 ㉯를 주사한다. ㉮와 ㉯는 B와 C를 순서 없이 나타낸 것이다.
(라) 생쥐 1과 생쥐 2에서 혈중 항체 농도 변화는 그림과 같다.

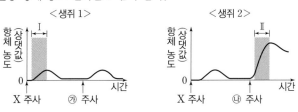

이에 대한 설명으로 옳은 것만을 〈보기〉에서 있는 대로 고른 것은? (단, 제시된 조건 이외는 고려하지 않는다.)

┌ 보기 ┐
ㄱ. ㉯는 B이다.
ㄴ. 구간 Ⅰ에서 ㉠에 대한 기억 세포가 형성되었다.
ㄷ. 구간 Ⅱ에서 2차 면역 반응이 일어났다.

① ㄱ   ② ㄷ   ③ ㄱ, ㄴ   ④ ㄴ, ㄷ   ⑤ ㄱ, ㄴ, ㄷ

① 염색체와 유전자

(1) **염색체**: 유전 물질인 DNA와 히스톤 단백질로 구성된 복합체이며, 세포가 분열할 때 딸세포로 이동해 유전 정보를 전달하는 역할을 한다. 세포가 분열하지 않을 때는 핵 안에 덜 응축된 상태(염색사)로 풀어져 있다가 세포가 분열할 때는 더 응축되어 굵어진다.

분열하지 않는 세포 / 분열 중인 세포

① **뉴클레오솜**: DNA가 히스톤 단백질을 감고 있는 구조이며, 염색체를 구성한다.

② **동원체**: 염색체의 잘록한 부분으로 세포 분열 시 방추사가 부착되는 곳이다.

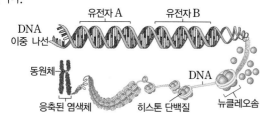

유전자 A   유전자 B
DNA 이중 나선
동원체   DNA
응축된 염색체   히스톤 단백질   뉴클레오솜

(2) **유전자, DNA, 염색체, 유전체**

구분	특징
유전자	생물의 유전 형질을 결정하는 유전 정보가 저장된 DNA의 특정 부위이다.
DNA	유전 물질이며, 이중 나선 구조이다. 하나의 DNA에는 수많은 유전자가 존재한다.
염색체	DNA와 히스톤 단백질로 구성된다. 염색체는 DNA를 포함하므로 하나의 염색체에는 수많은 유전자가 있다.
유전체	한 개체가 가진 모든 염색체를 구성하는 DNA에 저장된 유전 정보 전체이다.

(3) **핵형과 핵상**

① **핵형**: 생물이 가지는 염색체의 수, 모양, 크기 등과 같이 현미경으로 관찰할 수 있는 형태적인 특징이다. 생물종에 따라 핵형이 다르며, 같은 종의 생물에서 성이 다르면 핵형이 다른 경우도 있다.

② **핵형 분석**: 체세포 분열 중기 세포의 염색체 사진을 이용해 성별과 염색체의 수나 구조 이상 여부를 확인한다.

③ **핵상**: 한 세포에 들어 있는 염색체의 조합 상태를 나타내며, 상동 염색체 쌍이 존재하는 체세포의 핵상은 $2n$이고, 서로 다른 모양과 크기의 염색체가 1개씩 존재하는 생식세포의 핵상은 n이다.

상동 염색체
체세포($2n=8$)   생식세포($n=4$)

(4) **상동 염색체와 대립유전자**

① **상동 염색체**: 체세포에서 모양과 크기가 같아 쌍을 이루는 염색체이며, 아버지(부계)와 어머니(모계)로부터 각각 1개씩 물려받는 것이다.

② **염색 분체**: 세포 분열 중기 세포에서 하나의 염색체는 2개의 염색 분체로 구성되어 있다. 염색 분체는 간기에 DNA가 복제된 결과 만들어지며, 각 염색 분체의 DNA에 저장되어 있는 유전 정보가 같다.

③ **대립유전자**: 하나의 형질을 결정하는 유전자로 대립유전자는 상동 염색체에서 같은 위치에 존재한다.

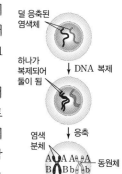
덜 응축된 염색체
하나가 복제되어 둘이 됨 / DNA 복제
염색 분체 / 응축
동원체
상동 염색체
염색 분체의 분리

서로 다른 형태의 대립유전자

(5) **사람의 염색체**: 정상인의 체세포에는 총 23쌍(46개)의 염색체가 있다.

① **상염색체**: 남자와 여자가 공통으로 가지는 22쌍의 염색체이다.

② **성염색체**: 남자와 여자가 서로 다른 구성으로 가지는 1쌍의 염색체이며, 여자는 XX, 남자는 XY의 성염색체 구성을 가진다.

성염색체
여자($2n=44+XX$)의 핵형   남자($2n=44+XY$)의 핵형

더 알기 세포 주기

세포 주기는 분열을 마친 딸세포가 생장하여 다시 분열을 마칠 때까지의 기간으로, 세포 주기의 대부분은 간기가 차지하며 분열기는 매우 짧다.

시기		주요 현상
간기	G₁기	세포의 구성 물질을 합성하고, 세포 소기관의 수가 늘어나면서 세포가 가장 많이 생장한다.
	S기	DNA 복제가 일어나므로 S기가 끝나면 세포당 DNA 양이 G₁기의 2배가 된다.
	G₂기	방추사를 구성하는 단백질을 합성하고, 세포가 생장하면서 세포 분열을 준비한다.
분열기(M기)		핵분열(DNA 분리)과 세포질 분열이 일어난다.

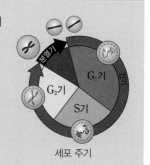
분열기
G₁기
G₂기
S기
세포 주기

www.ebsi.co.kr

② 체세포 분열

(1) 하나의 세포가 둘로 나누어지는 과정이며, 분열기에 핵분열(전기, 중기, 후기, 말기)과 세포질 분열이 일어난다.

(2) 체세포 분열 과정에서 동일한 유전 정보를 가진 염색 분체가 분리되므로 생성되는 2개의 딸세포는 모세포와 대립유전자 구성이 같다.

간기 · 전기 · 중기 · 후기 · 말기 · 세포질 분열

시기		주요 현상
간기		세포가 생장하고, DNA가 복제되며, 분열기를 준비한다.
분열기	전기	핵막이 사라지고 염색체가 응축하며, 방추사가 동원체 부위에 부착된다.
	중기	2개의 염색 분체로 구성된 염색체가 세포 중앙(적도판)에 배열된다.
	후기	염색 분체가 분리되어 세포의 양극으로 이동한다.
	말기	응축된 염색체가 풀어지고 핵막이 나타나며, 세포질 분열이 시작되어 핵상이 2n인 체세포(딸세포)가 형성된다.

③ 생식세포 분열

(1) 감수 분열(생식세포 분열)

① 생식세포를 형성하기 위해 일어나는 세포 분열이다.

② 간기(S기)에 DNA가 복제된 후 연속 2회의 분열이 일어나며, DNA 양과 염색체 수가 체세포(2n)의 절반인 생식세포(n)가 형성된다.

③ 감수 분열의 의의: 생식세포(n)의 수정을 통해 수정란(2n)이 형성되므로 세대를 거듭하더라도 종의 염색체 수는 일정하게 유지된다.

(2) 감수 분열 과정

① 감수 1분열: 상동 염색체가 분리되므로 염색체 수와 핵상, DNA 양이 절반으로 감소한다.

② 감수 2분열: DNA 복제 없이 염색 분체가 분리되므로 염색체 수와 핵상은 변하지 않고, DNA 양은 절반으로 감소한다.

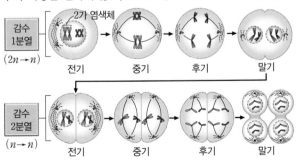

시기		주요 현상
간기		세포가 생장하고, DNA가 복제된다.
감수 1분열	전기	상동 염색체끼리 접합해 2가 염색체가 형성되며, 방추사가 2가 염색체에 부착된다.
	중기	2가 염색체가 세포 중앙(적도판)에 배열된다.
	후기	상동 염색체가 분리되어 세포의 양극으로 이동한다.
	말기	세포질 분열이 시작되며, 염색체 수가 모세포(2n)의 절반인 2개의 딸세포가 형성된다.
감수 2분열	전기	방추사가 동원체 부위에 부착된다.
	중기	2개의 염색 분체로 구성된 염색체가 세포 중앙(적도판)에 배열된다.
	후기	염색 분체가 분리되어 세포의 양극으로 이동한다.
	말기	세포질 분열이 시작되며, 핵상이 n인 4개의 생식세포(딸세포)가 형성된다.

④ 체세포 분열과 감수 분열의 비교

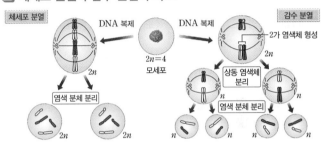

구분	체세포 분열	감수 분열
DNA 복제	간기(S기)에 1회	
핵분열 횟수	1회	2회
상동 염색체의 접합 (2가 염색체 형성)	일어나지 않음 (형성되지 않음)	일어남 (형성됨)
딸세포의 수와 핵상	2개, 2n	4개, n

⑤ 유전적 다양성

(1) 상동 염색체의 무작위적 분리: 하나의 상동 염색체 쌍의 분리는 다른 상동 염색체 쌍의 분리와 독립적으로 일어난다. 사람(2n=46)의 감수 분열 과정에서 무작위 배열과 독립적 분리에 따라 형성 가능한 생식세포는 최대 2^{23}종류이다.

(2) 생식세포의 무작위적 수정: 대립유전자 조합이 다양한 생식세포들이 무작위로 수정되어 자손이 태어나므로 부모가 같아도 유전자 구성이 다양한 자손이 태어날 수 있다.

(3) 유전적 다양성이 높은 종은 다양한 형질의 개체들이 존재하므로 환경이 변했을 때 생존에 유리한 형질을 가진 개체가 살아남을 가능성이 높아 쉽게 멸종되지 않는다.

더 알기 체세포 분열과 감수 분열 시 핵 1개당 DNA 상대량 변화

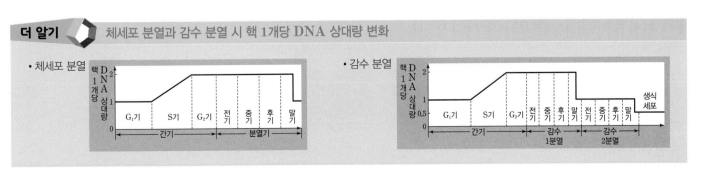

| 2024학년도 6월 모의평가 |

어떤 동물 종($2n=6$)의 유전 형질 ㉠는 2쌍의 대립유전자 A와 a, B와 b에 의해 결정된다. 그림은 이 동물 종의 개체 Ⅰ과 Ⅱ의 세포 (가)~(라) 각각에 들어 있는 모든 염색체를, 표는 (가)~(라)에서 A, a, B, b의 유무를 나타낸 것이다. (가)~(라) 중 2개는 Ⅰ의 세포이고, 나머지 2개는 Ⅱ의 세포이다. Ⅰ은 암컷이고 성염색체는 XX이며, Ⅱ는 수컷이고 성염색체는 XY이다.

(가)   (나)

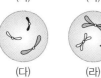
(다)   (라)

세포	대립유전자			
	A	a	B	b
(가)	○	?	?	?
(나)	?	○	○	×
(다)	○	×	×	○
(라)	?	○	×	×

(○: 있음, ×: 없음)

이에 대한 설명으로 옳은 것만을 〈보기〉에서 있는 대로 고른 것은? (단, 돌연변이와 교차는 고려하지 않는다.)

보기
ㄱ. (가)는 Ⅱ의 세포이다.
ㄴ. Ⅰ의 유전자형은 AaBB이다.
ㄷ. (다)에서 b는 상염색체에 있다.

① ㄱ ② ㄴ ③ ㄷ ④ ㄱ, ㄴ ⑤ ㄴ, ㄷ

접근 전략

(나)와 (라)의 염색체를 비교해 보면 모양과 크기가 다른 검은색 염색체가 성염색체임을 알 수 있다. 세포 내의 염색체 구성을 근거로 (가)~(라)의 핵상을 판단하고, 각 세포에서 두 쌍의 대립유전자의 유무를 비교하여 각각의 대립유전자 쌍이 상염색체 또는 성염색체에 있는지를 찾아내야 한다.

간략 풀이

핵상이 n인 (가)와 핵상이 $2n$인 (나)는 모두 암컷인 Ⅰ의 세포, 핵상이 n인 (다)와 (라)는 모두 수컷인 Ⅱ의 세포이다.
✗ (가)는 Ⅰ의 세포이다.
○ Ⅰ의 유전자형은 AaBB이다.
✗ 수컷의 세포인 (다)에는 A가, (라)에는 a가 있으므로 A와 a는 상염색체에 있는 대립유전자이다. (다)에서 b는 X 염색체에 있다.
정답 | ②

닮은 꼴 문제로 유형 익히기

정답과 해설 21쪽

▶ 24068-0120

어떤 동물 종($2n=6$)의 유전 형질 ㉠는 2쌍의 대립유전자 A와 a, B와 b에 의해 결정된다. 그림은 이 동물 종의 개체 Ⅰ과 Ⅱ의 세포 (가)~(라) 각각에 들어 있는 모든 염색체를, 표는 (가)~(라)에서 A, a, B, b의 DNA 상대량을 나타낸 것이다. Ⅰ은 암컷이고 성염색체는 XX이며, Ⅱ는 수컷이고 성염색체는 XY이다.

(가)   (나)

(다)   (라)

세포	DNA 상대량			
	A	a	B	b
(가)	ⓐ	2	0	ⓑ
(나)	ⓒ	2	4	?
(다)	1	0	0	1
(라)	?	?	0	0

이에 대한 설명으로 옳은 것만을 〈보기〉에서 있는 대로 고른 것은? (단, 돌연변이와 교차는 고려하지 않으며, A, a, B, b 각각의 1개당 DNA 상대량은 1이다.)

보기
ㄱ. (가)는 Ⅱ의 세포이다.
ㄴ. (다)에서 A는 상염색체에 있다.
ㄷ. ⓐ+ⓑ+ⓒ=2이다.

① ㄱ ② ㄴ ③ ㄷ ④ ㄱ, ㄴ ⑤ ㄴ, ㄷ

유사점과 차이점

세포의 염색체의 모양과 크기를 비교하여 핵상과 성염색체를 판단한다는 점에서 대표 문제와 유사하지만 대립유전자의 유무가 아닌 DNA 상대량을 제시하였고, (가)~(라) 중 개체 Ⅰ과 Ⅱ의 세포가 각각 몇 개인지를 파악하도록 한다는 점에서 대표 문제와 다르다.

배경 지식

• 세포 내에 상동 염색체가 존재하지 않으면 핵상이 n인 세포이다.
• 핵상이 n인 세포에서 특정 형질의 대립유전자가 모두 없다면 이 형질의 유전자는 성염색체에 있다.

01
▶24068-0121

그림은 어떤 사람의 세포 A를 채취하여 핵형 분석을 한 결과를 나타낸 것이다.

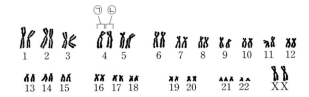

이에 대한 설명으로 옳은 것만을 〈보기〉에서 있는 대로 고른 것은?

보기
ㄱ. A는 감수 2분열 중기의 세포이다.
ㄴ. ㉠과 ㉡은 부모로부터 각각 하나씩 물려받은 것이다.
ㄷ. A의 $\dfrac{\text{상염색체의 염색 분체 수}}{\text{성염색체 수}}=45$이다.

① ㄱ ② ㄴ ③ ㄷ ④ ㄱ, ㄴ ⑤ ㄴ, ㄷ

02
▶24068-0122

그림은 사람 체세포의 세포 주기를, 표는 세포 주기 중 각 시기 (가)~(다)의 특징을 나타낸 것이다. ㉠~㉢은 각각 G_2기, M기(분열기), S기 중 하나이며, (가)~(다)는 ㉠~㉢을 순서 없이 나타낸 것이다.

시기	특징
(가)	핵막이 소실된 세포가 관찰된다.
(나)	DNA 복제가 일어난다.
(다)	?

이에 대한 설명으로 옳은 것만을 〈보기〉에서 있는 대로 고른 것은? (단, 돌연변이는 고려하지 않는다.)

보기
ㄱ. (나)는 ㉢이다.
ㄴ. ㉠ 시기에 상동 염색체의 접합이 일어난다.
ㄷ. 동원체에 방추사가 부착된 세포는 (다)에서가 ㉠에서보다 많다.

① ㄱ ② ㄴ ③ ㄱ, ㄷ ④ ㄴ, ㄷ ⑤ ㄱ, ㄴ, ㄷ

03
▶24068-0123

그림 (가)는 어떤 동물($2n=8$)의 세포가 분열하는 동안 핵 1개당 DNA 상대량을, (나)는 이 세포 분열 과정의 어느 한 시기에서 관찰되는 세포에 들어 있는 염색체를 모두 나타낸 것이다. H는 h와 대립유전자이다. ⓐ~ⓓ는 각각 염색체이며, ⓐ~ⓓ의 모양과 크기는 나타내지 않았다.

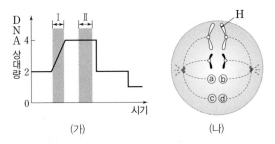

이에 대한 설명으로 옳은 것만을 〈보기〉에서 있는 대로 고른 것은? (단, 돌연변이는 고려하지 않는다.)

보기
ㄱ. 구간 Ⅰ에는 핵막을 갖는 세포가 있다.
ㄴ. (나)는 구간 Ⅱ에서 관찰된다.
ㄷ. ⓐ~ⓓ 중 하나에는 h가 있다.

① ㄱ ② ㄴ ③ ㄱ, ㄷ ④ ㄴ, ㄷ ⑤ ㄱ, ㄴ, ㄷ

04
▶24068-0124

그림 (가)는 사람의 체세포를 배양한 후 세포당 DNA 양에 따른 세포 수를, (나)는 염색체의 구조를 나타낸 것이다. ㉠과 ㉡은 염색체와 히스톤 단백질을 순서 없이 나타낸 것이다.

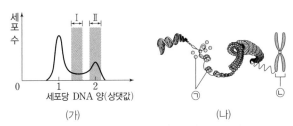

이에 대한 설명으로 옳은 것만을 〈보기〉에서 있는 대로 고른 것은?

보기
ㄱ. 구간 Ⅰ의 세포에서 ㉡이 관찰된다.
ㄴ. ㉠의 기본 단위는 뉴클레오타이드이다.
ㄷ. 구간 Ⅱ에는 염색 분체의 분리가 일어나는 시기의 세포가 있다.

① ㄱ ② ㄴ ③ ㄷ ④ ㄱ, ㄴ ⑤ ㄴ, ㄷ

05

▶24068-0125

표는 어떤 사람의 세포 Ⅰ~Ⅳ에서 핵막 소실 여부와 DNA 상대량을 나타낸 것이다. Ⅰ~Ⅳ는 G_1기 세포, G_2기 세포, 감수 1분열 중기 세포, 감수 2분열 중기 세포를 순서 없이 나타낸 것이다. ㉠은 '소실됨'과 '소실 안 됨' 중 하나이고, Ⅲ과 Ⅳ의 세포 1개당 $\dfrac{\text{DNA 양}}{\text{염색체 수}}$은 같다.

세포	핵막 소실 여부	DNA 상대량
Ⅰ	소실 안 됨	2
Ⅱ	㉠	1
Ⅲ	소실됨	2
Ⅳ	?	1

이에 대한 설명으로 옳은 것만을 〈보기〉에서 있는 대로 고른 것은?

| 보기 |
ㄱ. ㉠은 '소실 안 됨'이다.
ㄴ. Ⅱ와 Ⅲ의 핵상은 같다.
ㄷ. Ⅳ에서 상동 염색체의 접합이 일어난다.

① ㄴ   ② ㄷ   ③ ㄱ, ㄴ   ④ ㄱ, ㄷ   ⑤ ㄱ, ㄴ, ㄷ

06

▶24068-0126

그림은 핵상이 $2n$인 동물 A~C의 세포 (가)~(라) 각각에 들어 있는 모든 염색체를 나타낸 것이다. 서로 다른 개체 A, B, C는 2가지 종으로 구분되며, A와 B는 같은 종이고, A와 C의 성은 서로 다르다. A~C의 성염색체는 암컷이 XX, 수컷이 XY이다.

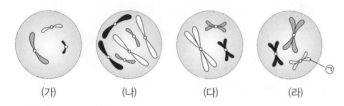

(가)   (나)   (다)   (라)

이에 대한 설명으로 옳은 것만을 〈보기〉에서 있는 대로 고른 것은? (단, 돌연변이는 고려하지 않는다.)

| 보기 |
ㄱ. (다)는 A의 세포이다.
ㄴ. ㉠은 성염색체이다.
ㄷ. $\dfrac{\text{(가)의 상염색체 수}}{\text{(다)의 염색 분체 수}}=\dfrac{1}{3}$이다.

① ㄱ   ② ㄴ   ③ ㄷ   ④ ㄱ, ㄴ   ⑤ ㄴ, ㄷ

07

▶24068-0127

표는 철수네 가족 구성원에서 G_1기 세포 1개당 유전자 H, h, T, t의 DNA 상대량을 나타낸 것이다. H는 h와 대립유전자이며, T는 t와 대립유전자이다.

구성원	DNA 상대량			
	H	h	T	t
어머니	1	?	?	?
아버지	?	?	1	0
형	2	?	1	?
철수	?	1	0	㉠
여동생	0	2	1	㉡

이에 대한 설명으로 옳은 것만을 〈보기〉에서 있는 대로 고른 것은? (단, 돌연변이는 고려하지 않으며, H, h, T, t 각각의 1개당 DNA 상대량은 1이다.)

| 보기 |
ㄱ. ㉠+㉡=1이다.
ㄴ. H와 h는 상염색체에 있다.
ㄷ. 형이 갖는 T는 아버지로부터 물려받은 것이다.

① ㄱ   ② ㄴ   ③ ㄱ, ㄷ   ④ ㄴ, ㄷ   ⑤ ㄱ, ㄴ, ㄷ

08

▶24068-0128

어떤 동물 종($2n$)의 유전 형질 ㉮는 2쌍의 대립유전자 A와 a, B와 b에 의해 결정된다. 그림은 이 동물 종의 G_1기 세포 Ⅰ로부터 생식세포가 형성되는 과정을, 표는 세포 (가)~(라)가 갖는 A, a, B, b의 DNA 상대량을 나타낸 것이다. (가)~(라)는 Ⅰ~Ⅳ를 순서 없이 나타낸 것이다.

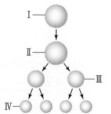

세포	DNA 상대량			
	A	a	B	b
(가)	0	?	2	0
(나)	㉠	?	2	2
(다)	1	0	?	㉡
(라)	1	1	?	?

이에 대한 설명으로 옳은 것만을 〈보기〉에서 있는 대로 고른 것은? (단, 돌연변이는 고려하지 않으며, A, a, B, b 각각의 1개당 DNA 상대량은 1이다. Ⅱ와 Ⅲ은 중기의 세포이다.)

| 보기 |
ㄱ. ㉠+㉡=3이다.
ㄴ. (나)는 Ⅲ이다.
ㄷ. (다)와 (라)의 핵상은 같다.

① ㄱ   ② ㄴ   ③ ㄱ, ㄷ   ④ ㄴ, ㄷ   ⑤ ㄱ, ㄴ, ㄷ

01

▶24068-0129

그림은 어떤 사람의 핵형 분석 결과와 염색체의 구조를 나타낸 것이다. 이 사람의 특정 형질에 대한 유전자형은 Ee이다. (가)는 E와 e 중 하나이며, ㉠과 ㉡은 DNA와 뉴클레오솜을 순서 없이 나타낸 것이다.

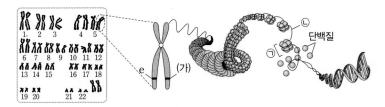

이에 대한 설명으로 옳은 것만을 〈보기〉에서 있는 대로 고른 것은? (단, 돌연변이는 고려하지 않는다.)

〈보기〉
ㄱ. (가)는 E이다.
ㄴ. G_2기 세포에 ㉠이 있다.
ㄷ. 이 사람의 체세포 1개당 $\dfrac{\text{상염색체 수}}{\text{X 염색체 수}}$는 11이다.

① ㄱ   ② ㄴ   ③ ㄱ, ㄷ   ④ ㄴ, ㄷ   ⑤ ㄱ, ㄴ, ㄷ

02

▶24068-0130

다음은 세포 주기를 억제하는 항암 물질 개발에 대한 연구이다.

- 어떤 동물의 돌연변이 체세포 P는 32 ℃에서는 정상적으로 분열이 일어나지만 39 ℃에서는 G_2기에서 M기(분열기)로의 전환이 억제된다.

[연구 과정 및 결과]

(가) P를 39 ℃에서 일정 시간 동안 배양하여 집단 A, B, C로 나눈다. A~C에서 같은 수의 세포를 동시에 고정한 후, 각 집단에서 DNA 양에 따른 세포 수는 모두 그림과 같이 동일하게 나타났다.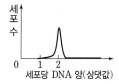

(나) 천연자원으로부터 세포 주기의 진행을 억제하는 물질 X와 Y를 추출한다. (가)의 B에는 X를, C에는 Y를 처리한 후 A~C를 32 ℃로 옮겨 동일한 조건에서 일정 시간 동안 배양한다. X와 Y는 모두 세포 주기의 같은 단계에서 세포 주기의 진행을 억제한다.

(다) A~C에서 같은 수의 세포를 동시에 고정한 후, 각 집단의 세포당 DNA 양에 따른 세포 수를 나타낸 결과는 그림과 같다.

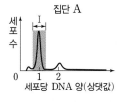 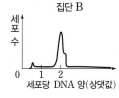 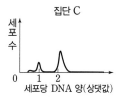

이 자료에 대한 설명으로 옳은 것만을 〈보기〉에서 있는 대로 고른 것은?

〈보기〉
ㄱ. 구간 Ⅰ에는 핵막을 가진 세포가 있다.
ㄴ. 집단 A의 세포 주기에서 G_2기가 G_1기보다 길다.
ㄷ. 세포 주기의 진행을 억제하는 효과는 X가 Y보다 크다.

① ㄱ   ② ㄴ   ③ ㄱ, ㄷ   ④ ㄴ, ㄷ   ⑤ ㄱ, ㄴ, ㄷ

03

▶24068-0131

그림은 서로 다른 개체 A~C(2n)의 세포 (가)~(마) 각각에 들어 있는 모든 염색체 중 X 염색체를 제외한 나머지 염색체를 모두 나타낸 것이다. A와 B는 같은 종이고, B와 C의 성은 같다. (가)~(마) 중 B의 세포는 2개이다. A~C의 성염색체는 암컷이 XX, 수컷이 XY이다.

(가)   (나)   (다)   (라)   (마)

이에 대한 설명으로 옳은 것만을 〈보기〉에서 있는 대로 고른 것은? (단, 돌연변이와 교차는 고려하지 않는다.)

┌ 보기 ┐
ㄱ. (나)는 C의 세포이다.
ㄴ. (마)는 수컷의 세포이다.
ㄷ. A의 체세포 분열 중기의 세포 1개당 염색 분체 수는 12이다.

① ㄴ   ② ㄷ   ③ ㄱ, ㄴ   ④ ㄱ, ㄷ   ⑤ ㄴ, ㄷ

04

▶24068-0132

사람의 유전 형질 ㉮는 대립유전자 A와 a에 의해, ㉯는 2쌍의 대립유전자 B와 b, D와 d에 의해 결정되며, ㉮와 ㉯의 유전자는 서로 다른 2개의 염색체에 있다. 표는 P와 Q의 세포 I~IV와 ㉠의 세포 V가 갖는 A, a, B, b, D, d의 DNA 상대량을 나타낸 것이다. P는 남자이고 Q는 여자이며, ㉠은 P와 Q 사이에서 태어난 자녀이다. I~IV 중 2개는 중기의 세포이다.

세포	DNA 상대량					
	A	a	B	b	D	d
I	1	?	1	ⓐ	1	1
II	0	1	ⓑ	0	1	0
III	0	0	2	?	0	2
IV	0	?	2	2	ⓒ	0
V	1	0	1	0	0	1

이에 대한 설명으로 옳은 것만을 〈보기〉에서 있는 대로 고른 것은? (단, 돌연변이와 교차는 고려하지 않으며, A, a, B, b, D, d 각각의 1개당 DNA 상대량은 1이다.)

┌ 보기 ┐
ㄱ. ⓐ+ⓑ=ⓒ이다.
ㄴ. II와 III의 핵상은 같다.
ㄷ. P와 Q 사이에서 ㉠의 동생이 태어날 때, 이 아이의 ㉯의 유전자형이 P와 같을 확률은 $\frac{1}{4}$이다.

① ㄱ   ② ㄴ   ③ ㄱ, ㄷ   ④ ㄴ, ㄷ   ⑤ ㄱ, ㄴ, ㄷ

05

▶ 24068-0133

다음은 사람 P의 세포 (가)~(라)에 대한 자료이다.

- 유전 형질 ㉮는 서로 다른 상염색체에 있는 2쌍의 대립유전자 A와 a, B와 b에 의해 결정된다.
- 표는 P의 생식세포 형성 과정에서 나타나는 서로 다른 세포 (가)~(라)에서 A와 b의 DNA 상대량을 더한 값을 나타낸 것이다.

세포	A와 b의 DNA 상대량을 더한 값
(가)	1
(나)	㉠
(다)	0
(라)	㉡

- (가)~(라) 중 2개는 G_1기 세포 I로부터 형성되었고, 나머지 2개는 G_1기 세포 II로부터 형성되었다.
- (가)~(다)의 핵상은 모두 같으며, (라)의 핵상은 (가)~(다)와 다르다.
- (다)는 I로부터, (라)는 II로부터 형성되었고, (다)와 (라)는 중기의 세포이다.
- (가)~(라)에서 A와 b의 DNA 상대량을 더한 값은 서로 다르다.

이에 대한 설명으로 옳은 것만을 〈보기〉에서 있는 대로 고른 것은? (단, 돌연변이와 교차는 고려하지 않으며, A, a, B, b 각각의 1개당 DNA 상대량은 1이다.)

┌ 보기 ┌
ㄱ. ㉠+㉡=6이다.
ㄴ. (가)는 II로부터 형성되었다.
ㄷ. 세포 1개당 a의 DNA 상대량은 (다)와 (라)가 같다.

① ㄱ   ② ㄴ   ③ ㄱ, ㄷ   ④ ㄴ, ㄷ   ⑤ ㄱ, ㄴ, ㄷ

06

▶ 24068-0134

사람의 유전 형질 ㉮는 서로 다른 상염색체에 있는 3쌍의 대립유전자 A와 a, B와 b, D와 d에 의해 결정된다. 표 (가) 는 어떤 사람의 세포 I~III에서 a, B, b, D의 유무를, (나)는 세포 ⓐ~ⓒ 각각에 들어 있는 A, b, D의 DNA 상대량을 더한 값(A+b+D)을 나타낸 것이다. ⓐ~ⓒ는 I~III을 순서 없이 나타낸 것이다.

세포	대립유전자			
	a	B	b	D
I	?	?	○	○
II	×	○	○	?
III	?	○	?	×

(○: 있음, ×: 없음)

(가)

세포	DNA 상대량을 더한 값
	A+b+D
ⓐ	1
ⓑ	3
ⓒ	4

(나)

이에 대한 설명으로 옳은 것만을 〈보기〉에서 있는 대로 고른 것은? (단, 돌연변이와 교차는 고려하지 않으며, A, a, B, b, D, d 각각의 1개당 DNA 상대량은 1이다.)

┌ 보기 ┌
ㄱ. ⓑ는 I이다.
ㄴ. I과 III의 핵상은 같다.
ㄷ. 세포 1개당 $\dfrac{\text{D의 DNA 상대량}}{\text{A의 DNA 상대량}+\text{B의 DNA 상대량}}$ 은 I과 II가 같다.

① ㄱ   ② ㄷ   ③ ㄱ, ㄴ   ④ ㄴ, ㄷ   ⑤ ㄱ, ㄴ, ㄷ

07

▶24068-0135

사람의 유전 형질 ㉮는 2쌍의 대립유전자 A와 a, B와 b에 의해 결정된다. 표는 사람 (가)와 (나)의 세포 Ⅰ~Ⅳ에서 대립유전자 ㉠~㉣ 중 2개의 DNA 상대량을 더한 값을, 그림은 (가)와 (나) 중 한 명의 생식세포에 있는 일부 염색체와 유전자를 나타낸 것이다. ㉠~㉣은 A, a, B, b를 순서 없이 나타낸 것이고, Ⅰ은 (나)의 세포이다.

세포	DNA 상대량을 더한 값			
	㉠+㉡	㉡+㉢	㉡+㉣	㉢+㉣
Ⅰ	2	2	1	1
Ⅱ	2	2	2	2
Ⅲ	1	1	0	?
Ⅳ	2	?	2	0

이에 대한 설명으로 옳은 것만을 〈보기〉에서 있는 대로 고른 것은? (단, 돌연변이와 교차는 고려하지 않으며, A, a, B, b 각각의 1개당 DNA 상대량은 1이다.)

┌ 보기 ┐
ㄱ. Ⅱ는 (가)의 세포이다.
ㄴ. ㉠은 ㉢의 대립유전자이다.
ㄷ. (나)로부터 ㉡과 ㉣을 모두 갖는 생식세포가 형성될 수 있다.

① ㄱ   ② ㄴ   ③ ㄱ, ㄷ   ④ ㄴ, ㄷ   ⑤ ㄱ, ㄴ, ㄷ

08

▶24068-0136

그림은 유전자형이 HHRrTt인 어떤 동물의 G₁기 세포 Ⅰ로부터 정자가 형성되는 과정을, 표는 세포 (가)~(라)가 갖는 대립유전자 H, r, t의 DNA 상대량을 나타낸 것이다. R는 r와 대립유전자이며, T는 t와 대립유전자이다. (가)~(라)는 Ⅰ~Ⅳ를 순서 없이 나타낸 것이고, ⓐ+ⓑ+ⓒ+ⓓ>2이다.

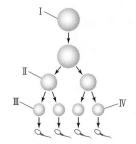

세포	DNA 상대량		
	H	r	t
(가)	2	?	1
(나)	1	ⓐ	ⓑ
(다)	1	1	ⓒ
(라)	2	ⓓ	2

이에 대한 설명으로 옳은 것만을 〈보기〉에서 있는 대로 고른 것은? (단, 돌연변이와 교차는 고려하지 않으며, H, h, R, r, T, t 각각의 1개당 DNA 상대량은 1이다. Ⅱ는 중기의 세포이다.)

┌ 보기 ┐
ㄱ. (다)는 Ⅲ이다.
ㄴ. ⓐ+ⓑ+ⓒ+ⓓ=4이다.
ㄷ. 세포 1개당 $\dfrac{\text{H의 DNA 상대량}}{\text{R의 DNA 상대량}+\text{T의 DNA 상대량}}$ 은 Ⅰ이 (나)의 2배이다.

① ㄱ   ② ㄴ   ③ ㄱ, ㄷ   ④ ㄴ, ㄷ   ⑤ ㄱ, ㄴ, ㄷ

09

▸24068-0137

사람의 유전 형질 ㉮는 서로 다른 상염색체에 있는 3쌍의 대립유전자 E와 e, F와 f, G와 g에 의해 결정된다. 표는 어떤 사람의 세포 (가)~(라)에서 E, F, g의 유무와 E, F, G의 DNA 상대량을 더한 값(E+F+G)을 나타낸 것이다. (가)의 핵 1개당 DNA 상대량은 (나)의 2배이고, (다)와 (라)의 핵상은 서로 다르다.

세포	대립유전자			DNA 상대량을 더한 값
	E	F	g	E+F+G
(가)	○	ⓐ	?	2
(나)	ⓑ	?	?	3
(다)	?	×	?	4
(라)	?	○	○	4

(○: 있음, ×: 없음)

이에 대한 설명으로 옳은 것만을 <보기>에서 있는 대로 고른 것은? (단, 돌연변이와 교차는 고려하지 않으며, E, e, F, f, G, g 각각의 1개당 DNA 상대량은 1이다. (가)와 (다)는 중기의 세포이다.)

보기
ㄱ. ⓑ는 '○'이다.
ㄴ. 이 사람의 ㉮의 유전자형은 EeFFGg이다.
ㄷ. e, f, g의 DNA 상대량을 더한 값은 (가)와 (다)가 같다.

① ㄱ ② ㄴ ③ ㄱ, ㄷ ④ ㄴ, ㄷ ⑤ ㄱ, ㄴ, ㄷ

10

▸24068-0138

어떤 동물 종(2n)의 유전 형질 ㉮는 대립유전자 A와 a에 의해, ㉯는 대립유전자 B와 b에 의해, ㉰는 대립유전자 D와 d에 의해 결정된다. 표 (가)는 이 동물 종의 개체 P와 Q의 세포 Ⅰ~Ⅴ가 갖는 대립유전자 ㉠~㉥의 유무를 나타낸 것이고, (나)는 세포 ⓐ~ⓒ에서 A, B, D, d 중 2개의 DNA 상대량을 더한 값을 나타낸 것이다. Ⅰ은 P의 세포이고, Ⅱ~Ⅴ 중 2개는 P의 세포, 나머지 2개는 Q의 세포이다. P는 수컷이고 성염색체는 XY이며, Q는 암컷이고 성염색체는 XX이다. ㉠~㉥은 A, a, B, b, D, d를 순서 없이 나타낸 것이고, ⓐ~ⓒ는 Ⅰ~Ⅲ을 순서 없이 나타낸 것이다.

세포	대립유전자					
	㉠	㉡	㉢	㉣	㉤	㉥
Ⅰ	○	×	○	○	×	○
Ⅱ	×	×	○	×	○	○
Ⅲ	×	×	×	○	×	○
Ⅳ	○	○	×	○	×	×
Ⅴ	○	×	○	×	×	○

(○: 있음, ×: 없음)

(가)

세포	DNA 상대량을 더한 값	
	A+d	B+D
ⓐ	1	2
ⓑ	0	3
ⓒ	0	1

(나)

이에 대한 설명으로 옳은 것만을 <보기>에서 있는 대로 고른 것은? (단, 돌연변이와 교차는 고려하지 않으며, A, a, B, b, D, d 각각의 1개당 DNA 상대량은 1이다.)

보기
ㄱ. ㉤은 A이다.
ㄴ. ⓒ에는 B가 있다.
ㄷ. Q의 ㉯와 ㉰의 유전자형은 BbDd이다.

① ㄱ ② ㄴ ③ ㄱ, ㄷ ④ ㄴ, ㄷ ⑤ ㄱ, ㄴ, ㄷ

① 사람의 유전 연구

(1) **사람의 유전 연구가 어려운 까닭**: 한 세대가 길다. 자손의 수가 적다. 임의 교배가 거의 불가능하다. 형질이 복잡하고 유전자의 수가 많다. 환경적 요인에 영향을 받는 형질이 많다.

(2) **사람의 유전 연구 방법**

① **가계도 조사**: 특정 유전 형질이 발현된 집안의 가계도를 조사하여 그 형질의 우열 관계와 유전자의 전달 경로 등을 알아낼 수 있다.

② **쌍둥이 연구**: 1란성 쌍둥이와 2란성 쌍둥이를 대상으로 성장 환경과 형질 발현의 일치율을 조사하여, 형질의 차이가 유전에 의한 것인지 환경에 의한 것인지를 알아낼 수 있다.

③ **집단 조사**: 여러 가계를 포함한 집단에서 유전 형질이 나타나는 빈도를 조사하고 자료를 통계 처리하여 유전 형질의 특징과 분포 등을 알아낼 수 있다.

② 상염색체에 의한 유전

(1) 형질이 성별에 관계없이 나타난다.

(2) **하나의 형질을 결정하는 대립유전자가 2가지인 경우**: 대립유전자 사이의 우열 관계가 분명한 경우 대립 형질이 명확하게 구분된다.
　예 PTC 미맹, 혀 말기 등

(3) **하나의 형질을 결정하는 대립유전자가 3가지 이상인 경우(복대립 유전)**

① 대립유전자는 3가지 이상이지만, 개체의 형질은 한 쌍의 대립유전자에 의해 결정되므로 단일 인자 유전에 해당한다.

② **ABO식 혈액형**: ABO식 혈액형 대립유전자는 3가지(I^A, I^B, i)가 있다. 대립유전자 i는 I^A와 I^B에 대해 열성이고, I^A와 I^B는 우열 관계가 성립하지 않는다.

표현형	A형	B형	AB형	O형
유전자형	$I^A I^A$ 또는 $I^A i$	$I^B I^B$ 또는 $I^B i$	$I^A I^B$	$i i$
적혈구 표면의 응집원				

③ 성염색체에 의한 유전

(1) **사람의 성 결정**

① **성염색체**: 사람의 성염색체에는 X 염색체와 Y 염색체가 있다.

성염색체에는 성별을 결정하는 유전자 외에 다른 형질을 결정하는 유전자도 있다.

② **사람의 성 결정**: 감수 분열 시 한 쌍의 성염색체는 분리되어 서로 다른 생식세포로 들어간다. 그 결과 난자는 X 염색체를 가진 것만 생성되고, 정자는 X 염색체를 가진 것과 Y 염색체를 가진 것이 생성된다. 자녀의 성별은 수정 과정에서 어떤 성염색체를 갖는 정자가 난자와 수정되는가에 따라 결정된다.

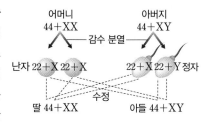

(2) **X 염색체 유전**

① 남자는 하나의 X 염색체를 가지며, 여자는 2개의 X 염색체를 갖는다.

② 특정 형질을 결정하는 유전자가 X 염색체에 있으면 성별에 따라 형질이 발현되는 빈도가 달라진다.

　예 **적록 색맹**: 색을 구별하는 시각 세포에 이상이 생겨 적색과 녹색을 잘 구별하지 못하는 유전병이다. 적록 색맹 대립유전자(X^r)는 정상 대립유전자(X^R)에 대해 열성이다.

표현형		정상	정상(보인자)	적록 색맹
유전자형	남	$X^R Y$	없음	$X^r Y$
	여	$X^R X^R$	$X^R X^r$	$X^r X^r$

④ 단일 인자 유전과 다인자 유전

(1) **단일 인자 유전**: 하나의 형질 발현에 1쌍의 대립유전자가 관여하는 유전 현상이다.

(2) **다인자 유전**: 하나의 형질 발현에 여러 쌍의 대립유전자가 관여하는 유전 현상이다. 예 몸무게, 지능, 키, 피부색 등

단일 인자 유전
(불연속적인 변이)

다인자 유전
(연속적인 변이)

더 알기　　유전 현상 파악하기(우열 관계)

- 부모의 표현형이 같을 때, 부모에게서 나타나지 않은 표현형이 자녀에게 나타나면 부모의 표현형이 우성 형질, 자녀의 표현형이 열성 형질이다.
- 유전자형이 이형 접합성(Aa)인 사람에서 발현된 표현형은 우성 형질이다.
- 유전자형이 열성 동형 접합성인 사람(aa)의 자녀 중 표현형이 다른 자녀(Aa)가 있다면, 자녀의 표현형은 우성 형질이다.

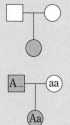

- X 염색체 유전을 따르고 정상에 대해 열성인 유전병은 유전병을 갖는 여자의 아버지와 아들에게서 반드시 발현된다.
- X 염색체 유전을 따르고 정상에 대해 우성인 유전병은 유전병을 갖는 남자의 어머니와 딸에게서 반드시 발현된다.

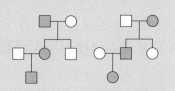

X 염색체 열성 유전　　X 염색체 우성 유전

□ 정상 남자　　○ 정상 여자
■ 유전병 남자　　● 유전병 여자

| 2024학년도 수능 |

다음은 사람의 유전 형질 (가)~(다)에 대한 자료이다.

- (가)~(다)의 유전자는 서로 다른 3개의 상염색체에 있다.
- (가)는 대립유전자 A와 a에 의해 결정되며, A는 a에 대해 완전 우성이다.
- (나)는 대립유전자 B와 b에 의해 결정되며, 유전자형이 다르면 표현형이 다르다.
- (다)는 1쌍의 대립유전자에 의해 결정되며, 대립유전자에는 D, E, F가 있다. D는 E, F에 대해, E는 F에 대해 각각 완전 우성이다.
- P의 유전자형은 AaBbDF이고, P와 Q는 (나)의 표현형이 서로 다르다.
- P와 Q 사이에서 ⓐ가 태어날 때, ⓐ가 P와 (가)~(다)의 표현형이 모두 같을 확률은 $\frac{3}{16}$이다.
- ⓐ가 유전자형이 AAbbFF인 사람과 (가)~(다)의 표현형이 모두 같을 확률은 $\frac{3}{32}$이다.

ⓐ가 유전자형이 aabbDF일 확률은? (단, 돌연변이는 고려하지 않는다.)

① $\frac{1}{4}$ ② $\frac{1}{8}$ ③ $\frac{1}{16}$ ④ $\frac{1}{32}$ ⑤ $\frac{1}{64}$

접근 전략

P와 Q의 (나)의 표현형이 다른 점과 ⓐ의 (나)의 유전자형이 Bb와 bb일 수 있다는 점을 이용해 Q의 (나)의 유전자형을 파악할 수 있다. ⓐ가 P와 (가)~(다)의 표현형이 모두 같을 확률과 유전자형이 AAbbFF인 사람과 (가)~(다)의 표현형이 모두 같을 확률을 이용해 Q의 (가)의 유전자형과 (다)의 유전자형을 파악할 수 있다.

간략 풀이

Q의 (나)의 유전자형은 bb이다. ⓐ의 (나)의 표현형이 P와 같을 확률이 $\frac{1}{2}$이므로 (가)와 (다)가 같을 확률이 $\frac{3}{8}$이다. ⓐ의 (나)의 표현형이 유전자형이 AAbbFF인 사람과 같을 확률이 $\frac{1}{2}$이므로 (가)와 (다)가 같을 확률은 $\frac{3}{16}$이다. 따라서 Q의 유전자형은 AabbEF이며, ⓐ가 유전자형이 aabbDF일 확률은 $\frac{1}{32}$이다.

정답 | ④

닮은 꼴 문제로 유형 익히기

정답과 해설 25쪽

▶ 24068-0139

다음은 사람의 유전 형질 (가)~(다)에 대한 자료이다.

- (가)~(다)의 유전자는 서로 다른 3개의 상염색체에 있다.
- (가)는 대립유전자 A와 A*에 의해 결정되고, (나)는 대립유전자 B와 B*에 의해 결정된다.
- (가)와 (나) 중 하나는 대립유전자 사이의 우열 관계가 분명하고, 다른 하나는 유전자형이 다르면 표현형이 다르다.
- (다)는 1쌍의 대립유전자에 의해 결정되며, 대립유전자에는 D, E, F가 있다. D는 E, F에 대해, E는 F에 대해 각각 완전 우성이다.
- (가)~(다)의 유전자형은 P가 AA*BB*DF이고, Q가 AABB*EF이다.
- P와 Q 사이에서 ⓐ가 태어날 때, ⓐ가 P와 (가)~(다)의 표현형이 모두 같을 확률은 $\frac{1}{4}$이고, Q와 (가)~(다)의 표현형이 모두 같을 확률은 ㉠이다. ㉠은 0보다 크다.

이에 대한 설명으로 옳은 것만을 〈보기〉에서 있는 대로 고른 것은? (단, 돌연변이는 고려하지 않는다.)

보기
ㄱ. A는 A*에 대해 완전 우성이다.
ㄴ. ㉠은 $\frac{1}{8}$이다.
ㄷ. ⓐ에게서 나타날 수 있는 (가)~(다)의 표현형은 최대 9가지이다.

① ㄱ ② ㄴ ③ ㄱ, ㄷ ④ ㄴ, ㄷ ⑤ ㄱ, ㄴ, ㄷ

유사점과 차이점

P와 Q 사이에서 태어난 ⓐ의 표현형이 특정인과 같을 확률을 제시한다는 형식에서는 유사하고, ⓐ의 표현형이 특정인과 같을 확률을 이용해 대립유전자 사이의 우열 관계를 파악해야 한다는 점이 다르다.

배경 지식

- 복대립 유전 형질은 형질을 결정하는 유전자에서 가능한 대립유전자의 수가 3가지 이상이다.

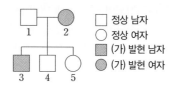

01
▶24068-0140

그림은 대립유전자 A와 a에 의해 결정되는 유전 형질 (가)에 대한 어떤 집안의 가계도를 나타낸 것이다. A는 a에 대해 완전 우성이다.

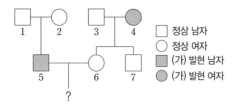

□ 정상 남자
○ 정상 여자
■ (가) 발현 남자
● (가) 발현 여자

이에 대한 설명으로 옳은 것만을 〈보기〉에서 있는 대로 고른 것은? (단, 돌연변이는 고려하지 않는다.)

┌ 보기 ┐
ㄱ. (가)는 열성 형질이다.
ㄴ. (가)의 유전자는 X 염색체에 있다.
ㄷ. 5와 6 사이에서 아이가 태어날 때, 이 아이에게서 (가)가 발현될 확률은 $\frac{1}{2}$이다.

① ㄱ   ② ㄴ   ③ ㄷ   ④ ㄱ, ㄷ   ⑤ ㄴ, ㄷ

02
▶24068-0141

다음은 사람의 유전 형질 (가)에 대한 자료이다.

- (가)는 서로 다른 2개의 상염색체에 있는 3쌍의 대립유전자 A와 a, B와 b, D와 d에 의해 결정된다.
- (가)의 표현형은 유전자형에서 대문자로 표시되는 대립유전자의 수에 의해서만 결정되며, 이 대립유전자의 수가 다르면 표현형이 다르다.
- 유전자형이 AaBbDd인 남자 P와 유전자형이 AaBBD㉠인 여자 Q 사이에서 ⓐ가 태어날 때, ⓐ에게서 나타날 수 있는 (가)의 표현형은 최대 2가지이며, ㉠은 D와 d 중 하나이다.
- 유전자형이 AABbDd인 남자 R과 유전자형이 aaBBDd인 여자 S 사이에서 ⓑ가 태어났다.

이에 대한 설명으로 옳은 것만을 〈보기〉에서 있는 대로 고른 것은? (단, 돌연변이와 교차는 고려하지 않는다.)

┌ 보기 ┐
ㄱ. P에서 A와 B는 같은 염색체에 있다.
ㄴ. ㉠은 d이다.
ㄷ. ⓑ와 Q가 (가)의 표현형이 같을 확률은 $\frac{1}{4}$이다.

① ㄱ   ② ㄴ   ③ ㄷ   ④ ㄱ, ㄴ   ⑤ ㄴ, ㄷ

03
▶24068-0142

그림은 우열 관계가 분명한 대립유전자 A와 A*에 의해 결정되는 유전 형질 (가)에 대한 어떤 가족의 가계도를, 표는 구성원 1, 2, 5의 체세포 1개당 A의 DNA 상대량을 나타낸 것이다.

□ 정상 남자
○ 정상 여자
■ (가) 발현 남자
● (가) 발현 여자

구성원	1	2	5
A의 DNA 상대량	ⓐ	ⓐ	2

이에 대한 설명으로 옳은 것만을 〈보기〉에서 있는 대로 고른 것은? (단, 돌연변이는 고려하지 않으며, A, A* 각각의 1개당 DNA 상대량은 1이다.)

┌ 보기 ┐
ㄱ. (가)의 유전자는 X 염색체에 있다.
ㄴ. ⓐ는 1이다.
ㄷ. A는 A*에 대해 완전 우성이다.

① ㄱ   ② ㄷ   ③ ㄱ, ㄴ   ④ ㄴ, ㄷ   ⑤ ㄱ, ㄴ, ㄷ

04
▶24068-0143

다음은 어떤 가족의 ABO식 혈액형과 적록 색맹에 대한 자료이다.

- 가족 구성원은 아버지, 어머니, 형, 남동생이며, 구성원의 ABO식 혈액형은 각각 서로 다르다.
- 아버지의 적혈구와 형의 혈장을 섞었을 때와 아버지의 적혈구와 남동생의 혈장을 섞었을 때 모두 ABO식 혈액형에 대한 응집 반응이 일어난다.
- 구성원 중 형만 적록 색맹이다.

이에 대한 설명으로 옳은 것만을 〈보기〉에서 있는 대로 고른 것은? (단, ABO식 혈액형 이외의 혈액형과 돌연변이는 고려하지 않는다.)

┌ 보기 ┐
ㄱ. ABO식 혈액형을 결정하는 유전자와 적록 색맹을 결정하는 유전자는 같은 염색체에 있다.
ㄴ. 어머니의 ABO식 혈액형은 O형이다.
ㄷ. 아버지와 어머니 사이에서 세 번째 자녀가 태어날 때, 이 아이에게서 적록 색맹이 발현되고, 이 아이의 ABO식 혈액형이 A형일 확률은 $\frac{1}{8}$이다.

① ㄱ   ② ㄴ   ③ ㄷ   ④ ㄱ, ㄷ   ⑤ ㄴ, ㄷ

05

▶24068-0144

다음은 어떤 가족의 유전 형질 (가)와 (나)에 대한 자료이다.

- (가)는 대립유전자 A와 a에 의해, (나)는 대립유전자 B와 b에 의해 결정되며, A는 a에 대해, B는 b에 대해 각각 완전 우성이다.
- (가)의 유전자와 (나)의 유전자 중 하나는 상염색체에 있고, 다른 하나는 X 염색체에 있다.
- (가)와 (나) 중 하나는 열성 형질이고, 다른 하나는 우성 형질이다.
- 표는 가족 구성원의 성별과 (가)와 (나)의 발현 여부를 나타낸 것이며, ⓐ와 ⓑ는 '발현됨'과 '발현 안 됨'을 순서 없이 나타낸 것이다.

구분	성별	(가)	(나)
아버지	남	발현됨	ⓐ
어머니	여	발현됨	ⓑ
자녀 1	남	발현됨	ⓑ
자녀 2	여	발현 안 됨	ⓑ
자녀 3	남	발현 안 됨	ⓐ

이에 대한 설명으로 옳은 것만을 〈보기〉에서 있는 대로 고른 것은? (단, 돌연변이는 고려하지 않는다.)

┌ 보기 ┐
ㄱ. (나)의 유전자는 X 염색체에 있다.
ㄴ. ⓐ는 '발현됨'이다.
ㄷ. 자녀 3의 동생이 태어날 때, 이 아이에게서 (가)와 (나)가 모두 발현될 확률은 $\frac{3}{8}$이다.

① ㄱ   ② ㄴ   ③ ㄱ, ㄷ   ④ ㄴ, ㄷ   ⑤ ㄱ, ㄴ, ㄷ

06

▶24068-0145

다음은 어떤 집안의 유전 형질 (가)와 (나)에 대한 자료이다.

- (가)는 대립유전자 A와 a에 의해, (나)는 대립유전자 B와 b에 의해 결정된다. A는 a에 대해, B는 b에 대해 각각 완전 우성이다.
- 가계도는 구성원 1~10에서 (가)와 (나)의 발현 여부를 나타낸 것이다.

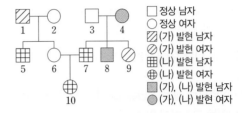

□ 정상 남자
○ 정상 여자
▨ (가) 발현 남자
◫ (가) 발현 여자
⊞ (나) 발현 남자
⊕ (나) 발현 여자
▤ (가), (나) 발현 남자
● (가), (나) 발현 여자

- 1과 2 각각의 체세포 1개당 a의 DNA 상대량을 더한 값은 1과 2 각각의 체세포 1개당 b의 DNA 상대량을 더한 값의 2배이다.

이에 대한 설명으로 옳은 것만을 〈보기〉에서 있는 대로 고른 것은? (단, 돌연변이와 교차는 고려하지 않으며, A, a, B, b 각각의 1개당 DNA 상대량은 1이다.)

┌ 보기 ┐
ㄱ. (가)와 (나)는 모두 열성 형질이다.
ㄴ. 2는 (가)와 (나)의 유전자형이 모두 이형 접합성이다.
ㄷ. 10의 동생이 태어날 때, 이 아이에게서 (가)와 (나)가 모두 발현될 확률은 $\frac{1}{8}$이다.

① ㄱ   ② ㄴ   ③ ㄱ, ㄷ   ④ ㄴ, ㄷ   ⑤ ㄱ, ㄴ, ㄷ

07

▶24068-0146

다음은 사람의 유전 형질 (가)와 (나)에 대한 자료이다.

- (가)는 서로 다른 3개의 상염색체에 있는 3쌍의 대립유전자 A와 a, B와 b, D와 d에 의해 결정된다.
- (가)의 표현형은 유전자형에서 대문자로 표시되는 대립유전자의 수에 의해서만 결정되며, 이 대립유전자의 수가 다르면 표현형이 다르다.
- (나)는 대립유전자 E와 e에 의해 결정되며, 유전자형이 다르면 표현형이 다르다. (나)의 유전자는 (가)의 유전자와 서로 다른 상염색체에 있다.
- P와 Q의 (가)와 (나)의 유전자형은 각각 AaBbDdEe, AaBbDDEe, aaBbDdee 중 서로 다른 하나이다.
- P와 Q 사이에서 ⓐ가 태어날 때, ⓐ에게서 나타날 수 있는 (가)와 (나)의 표현형은 최대 10가지이다.

ⓐ와 유전자형이 AABbddEe인 사람이 (가)와 (나)의 표현형이 모두 같을 확률은? (단, 돌연변이는 고려하지 않는다.)

① $\frac{1}{16}$ ② $\frac{1}{8}$ ③ $\frac{3}{16}$ ④ $\frac{1}{4}$ ⑤ $\frac{3}{8}$

08
▶24068-0147

다음은 사람의 유전 형질 (가)에 대한 자료이다.

- (가)는 상염색체에 있는 1쌍의 대립유전자에 의해 결정되며, 대립유전자에는 E, F, G가 있다. (가)의 표현형은 4가지이다.
- 유전자형이 EE인 사람과 EG인 사람은 (가)의 표현형이 같고, 유전자형이 FF인 사람과 FG인 사람은 (가)의 표현형이 같다.
- 남자 P와 여자 Q의 (가)의 표현형은 서로 다르며, P와 Q 사이에서 @가 태어날 때, @가 P와 (가)의 표현형이 같을 확률은 $\frac{1}{2}$이고, Q와 같을 확률은 0이다.

이에 대한 설명으로 옳은 것만을 〈보기〉에서 있는 대로 고른 것은? (단, 돌연변이는 고려하지 않는다.)

보기
ㄱ. (가)는 복대립 유전 형질이다.
ㄴ. E는 F에 대해 완전 우성이다.
ㄷ. P와 Q는 (가)의 유전자형이 모두 이형 접합성이다.

① ㄱ　　② ㄴ　　③ ㄷ　　④ ㄱ, ㄴ　　⑤ ㄱ, ㄷ

09
▶24068-0148

다음은 사람의 유전 형질 (가)에 대한 자료이다.

- (가)는 3쌍의 대립유전자 A와 a, B와 b, D와 d에 의해 결정되며, 3쌍의 대립유전자는 서로 다른 2개의 상염색체에 있다.
- (가)의 표현형은 유전자형에서 대문자로 표시되는 대립유전자의 수에 의해서만 결정되며, 이 대립유전자의 수가 다르면 표현형이 다르다.
- 남자 P의 체세포에 있는 일부 상염색체와 유전자는 그림과 같다.
- 여자 Q와 P는 (가)의 표현형이 같다.
- P와 Q 사이에서 @가 태어날 때, @에게서 나타날 수 있는 표현형은 최대 7가지이다.

@와 유전자형이 AABbDd인 사람이 (가)의 표현형이 같을 확률은? (단, 돌연변이와 교차는 고려하지 않는다.)

① $\frac{1}{8}$　　② $\frac{3}{16}$　　③ $\frac{1}{4}$　　④ $\frac{5}{16}$　　⑤ $\frac{3}{8}$

10
▶24068-0149

다음은 어떤 집안의 유전 형질 (가)와 ABO식 혈액형에 대한 자료이다.

- (가)는 대립유전자 A와 a에 의해 결정되며, A는 a에 대해 완전 우성이다.
- 가계도는 구성원 1~7에게서 (가)의 발현 여부를 나타낸 것이다.

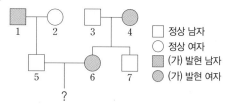

□ 정상 남자
○ 정상 여자
▨ (가) 발현 남자
⬤ (가) 발현 여자

- 3과 4 각각에서 체세포 1개당 a의 DNA 상대량은 같다.
- 표는 구성원 1, 3, 4 사이의 ABO식 혈액형에 대한 응집 반응 결과이다.

구분	1의 적혈구	3의 적혈구	4의 적혈구
1의 혈장	×	×	×
3의 혈장	○	×	○
4의 혈장	○	○	×

(○: 응집됨, ×: 응집 안 됨)

- 6의 ABO식 혈액형 유전자형은 동형 접합성이며, 2와 6의 ABO식 혈액형은 같다.

이에 대한 설명으로 옳은 것만을 〈보기〉에서 있는 대로 고른 것은? (단, 돌연변이와 교차는 고려하지 않으며, A, a 각각의 1개당 DNA 상대량은 1이다.)

보기
ㄱ. (가)의 유전자는 X 염색체에 있다.
ㄴ. 1, 3, 4의 ABO식 혈액형 유전자형은 모두 이형 접합성이다.
ㄷ. 5와 6 사이에서 아이가 태어날 때, 이 아이에게서 (가)가 발현되고, 이 아이의 ABO식 혈액형이 O형일 확률은 $\frac{1}{4}$ 이다.

① ㄱ　　② ㄴ　　③ ㄱ, ㄷ　　④ ㄴ, ㄷ　　⑤ ㄱ, ㄴ, ㄷ

01

▶ 24068-0150

다음은 어떤 집안의 유전 형질 (가)와 (나)에 대한 자료이다.

- (가)는 대립유전자 A와 a에 의해, (나)는 대립유전자 B와 b에 의해 결정된다. A는 a에 대해, B는 b에 대해 각각 완전 우성이다.
- 가계도는 구성원 1~8에게서 (가)와 (나)의 발현 여부를 나타낸 것이다.

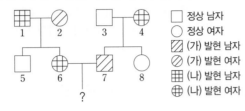

□ 정상 남자
○ 정상 여자
▨ (가) 발현 남자
◪ (가) 발현 여자
▦ (나) 발현 남자
⊕ (나) 발현 여자

- (가)와 (나)의 유전자 중 하나만 X 염색체에 있다.

이에 대한 설명으로 옳은 것만을 〈보기〉에서 있는 대로 고른 것은? (단, 돌연변이와 교차는 고려하지 않는다.)

┌ 보기 ┌
ㄱ. (가)의 유전자는 X 염색체에 있다.
ㄴ. (나)는 우성 형질이다.
ㄷ. 6과 7 사이에서 아이가 태어날 때, 이 아이에게서 (가)와 (나)가 모두 발현될 확률은 $\frac{1}{4}$이다.

① ㄱ   ② ㄴ   ③ ㄷ   ④ ㄱ, ㄷ   ⑤ ㄴ, ㄷ

02

▶ 24068-0151

다음은 사람의 유전 형질 (가)와 (나)에 대한 자료이다.

- (가)는 3쌍의 대립유전자 A와 a, B와 b, D와 d에 의해 결정된다.
- (가)의 표현형은 유전자형에서 대문자로 표시되는 대립유전자의 수에 의해서만 결정되며, 이 대립유전자의 수가 다르면 표현형이 다르다.
- (나)는 1쌍의 대립유전자 E와 e에 의해 결정된다.
- 그림은 남자 P와 여자 Q의 체세포에 들어 있는 일부 염색체와 유전자를 나타낸 것이다.

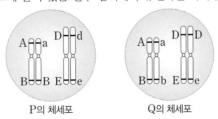

P의 체세포   Q의 체세포

- P와 Q 사이에서 ⓐ가 태어날 때, ⓐ에게서 나타날 수 있는 (가)와 (나)의 표현형은 최대 13가지이다.

이에 대한 설명으로 옳은 것만을 〈보기〉에서 있는 대로 고른 것은? (단, 돌연변이와 교차는 고려하지 않는다.)

┌ 보기 ┌
ㄱ. (가)는 다인자 유전 형질이다.
ㄴ. E는 e에 대해 완전 우성이다.
ㄷ. ⓐ와 P가 (가)와 (나)의 표현형이 모두 같을 확률은 $\frac{1}{8}$이다.

① ㄱ   ② ㄴ   ③ ㄷ   ④ ㄱ, ㄷ   ⑤ ㄴ, ㄷ

03

▶24068-0152

다음은 사람의 유전 형질 (가)~(다)에 대한 자료이다.

- (가)~(다)의 유전자는 서로 다른 2개의 상염색체에 있고, (나)의 유전자와 (다)의 유전자는 같은 염색체에 있다.
- (가)는 대립유전자 A와 A^*에 의해 결정되며, A는 A^*에 대해 완전 우성이다.
- (나)는 대립유전자 B와 B^*에 의해 결정되며, 유전자형이 다르면 표현형이 다르다.
- (다)는 1쌍의 대립유전자에 의해 결정되며, 대립유전자에는 E, F, G가 있다. (다)의 표현형은 4가지이며, (다)의 유전자형이 EG인 사람과 EE인 사람의 표현형은 같고, 유전자형이 FG인 사람과 FF인 사람의 표현형은 같다.
- 표는 사람 Ⅰ~Ⅳ의 (가)~(다)의 유전자형을 나타낸 것이다.

사람	Ⅰ	Ⅱ	Ⅲ	Ⅳ
유전자형	AA^*BB^*EF	$AABB^*EE$	A^*A^*BBFG	AA^*BB^*EG

- 남자 P와 여자 Q 사이에서 ⓐ가 태어날 때, ⓐ에게서 나타날 수 있는 (가)~(다)의 표현형은 최대 6가지이며, ⓐ에게서 Ⅱ와 같은 (가)~(다)의 표현형이 나타날 수 있다. P와 Q는 각각 Ⅰ~Ⅳ 중 하나이다.

ⓐ와 Ⅳ가 (가)~(다)의 표현형이 모두 같을 확률은? (단, 돌연변이와 교차는 고려하지 않는다.)

① $\frac{1}{16}$ ② $\frac{1}{8}$ ③ $\frac{3}{16}$ ④ $\frac{1}{4}$ ⑤ $\frac{3}{8}$

04

▶24068-0153

다음은 어떤 집안의 유전 형질 (가)와 (나)에 대한 자료이다.

- (가)는 1쌍의 대립유전자 A와 a에 의해 결정되며, A는 a에 대해 완전 우성이다.
- (나)는 1쌍의 대립유전자에 의해 결정되며, 대립유전자에는 E, F, G가 있다. E는 F와 G에 대해, F는 G에 대해 각각 완전 우성이며, (나)의 표현형은 3가지이다.
- 가계도는 구성원 1~8에서 (가)의 발현 여부를 나타낸 것이다.

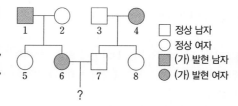

□ 정상 남자
○ 정상 여자
■ (가) 발현 남자
● (가) 발현 여자

- 표는 5~8에서 체세포 1개당 F의 DNA 상대량을 나타낸 것이다. ㉠~㉢은 0, 1, 2를 순서 없이 나타낸 것이며, ㉠이 ㉢보다 크다.

구성원	5	6	7	8
F의 DNA 상대량	㉠	㉡	㉢	2

- (나)의 표현형은 5와 7이 서로 같고, 6과 8이 서로 같다.
- 5, 6, 7 각각의 체세포 1개당 A의 DNA 상대량을 더한 값은 5, 6, 7 각각의 체세포 1개당 G의 DNA 상대량을 더한 값과 같다.

이에 대한 설명으로 옳은 것만을 〈보기〉에서 있는 대로 고른 것은? (단, 돌연변이와 교차는 고려하지 않으며, A, a, E, F, G 각각의 1개당 DNA 상대량은 1이다.)

┌ 보기 ┐
ㄱ. ㉡은 1이다.
ㄴ. (나)의 유전자는 상염색체에 있다.
ㄷ. 6과 7 사이에서 아이가 태어날 때, 이 아이의 (가)와 (나)의 표현형이 모두 6과 같을 확률은 $\frac{1}{4}$이다.

① ㄱ   ② ㄴ   ③ ㄷ   ④ ㄱ, ㄴ   ⑤ ㄴ, ㄷ

다음은 어떤 집안의 유전 형질 (가)~(다)에 대한 자료이다.

- (가)는 대립유전자 A와 a에 의해, (나)는 대립유전자 B와 b에 의해, (다)는 대립유전자 D와 d에 의해 결정된다. A는 a에 대해, B는 b에 대해, D는 d에 대해 각각 완전 우성이다.
- (가)의 유전자와 (다)의 유전자는 같은 염색체에 있다.
- 가계도는 구성원 ⓐ와 ⓑ를 제외한 구성원 1~7에게서 (가)와 (나)의 발현 여부를 나타낸 것이다.

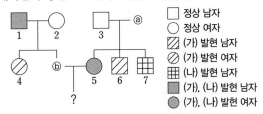

□ 정상 남자
○ 정상 여자
▨ (가) 발현 남자
◪ (가) 발현 여자
⊞ (나) 발현 남자
■ (가), (나) 발현 남자
● (가), (나) 발현 여자

- 표는 구성원 2, 3, ⓐ, 4, ⓑ, 6, 7에서 체세포 1개당 a와 B의 DNA 상대량을 더한 값(a+B)을 나타낸 것이다. ㉠~㉢은 1, 2, 3을 순서 없이 나타낸 것이다.

구성원	2	3	ⓐ	4	ⓑ	6	7
a+B	㉠	㉡	㉡	㉡	㉡	㉢	㉢

- ⓐ와 ⓑ를 제외한 구성원 1~7 중 1, 3, 4에게서만 (다)가 발현되었으며, ⓐ와 ⓑ의 (다)의 표현형은 같다.

이에 대한 설명으로 옳은 것만을 〈보기〉에서 있는 대로 고른 것은? (단, 돌연변이와 교차는 고려하지 않으며, A, a, B, b 각각의 1개당 DNA 상대량은 1이다.)

보기
ㄱ. (나)와 (다)는 모두 열성 형질이다.
ㄴ. ⓐ와 ⓑ는 (가)~(다) 중 2가지 표현형이 같다.
ㄷ. ⓑ와 5 사이에서 아이가 태어날 때, 이 아이에게서 (가)~(다) 중 적어도 2가지 이상의 유전 형질이 발현될 확률은 $\frac{3}{8}$이다.

① ㄱ   ② ㄴ   ③ ㄱ, ㄷ   ④ ㄴ, ㄷ   ⑤ ㄱ, ㄴ, ㄷ

06
▶24068-0155

다음은 사람의 유전 형질 (가)와 (나)에 대한 자료이다.

- (가)는 3쌍의 대립유전자 A와 a, B와 b, D와 d에 의해 결정된다.
- (가)의 표현형은 유전자형에서 대문자로 표시되는 대립유전자의 수에 의해서만 결정되고, 이 대립유전자의 수가 다르면 표현형이 다르다.
- (나)는 1쌍의 대립유전자에 의해 결정되고, 대립유전자에는 E, F, G가 있다. 각 대립유전자 사이의 우열 관계는 분명하고, (나)의 유전자형이 FF인 사람과 FG인 사람은 (나)의 표현형이 같다.
- 그림은 남자 P와 여자 Q의 체세포에 있는 일부 염색체와 유전자를 나타낸 것이다. ㉠은 A와 a 중 하나이다.

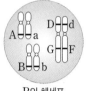
P의 체세포

Q의 체세포

- P와 Q 사이에서 ⓐ가 태어날 때, ⓐ에게서 나타날 수 있는 (가)와 (나)의 표현형은 최대 16가지이다.

이에 대한 설명으로 옳은 것만을 〈보기〉에서 있는 대로 고른 것은? (단, 돌연변이와 교차는 고려하지 않는다.)

┌ 보기 ┌
ㄱ. (나)의 유전자형이 EF인 사람과 EG인 사람은 (나)의 표현형이 같다.
ㄴ. ㉠은 a이다.
ㄷ. ⓐ와 Q가 (가)와 (나)의 표현형이 같을 확률은 $\frac{5}{32}$이다.

① ㄱ ② ㄷ ③ ㄱ, ㄴ ④ ㄴ, ㄷ ⑤ ㄱ, ㄴ, ㄷ

07

▶24068-0156

다음은 어떤 집안의 유전 형질 (가)와 (나)에 대한 자료이다.

- (가)는 대립유전자 A와 a에 의해, (나)는 대립유전자 B와 b에 의해 결정된다. A는 a에 대해, B는 b에 대해 각각 완전 우성이다.
- (가)의 유전자와 (나)의 유전자는 서로 다른 염색체에 있다.
- 가계도는 구성원 1~8에게서 (가)와 (나)의 발현 여부를 나타낸 것이다.
- 표는 구성원 2, 5, 6에서 체세포 1개당 a와 B의 DNA 상대량을 더한 값(a+B)을 나타낸 것이다. ⊙~ⓒ은 1, 2, 3을 순서 없이 나타낸 것이며, ⓒ은 ⊙보다 크다.

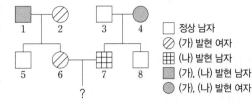

	정상 남자
☒	(가) 발현 여자
⊞	(나) 발현 남자
■	(가), (나) 발현 남자
●	(가), (나) 발현 여자

구성원	2	5	6
a+B	⊙	ⓒ	ⓒ

이에 대한 설명으로 옳은 것만을 〈보기〉에서 있는 대로 고른 것은? (단, 돌연변이는 고려하지 않으며, A, a, B, b 각각의 1개당 DNA 상대량은 1이다.)

┌ 보기 ┐
ㄱ. (나)는 열성 형질이다.
ㄴ. (가)의 유전자는 X 염색체에 있다.
ㄷ. 6과 7 사이에서 아이가 태어날 때, 이 아이에게서 (가)와 (나)가 모두 발현될 확률은 $\frac{1}{4}$이다.

① ㄱ   ② ㄴ   ③ ㄱ, ㄷ   ④ ㄴ, ㄷ   ⑤ ㄱ, ㄴ, ㄷ

08

▶24068-0157

다음은 어떤 집안의 유전 형질 (가)와 (나)에 대한 자료이다.

- (가)의 유전자와 (나)의 유전자 중 하나만 X 염색체에 있다.
- (가)는 대립유전자 A와 a에 의해, (나)는 대립유전자 B와 b에 의해 결정된다. A는 a에 대해, B는 b에 대해 각각 완전 우성이다.
- 가계도는 구성원 1~6에게서 (가)와 (나)의 발현 여부를 나타낸 것이다.
- 표는 구성원 Ⅰ, Ⅱ, 6에서 체세포 1개당 A와 ⊙의 DNA 상대량을 더한 값(A+⊙)을 나타낸 것이다. Ⅰ과 Ⅱ는 각각 구성원 1과 3 중 하나이고, ⊙은 B와 b 중 하나이다.

	정상 남자
○	정상 여자
▨	(가) 발현 남자
⊞	(나) 발현 남자
⊕	(나) 발현 여자
●	(가), (나) 발현 여자

구성원	Ⅰ	Ⅱ	6
A+⊙	ⓐ	ⓑ	ⓐ

이에 대한 설명으로 옳은 것만을 〈보기〉에서 있는 대로 고른 것은? (단, 돌연변이는 고려하지 않으며, A, a, B, b 각각의 1개당 DNA 상대량은 1이다.)

┌ 보기 ┐
ㄱ. (나)는 우성 형질이다.
ㄴ. ⊙은 B이다.
ㄷ. 6의 동생이 태어날 때, 이 아이가 (가)와 (나)의 표현형이 모두 5와 같은 남자 아이일 확률은 $\frac{1}{4}$이다.

① ㄱ   ② ㄷ   ③ ㄱ, ㄴ   ④ ㄴ, ㄷ   ⑤ ㄱ, ㄴ, ㄷ

09

▶24068-0158

다음은 사람의 유전 형질 (가)~(다)에 대한 자료이다.

- (가)~(다)의 유전자는 서로 다른 2개의 상염색체에 있으며, (가)의 유전자와 (다)의 유전자는 서로 다른 상염색체에 있다.
- (가)는 대립유전자 A와 A^*에 의해 결정되며, A는 A^*에 대해 완전 우성이다.
- (나)는 대립유전자 B와 B^*에 의해, (다)는 D와 D^*에 의해 결정되며, (나)와 (다) 중 하나는 ㉠이 ㉠*에 대해 완전 우성이고, 다른 하나는 유전자형이 다르면 표현형이 다르다. ㉠은 B와 D 중 하나이다.
- 유전자형이 $AA^*BB^*DD^*$인 남자 P와 $AA^*BB^*DD^*$인 여자 Q 사이에서 ⓐ가 태어날 때, ⓐ에게서 나타날 수 있는 (가)~(다)의 표현형은 최대 9가지이다.

이에 대한 설명으로 옳은 것만을 〈보기〉에서 있는 대로 고른 것은? (단, 돌연변이와 교차는 고려하지 않는다.)

┌ 보기 ┐
ㄱ. (나)의 유전자는 (다)의 유전자와 같은 염색체에 있다.
ㄴ. ㉠은 B이다.
ㄷ. ⓐ의 (가)~(다)의 표현형이 모두 P와 같을 확률은 $\frac{1}{4}$이다.

① ㄱ   ② ㄷ   ③ ㄱ, ㄴ   ④ ㄴ, ㄷ   ⑤ ㄱ, ㄴ, ㄷ

10

▶24068-0159

다음은 사람의 유전 형질 (가)와 (나)에 대한 자료이다.

- (가)는 서로 다른 2개의 상염색체에 있는 2쌍의 대립유전자 A와 a, B와 b에 의해 결정된다.
- (가)의 표현형은 (가)의 유전자형에서 대문자로 표시되는 대립유전자의 수에 의해서만 결정되며, 이 대립유전자의 수가 다르면 표현형이 다르다.
- (나)는 같은 상염색체에 있는 2쌍의 대립유전자 D와 d, E와 e에 의해 결정된다.
- (나)의 표현형은 (나)의 유전자형에서 대문자로 표시되는 대립유전자의 수에 의해서만 결정되며, 이 대립유전자의 수가 다르면 표현형이 다르다.
- 유전자형이 AaBbDdEe인 남자 P와 Aa㉠bD㉡EE인 여자 Q 사이에서 ⓐ가 태어날 때, ⓐ에게서 나타날 수 있는 (가)와 (나)의 표현형은 최대 20가지이다. ㉠은 B와 b 중 하나이고, ㉡은 D와 d 중 하나이다.

이에 대한 설명으로 옳은 것만을 〈보기〉에서 있는 대로 고른 것은? (단, 돌연변이와 교차는 고려하지 않는다.)

┌ 보기 ┐
ㄱ. P와 Q는 (가)의 표현형이 같다.
ㄴ. ㉡은 d이다.
ㄷ. ⓐ와 Q가 (가)와 (나)의 표현형이 같을 확률은 $\frac{3}{32}$이다.

① ㄱ   ② ㄷ   ③ ㄱ, ㄴ   ④ ㄴ, ㄷ   ⑤ ㄱ, ㄴ, ㄷ

사람의 유전병

① 유전자 이상

(1) **유전자 돌연변이**: 유전자를 구성하는 DNA의 염기 서열이 변해서 나타나는 돌연변이이다. DNA의 염기 서열이 변하면 유전 정보가 바뀌어 단백질이 생성되지 않거나 비정상 단백질이 생성될 수 있다.

(2) **유전자 돌연변이에 의한 유전병의 예**

유전병	원인	증상
낫 모양 적혈구 빈혈증	상염색체의 유전자 이상	낫 모양 적혈구로 인한 빈혈, 혈액 순환 이상
낭성 섬유증		과도한 점액 분비로 폐와 소화 기관 기능 이상
페닐케톤뇨증		페닐알라닌이 축적되어 중추 신경계 손상
알비노증		멜라닌 색소 결핍으로 인한 흰색의 피부와 머리카락
헌팅턴 무도병		중년 이후 신경계 퇴화
혈우병	성염색체의 유전자 이상	혈액 응고가 지연되어 출혈 지속

② 염색체 이상

(1) **염색체 돌연변이**: 하나의 염색체에 여러 개의 유전자가 존재하므로 염색체 돌연변이는 많은 형질의 변화를 일으킬 수 있다. 염색체 돌연변이 여부는 핵형 분석으로 알아낼 수 있다.

(2) **염색체 구조 이상**

① 결실, 중복, 역위, 전좌가 있다.

결실	염색체의 일부가 없어진 경우	A B C D E F → A B D E F
중복	염색체의 일부가 반복된 경우	A B C D E F → A B B C D E F
역위	염색체의 일부가 거꾸로 붙은 경우	A B C D E F → A C B D E F
전좌	염색체의 일부가 상동 염색체가 아닌 다른 염색체에 붙은 경우	A B C D E F / V W X Y Z → V C D E F / A B W X Y Z

② 염색체 구조 이상에 의한 유전병의 예

• 고양이 울음 증후군: 5번 염색체의 일부가 결실되어 머리가 작고 지적 장애가 나타나며 유아 시절 사망할 확률이 높다.

• 만성 골수성 백혈병: 9번 염색체와 22번 염색체에서 전좌가 일어나 백혈병이 나타난다.

(3) **염색체 수 이상**

① 염색체 비분리에 의해 나타나며, 하나의 G_1기 세포로부터 감수 분열이 일어날 때 염색체가 비분리되는 시기에 따라 생식세포의 염색체 구성이 달라진다.

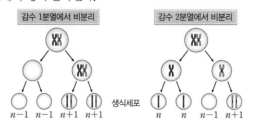

② 정자의 성염색체 구성을 통해 염색체 비분리가 일어난 시점을 파악할 수 있다.

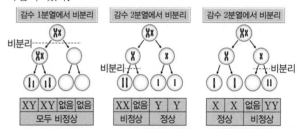

정자의 염색체 구성	염색체 비분리가 일어나는 시기
XY	감수 1분열에서 비분리(상동 염색체 비분리)
XX 또는 YY	감수 2분열에서 비분리(염색 분체 비분리)

③ 염색체 수 이상에 의한 유전병의 예

유전병	염색체 구성	특징
다운 증후군	45+XX 45+XY	• 21번 염색체가 3개 • 양 눈 사이가 멀고, 지적 장애가 나타남
에드워드 증후군	45+XX 45+XY	• 18번 염색체가 3개 • 입과 코가 작고, 지적 장애가 나타남
터너 증후군	44+X	• 성염색체 구성이 X • 외관상 여자이나 난소의 발달이 불완전함
클라인펠터 증후군	44+XXY	• 성염색체 구성이 XXY • 외관상 남자이나 정소의 발달이 불완전함

더 알기 ◆ 낫 모양 적혈구 빈혈증

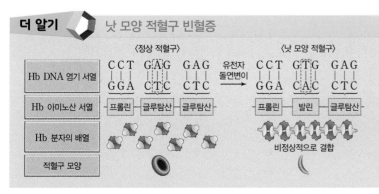

• 헤모글로빈(Hb) 유전자의 염기 하나가 바뀌어 정상 헤모글로빈을 구성하는 아미노산 하나가 달라지면 비정상적인 헤모글로빈이 생성되고, 혈액의 산소 농도가 낮을 때 비정상적인 헤모글로빈이 서로 결합하여 긴 사슬 구조를 형성함으로써 적혈구가 낫 모양으로 변한다.

• 낫 모양 적혈구는 파열되기 쉽고 산소 운반 능력이 떨어지며 모세 혈관을 막아 혈액 순환 장애를 일으켜 심한 빈혈과 조직 손상을 초래한다.

다음은 어떤 가족의 유전 형질 (가)~(다)에 대한 자료이다.

- (가)는 대립유전자 A와 a에 의해, (나)는 대립유전자 B와 b에 의해, (다)는 대립유전자 D와 d에 의해 결정된다. A는 a에 대해, B는 b에 대해, D는 d에 대해 각각 완전 우성이다.
- (가)와 (나)는 모두 우성 형질이고, (다)는 열성 형질이다. (가)의 유전자는 상염색체에 있고, (나)와 (다)의 유전자는 모두 X 염색체에 있다.
- 표는 이 가족 구성원의 성별과 ㉠~㉢의 발현 여부를 나타낸 것이다. ㉠~㉢은 각각 (가)~(다) 중 하나이다.

구성원	성별	㉠	㉡	㉢
아버지	남	○	×	×
어머니	여	×	○	ⓐ
자녀 1	남	×	○	○
자녀 2	여	○	○	×
자녀 3	남	○	×	○
자녀 4	남	×	×	×

(○: 발현됨, ×: 발현 안 됨)

- 부모 중 한 명의 생식세포 형성 과정에서 성염색체 비분리가 1회 일어나 염색체 수가 비정상적인 생식세포 G가 형성되었다. G가 정상 생식세포와 수정되어 자녀 4가 태어났으며, 자녀 4는 클라인펠터 증후군의 염색체 이상을 보인다.
- 자녀 4를 제외한 이 가족 구성원의 핵형은 모두 정상이다.

이에 대한 설명으로 옳은 것만을 〈보기〉에서 있는 대로 고른 것은? (단, 제시된 염색체 비분리 이외의 돌연변이와 교차는 고려하지 않는다.)

┌ 보기 ┐
ㄱ. ⓐ는 '○'이다.
ㄴ. 자녀 2는 A, B, D를 모두 갖는다.
ㄷ. G는 아버지에게서 형성되었다.
└────────┘

① ㄱ   ② ㄴ   ③ ㄱ, ㄷ   ④ ㄴ, ㄷ   ⑤ ㄱ, ㄴ, ㄷ

정답과 해설 30쪽

▶ 24068-0160

다음은 어떤 가족의 유전 형질 (가)~(다)에 대한 자료이다.

- (가)는 대립유전자 A와 a에 의해, (나)는 대립유전자 B와 b에 의해, (다)는 대립유전자 D와 d에 의해 결정된다. A는 a에 대해, B는 b에 대해, D는 d에 대해 각각 완전 우성이다.
- (가)와 (나)는 모두 우성 형질이고, (다)는 열성 형질이다. (가)~(다)의 유전자는 각각 7번 염색체 또는 X 염색체에 있다.
- 표는 이 가족 구성원의 성별과 ⊙~ⓒ의 발현 여부를 나타낸 것이다. ⊙~ⓒ은 각각 (가)~(다) 중 하나이다.

구성원	성별	⊙	ⓛ	ⓒ
아버지	남	×	×	×
어머니	여	○	×	○
자녀 1	남	○	○	×
자녀 2	여	×	○	○
자녀 3	여	○	×	○

(○: 발현됨, ×: 발현 안 됨)

- 자녀 2의 (나)의 유전자형과 자녀 3의 (다)의 유전자형은 각각 동형 접합성이다.
- 염색체 수가 24인 생식세포 ⓐ와 염색체 수가 22인 생식세포 ⓑ가 수정되어 자녀 3이 태어났다. ⓐ와 ⓑ의 형성 과정에서 각각 염색체 비분리가 1회 일어났다.
- 이 가족 구성원의 핵형은 모두 정상이다.

이에 대한 설명으로 옳은 것만을 〈보기〉에서 있는 대로 고른 것은? (단, 제시된 염색체 비분리 이외의 돌연변이와 교차는 고려하지 않는다.)

┌ 보기 ┌
ㄱ. ⓒ의 유전자는 X 염색체에 있다.
ㄴ. ⊙은 (가)이다.
ㄷ. ⓐ는 정자이다.

① ㄱ   ② ㄴ   ③ ㄱ, ㄷ   ④ ㄴ, ㄷ   ⑤ ㄱ, ㄴ, ㄷ

유사점과 차이점

조건을 통해 유전 형질 ⊙~ⓒ이 각각 (가)~(다) 중 무엇인지를 찾고 염색체 비분리를 다룬다는 점에서 대표 문제와 유사하지만 (가)~(다)가 각각 상염색체 또는 X 염색체에 있는지를 직접적으로 제시하지 않고 추론하게 하였다는 점에서 대표 문제와 다르다.

배경 지식

- X 염색체 열성 형질의 경우, 해당 형질이 발현된 딸의 아버지가 정상 표현형인 것은 모순이다.
- 생식세포 형성 과정 중 감수 1분열에서 염색체 비분리가 일어날 경우 1쌍의 상동 염색체를 갖는 생식세포가 형성될 수 있다.

01
▶24068-0161

그림은 유전자형이 Tt인 어떤 동물(2n=6)의 생식세포 형성 과정 중 ㉠ 시기에서 관찰되는 세포를 나타낸 것이다. 이 세포의 형성 과정에서 염색체 비분리가 1회 일어났고, ㉠은 감수 1분열과 감수 2분열 중 하나이다.

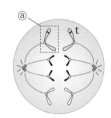

이에 대한 설명으로 옳은 것만을 〈보기〉에서 있는 대로 고른 것은? (단, 제시된 돌연변이 이외의 돌연변이와 교차는 고려하지 않는다.)

┌─ 보기 ┐
ㄱ. ㉠은 감수 2분열이다.
ㄴ. ⓐ에는 T가 있다.
ㄷ. 염색체 비분리는 감수 1분열에서 일어났다.
└─────┘

① ㄴ   ② ㄷ   ③ ㄱ, ㄴ   ④ ㄱ, ㄷ   ⑤ ㄱ, ㄴ, ㄷ

02
▶24068-0162

사람의 유전 형질 (가)는 상염색체에 있는 3쌍의 대립유전자 A와 a, B와 b, D와 d에 의해 결정된다. 그림은 어떤 사람의 G₁기 세포 I로부터 생식세포가 형성되는 과정을, 표는 세포 ㉠~㉣이 갖는 a, B, d의 DNA 상대량을 나타낸 것이다. ㉠~㉣은 I~IV를 순서 없이 나타낸 것이다. II~IV 중 1개에는 결실이 1회 일어나 대립유전자 ㉮가 없는 염색체가 있으며, ㉮는 a, B, d 중 하나이다.

세포	DNA 상대량		
	a	B	d
㉠	2	?	2
㉡	0	1	0
㉢	1	?	1
㉣	0	1	1

이에 대한 설명으로 옳은 것만을 〈보기〉에서 있는 대로 고른 것은? (단, 제시된 돌연변이 이외의 돌연변이와 교차는 고려하지 않으며, A, a, B, b, D, d 각각의 1개당 DNA 상대량은 1이다. II는 중기의 세포이다.)

┌─ 보기 ┐
ㄱ. 이 사람의 (가)의 유전자형은 AaBbDd이다.
ㄴ. ㉮는 d이다.
ㄷ. ㉣은 III이다.
└─────┘

① ㄱ   ② ㄴ   ③ ㄷ   ④ ㄱ, ㄷ   ⑤ ㄴ, ㄷ

03
▶24068-0163

그림 (가)와 (나)는 각각 핵형이 정상인 여자와 남자의 생식세포 형성 과정을 나타낸 것이다. (가)의 ㉠에서 성염색체의 비분리가, (나)의 ㉡에서 21번 염색체의 비분리가 각각 1회 일어났으며, ㉠과 ㉡은 감수 1분열과 감수 2분열을 순서 없이 나타낸 것이다. 세포 II, III, V의 염색체 수는 II < III < V이다.

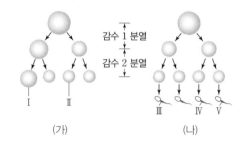

(가)   (나)

이에 대한 설명으로 옳은 것만을 〈보기〉에서 있는 대로 고른 것은? (단, 제시된 돌연변이 이외의 돌연변이는 고려하지 않는다.)

┌─ 보기 ┐
ㄱ. 염색체 수는 IV가 I보다 작다.
ㄴ. (나)에서 염색체 비분리는 감수 2분열에서 일어났다.
ㄷ. V가 정상 난자와 수정되어 태어난 아이는 클라인펠터 증후군의 염색체 이상을 보인다.
└─────┘

① ㄱ   ② ㄷ   ③ ㄱ, ㄴ   ④ ㄴ, ㄷ   ⑤ ㄱ, ㄴ, ㄷ

04
▶24068-0164

사람의 유전 형질 (가)는 같은 염색체에 있는 2쌍의 대립유전자 R과 r, T와 t에 의해 결정된다. 표는 부모를 제외한 영희네 가족 구성원의 체세포 1개당 R, r, T, t의 DNA 상대량을 나타낸 것이다. 아버지와 어머니 중 한 명의 생식세포 형성 과정에서 대립유전자 ⓐ가 대립유전자 ⓑ로 바뀌는 돌연변이가 1회 일어나 ⓑ를 갖는 생식세포가 형성되었고, 이 생식세포가 정상 생식세포와 수정되어 영희가 태어났다. ⓐ와 ⓑ는 각각 R, r, T, t 중 하나이다.

구성원	DNA 상대량			
	R	r	T	t
언니	2	0	0	?
오빠	?	1	1	0
영희	0	?	?	1

이에 대한 설명으로 옳은 것만을 〈보기〉에서 있는 대로 고른 것은? (단, 제시된 돌연변이 이외의 돌연변이와 교차는 고려하지 않으며, R, r, T, t 각각의 1개당 DNA 상대량은 1이다.)

┌─ 보기 ┐
ㄱ. (가)의 유전자는 상염색체에 있다.
ㄴ. 영희의 (가)의 유전자형은 rrTt이다.
ㄷ. ⓑ는 r이다.
└─────┘

① ㄱ   ② ㄷ   ③ ㄱ, ㄴ   ④ ㄴ, ㄷ   ⑤ ㄱ, ㄴ, ㄷ

05
▶24068-0165

어떤 동물 종($2n=6$)의 유전 형질 ㉮는 2쌍의 대립유전자 A와 a, B와 b에 의해 결정되며, 이 동물 종의 성염색체는 암컷이 XX, 수컷이 XY이다. 그림은 이 동물 종의 개체 Ⅰ과 Ⅱ의 세포 (가)~(라) 각각에 들어 있는 모든 염색체를 나타낸 것이다. (가)~(라) 중 2개는 Ⅰ의 세포이고, 나머지 2개는 Ⅱ의 세포이다. Ⅰ의 유전자형은 aaBb이고, Ⅱ의 유전자형은 Aabb이다. (가)~(라) 중 1개에는 대립유전자 ㉠이 대립유전자 ㉡으로 바뀌는 돌연변이가 1회 일어나 형성된 ㉡을 갖는 염색체가 있으며, ㉠과 ㉡은 각각 A, a, B, b 중 하나이다.

(가)　　(나)　　(다)　　(라)

이에 대한 설명으로 옳은 것만을 〈보기〉에서 있는 대로 고른 것은? (단, 제시된 돌연변이 이외의 돌연변이와 교차는 고려하지 않는다.)

┌ 보기 ┐
ㄱ. (가)와 (라)의 핵상은 같다.
ㄴ. Ⅱ는 수컷이다.
ㄷ. ㉡은 B이다.

① ㄱ　② ㄷ　③ ㄱ, ㄴ　④ ㄴ, ㄷ　⑤ ㄱ, ㄴ, ㄷ

06
▶24068-0166

어떤 동물 종($2n=?$)의 유전 형질 ㉠은 3쌍의 대립유전자 H와 h, R와 r, T와 t에 의해 결정되며, ㉠의 유전자는 서로 다른 2개의 염색체에 있다. 표는 이 동물 종에서 개체 Ⅰ과 Ⅱ의 세포 (가)~(라)가 갖는 H, h, R, r, T, t의 DNA 상대량을 나타낸 것이다. (가)~(라) 중 2개는 Ⅰ의 세포이고, 나머지 2개는 Ⅱ의 세포이다. Ⅰ은 암컷이며 성염색체가 XX, Ⅱ는 수컷이며 성염색체가 XY이다. (가)~(라) 중 1개는 Ⅱ의 생식세포 형성 과정에서 염색체 비분리가 1회 일어나 형성된 정자이고, 나머지 중 1개는 중기의 세포이다.

세포	DNA 상대량					
	H	h	R	r	T	t
(가)	2	?	0	?	?	0
(나)	1	0	0	?	1	1
(다)	2	0	1	?	1	1
(라)	0	ⓐ	0	0	1	1

이에 대한 설명으로 옳은 것만을 〈보기〉에서 있는 대로 고른 것은? (단, 제시된 돌연변이 이외의 돌연변이와 교차는 고려하지 않으며, H, h, R, r, T, t 각각의 1개당 DNA 상대량은 1이다.)

┌ 보기 ┐
ㄱ. 염색체 비분리는 감수 2분열에서 일어났다.
ㄴ. (다)에서 H와 R는 모두 X 염색체에 있다.
ㄷ. ⓐ는 1이다.

① ㄱ　② ㄴ　③ ㄱ, ㄷ　④ ㄴ, ㄷ　⑤ ㄱ, ㄴ, ㄷ

07
▶24068-0167

다음은 어떤 가족의 유전 형질 ㉠에 대한 자료이다.

• ㉠은 대립유전자 A와 a에 의해 결정되며, A는 a에 대해 완전 우성이다.
• 가계도는 구성원 1~5에게서 ㉠의 발현 여부를 나타낸 것이다.

　□ 정상 남자
　○ 정상 여자
　▨ ㉠ 발현 남자
　▧ ㉠ 발현 여자

• 1과 2는 각각 A와 a 중 한 종류만 가지고 있다.
• 1과 2의 생식세포 형성 과정에서 염색체 비분리가 각각 1회 일어나 염색체 수가 비정상적인 정자 P와 난자 Q가 형성되었고, P와 Q가 수정되어 5가 태어났다.
• 이 가족 구성원의 핵형은 모두 정상이다.

이에 대한 설명으로 옳은 것만을 〈보기〉에서 있는 대로 고른 것은? (단, 제시된 돌연변이 이외의 돌연변이와 교차는 고려하지 않는다.)

┌ 보기 ┐
ㄱ. ㉠의 유전자는 X 염색체에 있다.
ㄴ. ㉠은 열성 형질이다.
ㄷ. P가 형성될 때 염색체 비분리가 감수 2분열에서 일어났다.

① ㄱ　② ㄴ　③ ㄱ, ㄷ　④ ㄴ, ㄷ　⑤ ㄱ, ㄴ, ㄷ

08
▶24068-0168

사람의 어떤 유전 형질은 서로 다른 염색체에 있는 2쌍의 대립유전자 E와 e, F와 f에 의해 결정된다. 표는 유전자형이 eeFF인 사람 Ⅰ의 세포 (가)와 유전자형이 Eeff인 사람 Ⅱ의 세포 (나)와 (다)에서 대립유전자 ㉠, ㉡, ㉢, ㉣ 중 2개의 DNA 상대량을 더한 값을 나타낸 것이다. (가)~(다)는 모두 감수 2분열 중기의 세포이고, ㉠~㉣은 E, e, F, f를 순서 없이 나타낸 것이다. Ⅱ의 G_1기 세포 ㉮로부터 생식세포가 형성되는 과정에서 대립유전자 ⓐ의 전좌가 1회 일어나 (나)와 (다)가 형성되었으며, ⓐ는 E, e, F, f 중 하나이다.

세포	DNA 상대량을 더한 값			
	㉠+㉡	㉠+㉢	㉠+㉣	㉢+㉣
(가)	4	?	?	?
(나)	0	?	1	3
(다)	2	4	?	3

이에 대한 설명으로 옳은 것만을 〈보기〉에서 있는 대로 고른 것은? (단, 제시된 돌연변이 이외의 돌연변이와 교차는 고려하지 않으며, E, e, F, f 각각의 1개당 DNA 상대량은 1이다.)

┌ 보기 ┐
ㄱ. ㉡은 F이다.
ㄴ. (나)에는 e가 있다.　　ㄷ. ⓐ는 E이다.

① ㄱ　② ㄴ　③ ㄱ, ㄷ　④ ㄴ, ㄷ　⑤ ㄱ, ㄴ, ㄷ

09

▶24068-0169

다음은 어떤 가족의 유전 형질 ㉠과 ㉡에 대한 자료이다.

- ㉠은 대립유전자 R와 r에 의해, ㉡은 대립유전자 T와 t에 의해 결정된다. R는 r에 대해, T는 t에 대해 각각 완전 우성이다.
- ㉠과 ㉡의 유전자는 모두 X 염색체에 있다.
- 감수 분열 시 아버지와 어머니 중 한 사람에게서만 염색체 비분리가 1회 일어나 염색체 수가 비정상적인 생식세포가 형성되었다. 이 생식세포가 정상 생식세포와 수정되어 ㉮가 태어났고, ㉮는 자녀 2와 자녀 3 중 하나이다. ㉮를 제외한 나머지 구성원의 핵형은 모두 정상이다.
- 표는 이 가족 구성원의 성별과 ㉠, ㉡의 발현 여부를 나타낸 것이다.

구성원	성별	㉠	㉡
아버지	남	×	×
어머니	여	?	×
자녀 1	여	○	?
자녀 2	남	×	○
자녀 3	남	×	×

(○: 발현됨, ×: 발현 안 됨)

이에 대한 설명으로 옳은 것만을 〈보기〉에서 있는 대로 고른 것은? (단, 제시된 돌연변이 이외의 돌연변이와 교차는 고려하지 않는다.)

보기
ㄱ. ㉠은 열성 형질이다.
ㄴ. ㉮는 자녀 3이다.
ㄷ. 염색체 비분리는 감수 2분열에서 일어났다.

① ㄱ   ② ㄴ   ③ ㄱ, ㄷ   ④ ㄴ, ㄷ   ⑤ ㄱ, ㄴ, ㄷ

10

▶24068-0170

다음은 어떤 집안의 유전 형질 ㉠과 ㉡에 대한 자료이다.

- ㉠은 대립유전자 A와 a에 의해, ㉡은 대립유전자 B와 b에 의해 결정되며, A는 a에 대해, B는 b에 대해 각각 완전 우성이다.
- ㉠과 ㉡의 유전자는 같은 염색체에 있다.
- 가계도는 구성원 1~8에게서 ㉠과 ㉡의 발현 여부를 나타낸 것이고, 표는 1과 2에서 체세포 1개당 a와 B의 DNA 상대량을 나타낸 것이다.

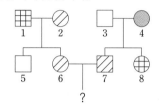

□ 정상 남자
▨ ㉠ 발현 남자
◫ ㉠ 발현 여자
▦ ㉡ 발현 남자
⊕ ㉡ 발현 여자
● ㉠, ㉡ 발현 여자

구성원	DNA 상대량	
	a	B
1	2	?
2	0	1

- 구성원 ㉮는 대립유전자 ⓐ가 결실된 염색체를 가지고, ㉮는 5와 8 중 하나이며, ⓐ는 A, a, B, b 중 하나이다.
- ㉮를 제외한 나머지 구성원의 핵형은 모두 정상이다.

이에 대한 설명으로 옳은 것만을 〈보기〉에서 있는 대로 고른 것은? (단, 제시된 돌연변이 이외의 돌연변이와 교차는 고려하지 않으며, A, a, B, b 각각의 1개당 DNA 상대량은 1이다.)

보기
ㄱ. ㉠은 우성 형질이다.
ㄴ. ㉮는 5이다.
ㄷ. 6과 7 사이에서 아이가 태어날 때, 이 아이에게서 ㉠은 발현되고 ㉡은 발현되지 않을 확률은 $\frac{1}{2}$이다.

① ㄱ   ② ㄴ   ③ ㄱ, ㄷ   ④ ㄴ, ㄷ   ⑤ ㄱ, ㄴ, ㄷ

01

▶24068-0171

사람의 유전 형질 ⓐ는 3쌍의 대립유전자 A와 a, B와 b, D와 d에 의해 결정된다. 그림 (가)와 (나)는 각각 여자와 남자의 생식세포 형성 과정을, 표는 세포 ㉠~㉣에서 A, a, B, b, D, d의 DNA 상대량을 나타낸 것이다. Ⅰ은 G₁기의 세포이고, Ⅱ와 Ⅲ은 중기의 세포이며, ㉠~㉣은 Ⅰ~Ⅳ를 순서 없이 나타낸 것이다. (가)와 (나) 중 한 과정에서만 염색체 비분리가 1회 일어났다.

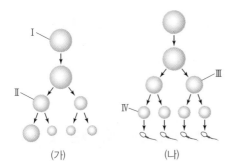

(가) (나)

세포	DNA 상대량					
	A	a	B	b	D	d
㉠	1	?	?	2	1	?
㉡	2	?	0	0	2	?
㉢	?	2	?	?	?	2
㉣	?	1	1	1	0	0

이에 대한 설명으로 옳은 것만을 〈보기〉에서 있는 대로 고른 것은? (단, 제시된 돌연변이 이외의 돌연변이와 교차는 고려하지 않으며, A, a, B, b, D, d 각각의 1개당 DNA 상대량은 1이다.)

보기

ㄱ. 염색체 비분리는 감수 1분열에서 일어났다.

ㄴ. ㉢은 Ⅲ이다.

ㄷ. ㉠에서 A와 b는 같은 염색체에 있다.

① ㄱ   ② ㄷ   ③ ㄱ, ㄴ   ④ ㄴ, ㄷ   ⑤ ㄱ, ㄴ, ㄷ

02

▶24068-0172

다음은 사람의 유전 형질 (가)~(다)에 대한 자료이다.

• (가)는 대립유전자 H와 h에 의해, (나)는 대립유전자 R와 r에 의해, (다)는 대립유전자 T와 t에 의해 결정된다.

• (가)~(다)의 유전자는 각각 서로 다른 염색체에 있다.

• 그림은 사람 P의 G₁기 세포로부터 정자가 형성되는 과정을, 표는 세포 Ⅰ~Ⅳ에 들어 있는 H, h, R, r, T, t의 DNA 상대량을 나타낸 것이다. ㉠과 ㉡은 Ⅱ와 Ⅲ을 순서 없이 나타낸 것이다.

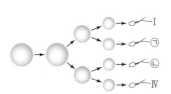

세포	DNA 상대량					
	H	h	R	r	T	t
Ⅰ	0	0	1	1	0	?
Ⅱ	2	?	?	?	1	0
Ⅲ	?	?	1	0	0	1
Ⅳ	0	?	0	1	1	0

• 이 정자 형성 과정에서 전좌와 염색체 비분리가 각각 1회 일어났다.

이에 대한 설명으로 옳은 것만을 〈보기〉에서 있는 대로 고른 것은? (단, 제시된 돌연변이 이외의 돌연변이와 교차는 고려하지 않으며, H, h, R, r, T, t 각각의 1개당 DNA 상대량은 1이다.)

보기

ㄱ. Ⅰ에는 전좌가 일어난 염색체가 있다.

ㄴ. ㉠은 Ⅲ이다.

ㄷ. 염색체 비분리는 감수 1분열에서 일어났다.

① ㄱ   ② ㄷ   ③ ㄱ, ㄴ   ④ ㄴ, ㄷ   ⑤ ㄱ, ㄴ, ㄷ

03

▶24068-0173

다음은 어떤 가족의 유전 형질 (가)에 대한 자료이다.

- (가)는 상염색체에 있는 3쌍의 대립유전자 A와 a, B와 b, D와 d에 의해 결정된다.
- (가)의 표현형은 유전자형에서 대문자로 표시되는 대립유전자의 수에 의해서만 결정되며, 이 대립유전자의 수가 다르면 표현형이 다르다.
- (가)의 유전자형이 AaBbDd인 부모 사이에서 ㉠이 태어날 때, ㉠에게서 나타날 수 있는 (가)의 표현형은 최대 4가지이다.
- 아버지의 생식세포 형성 과정에서 염색체 비분리가 1회 일어나 염색체 수가 비정상적인 정자가 형성되었다. 이 정자가 정상 난자와 수정되어 ⓐ가 태어났고, ⓐ의 (가)의 유전자형에서 대문자로 표시되는 대립유전자의 수는 6이다.

이에 대한 설명으로 옳은 것만을 〈보기〉에서 있는 대로 고른 것은? (단, 제시된 돌연변이 이외의 돌연변이와 교차는 고려하지 않는다.)

┌─ 보기 ┐
ㄱ. (가)를 결정하는 3개의 유전자는 모두 같은 염색체에 있다.
ㄴ. 어머니에게서 a, b, d를 모두 갖는 난자가 형성될 수 있다.
ㄷ. 염색체 비분리는 감수 1분열에서 일어났다.

① ㄱ   ② ㄷ   ③ ㄱ, ㄴ   ④ ㄴ, ㄷ   ⑤ ㄱ, ㄴ, ㄷ

04

▶24068-0174

사람의 유전 형질 ⓐ는 2쌍의 대립유전자 E와 e, F와 f에 의해 결정된다. 그림 (가)는 핵형이 정상인 어떤 여자의 G_1 기 세포 I로부터 생식세포가 형성되는 과정을, (나)는 세포 ㉠~㉣이 갖는 E와 f의 DNA 상대량을 나타낸 것이다. (가)에서 염색체 비분리가 1회 일어났으며, ㉠~㉣은 I ~IV를 순서 없이 나타낸 것이다.

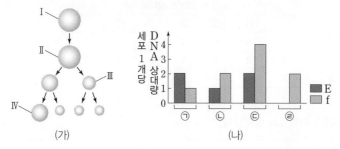

(가)   (나)

이에 대한 설명으로 옳은 것만을 〈보기〉에서 있는 대로 고른 것은? (단, 제시된 돌연변이 이외의 돌연변이와 교차는 고려하지 않으며, E, e, F, f 각각의 1개당 DNA 상대량은 1이다. II와 III은 중기의 세포이다.)

┌─ 보기 ┐
ㄱ. 이 여자의 ⓐ의 유전자형은 EEFf이다.
ㄴ. ㉠은 IV이다.
ㄷ. 염색체 비분리는 감수 2분열에서 일어났다.

① ㄱ   ② ㄴ   ③ ㄱ, ㄷ   ④ ㄴ, ㄷ   ⑤ ㄱ, ㄴ, ㄷ

05

다음은 어떤 가족의 유전 형질 (가)와 (나)에 대한 자료이다.

- (가)의 유전자와 (나)의 유전자는 같은 염색체에 있다.
- (가)는 대립유전자 H와 h에 의해 결정되며, H는 h에 대해 완전 우성이다.
- (나)는 대립유전자 D, E, F에 의해 결정된다. (나)의 표현형은 4가지이며, (나)의 유전자형이 DF인 사람과 DD인 사람의 표현형은 같고, 유전자형이 EF인 사람과 EE인 사람의 표현형은 같다.
- 가계도는 구성원 1~6에게서 (가)의 발현 여부를 나타낸 것이고, 표는 1, 4, 5에서 체세포 1개당 D와 E의 DNA 상대량을 더한 값(D+E)과 체세포 1개당 E와 F의 DNA 상대량을 더한 값(E+F)을 나타낸 것이다.

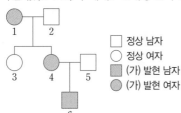

	정상 남자
	정상 여자
	(가) 발현 남자
	(가) 발현 여자

구성원		1	4	5
DNA 상대량을	D+E	2	2	0
더한 값	E+F	0	1	2

- 1~6의 (나)의 유전자형은 모두 다르다.
- 4와 5 중 한 명의 생식세포 형성 과정에서 대립유전자 ㉠이 대립유전자 ㉡으로 바뀌는 돌연변이가 1회 일어나 ㉡을 갖는 생식세포가 형성되었다. 이 생식세포가 정상 생식세포와 수정되어 6이 태어났다. ㉠과 ㉡은 (가)와 (나) 중 한 가지 형질을 결정하는 서로 다른 대립유전자이다.

이에 대한 설명으로 옳은 것만을 〈보기〉에서 있는 대로 고른 것은? (단, 제시된 돌연변이 이외의 돌연변이와 교차는 고려하지 않으며, D, E, F 각각의 1개당 DNA 상대량은 1이다.)

┌─ 보기 ┐
ㄱ. 3과 6의 (나)의 표현형은 같다.
ㄴ. (가)는 열성 형질이다.
ㄷ. ㉡은 h이다.

① ㄱ　　　　　② ㄴ　　　　　③ ㄷ　　　　　④ ㄱ, ㄴ　　　　　⑤ ㄱ, ㄷ

06

▶24068-0176

다음은 어떤 가족의 유전 형질 (가)~(다)에 대한 자료이다.

- (가)는 7번 염색체에 있는 대립유전자 A와 a에 의해 결정되며, 유전자형이 다르면 표현형이 다르다. (가)의 3가지 유전자형(AA, Aa, aa)에 따른 표현형은 각각 Ⅰ, Ⅱ, Ⅲ 중 하나이다.
- (나)는 7번 염색체에 있는 대립유전자 B와 b에 의해, (다)는 13번 염색체에 있는 대립유전자 D와 d에 의해 결정된다. B는 b에 대해, D는 d에 대해 각각 완전 우성이다.
- 그림은 어머니의 체세포에 들어 있는 7번 염색체, 13번 염색체와 유전자를 나타낸 것이고, 표는 어머니를 제외한 이 가족 구성원의 (가)의 표현형과 체세포 1개당 A, B, D의 DNA 상대량을 더한 값(A+B+D)을 나타낸 것이다.

어머니

구성원	아버지	자녀 1	자녀 2	자녀 3
(가)의 표현형	Ⅲ	Ⅰ	Ⅱ	Ⅲ
A+B+D	3	2	6	1

- 생식세포 형성 과정에서 7번 염색체 결실이 1회 일어나 형성된 ㉠생식세포와 정상 생식세포가 수정되어 ⓐ가 태어났고, 생식세포 형성 과정에서 13번 염색체 비분리가 1회 일어나 형성된 ㉡생식세포와 정상 생식세포가 수정되어 ⓑ가 태어났다. ㉠과 ㉡은 난자와 정자를 순서 없이 나타낸 것이고, ⓐ와 ⓑ는 자녀 2와 자녀 3을 순서 없이 나타낸 것이다.
- ⓐ와 ⓑ를 제외한 이 가족 구성원의 핵형은 모두 정상이다.

이에 대한 설명으로 옳은 것만을 〈보기〉에서 있는 대로 고른 것은? (단, 제시된 돌연변이 이외의 돌연변이와 교차는 고려하지 않으며, A, a, B, b, D, d 각각의 1개당 DNA 상대량은 1이다.)

┌ 보기 ┐
ㄱ. ㉠의 형성 과정에서 B가 결실되었다.
ㄴ. ㉡은 난자이다.
ㄷ. 자녀 1의 (다)의 유전자형은 Dd이다.

① ㄱ   ② ㄴ   ③ ㄱ, ㄷ   ④ ㄴ, ㄷ   ⑤ ㄱ, ㄴ, ㄷ

07

▶24068-0177

다음은 사람의 유전 형질 (가)에 대한 자료이다.

- (가)는 2쌍의 대립유전자 A와 a, B와 b에 의해 결정된다.
- (가)의 표현형은 유전자형에서 대문자로 표시되는 대립유전자의 수에 의해서만 결정되며, 이 대립유전자의 수가 다르면 표현형이 다르다.
- 그림은 사람 P의 G_1기 세포로부터 정자 ㉠~㉣이 형성되는 과정을, 표는 정자 Ⅰ~Ⅲ과 ㉣의 (가)의 유전자형에서 대문자로 표시되는 대립유전자의 수를 나타낸 것이다. Ⅰ~Ⅲ은 ㉠~㉢을 순서 없이 나타낸 것이다.
- ㉠~㉣이 형성되는 과정에서 염색체 비분리가 1회 일어났다.

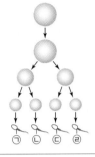

정자	대문자로 표시되는 대립유전자의 수
Ⅰ	0
Ⅱ	1
Ⅲ	3
㉣	ⓐ

이에 대한 설명으로 옳은 것만을 〈보기〉에서 있는 대로 고른 것은? (단, 제시된 돌연변이 이외의 돌연변이와 교차는 고려하지 않는다.)

┌ 보기 ┐
ㄱ. 염색체 비분리는 감수 1분열에서 일어났다.
ㄴ. ⓐ는 0이다.
ㄷ. P에서 A와 B가 같은 염색체에 있다.

① ㄱ   ② ㄴ   ③ ㄱ, ㄷ   ④ ㄴ, ㄷ   ⑤ ㄱ, ㄴ, ㄷ

08

▶24068-0178

다음은 어떤 집안의 유전 형질 (가)와 (나)에 대한 자료이다.

- (가)는 대립유전자 A와 a에 의해, (나)는 대립유전자 B와 b에 의해 결정된다. A는 a에 대해, B는 b에 대해 각각 완전 우성이다.
- (가)와 (나)의 유전자는 같은 염색체에 있다.
- 가계도는 구성원 1~8에게서 (가)와 (나)의 발현 여부를, 표는 2, 3, 7의 (나)의 유전자형에서 b의 유무를 나타낸 것이다.

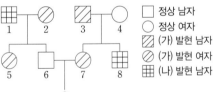

□ 정상 남자
○ 정상 여자
▨ (가) 발현 남자
◪ (가) 발현 여자
⊞ (나) 발현 남자

구성원	b의 유무
2	○
3	×
7	○

(○: 있음, ×: 없음)

- 염색체 수가 24인 생식세포 ㉠과 염색체 수가 22인 생식세포 ㉡이 수정되어 ⓐ가 태어났으며, ⓐ는 5와 7 중 하나이다. ㉠과 ㉡의 형성 과정에서 각각 염색체 비분리가 1회 일어났다.
- 이 집안 구성원의 핵형은 모두 정상이다.

이에 대한 설명으로 옳은 것만을 〈보기〉에서 있는 대로 고른 것은? (단, 제시된 돌연변이 이외의 돌연변이와 교차는 고려하지 않는다.)

┌ 보기 ┐
ㄱ. (가)는 열성 형질이다.
ㄴ. ⓐ는 5이다.
ㄷ. ㉠은 감수 2분열에서 염색체 비분리가 일어나 형성된 난자이다.

① ㄱ   ② ㄴ   ③ ㄱ, ㄷ   ④ ㄴ, ㄷ   ⑤ ㄱ, ㄴ, ㄷ

09

▶24068-0179

다음은 어떤 집안의 ABO식 혈액형과 유전 형질 ㉠에 대한 자료이다.

- ABO식 혈액형은 대립유전자 I^A, I^B, i에 의해, ㉠은 대립유전자 T와 t에 의해 결정된다. T는 t에 대해 완전 우성이다.
- 가계도는 구성원 1~7에게서 ㉠의 발현 여부를 나타낸 것이다.

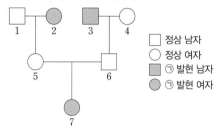

□ 정상 남자
○ 정상 여자
▨ ㉠ 발현 남자
● ㉠ 발현 여자

- $\dfrac{1, 2, 3, 4 \text{ 각각의 체세포 1개당 t의 DNA 상대량을 더한 값}}{1, 2, 3, 4 \text{ 각각의 체세포 1개당 T의 DNA 상대량을 더한 값}} = 2$이다.
- 2, 5, 6, 7의 ABO식 혈액형의 표현형은 모두 다르고, 2의 ABO식 혈액형의 유전자형은 동형 접합성이다.
- 1, 3, 4, 7의 ABO식 혈액형의 유전자형은 모두 같다.
- 6의 혈액은 항 B 혈청과 응집 반응을 나타낸다.
- 5와 6의 생식세포 형성 과정에서 염색체 비분리가 각각 1회씩 일어나 염색체 수가 비정상적인 난자 P와 정자 Q가 형성되었고, P와 Q가 수정되어 7이 태어났다. 가계도 구성원의 핵형은 모두 정상이다.

이에 대한 설명으로 옳은 것만을 〈보기〉에서 있는 대로 고른 것은? (단, 제시된 돌연변이 이외의 돌연변이와 교차는 고려하지 않으며, T, t 각각의 1개당 DNA 상대량은 1이다.)

┌─ 보기 ┌
ㄱ. ABO식 혈액형의 유전자와 ㉠의 유전자는 서로 다른 염색체에 있다.
ㄴ. 5에서 염색체 비분리는 감수 2분열에서 일어났다.
ㄷ. 6의 ABO식 혈액형의 유전자형은 동형 접합성이다.

① ㄱ   ② ㄴ   ③ ㄱ, ㄷ   ④ ㄴ, ㄷ   ⑤ ㄱ, ㄴ, ㄷ

10

▶24068-0180

다음은 어떤 집안의 유전 형질 (가), (나)와 ABO식 혈액형에 대한 자료이다.

- (가)는 대립유전자 H와 h에 의해, (나)는 대립유전자 T와 t에 의해, ABO식 혈액형은 대립유전자 I^A, I^B, i에 의해 결정된다. H는 h에 대해, T는 t에 대해 각각 완전 우성이다.
- (가)와 (나)는 모두 열성 형질이다.
- (가)와 (나)의 유전자 중 1개는 X 염색체에 있고, 나머지 1개는 ABO식 혈액형 유전자와 같은 염색체에 있다.
- 가계도는 구성원 1~9에게서 (가)와 (나)의 발현 여부를 나타낸 것이다.

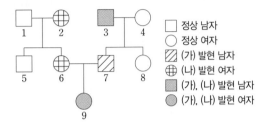

□ 정상 남자
○ 정상 여자
▨ (가) 발현 남자
⊕ (나) 발현 여자
■ (가), (나) 발현 남자
● (가), (나) 발현 여자

- 1, 2, 3, 4, 6, 7의 ABO식 혈액형의 유전자형은 모두 다르다.
- 표는 4와 2, 7, 8 사이의 ABO식 혈액형에 대한 응집 반응 결과를 나타낸 것이다.

구분	2		7		8	
	적혈구	혈장	적혈구	혈장	적혈구	혈장
4의 혈액	+	+	−	+	−	−

(+: 응집됨, −: 응집 안 됨)

- 4와 9 각각의 체세포 1개당 I^B, H, T의 DNA 상대량을 더한 값의 총합은 6이다.
- 3과 4의 생식세포 형성 과정에서 염색체 비분리가 각각 1회씩 일어나 염색체 수가 비정상적인 정자 P와 난자 Q가 형성되었고, P와 Q가 수정되어 7이 태어났다. 가계도 구성원의 핵형은 모두 정상이다.

이에 대한 설명으로 옳은 것만을 〈보기〉에서 있는 대로 고른 것은? (단, 제시된 돌연변이 이외의 돌연변이와 교차는 고려하지 않으며, H, h, T, t, I^A, I^B, i 각각의 1개당 DNA 상대량은 1이다.)

보기
ㄱ. 7의 ABO식 혈액형은 O형이다.
ㄴ. 4에게서 H, T, I^A를 모두 갖는 생식세포가 형성될 수 있다.
ㄷ. 3의 생식세포 형성 과정에서 염색체 비분리는 감수 1분열에서 일어났다.

① ㄴ   ② ㄷ   ③ ㄱ, ㄴ   ④ ㄱ, ㄷ   ⑤ ㄱ, ㄴ, ㄷ

① 생태계의 구성 요소와 상호 관계

(1) 생태계의 구성 요소

생물적 요인	생산자	식물, 조류 등
	소비자	초식 동물, 육식 동물 등
	분해자	세균, 곰팡이, 버섯 등
비생물적 요인		빛, 물, 온도, 토양, 공기 등

(2) 생태계 구성 요소 사이의 상호 관계
① 비생물적 요인과 생물적 요인은 서로에게 영향을 준다.
② 생물적 요인은 생물적 요인에게 영향을 준다.

② 개체군

(1) 개체군: 일정한 지역에서 같은 종의 개체들이 무리를 이루어 생활하는 집단

(2) 개체군의 특성
① 개체군의 밀도: 개체군이 서식하는 공간의 단위 면적당 개체 수
② 개체군의 생장 곡선: 시간에 따른 개체군의 개체 수를 나타낸 그래프로, 자연 상태에서는 환경 저항(먹이 부족, 서식지 부족, 천적 등)에 의해 S자형 생장 곡선을 나타낸다.

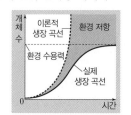

• 환경 수용력: 주어진 환경 조건에서 서식할 수 있는 개체군의 최대 크기
③ 개체군의 생존 곡선: 한 개체군에서 동시에 출생한 개체들 중 생존한 개체 수를 상대 수명에 따라 나타낸 그래프
④ 개체군의 연령 분포: 한 개체군에서 전체 개체 수에 대한 각 연령별 개체 수의 비율을 나타낸 그래프
⑤ 개체군의 주기적 변동
• 계절적 변동: 환경 요인의 계절적 변화에 따라 개체군의 크기가 주기적으로 변한다. 예 돌말 개체군 크기의 계절적 변동
• 포식과 피식에 따른 변동: 포식과 피식 관계인 두 개체군의 크기가 주기적으로 변한다. 예 눈신토끼(피식자)와 스라소니(포식자)의 개체 수 변동

(3) 개체군 내의 상호 작용
① 텃세: 개체 또는 무리의 일정한 생활 공간에 다른 개체가 접근하는 것을 막는 것 예 은어, 까치

② 순위제: 힘의 서열에 의해 개체 간 순위가 정해지는 것 예 큰뿔양
③ 리더제: 한 개체가 리더가 되어 개체군을 통솔하며 생활하는 것 예 기러기, 늑대
④ 사회생활: 개체들이 역할을 분담하고 협력하며 생활하는 것 예 개미, 꿀벌
⑤ 가족생활: 혈연관계의 개체들이 모여 생활하는 것 예 사자

③ 군집

(1) 군집: 일정한 지역에서 서식하는 여러 개체군들의 집합
(2) 군집의 우점종: 중요치(상대 밀도＋상대 빈도＋상대 피도)가 가장 큰 종
(3) 군집의 천이: 한 지역에서 식물 군집의 구성과 특성이 시간의 흐름에 따라 달라지는 현상
① 1차 천이: 용암 대지나 빈영양호에서 시작하는 천이
• 건성 천이: 용암 대지 → 지의류(개척자) → 초원 → 관목림 → 양수림 → 혼합림 → 음수림(극상)
• 습성 천이: 빈영양호 → 부영양호 → 습지(습원) → 초원 → 관목림 → 양수림 → 혼합림 → 음수림(극상)
② 2차 천이: 산불, 홍수, 산사태 등에 의해 기존 군집이 파괴된 지역에서 시작하는 천이
• 초원 → 관목림 → 양수림 → 혼합림 → 음수림(극상)

(4) 군집 내 개체군 사이의 상호 작용
① 종간 경쟁: 생태적 지위가 비슷한 개체군 사이에서 일어나는 먹이, 서식지 등에 대한 경쟁
• 경쟁 배타 원리: 생태적 지위가 많이 겹칠수록 경쟁이 심해지며, 경쟁의 결과 한 개체군만 생존하고, 다른 개체군은 사라진다.
② 분서(생태 지위 분화): 생태적 지위가 비슷한 개체군들이 서식지, 먹이, 활동 시기 등을 달리하여 경쟁을 피하는 현상
③ 포식과 피식: 두 개체군 사이의 먹고 먹히는 관계
④ 공생과 기생
• 상리 공생: 두 개체군이 모두 이익을 얻는 경우
• 편리공생: 한 개체군은 이익을 얻지만, 다른 개체군은 이익도 손해도 없는 경우
• 기생: 한 개체군이 다른 개체군에게 피해를 주며 이익을 얻는 경우

더 알기 방형구법을 이용한 식물 군집 조사와 우점종

1) 조사하고자 하는 지역에 동일한 크기의 방형구를 설치한다.
2) 방형구 안에 있는 각 식물 종을 조사하여 밀도, 빈도, 피도를 구한다.
3) 각 식물 종의 상대 밀도, 상대 빈도, 상대 피도를 계산하여 중요치(중요도)를 구한다.
4) 중요치(중요도)가 가장 큰 종을 우점종으로 결정한다.

$$밀도 = \frac{특정\ 종의\ 개체\ 수}{전체\ 방형구의\ 면적(m^2)}$$

$$상대\ 밀도(\%) = \frac{특정\ 종의\ 밀도}{조사한\ 모든\ 종의\ 밀도의\ 합} \times 100$$

$$빈도 = \frac{특정\ 종이\ 출현한\ 방형구\ 수}{전체\ 방형구의\ 수}$$

$$상대\ 빈도(\%) = \frac{특정\ 종의\ 빈도}{조사한\ 모든\ 종의\ 빈도의\ 합} \times 100$$

$$피도 = \frac{특정\ 종의\ 점유\ 면적(m^2)}{전체\ 방형구의\ 면적(m^2)}$$

$$상대\ 피도(\%) = \frac{특정\ 종의\ 피도}{조사한\ 모든\ 종의\ 피도의\ 합} \times 100$$

• 중요치＝상대 밀도＋상대 빈도＋상대 피도

| 2024학년도 6월 모의평가 |

그림은 어떤 지역의 식물 군집에서 산불이 난 후의 천이 과정 일부를, 표는 이 과정 중 ㉠에서 방형구법을 이용하여 식물 군집을 조사한 결과를 나타낸 것이다. ㉠은 A와 B 중 하나이고, A와 B는 양수림과 음수림을 순서 없이 나타낸 것이다. 종 Ⅰ과 Ⅱ는 침엽수(양수)에 속하고, 종 Ⅲ과 Ⅳ는 활엽수(음수)에 속한다.

구분	침엽수		활엽수	
	Ⅰ	Ⅱ	Ⅲ	Ⅳ
상대 밀도(%)	30	42	12	16
상대 빈도(%)	32	38	16	14
상대 피도(%)	34	38	17	11

이에 대한 설명으로 옳은 것만을 〈보기〉에서 있는 대로 고른 것은? (단, Ⅰ~Ⅳ 이외의 종은 고려하지 않는다.)

보기
ㄱ. ㉠은 B이다.
ㄴ. 이 지역에서 일어난 천이는 2차 천이이다.
ㄷ. 이 식물 군집은 혼합림에서 극상을 이룬다.

① ㄱ   ② ㄴ   ③ ㄷ   ④ ㄱ, ㄴ   ⑤ ㄱ, ㄷ

접근 전략

산불이 난 후의 천이 과정의 단계를 알아야 하고, 방형구법에서 상대 밀도, 상대 빈도, 상대 피도 자료를 통해 우점종을 파악한 후, ㉠이 A와 B 중 무엇인지 판단한다.

간략 풀이

A는 양수림, B는 음수림이다.
✗. ㉠에서 상대 밀도, 상대 빈도, 상대 피도를 더한 값은 침엽수(양수)에 속하는 Ⅰ과 Ⅱ가 활엽수(음수)에 속하는 Ⅲ과 Ⅳ보다 모두 크고, Ⅱ가 우점종이다. 따라서 ㉠은 양수림이므로 ㉠은 A이다.
◯. 산불이 난 후의 천이 과정이므로 이 지역에서 일어난 천이는 2차 천이이다.
✗. 혼합림 이후에 음수림(B)이 형성되었으므로 이 식물 군집은 혼합림에서 극상을 이루지 않는다.

정답 | ②

정답과 해설 35쪽

▶24068-0181

그림은 천이 ㉠과 ㉡의 과정 일부를, 표는 ㉡의 과정 중 ㉮에서 방형구법을 이용하여 식물 군집을 조사한 결과를 나타낸 것이다. ㉠과 ㉡은 1차 천이와 2차 천이를 순서 없이 나타낸 것이다. A~C는 양수림, 음수림, 지의류를 순서 없이 나타낸 것이고, ㉮는 B와 C 중 하나이다. 종 Ⅰ과 Ⅱ는 양수에 속하고, 종 Ⅲ과 Ⅳ는 음수에 속한다.

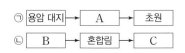

구분	Ⅰ	Ⅱ	Ⅲ	Ⅳ
빈도	0.39	0.31	0.12	0.18
개체 수	15	19	7	9
상대 피도(%)	30	39	18	13

이에 대한 설명으로 옳은 것만을 〈보기〉에서 있는 대로 고른 것은? (단, Ⅰ~Ⅳ 이외의 종은 고려하지 않는다.)

보기
ㄱ. ㉮는 C이다.
ㄴ. ㉠은 1차 천이이다.
ㄷ. ㉮에서 Ⅰ이 우점종이다.

① ㄱ   ② ㄴ   ③ ㄷ   ④ ㄱ, ㄴ   ⑤ ㄴ, ㄷ

유사점과 차이점

천이 과정을 제시하고 방형구법을 이용한 식물 군집 조사 자료를 다룬다는 점에서 대표 문제와 유사하지만 천이 과정을 구분하고 방형구법을 이용한 자료가 빈도, 개체 수, 상대 피도를 다룬다는 점에서 대표 문제와 다르다.

배경 지식

• 용암 대지에서 시작하는 천이는 1차 천이이다.
• 상대 밀도, 상대 빈도, 상대 피도를 모두 더한 값인 중요치(중요도)가 가장 큰 종이 우점종이다.

01
▶24068-0182

그림은 생태계를 구성하는 요소 사이의 상호 관계를, 표는 상호 관계 (가)와 (나)의 예를 나타낸 것이다. (가)와 (나)는 각각 ㉠~㉢ 중 하나이다.

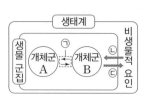

상호 관계	예
(가)	ⓐ기온과 강수량에 따라 식물 군집의 수평 분포가 다르다.
(나)	ⓑ나비는 꽃의 수분을 돕고, 꽃은 나비에게 꿀을 제공한다.

이에 대한 설명으로 옳은 것만을 〈보기〉에서 있는 대로 고른 것은?

┌ 보기 ┌
ㄱ. (가)는 ㉢이다.
ㄴ. ⓐ는 비생물적 요인에 해당한다.
ㄷ. ⓑ는 생물 군집에 속한다.

① ㄱ   ② ㄷ   ③ ㄱ, ㄴ   ④ ㄴ, ㄷ   ⑤ ㄱ, ㄴ, ㄷ

02
▶24068-0183

다음은 생태계를 구성하는 요소 사이의 상호 관계의 예를 나타낸 것이다.

┌──────────────────────────────────┐
(가) 휘파람새 4종 A~D는 서로 경쟁을 피하기 위해 한 ㉠가 문비나무에서 서식지를 달리하여 살아간다.
(나) ㉡지의류는 산성 물질을 분비하여 암석의 풍화를 촉진하고 토양을 형성한다.
└──────────────────────────────────┘

이에 대한 설명으로 옳은 것만을 〈보기〉에서 있는 대로 고른 것은?

┌ 보기 ┌
ㄱ. (가)는 개체군 내 상호 작용에 해당한다.
ㄴ. A와 ㉠은 같은 군집에 속한다.
ㄷ. ㉡은 생태계 구성 요소에 포함된다.

① ㄱ   ② ㄷ   ③ ㄱ, ㄴ   ④ ㄴ, ㄷ   ⑤ ㄱ, ㄴ, ㄷ

03
▶24068-0184

그림은 어떤 개체군의 생장 곡선 A와 B를 나타낸 것이다. A와 B는 실제 생장 곡선과 이론적 생장 곡선을 순서 없이 나타낸 것이다.

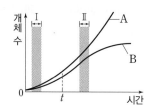

이에 대한 설명으로 옳은 것만을 〈보기〉에서 있는 대로 고른 것은? (단, 이입과 이출은 없다.)

┌ 보기 ┌
ㄱ. A는 이론적 생장 곡선이다.
ㄴ. B에서 t일 때 환경 저항이 작용하지 않는다.
ㄷ. B에서 단위 시간당 증가한 개체 수는 구간 Ⅰ에서가 구간 Ⅱ에서보다 많다.

① ㄱ   ② ㄴ   ③ ㄷ   ④ ㄱ, ㄴ   ⑤ ㄱ, ㄷ

04
▶24068-0185

그림은 어떤 지역의 식물 군집에서 천이 (가)의 과정을 나타낸 것이고, 표는 ㉠~㉣에 대한 자료이다. ㉠~㉣은 A~D를 순서 없이 나타낸 것이고, A~D는 관목림, 양수림, 음수림, 지의류를 순서 없이 나타낸 것이다. (가)는 1차 천이와 2차 천이 중 하나이다.

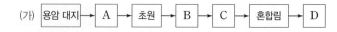

• ㉠과 ㉢ 중 하나는 개척자이고, 나머지 하나에서 극상을 이룬다.
• 군집의 평균 높이는 ㉠에서가 ㉡에서보다 높다.
• ㉣은 양수림이다.

이에 대한 설명으로 옳은 것만을 〈보기〉에서 있는 대로 고른 것은?

┌ 보기 ┌
ㄱ. ㉡은 B이다.
ㄴ. (가)는 2차 천이이다.
ㄷ. 이 식물 군집은 ㉠에서 극상을 이룬다.

① ㄱ   ② ㄷ   ③ ㄱ, ㄴ   ④ ㄱ, ㄷ   ⑤ ㄴ, ㄷ

05

▶24068-0186

표 (가)는 생물 사이의 상호 작용의 3가지 특징을, (나)는 (가)의 특징 중 상호 작용 A와 B, 기생이 갖는 특징의 개수를 나타낸 것이다. A와 B는 종간 경쟁과 편리공생을 순서 없이 나타낸 것이다.

특징
• 개체군 사이의 상호 작용이다.
• 이익을 얻는 개체군이 있다.
• ⓐ

상호 작용	특징의 개수
A	1
B	2
기생	3

(가)　　　　　　　　　(나)

이에 대한 설명으로 옳은 것만을 〈보기〉에서 있는 대로 고른 것은?

보기
ㄱ. B는 편리공생이다.
ㄴ. 겨우살이가 다른 식물로부터 물과 양분을 흡수하여 살아가는 것은 A의 예에 해당한다.
ㄷ. '경쟁 배타가 일어날 수 있다.'는 ⓐ에 해당한다.

① ㄱ　　② ㄴ　　③ ㄷ　　④ ㄱ, ㄴ　　⑤ ㄴ, ㄷ

06

▶24068-0187

그림은 생존 곡선 Ⅰ형, Ⅱ형, Ⅲ형을, 표는 ㉠~㉢의 특징을 나타낸 것이다. ㉠~㉢은 Ⅰ형, Ⅱ형, Ⅲ형을 순서 없이 나타낸 것이다. 특정 시기의 사망률은 그 시기 동안 사망한 개체 수를 그 시기가 시작된 시점의 총개체 수로 나눈 값이다.

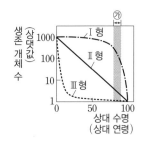

• 다람쥐의 생존 곡선은 ㉠에 해당한다.
• 초기 사망률은 ㉡에서가 ㉢에서보다 높다.

이에 대한 설명으로 옳은 것만을 〈보기〉에서 있는 대로 고른 것은?

보기
ㄱ. ㉡은 Ⅲ형이다.
ㄴ. ㉢의 생존 곡선을 나타내는 종에서 초기 사망률은 후기 사망률보다 낮다.
ㄷ. ㉠~㉢ 중 ㉮ 시기에서 사망률이 가장 높은 것은 ㉠이다.

① ㄱ　　② ㄷ　　③ ㄱ, ㄴ　　④ ㄴ, ㄷ　　⑤ ㄱ, ㄴ, ㄷ

07

▶24068-0188

다음은 방형구법을 이용하여 어떤 지역의 식물 군집을 조사한 자료이다.

• 면적이 같은 25개의 방형구를 설치하여 조사하였다.
• 종 A~C의 개체 수는 서로 다르며, 각각 10, 30, 40 중 하나이다.
• A는 모든 개체가 서로 다른 방형구에 있었다.
• C는 설치한 모든 방형구에 출현하였다.
• A의 상대 빈도는 20 %이고, C에서 상대 빈도는 상대 밀도보다 크다.
• 지표면을 덮고 있는 면적은 A에서가 C에서의 2배이고, B에서가 A에서의 1.5배이다.

이에 대한 설명으로 옳은 것만을 〈보기〉에서 있는 대로 고른 것은? (단, A~C 이외의 종은 고려하지 않는다.)

보기
ㄱ. A의 상대 피도는 C의 상대 밀도보다 크다.
ㄴ. B가 출현한 방형구 수는 15이다.
ㄷ. 우점종은 B이다.

① ㄱ　　② ㄴ　　③ ㄷ　　④ ㄱ, ㄴ　　⑤ ㄴ, ㄷ

08

▶24068-0189

표 (가)는 동물 A, 식물 B, 세균 C 개체군에서 일어나는 상호 작용의 특징을, (나)는 ㉠~㉢ 중 2개 사이의 상호 작용을 나타낸 것이다. ㉠~㉢은 A~C를 순서 없이 나타낸 것이고, B는 A의 먹이이다.

• A와 B 사이의 상호 작용에서 ⓐ손해를 보는 개체군이 있다.
• B와 C 사이의 상호 작용에서 두 개체군은 모두 이익을 얻는다.

구분	상호 작용
㉠과 ㉡ 사이	편리공생
㉡과 ㉢ 사이	포식과 피식
㉠과 ㉢ 사이	상리 공생

(가)　　　　　　　　　(나)

이에 대한 설명으로 옳은 것만을 〈보기〉에서 있는 대로 고른 것은?

보기
ㄱ. ㉢은 B이다.
ㄴ. ⓐ는 생산자에 해당한다.
ㄷ. A와 C 사이의 상호 작용은 편리공생이다.

① ㄱ　　② ㄷ　　③ ㄱ, ㄴ　　④ ㄴ, ㄷ　　⑤ ㄱ, ㄴ, ㄷ

09
▶24068-0190

표는 상호 작용 (가)~(다)의 예를 나타낸 것이다. (가)~(다)는 텃세, 리더제, 사회생활을 순서 없이 나타낸 것이다.

상호 작용	예
(가)	꿀벌은 여왕벌을 중심으로 업무가 분업화되어 있다.
(나)	우두머리 ㉠늑대는 무리의 사냥 시기와 사냥감을 정한다.
(다)	?

이에 대한 설명으로 옳은 것만을 〈보기〉에서 있는 대로 고른 것은?

┌─ 보기 ┐
ㄱ. (가)는 사회생활이다.
ㄴ. ㉠은 다른 생물로부터 유기물을 얻는다.
ㄷ. 물개가 앉을 자리를 두고 서로 다투는 것은 (다)의 예에 해당한다.
└─────────┘

① ㄱ   ② ㄷ   ③ ㄱ, ㄴ   ④ ㄴ, ㄷ   ⑤ ㄱ, ㄴ, ㄷ

10
▶24068-0191

그림은 면적이 동일한 25개의 방형구를 설치하여 조사한 식물 종 A~C의 분포를, 표는 A와 B의 ㉠과 ㉡을 나타낸 것이다. ㉠과 ㉡은 각각 상대 밀도, 상대 빈도, 상대 피도 중 하나이다.

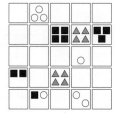

종	㉠	㉡
A	40	30
B	32	45

(단위: %)

■ 종 A
▲ 종 B
○ 종 C

이에 대한 설명으로 옳은 것만을 〈보기〉에서 있는 대로 고른 것은? (단, 방형구에 나타낸 각 도형은 식물 1개체를 의미하며, A~C 이외의 종은 고려하지 않는다.)

┌─ 보기 ┐
ㄱ. ㉠은 상대 밀도이다.
ㄴ. 중요치(중요도)는 A가 C보다 크다.
ㄷ. B의 상대 빈도는 C의 상대 피도보다 크다.
└─────────┘

① ㄱ   ② ㄷ   ③ ㄱ, ㄴ   ④ ㄴ, ㄷ   ⑤ ㄱ, ㄴ, ㄷ

11
▶24068-0192

그림은 개체군 A에서 시간에 따른 개체 수 증가율을 나타낸 것이다. 개체 수 증가율은 단위 시간당 증가한 개체 수이다.

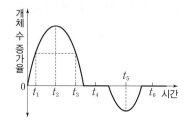

이에 대한 설명으로 옳은 것만을 〈보기〉에서 있는 대로 고른 것은? (단, 이입과 이출은 없으며, 서식지의 면적은 동일하다.)

┌─ 보기 ┐
ㄱ. A에 작용하는 환경 저항은 t_1일 때와 t_3일 때가 서로 같다.
ㄴ. A의 개체군 밀도는 t_5일 때가 t_6일 때보다 작다.
ㄷ. 환경 수용력과 개체 수의 차이는 t_2일 때가 t_4일 때보다 크다.
└─────────┘

① ㄱ   ② ㄴ   ③ ㄷ   ④ ㄱ, ㄴ   ⑤ ㄴ, ㄷ

12
▶24068-0193

그림은 지역 (가)~(다)의 식물 군집에서 천이 과정 일부를 나타낸 것이다. 지역 Ⅰ에서는 산불이 발생했고, 지역 Ⅱ에서는 화산 활동이 발생했으며, 지역 Ⅲ에서는 산불과 화산 활동이 모두 발생하지 않았다. Ⅰ~Ⅲ은 (가)~(다)를 순서 없이 나타낸 것이고, ㉠~㉢은 초원, 혼합림, 용암 대지를 순서 없이 나타낸 것이다.

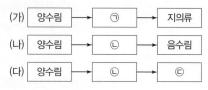

이에 대한 설명으로 옳은 것만을 〈보기〉에서 있는 대로 고른 것은?

┌─ 보기 ┐
ㄱ. Ⅰ은 (가)이다.
ㄴ. ㉢은 초원이다.
ㄷ. Ⅲ의 식물 군집은 ㉡에서 극상을 이룬다.
└─────────┘

① ㄱ   ② ㄴ   ③ ㄷ   ④ ㄱ, ㄴ   ⑤ ㄴ, ㄷ

01

▶24068-0194

그림 (가)는 생태계를 구성하는 요소 사이의 상호 관계를, (나)는 식물성 플랑크톤인 종 P의 개체 수, 수온, 빛의 세기, 영양염류의 농도를 계절의 변화에 따라 나타낸 것이다. ⓐ~ⓒ는 각각 P의 개체 수, 빛의 세기, 영양염류의 농도 중 하나이다. P의 서식지 면적은 일정하다.

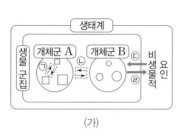

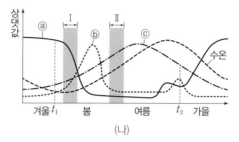

(가)　　　　　　　(나)

이에 대한 설명으로 옳은 것만을 〈보기〉에서 있는 대로 고른 것은? (단, 제시된 조건 이외는 고려하지 않는다.)

　보기

ㄱ. P의 개체군 밀도는 t_1일 때가 t_2일 때보다 작다.
ㄴ. 구간 Ⅰ에서 ⓒ가 증가하여 ⓑ가 증가하는 것은 ㉣의 예에 해당한다.
ㄷ. 구간 Ⅱ에서 ⓐ가 낮아 P의 개체 사이에서 경쟁이 일어나는 것은 ㉡의 예에 해당한다.

① ㄱ　　　② ㄴ　　　③ ㄷ　　　④ ㄱ, ㄴ　　　⑤ ㄱ, ㄷ

02

▶24068-0195

표는 개체군 X와 Y에 대한 자료이고, 그림은 X의 생장 곡선 A~C를 나타낸 것이다. A~C는 Y가 있을 때 실제 생장 곡선, Y가 없을 때 실제 생장 곡선, 이론적 생장 곡선을 순서 없이 나타낸 것이다.

- X와 Y는 선호하는 먹이가 비슷하다.
- X와 Y가 함께 있을 때는 각각 있을 때보다 섭취할 수 있는 먹이의 양이 감소한다.
- X와 Y 사이의 상호 작용은 상리 공생과 종간 경쟁 중 하나이다.

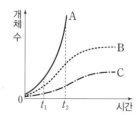

이에 대한 설명으로 옳은 것만을 〈보기〉에서 있는 대로 고른 것은? (단, 이입과 이출은 없으며, 초기 개체 수와 배양 조건은 동일하다.)

　보기

ㄱ. B는 Y가 있을 때 실제 생장 곡선이다.
ㄴ. X와 Y는 생태적 지위가 중복된다.
ㄷ. t_1일 때 C에서의 환경 저항은 t_2일 때 B에서의 환경 저항보다 크다.

① ㄱ　　　② ㄴ　　　③ ㄷ　　　④ ㄱ, ㄴ　　　⑤ ㄴ, ㄷ

03

▶24068-0196

표는 어떤 지역에서 일어나는 식물 군집의 천이 과정의 일부를 순서 없이 나타낸 것이다. 천이의 과정은 Ⅰ → Ⅱ → Ⅲ이며, (가)~(다)는 Ⅰ~Ⅲ을 순서 없이 나타낸 것이고, ㉠~㉣은 관목림, 양수림, 음수림, 초원을 순서 없이 나타낸 것이다. 그림은 Ⅲ 시기에 이 군집에서 산불이 일어난 후 초원이 형성된 모습을 나타낸 것이다. ⓐ~ⓒ 중 하나에서 산불이 일어났다.

시기	천이 과정
(가)	㉠ → 혼합림 →ⓐ ㉡
(나)	㉢ → ㉣ →ⓑ ㉠
(다)	? →ⓒ ㉢

Ⅲ

이에 대한 설명으로 옳은 것만을 〈보기〉에서 있는 대로 고른 것은?

보기
ㄱ. ㉣은 관목림이다.
ㄴ. (가)는 Ⅰ이다.
ㄷ. (다) 시기에 2차 천이가 일어났다.

① ㄱ ② ㄴ ③ ㄱ, ㄷ ④ ㄴ, ㄷ ⑤ ㄱ, ㄴ, ㄷ

04

▶24068-0197

다음은 방형구법을 이용하여 어떤 지역의 식물 군집을 조사한 자료이다.

• 표는 면적이 같은 방형구 Ⅰ~Ⅴ를 설치하여 각 방형구에 출현한 종 A~D의 개체 수를 조사한 결과를, 그림은 방형구 ㉠과 ㉡에 출현한 모든 개체를 나타낸 것이다. ㉠과 ㉡은 각각 Ⅰ~Ⅴ 중 하나이다.

방형구	개체 수 A	B	C	D	총개체 수
Ⅰ	?	4	3	?	ⓑ−3
Ⅱ	5	?	2	?	?
Ⅲ	?	?	3	?	?
Ⅳ	0	3	ⓐ	0	ⓑ
Ⅴ	ⓐ	1	?	3	?

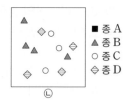

■ 종 A
▲ 종 B
○ 종 C
◇ 종 D

㉠ ㉡

• C의 빈도는 A의 빈도의 2배이다.
• A~D 중 방형구에 출현한 종의 수는 Ⅰ에서가 Ⅴ에서보다 적다.

이에 대한 설명으로 옳은 것만을 〈보기〉에서 있는 대로 고른 것은? (단, 방형구에 나타낸 각 도형은 식물 1개체를 의미하며, A~D 이외의 종은 고려하지 않는다.)

보기
ㄱ. ⓐ는 11이다.
ㄴ. ㉡은 Ⅲ이다.
ㄷ. $\dfrac{상대\ 밀도}{상대\ 빈도}$ 는 B에서가 D에서보다 크다.

① ㄱ ② ㄴ ③ ㄷ ④ ㄱ, ㄷ ⑤ ㄴ, ㄷ

05

▶24068-0198

다음은 어떤 지역에 서식하는 동물 종 A~D의 상호 작용에 대한 자료이다.

- 이 지역에는 서로 다른 영역 (가)~(라)가 있다.
- (가)에는 A가, (나)에는 B가, (다)에는 C가, (라)에는 B와 D가 서식하였다.
- A와 B는 서로 경쟁을 피하기 위해 A는 (가)에, B는 (나)에 서식한다.
- (가)에서 ㉠A의 개체들은 일정한 공간을 점유하고 다른 개체가 들어오지 못하도록 막고 있다.
- A가 (다)로 유입된 이후 A의 개체 수는 증가하였으며, C의 개체 수는 감소하였다. 일정 시간 후 (다)에서 A의 개체 수는 감소하였고, C의 개체 수는 증가하였다.
- (라)에서 B와 D 사이의 상호 작용 ⓐ가 일어난다.
- A와 B, A와 C, B와 D 사이의 상호 작용은 분서, 상리 공생, 포식과 피식을 순서 없이 나타낸 것이다.

이에 대한 설명으로 옳은 것만을 〈보기〉에서 있는 대로 고른 것은? (단, 제시된 조건 이외는 고려하지 않는다.)

┌ 보기 ┐
ㄱ. ㉠은 텃세에 해당한다.
ㄴ. (다)에서 C가 A를 포식하였다.
ㄷ. ⓐ는 상리 공생이다.

① ㄱ   ② ㄴ   ③ ㄷ   ④ ㄱ, ㄴ   ⑤ ㄱ, ㄷ

06

▶24068-0199

그림은 지역 X의 어떤 식물 군집에서 산불이 일어나기 전과 후의 천이 과정 일부를, 표는 Ⅰ~Ⅲ일 때 식물 종 A~D의 상대 밀도를 나타낸 것이다. Ⅰ~Ⅲ은 t_1~t_3을 순서 없이 나타낸 것이고, (가)~(다)는 관목림, 양수림, 음수림을 순서 없이 나타낸 것이다. t_1~t_3은 각각 (가)~(다)일 때의 시기이다. (가)에는 A의, (나)에는 B의, (다)에는 C의 개체 수가 가장 많다. ㉠+㉢=㉡+㉣이다.

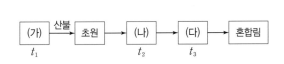

종	상대 밀도(%)		
	Ⅰ	Ⅱ	Ⅲ
A	㉠	26	54
B	?	11	㉡
C	16	48	22
D	㉢	㉣	13

이에 대한 설명으로 옳은 것만을 〈보기〉에서 있는 대로 고른 것은? (단, A~D 이외의 종은 고려하지 않는다.)

┌ 보기 ┐
ㄱ. X에서 산불이 일어난 후 진행되는 식물 군집의 천이 과정은 2차 천이이다.
ㄴ. Ⅱ는 t_3이다.
ㄷ. t_1일 때 A의 상대 밀도는 t_2일 때 B의 상대 밀도보다 작다.

① ㄱ   ② ㄷ   ③ ㄱ, ㄴ   ④ ㄴ, ㄷ   ⑤ ㄱ, ㄴ, ㄷ

07

▶24068-0200

표는 종 A~C의 특징을, 그림은 A~C가 모두 있는 지역에서 B와 C의 제거 여부에 따른 조사한 지역에서 A가 덮은 면적을 시간에 따라 나타낸 것이다. ㉠은 B와 C가 모두 제거된 경우, ㉡은 B만 제거된 경우, ㉢은 C만 제거된 경우, ㉣은 B와 C가 모두 제거되지 않은 경우이다.

• A는 생산자이다.
• B와 C는 모두 A를 포식한다.

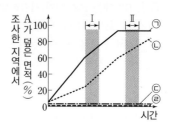

이에 대한 설명으로 옳은 것만을 〈보기〉에서 있는 대로 고른 것은? (단, 제시된 조건 이외는 고려하지 않으며, 조사한 지역의 면적은 동일하다.)

┌ 보기 ┌
ㄱ. B는 소비자에 해당한다.
ㄴ. ㉢일 때 구간 Ⅰ에서 A와 B 사이의 상호 작용은 포식과 피식에 해당한다.
ㄷ. 구간 Ⅱ에서 A의 피도는 ㉠일 때가 ㉡일 때보다 크다.

① ㄱ   ② ㄷ   ③ ㄱ, ㄴ   ④ ㄴ, ㄷ   ⑤ ㄱ, ㄴ, ㄷ

08

▶24068-0201

그림은 식물 군집의 수직 분포를, 표는 육상 군집 (가)~(다)의 예를 나타낸 것이다. A~C는 관목대, 상록 활엽수림대, 침엽수림대를 순서 없이 나타낸 것이고, (가)~(다)는 사막, 삼림, 초원을 순서 없이 나타낸 것이다.

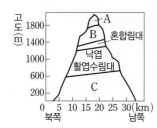

육상 군집	예
(가)	툰드라
(나)	?
(다)	㉠열대 우림, ㉡온대 우림

이에 대한 설명으로 옳은 것만을 〈보기〉에서 있는 대로 고른 것은?

┌ 보기 ┌
ㄱ. A와 C의 차이와 ㉠과 ㉡의 차이는 모두 주로 기온의 차이에 의한 것이다.
ㄴ. 연평균 강수량은 (가)에서가 (다)에서보다 많다.
ㄷ. 군집의 평균 높이는 B에서가 (나)에서보다 높다.

① ㄴ   ② ㄷ   ③ ㄱ, ㄴ   ④ ㄱ, ㄷ   ⑤ ㄱ, ㄴ, ㄷ

09

▶24068-0202

그림은 동물 종 A~D의 먹이의 크기와 서식지 범위를 나타낸 것이고, 표는 A~D에 대한 자료이다.

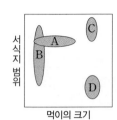

- ㉠과 ㉡ 사이에서 분서가 일어났고, ㉢과 ㉣ 사이에서 먹이에 대한 경쟁이 일어났다. ㉠~㉣은 A~D를 순서 없이 나타낸 것이다.
- ㉠과 ㉢은 서식지 범위가 중복되지 않는다.
- 서식지의 강수량 감소로 ㉡의 먹이의 크기가 달라지는 것은 ⓐ가 ⓑ에게 주는 영향에 해당한다. ⓐ와 ⓑ는 각각 생물적 요인과 비생물적 요인 중 하나이다.

이에 대한 설명으로 옳은 것만을 〈보기〉에서 있는 대로 고른 것은? (단, 제시된 조건 이외는 고려하지 않는다.)

┌ 보기 ┌
ㄱ. ㉡은 C이다.
ㄴ. ⓐ는 비생물적 요인이다.
ㄷ. A와 B는 생태적 지위가 중복된다.

① ㄱ　　　　② ㄷ　　　　③ ㄱ, ㄴ　　　　④ ㄴ, ㄷ　　　　⑤ ㄱ, ㄴ, ㄷ

10

▶24068-0203

그림 (가)는 종 A~C를 각각 단독 배양했을 때, (나)는 종 ㉠과 ㉡을 혼합 배양했을 때, (다)는 종 ㉠과 ㉢을 혼합 배양했을 때 시간에 따른 개체 수를 나타낸 것이다. ㉠~㉢은 A~C를 순서 없이 나타낸 것이다. ㉠과 ㉡ 사이의 상호 작용과 ㉠과 ㉢ 사이의 상호 작용은 각각 상리 공생과 종간 경쟁 중 하나이다.

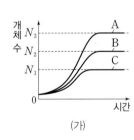　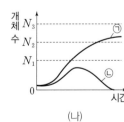　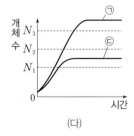

(가)　　　　(나)　　　　(다)

이에 대한 설명으로 옳은 것만을 〈보기〉에서 있는 대로 고른 것은? (단, 이입과 이출은 없으며, (가)~(다)에서 초기 개체 수와 배양 조건은 동일하다.)

┌ 보기 ┌
ㄱ. ㉠은 A이다.
ㄴ. (나)의 ㉠과 ㉡ 사이에서 경쟁 배타가 일어났다.
ㄷ. ㉢의 환경 수용력은 (가)에서가 (다)에서보다 크다.

① ㄱ　　　　② ㄷ　　　　③ ㄱ, ㄴ　　　　④ ㄴ, ㄷ　　　　⑤ ㄱ, ㄴ, ㄷ

① 물질의 생산과 소비

(1) **식물 군집의 물질 생산과 소비**

① **총생산량**: 생산자가 일정 기간 동안 광합성을 통해 생산한 유기물의 총량

② **순생산량**: 총생산량에서 생산자의 호흡량을 제외한 유기물의 양

③ **생장량**: 순생산량 중 피식량과 고사·낙엽량을 제외한 유기물의 양

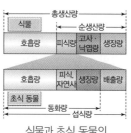

(2) 식물의 피식량은 초식 동물(1차 소비자)의 섭식량과 같다.

식물과 초식 동물의
물질 생산과 소비

② 에너지 흐름과 물질 순환

(1) **에너지 흐름과 물질 순환 비교**: 생태계 내에서 에너지는 순환하지 않고, 한 방향으로만 이동하여 생태계 밖으로 빠져나간다. 반면, 물질은 생산자에 의해 무기물이 유기물로, 분해자에 의해 유기물이 무기물로 전환되면서 생물과 환경 사이를 순환한다.

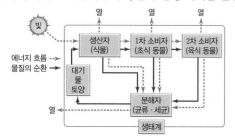

(2) **에너지 효율**: 생태계의 한 영양 단계에서 다음 영양 단계로 이동하는 에너지 비율을 말한다.

$$\text{에너지 효율(\%)} = \frac{\text{현 영양 단계가 보유한 에너지양}}{\text{전 영양 단계가 보유한 에너지양}} \times 100$$

③ 생태 피라미드

(1) 일반적으로 상위 영양 단계로 갈수록 개체 수, 생물량(생체량), 에너지양이 감소하면서 피라미드 형태를 나타낸다.

(2) 일반적으로 상위 영양 단계로 갈수록 에너지 효율, 개체 크기, 생물 농축 정도는 증가하면서 역피라미드 형태를 나타낸다.

④ 물질의 순환

(1) **탄소의 순환**: 대기 중의 CO_2가 생산자에 의해 유기물로 합성된 후 먹이 사슬을 따라 순환한다.

(2) **질소의 순환**: 대기 중의 N_2가 질소 고정 세균이나 공중 방전에 의해 고정된 후 질산화 작용, 탈질산화 작용 등을 거치면서 순환한다.

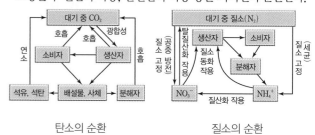

탄소의 순환　　　　　　　　질소의 순환

⑤ 생물 다양성

(1) **생물 다양성의 구성**

들쥐 개체군의 유전적 다양성　　숲 생태계의 종 다양성　　넓은 지역에서 환경에 따라 분포하는 생태계 다양성

① **유전적 다양성**: 생물종에서 유전자의 다양한 정도

② **종 다양성**: 한 생태계 내에 서식하는 생물종의 다양한 정도

③ **생태계 다양성**: 생태계의 다양한 정도로 생물과 환경 사이의 관계에 대한 다양성을 포함함

(2) **생물 다양성의 감소 원인**: 서식지 파괴 및 단편화, 외래종 도입, 불법 포획과 남획, 환경 오염 등이 있다.

(3) **생물 다양성의 보전**: 개인적, 사회적, 국가적, 국제적 수준의 실천 방안을 만들어 생물 다양성의 감소 요인을 줄여야 한다.

⑥ 생물 자원의 이용과 개발

(1) **생태계 안정성 유지**: 생물 다양성이 높은 생태계는 교란이 있어도 생태계 평형이 유지될 가능성이 높으며, 생태계 평형이 깨지면 물질의 순환과 에너지 흐름에 이상을 초래하여 생물의 생존이 위협을 받게 되고 쉽게 회복되지 않거나 회복 시간이 오래 걸린다.

(2) **생물 자원**

① **직접 이용**: 의식주, 의약품, 기타 자원

② **간접 이용**: 환경 조절자, 지표종, 관광 자원 등

(3) **다양한 생물 자원의 효율적 이용과 개발**: 과학이 발달함에 따라 생물 자원은 더욱 다양하고 새로운 형태로 개발·이용된다.

더 알기　　생태계의 평형

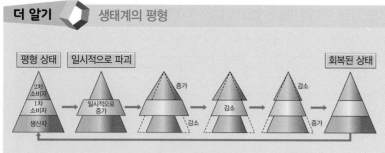

• 생태계의 평형은 주로 먹이 사슬에 의해 유지되며, 안정된 생태계는 먹이 사슬의 어느 단계에서 일시적으로 변동이 나타나도 시간이 지나면 평형이 회복된다.

• 평형 유지 과정의 순서
: 1차 소비자 증가 → 2차 소비자 증가, 생산자 감소 → 1차 소비자 감소, 2차 소비자 감소, 생산자 증가 → 회복된 상태

| 2024학년도 수능 |

표는 생태계의 물질 순환 과정 (가)와 (나)에서 특징의 유무를 나타낸 것이다. (가)와 (나)는 질소 순환 과정과 탄소 순환 과정을 순서 없이 나타낸 것이다.

물질 순환 과정 특징	(가)	(나)
토양 속의 ⊙암모늄 이온(NH_4^+)이 질산 이온(NO_3^-)으로 전환된다.	×	○
식물의 광합성을 통해 대기 중의 이산화 탄소(CO_2)가 유기물로 합성된다.	○	×
ⓐ	○	○

(○: 있음, ×: 없음)

이에 대한 설명으로 옳은 것만을 〈보기〉에서 있는 대로 고른 것은?

┌ 보기 ┐
ㄱ. (나)는 탄소 순환 과정이다.
ㄴ. 질산화 세균은 ⊙에 관여한다.
ㄷ. '물질이 생산자에서 소비자로 먹이 사슬을 따라 이동한다.'는 ⓐ에 해당한다.

① ㄱ   ② ㄷ   ③ ㄱ, ㄴ   ④ ㄴ, ㄷ   ⑤ ㄱ, ㄴ, ㄷ

접근 전략

질산화 작용과 광합성의 특징이 제시된 표를 통해 (가)와 (나)가 질소 순환 과정과 탄소 순환 과정 중 무엇인지를 알아내고, 두 과정의 공통 특징인 ⓐ에 대해 판단해야 한다.

간략 풀이

✗. (가)는 탄소 순환 과정, (나)는 질소 순환 과정이다.
◯. 질산화 세균은 질산화 과정인 ⊙에 관여한다.
◯. 생산자에서 소비자로 질소 화합물과 탄소 화합물이 먹이 사슬을 따라 이동하므로 '물질이 생산자에서 소비자로 먹이 사슬을 따라 이동한다.'는 질소 순환 과정과 탄소 순환 과정의 공통 특징인 ⓐ에 해당한다.

정답 | ④

닮은 꼴 문제로 유형 익히기

정답과 해설 39쪽

▶24068-0204

표는 생태계의 질소 순환 과정과 탄소 순환 과정에서 일어나는 물질의 전환을 나타낸 것이다. Ⅰ과 Ⅱ는 공중 방전과 광합성을 순서 없이 나타낸 것이고, ⊙~ⓒ은 이산화 탄소(CO_2), 질산 이온(NO_3^-), 질소 기체(N_2)를 순서 없이 나타낸 것이다.

구분	물질의 전환
탈질산화 작용	⊙ → 대기 중의 ⓒ
Ⅰ	대기 중의 ⓒ → 유기물
Ⅱ	대기 중의 ⓒ → ⊙

이에 대한 설명으로 옳은 것만을 〈보기〉에서 있는 대로 고른 것은?

┌ 보기 ┐
ㄱ. ⓒ은 이산화 탄소(CO_2)이다.
ㄴ. Ⅰ은 탄소 순환 과정에 해당한다.
ㄷ. 질소 고정 세균이 Ⅱ에 관여한다.

① ㄱ   ② ㄴ   ③ ㄷ   ④ ㄱ, ㄴ   ⑤ ㄴ, ㄷ

유사점과 차이점

질소 순환 과정과 탄소 순환 과정을 다룬다는 점에서 대표 문제와 유사하지만 구체적인 물질 전환 과정을 제시하는 방법이 대표 문제와 다르다.

배경 지식

• 대기 중의 질소 기체(N_2)는 질소 고정 세균에 의해 암모늄 이온(NH_4^+)이 되거나 공중 방전에 의해 질산 이온(NO_3^-)으로 고정되어 생물에 이용된다.
• 생산자의 광합성을 통해 대기 중의 이산화 탄소(CO_2)는 유기물로 합성된다.

01
▶24068-0205

그림은 어떤 생태계에서 생산자의 물질 생산과 소비의 관계를 나타낸 것이다. A는 생장량과 순생산량 중 하나이다.

총생산량		
A	피식량·고사량	호흡량

이에 대한 설명으로 옳은 것만을 〈보기〉에서 있는 대로 고른 것은?

보기
ㄱ. 순생산량은 생산자가 광합성을 통해 합성한 유기물의 총량이다.
ㄴ. A는 생장량이다.
ㄷ. 분해자의 호흡량은 생산자의 호흡량에 포함된다.

① ㄱ   ② ㄴ   ③ ㄱ, ㄷ   ④ ㄴ, ㄷ   ⑤ ㄱ, ㄴ, ㄷ

02
▶24068-0206

그림은 온대 지방의 어떤 생태계에서 탄소가 순환하는 과정의 일부를 나타낸 것이다. (가)와 (나)는 각각 생산자와 분해자 중 하나이다.

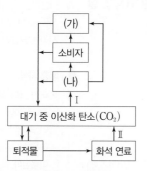

이에 대한 설명으로 옳은 것만을 〈보기〉에서 있는 대로 고른 것은? (단, 제시된 조건 이외는 고려하지 않는다.)

보기
ㄱ. 곰팡이는 (나)에 속한다.
ㄴ. 과정 I의 예에는 광합성이 있다.
ㄷ. 과정 II를 통한 탄소의 이동량 증가는 지구 온난화의 원인이 된다.

① ㄱ   ② ㄷ   ③ ㄱ, ㄴ   ④ ㄴ, ㄷ   ⑤ ㄱ, ㄴ, ㄷ

03
▶24068-0207

그림은 어떤 안정된 생태계에서 A의 이동 경로를 나타낸 것이다. A는 물질과 에너지 중 하나이고, (가)~(다)는 1차 소비자, 2차 소비자, 생산자를 순서 없이 나타낸 것이다.

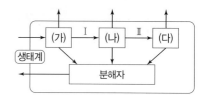

이에 대한 설명으로 옳은 것만을 〈보기〉에서 있는 대로 고른 것은?

보기
ㄱ. A는 물질이다.
ㄴ. A의 이동량은 과정 II에서가 과정 I에서보다 많다.
ㄷ. 화학 에너지에서 열에너지로의 전환은 (가)~(다)에서 모두 일어난다.

① ㄱ   ② ㄴ   ③ ㄷ   ④ ㄱ, ㄴ   ⑤ ㄴ, ㄷ

04
▶24068-0208

다음은 생태계에서 일어나는 질소 순환 과정에 대한 자료이다. ㉠~㉢은 암모늄 이온(NH_4^+), 질산 이온(NO_3^-), 질소 기체(N_2)를 순서 없이 나타낸 것이다.

• 토양 속 ㉠의 일부는 탈질산화 세균에 의해 ㉡으로 전환되어 대기 중으로 돌아간다.
• 뿌리혹박테리아에 의해 대기 중의 ㉡이 ㉢으로 전환된다.
• 질산화 세균에 의해 ㉢이 ㉠으로 전환된다.

이에 대한 설명으로 옳은 것만을 〈보기〉에서 있는 대로 고른 것은?

보기
ㄱ. ㉢은 질산 이온(NO_3^-)이다.
ㄴ. ㉡은 대기를 구성하는 기체 중 비율이 가장 높다.
ㄷ. 생산자에서 ㉠이나 ㉢이 단백질로 전환되는 과정은 질소 고정이다.

① ㄱ   ② ㄴ   ③ ㄱ, ㄷ   ④ ㄴ, ㄷ   ⑤ ㄱ, ㄴ, ㄷ

05

▶24068-0209

그림은 어떤 생물 군집에서 일정 기간 동안 늑대의 개체 수를 인위적으로 감소시켰을 때 늑대, 사슴의 개체 수와 식물 군집의 생물량 변화를 나타낸 것이다.

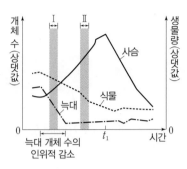

이에 대한 설명으로 옳은 것만을 〈보기〉에서 있는 대로 고른 것은? (단, 제시된 조건 이외는 고려하지 않는다.)

┌─ 보기 ─────────────────────────
ㄱ. 늑대는 사슴의 천적이다.
ㄴ. 사슴에 의한 식물 군집의 피식량은 구간 Ⅰ에서가 구간 Ⅱ에서보다 많다.
ㄷ. t_1일 때 이 생물 군집의 생태계 평형이 회복되었다.
└────────────────────────────

① ㄱ   ② ㄴ   ③ ㄷ   ④ ㄱ, ㄴ   ⑤ ㄴ, ㄷ

06

▶24068-0210

그림은 3가지 생태계에서 인간의 활동과 관련된 5가지 요인이 종 다양성 감소에 미친 영향의 비율을 나타낸 것이다.

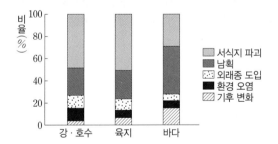

이에 대한 설명으로 옳은 것만을 〈보기〉에서 있는 대로 고른 것은?

┌─ 보기 ─────────────────────────
ㄱ. 5가지 요인 중 종 다양성 감소에 가장 큰 영향을 미친 요인은 3가지 생태계에서 모두 서식지 파괴이다.
ㄴ. 야생 동식물이 원래의 개체군 크기를 회복하지 못할 정도로 과도하게 포획하는 것은 남획이다.
ㄷ. 지구 온난화에 의해 수온이 상승하여 산호초가 파괴되는 것은 기후 변화에 의한 종 다양성 감소의 예에 해당한다.
└────────────────────────────

① ㄱ   ② ㄴ   ③ ㄷ   ④ ㄱ, ㄴ   ⑤ ㄴ, ㄷ

07

▶24068-0211

그림은 식물 군집 K의 시간에 따른 총생산량과 A를 나타낸 것이다. A는 순생산량과 호흡량 중 하나이다.

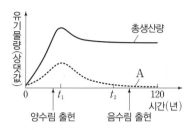

이에 대한 설명으로 옳은 것만을 〈보기〉에서 있는 대로 고른 것은?

┌─ 보기 ─────────────────────────
ㄱ. K는 t_1일 때 극상을 이룬다.
ㄴ. 초식 동물에 의한 K의 피식량은 A에 포함된다.
ㄷ. K에서 $\dfrac{\text{호흡량}}{\text{총생산량}}$ 은 t_1일 때가 t_2일 때보다 작다.
└────────────────────────────

① ㄱ   ② ㄴ   ③ ㄷ   ④ ㄱ, ㄴ   ⑤ ㄴ, ㄷ

08

▶24068-0212

표는 생물 군집 P에서 산불에 의해 교란이 일어나고 평형이 회복되는 과정에서 순차적으로 나타나는 단계 (가)~(마)를, 그림은 이 과정에서 나타나는 P의 생물량 변화를 나타낸 것이다. ㉠과 ㉡은 '생물량 감소'와 '생물량 증가'를 순서 없이 나타낸 것이다.

단계	특징
(가)	평형 상태
(나)	산불에 의한 생산자 (㉠)
(다)	1차 소비자 (㉠)
(라)	2차 소비자 (㉠), 생산자 (㉡)
(마)	평형 상태

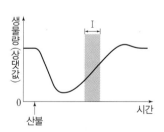

이에 대한 설명으로 옳은 것만을 〈보기〉에서 있는 대로 고른 것은? (단, 제시된 조건 이외는 고려하지 않는다.)

┌─ 보기 ─────────────────────────
ㄱ. ㉡은 '생물량 증가'이다.
ㄴ. P의 생물량은 (다)일 때가 (가)일 때보다 적다.
ㄷ. 구간 Ⅰ에서 (마)가 나타난다.
└────────────────────────────

① ㄱ   ② ㄷ   ③ ㄱ, ㄴ   ④ ㄴ, ㄷ   ⑤ ㄱ, ㄴ, ㄷ

09
▶24068-0213

그림은 같은 크기의 연못 (가)와 (나)에 서식하는 개구리 종 A~D를 나타낸 것이다.

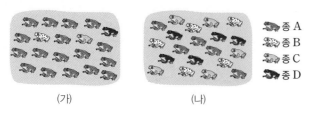

(가)   (나)

종 A
종 B
종 C
종 D

이에 대한 설명으로 옳은 것만을 〈보기〉에서 있는 대로 고른 것은? (단, A~D 이외의 종은 고려하지 않는다.)

┌─ 보기 ┐
ㄱ. 개구리의 총개체 수는 (가)에서가 (나)에서보다 많다.
ㄴ. 개구리의 종 다양성은 (가)에서와 (나)에서가 같다.
ㄷ. A의 상대 밀도는 (가)에서가 (나)에서보다 크다.
└─────┘

① ㄱ   ② ㄷ   ③ ㄱ, ㄴ   ④ ㄴ, ㄷ   ⑤ ㄱ, ㄴ, ㄷ

10
▶24068-0214

그림 (가)~(다)는 서로 다른 먹이 사슬에서 각 영양 단계의 에너지양을 상댓값으로 나타낸 생태 피라미드이다. (가)~(다) 각각에서 생산자의 에너지양은 1000이고, 1차 소비자의 에너지 효율은 10 %, 2차 소비자의 에너지 효율은 15 %, 3차 소비자의 에너지 효율은 20 %이다.

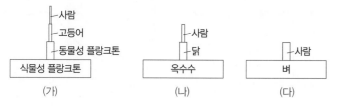

사람
고등어
동물성 플랑크톤
식물성 플랑크톤
(가)

사람
닭
옥수수
(나)

사람
벼
(다)

이에 대한 설명으로 옳은 것만을 〈보기〉에서 있는 대로 고른 것은?

┌─ 보기 ┐
ㄱ. 식물성 플랑크톤, 옥수수, 벼에는 모두 화학 에너지가 저장된다.
ㄴ. (가)에서 에너지양은 사람이 동물성 플랑크톤의 2배이다.
ㄷ. 사람의 에너지양은 (나)에서가 (다)에서보다 많다.
└─────┘

① ㄱ   ② ㄷ   ③ ㄱ, ㄴ   ④ ㄴ, ㄷ   ⑤ ㄱ, ㄴ, ㄷ

11
▶24068-0215

표는 생물 다양성에 대한 자료이다. (가)는 생태계 다양성, 유전적 다양성, 종 다양성 중 하나이다.

구분	예
(가)	같은 종의 바다달팽이에서 껍데기의 무늬와 색깔이 다양하게 나타난다.

이에 대한 설명으로 옳은 것만을 〈보기〉에서 있는 대로 고른 것은?

┌─ 보기 ┐
ㄱ. (가)는 종 다양성이다.
ㄴ. 유전적 다양성이 높은 종은 환경이 급격히 변할 때 멸종될 확률이 낮다.
ㄷ. 한 생태계 내에 존재하는 생물의 다양한 정도를 생태계 다양성이라고 한다.
└─────┘

① ㄱ   ② ㄴ   ③ ㄱ, ㄷ   ④ ㄴ, ㄷ   ⑤ ㄱ, ㄴ, ㄷ

12
▶24068-0216

그림은 어떤 지역이 댐 건설로 인해 수몰되면서 작은 섬 A와 B로 분할되었을 때 A와 B에서 일정 시간이 지난 후 생존한 동물 종 수를 나타낸 것이다. 댐 건설 이전에 A와 B에 서식하던 동물 종 수는 각각 13종이다.

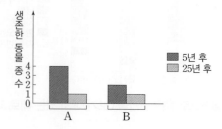

이에 대한 설명으로 옳은 것만을 〈보기〉에서 있는 대로 고른 것은?

┌─ 보기 ┐
ㄱ. 댐 건설로 인해 서식지 단편화가 일어났다.
ㄴ. 5년 후 생존한 동물 종 수는 A에서가 B에서보다 많다.
ㄷ. 댐 건설 이후 25년 동안 멸종된 동물 종 수의 비율은 A와 B에서 모두 50 % 미만이다.
└─────┘

① ㄱ   ② ㄴ   ③ ㄱ, ㄴ   ④ ㄱ, ㄷ   ⑤ ㄴ, ㄷ

01

▶ 24068-0217

그림 (가)는 어떤 안정된 생태계의 에너지 흐름을 나타낸 것이고, (나)는 이 생태계의 식물 군집에서 총생산량, 순생산량, 생장량의 관계를 나타낸 것이다. A와 B는 각각 1차 소비자와 생산자 중 하나이고, 에너지 효율은 2차 소비자가 B의 2배이다.

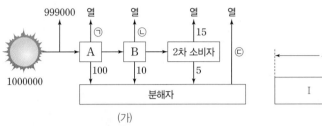

(가)   (나)

이에 대한 설명으로 옳은 것만을 〈보기〉에서 있는 대로 고른 것은? (단, 에너지양은 상댓값이다.)

┌─ 보기 ┌─
ㄱ. 식물 군집은 A에 속한다.
ㄴ. ©에서 ©을 뺀 값은 25이다.
ㄷ. B의 호흡량은 I에 포함된다.

① ㄱ 　　② ㄴ 　　③ ㄷ 　　④ ㄱ, ㄴ 　　⑤ ㄴ, ㄷ

02

▶ 24068-0218

그림 (가)는 어떤 지역에서 일어나는 질소 순환 과정의 일부를, (나)는 이 지역의 삼림을 동일한 조건의 구역 I과 II로 나눈 후 I에서만 삼림 벌채를 하였을 때 I과 II의 토양에서 연간 질산 이온(NO_3^-)의 유출량 변화를 나타낸 것이다. A와 B는 각각 분해자와 생산자 중 하나이고, ⊙과 ⓒ은 각각 암모늄 이온(NH_4^+)과 질산 이온(NO_3^-) 중 하나이다.

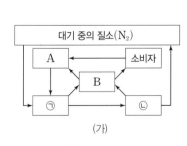
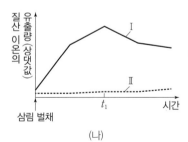

(가)   (나)

이에 대한 설명으로 옳은 것만을 〈보기〉에서 있는 대로 고른 것은? (단, 제시된 조건 이외는 고려하지 않는다.)

┌─ 보기 ┌─
ㄱ. ⊙이 ⓒ으로 전환되는 과정은 질산화 작용이다.
ㄴ. 삼림 벌채가 I의 토양 속 질산 이온의 농도 감소에 영향을 미쳤다.
ㄷ. t_1일 때 B의 생물량은 II에서가 I에서보다 많다.

① ㄱ 　　② ㄴ 　　③ ㄱ, ㄷ 　　④ ㄴ, ㄷ 　　⑤ ㄱ, ㄴ, ㄷ

03
▶24068-0219

다음은 갯줄풀의 생장에 대한 실험이다.

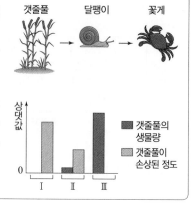

(가) 어떤 갯벌에서 그림과 같은 먹이 사슬을 관찰하고, ㉠에 의해 갯줄풀의 생장이 억제될 것이라고 생각했다.

(나) 이 갯벌을 동일한 조건의 구역 Ⅰ~Ⅲ으로 나누고, Ⅰ~Ⅲ에 ㉡의 접근을 제한시켰다. ㉠과 ㉡은 각각 꽃게와 달팽이 중 하나이며, ㉡은 ㉠의 천적이다.

(다) Ⅰ~Ⅲ에 ㉠의 개체 수를 달리하여 넣어주고, 일정 시간이 지난 후 갯줄풀의 생물량과 ㉠에 의해 갯줄풀이 손상된 정도를 측정한 결과는 그림과 같다. Ⅰ~Ⅲ에 넣어준 ㉠의 개체 수는 각각 0마리, 600마리, 1200마리 중 하나이다.

(라) 이 갯벌에서 ㉠에 의해 갯줄풀의 생장이 억제된다는 결론을 내렸다.

이에 대한 설명으로 옳은 것만을 〈보기〉에서 있는 대로 고른 것은? (단, 제시된 조건 이외는 고려하지 않는다.)

┌ 보기 ┐
ㄱ. ㉡은 달팽이이다.
ㄴ. (가)의 먹이 사슬에서 유기물 형태의 탄소가 ㉠에서 ㉡으로 이동한다.
ㄷ. (다)에서 Ⅰ~Ⅲ에 넣어준 ㉠의 개체 수는 Ⅲ에서가 Ⅰ에서보다 많다.

① ㄱ   ② ㄴ   ③ ㄷ   ④ ㄱ, ㄴ   ⑤ ㄱ, ㄷ

04
▶24068-0220

그림은 안정된 생태계 (가)와 (나)에서 각 영양 단계의 개체 수를 상댓값으로 나타낸 생태 피라미드이고, 표는 바닷물의 DDT 농도가 0.00005 ppm인 어떤 해양 생태계에 서식하는 해양 생물의 체내 DDT 농도를 나타낸 것이다. (가)와 (나)는 온대 삼림과 온대 초원을 순서 없이 나타낸 것이고, (가)와 (나)에서 생산자의 총에너지양은 같다.

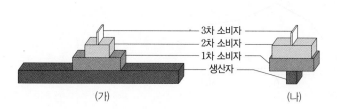

영양 단계	해양 생물	DDT 농도 (ppm)
생산자	플랑크톤	0.04
1차 소비자	새우	0.16
2차 소비자	갈치	2.07
3차 소비자	갈매기	75.7

이에 대한 설명으로 옳은 것만을 〈보기〉에서 있는 대로 고른 것은? (단, 제시된 조건 이외는 고려하지 않는다.)

┌ 보기 ┐
ㄱ. (가)는 온대 삼림이다.
ㄴ. 생산자의 $\dfrac{총에너지양}{총개체 수}$ 은 (나)에서가 (가)에서보다 크다.
ㄷ. 표의 DDT 농도를 하위 영양 단계에서부터 쌓아 올린 생태 피라미드는 역피라미드 형태이다.

① ㄱ   ② ㄴ   ③ ㄱ, ㄷ   ④ ㄴ, ㄷ   ⑤ ㄱ, ㄴ, ㄷ

05

▶24068-0221

다음은 어떤 과학자가 수행한 실험이다.

[실험 과정 및 결과]

- 생태계가 파괴되어 식물이 사라진 어떤 습지에 같은 크기의 방형구 Ⅰ~Ⅳ를 설치한 후, 표와 같이 Ⅰ~Ⅲ에는 식물 종 수를 달리하여 심고, Ⅳ에는 식물을 심지 않았다. Ⅰ~Ⅲ 각각에 심은 식물 개체의 총수는 모두 같다.

방형구	Ⅰ	Ⅱ	Ⅲ	Ⅳ
식물 종 수	6	3	1	0

- 일정 시간이 지난 후 Ⅰ~Ⅳ에서 생태계 복원 정도를 알아보기 위해 그림 (가)~(다)의 조사 결과를 얻었다. (가)는 식물이 지표를 덮은 면적의 변화를, (나)는 층상 구조의 층수 변화를, (다)는 Ⅰ~Ⅳ의 생태계 내 질소 함량을 나타낸 것이다.

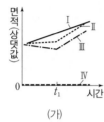 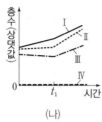 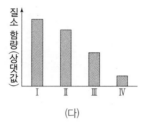

(가) (나) (다)

이 자료에 대한 설명으로 옳은 것만을 〈보기〉에서 있는 대로 고른 것은? (단, 제시된 조건 이외는 고려하지 않는다.)

보기

ㄱ. t_1일 때 지표면에 도달하는 빛의 세기는 Ⅰ에서가 Ⅱ에서보다 크다.
ㄴ. 식물의 종 다양성은 Ⅱ에서가 Ⅳ에서보다 작다.
ㄷ. 생태계 복원 속도는 Ⅲ에서가 Ⅳ에서보다 빠르다.

① ㄱ   ② ㄷ   ③ ㄱ, ㄴ   ④ ㄴ, ㄷ   ⑤ ㄱ, ㄴ, ㄷ

06

▶24068-0222

그림 (가)는 어떤 군집의 서식지에서 도로 개발로 인한 가장자리 면적과 내부 면적의 변화를, (나)는 구역 A에서 도로 개발 이후 생물량(생체량)이 손실된 정도를 시간에 따라 나타낸 것이다. A는 도로 개발로 인해 내부였던 곳이 가장자리로 바뀐 곳이다.

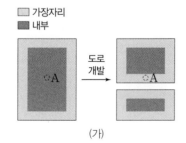 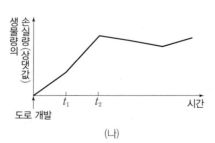

(가) (나)

이 자료에 대한 설명으로 옳은 것만을 〈보기〉에서 있는 대로 고른 것은? (단, 제시된 조건 이외는 고려하지 않는다.)

보기

ㄱ. (가)에서 도로 개발로 인해 서식지의 $\dfrac{\text{가장자리 면적}}{\text{내부 면적}}$이 증가하였다.
ㄴ. 생물량은 생산자의 총생산량에서 호흡량을 제외한 유기물의 양이다.
ㄷ. A에서 단위 면적당 생물량은 t_1일 때가 t_2일 때보다 많다.

① ㄱ   ② ㄴ   ③ ㄱ, ㄷ   ④ ㄴ, ㄷ   ⑤ ㄱ, ㄴ, ㄷ

과학탐구영역 **생명과학 I**

실전 모의고사

문항에 따라 배점이 다릅니다. 3점 문항에는 점수가 표시되어 있습니다. 점수 표시가 없는 문항은 모두 2점입니다.

01

▶24068-0223

다음은 어떤 과학자가 수행한 탐구이다.

(가) 초록꼬리송사리 수컷이 꼬리지느러미 하부에 화려하고 길쭉한 소드(sword)라고 불리는 부속물을 가지고 있는 것을 관찰하고, 이는 구혼 시 암컷을 유인하는 시각적 신호로 작용할 것이라고 생각하였다.

(나) 소드 길이가 서로 다른 수컷 초록꼬리송사리를 두 마리씩 넣은 수조 A~E를 준비한다. 이때 A~E에 각각 쌍으로 넣어준 수컷의 소드 길이의 차이를 약 5 mm~30 mm 내에서 서로 다르게 하였다. 이후 암컷을 각 수조에 넣고 수컷을 선택하도록 하였다.

(다) 실험 결과, 각 수조에서 암컷은 주로 소드가 긴 수컷을 선택하여 자주 함께 지내는 것을 관찰하였다. 일정 시간 동안 A~E에서 ⓐ암컷이 소드의 길이가 다른 각 수컷과 같이 보내는 시간의 차이를 측정한 결과는 그림과 같다.

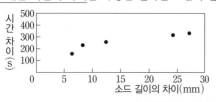

(라) 초록꼬리송사리 암컷은 소드가 긴 수컷을 선호한다는 결론을 내렸다.

이 자료에 대한 설명으로 옳은 것만을 〈보기〉에서 있는 대로 고른 것은?

> **보기**
> ㄱ. ⓐ는 조작 변인에 해당한다.
> ㄴ. 연역적 탐구 방법이 이용되었다.
> ㄷ. 두 수컷의 소드 길이 차이가 작을수록 상대적으로 더 긴 소드를 가진 수컷에 대한 암컷의 선호도가 높다.

① ㄱ　② ㄴ　③ ㄷ　④ ㄱ, ㄴ　⑤ ㄴ, ㄷ

02

▶24068-0224

그림 (가)는 세포에서 일어나는 물질대사 I과 II를, (나)는 I과 II 중 하나에서의 에너지 변화를 나타낸 것이다.

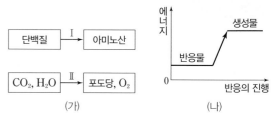

이에 대한 설명으로 옳은 것만을 〈보기〉에서 있는 대로 고른 것은?

> **보기**
> ㄱ. I에서 에너지가 방출된다.
> ㄴ. II에 효소가 관여한다.
> ㄷ. (나)는 II에서의 에너지 변화이다.

① ㄱ　② ㄷ　③ ㄱ, ㄴ　④ ㄴ, ㄷ　⑤ ㄱ, ㄴ, ㄷ

03

▶24068-0225

표 (가)는 건강한 사람의 기관계 A~C에서 특징 ㉠~㉢의 유무를, (나)는 ㉠~㉢을 순서 없이 나타낸 것이다. A~C는 각각 배설계, 소화계, 순환계 중 하나이다.

특징 기관계	㉠	㉡	㉢
A	ⓐ	×	?
B	×	ⓑ	○
C	?	×	○

(○: 있음, ×: 없음)

(가)

특징(㉠~㉢)
• 음식물 속의 영양소를 조직에 공급하는 데 관여한다.
• 콩팥이 속해 있다.
• 흡수하지 못한 영양소를 체외로 배출한다.

(나)

이에 대한 설명으로 옳은 것만을 〈보기〉에서 있는 대로 고른 것은? [3점]

> **보기**
> ㄱ. ⓐ와 ⓑ는 모두 '○'이다.
> ㄴ. B에는 암모니아를 요소로 전환하는 기관이 있다.
> ㄷ. ㉢은 '흡수하지 못한 영양소를 체외로 배출한다.'이다.

① ㄱ　② ㄷ　③ ㄱ, ㄴ　④ ㄴ, ㄷ　⑤ ㄱ, ㄴ, ㄷ

04
▶24068-0226

표는 민호와 철수가 하루 동안 소비한 에너지양에 대한 자료이다. 철수와 민호의 하루 동안 섭취한 에너지양은 각각 2900 kcal이고, 체중은 각각 60 kg이다.

활동	에너지양(kcal/kg·h)	시간(h)	
		민호	철수
식사	1.5	4	3
공부하기	1.8	4	4
걷기	3.0	2	2
농구	8.0	2	3
TV 시청	1.0	3	4
잠자기	0.9	9	8

이에 대한 설명으로 옳은 것만을 〈보기〉에서 있는 대로 고른 것은? (단, 활동별 에너지양은 기초 대사량을 포함한다.)

〈보기〉
ㄱ. 하루 동안 소비한 에너지양은 철수가 민호보다 많다.
ㄴ. 민호가 하루 동안 섭취한 에너지양은 소비한 에너지양보다 적다.
ㄷ. 에너지 섭취량과 에너지 소비량이 이 상태로 지속되면 철수의 체중은 증가할 것이다.

① ㄱ   ② ㄷ   ③ ㄱ, ㄴ   ④ ㄴ, ㄷ   ⑤ ㄱ, ㄴ, ㄷ

05
▶24068-0227

그림 (가)는 어떤 동물(2n=4)의 체세포 P를 배양한 후 세포당 DNA 양에 따른 세포 수를, (나)는 P의 체세포 분열 과정 중 ⓐ 시기에서 관찰되는 세포를 나타낸 것이다.

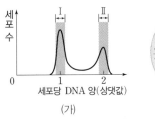
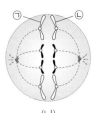

(가)   (나)

이에 대한 설명으로 옳은 것만을 〈보기〉에서 있는 대로 고른 것은?

〈보기〉
ㄱ. P의 세포 주기에서 G_1기가 G_2기보다 길다.
ㄴ. 구간 Ⅱ에는 ⓐ 시기의 세포가 있다.
ㄷ. ㉠은 ㉡의 상동 염색체이다.

① ㄱ   ② ㄷ   ③ ㄱ, ㄴ   ④ ㄱ, ㄷ   ⑤ ㄴ, ㄷ

06
▶24068-0228

다음은 민말이집 신경 A와 B의 흥분 전도와 전달에 대한 자료이다.

- 그림은 A와 B의 지점 $d_1 \sim d_4$의 위치를 나타낸 것이다. A는 두 개의 뉴런으로 구성되어 있고, ㉮와 ㉯ 중 한 곳에만 시냅스가 있다.
- 표는 ⓐA와 B의 지점 X에 역치 이상의 자극을 동시에 1회 주고 경과된 시간이 3 ms일 때 $d_1 \sim d_4$에서의 막전위를 나타낸 것이다. X는 $d_1 \sim d_4$ 중 하나이고, Ⅰ~Ⅳ는 $d_1 \sim d_4$를 순서 없이 나타낸 것이다.

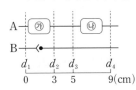

신경	3 ms일 때 막전위(mV)			
	Ⅰ	Ⅱ	Ⅲ	Ⅳ
A	?	+35	−65	?
B	+35	㉠	?	−80

- A를 구성하는 두 뉴런의 흥분 전도 속도는 v_1로 같고, B를 구성하는 두 뉴런의 흥분 전도 속도는 v_2로 같다. v_1과 v_2는 2 cm/ms와 3 cm/ms를 순서 없이 나타낸 것이다.
- A와 B 각각에서 활동 전위가 발생하였을 때, 각 지점에서의 막전위 변화는 그림과 같다.

이에 대한 설명으로 옳은 것만을 〈보기〉에서 있는 대로 고른 것은? (단, A와 B에서 흥분의 전도는 각각 1회 일어났고, 휴지 전위는 −70 mV이다.) [3점]

〈보기〉
ㄱ. ㉠은 −70 mV이다.
ㄴ. 시냅스는 ㉯에 있다.
ㄷ. ⓐ가 4 ms일 때 B의 Ⅲ에서 탈분극이 일어나고 있다.

① ㄱ   ② ㄷ   ③ ㄱ, ㄴ   ④ ㄴ, ㄷ   ⑤ ㄱ, ㄴ, ㄷ

07
▶24068-0229

그림은 중추 신경계로부터 말초 신경을 통해 방광과 심장에 연결된 경로를, 표는 뉴런 ⓐ와 ⓒ에 각각 역치 이상의 자극을 주었을 때 나타나는 심장과 방광의 반응을 나타낸 것이다. ⓐ~ⓓ는 각각 서로 다른 뉴런이다. Ⅰ과 Ⅱ 각각에 하나의 신경절이 있고, ⓑ와 ⓒ의 말단에서 분비되는 신경 전달 물질은 서로 같다. ㉠은 '촉진됨'과 '억제됨' 중 하나이다.

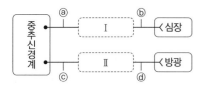

기관	반응
심장	심장 박동 ㉠
방광	이완됨

이에 대한 설명으로 옳은 것만을 〈보기〉에서 있는 대로 고른 것은?

┌ 보기 ┐
ㄱ. ㉠은 '억제됨'이다.
ㄴ. ⓒ의 길이는 ⓓ의 길이보다 짧다.
ㄷ. ⓐ와 ⓒ의 신경 세포체는 같은 기관에 존재한다.
└──────┘

① ㄱ ② ㄷ ③ ㄱ, ㄴ ④ ㄴ, ㄷ ⑤ ㄱ, ㄴ, ㄷ

08
▶24068-0230

다음은 골격근 수축 과정에 대한 자료이다.

• 그림은 좌우 대칭인 근육 원섬유 마디 X의 구조를, 표는 골격근 수축 과정의 세 시점 t_1~t_3일 때, ㉠과 ㉡의 길이를 더한 값(㉠+㉡), ㉠과 ㉢의 길이를 더한 값(㉠+㉢)을 나타낸 것이다.

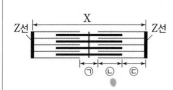

시점	X의 길이	㉠+㉡	㉠+㉢
t_1	?	0.9	0.5
t_2	?	?	1.7
t_3	2.0	0.8	?

(단위: μm)

• ㉠은 마이오신 필라멘트만 있는 부분이며, ㉡은 마이오신 필라멘트와 액틴 필라멘트가 겹치는 부분이고, ㉢은 액틴 필라멘트만 있는 부분이다.

이에 대한 설명으로 옳은 것만을 〈보기〉에서 있는 대로 고른 것은? [3점]

┌ 보기 ┐
ㄱ. t_1일 때 A대의 길이는 1.4 μm이다.
ㄴ. t_2일 때 $\dfrac{㉠의 길이}{㉡의 길이+㉢의 길이}$=1이다.
ㄷ. 골격근이 연속적으로 수축하는 동안 시간 경과의 순서는 $t_2 \rightarrow t_1 \rightarrow t_3$이다.
└──────┘

① ㄱ ② ㄷ ③ ㄱ, ㄴ ④ ㄴ, ㄷ ⑤ ㄱ, ㄴ, ㄷ

09
▶24068-0231

그림 (가)는 어떤 사람의 체온 조절 과정의 일부를, (나)는 이 사람의 시상 하부에 설정된 온도 변화에 따른 체온 변화를 나타낸 것이다. ⓐ는 자극 전달 경로를 나타낸 것이다.

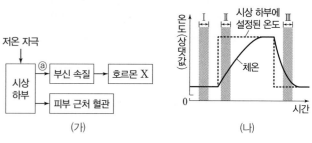

(가)   (나)

이에 대한 설명으로 옳은 것만을 〈보기〉에서 있는 대로 고른 것은?

┌ 보기 ┐
ㄱ. ⓐ는 호르몬에 의한 자극 전달 경로이다.
ㄴ. 혈중 호르몬 X의 농도는 구간 Ⅰ에서가 구간 Ⅱ에서보다 높다.
ㄷ. 단위 시간당 피부 근처 혈관을 흐르는 혈액의 양은 구간 Ⅲ에서가 구간 Ⅱ에서보다 많다.
└──────┘

① ㄱ ② ㄷ ③ ㄱ, ㄴ ④ ㄴ, ㄷ ⑤ ㄱ, ㄴ, ㄷ

10
▶24068-0232

그림 (가)는 정상인 집단과 요붕증 환자 집단 Ⅰ과 Ⅱ에 수분 공급을 중단하고 중단 이후 시간에 따른 오줌 삼투압을, (나)는 정상인, Ⅰ, Ⅱ의 혈장 삼투압에 따른 혈중 ADH 농도를 나타낸 것이다. Ⅰ과 Ⅱ는 '뇌하수체 후엽에 이상이 있는 사람'과 '콩팥에 있는 호르몬 수용체에 이상이 있는 사람'을 순서 없이 나타낸 것이고, ㉠과 ㉡은 Ⅰ과 Ⅱ를 순서 없이 나타낸 것이다.

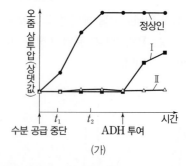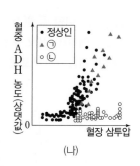

(가)   (나)

이에 대한 설명으로 옳은 것만을 〈보기〉에서 있는 대로 고른 것은? (단, 제시된 자료 이외는 고려하지 않는다.) [3점]

┌ 보기 ┐
ㄱ. ㉠은 Ⅱ이다.
ㄴ. Ⅰ은 콩팥에 있는 호르몬 수용체에 이상이 있다.
ㄷ. 정상인에서 단위 시간당 혈중 ADH 농도는 t_1일 때가 t_2일 때보다 높다.
└──────┘

① ㄱ ② ㄷ ③ ㄱ, ㄴ ④ ㄴ, ㄷ ⑤ ㄱ, ㄴ, ㄷ

11
▶24068-0233

다음은 병원체 X에 대한 백신을 개발하는 실험이다.

- (가) X로부터 물질 ㉠과 ㉡을 분리해 준비한다.
- (나) 유전적으로 동일하고 X, ㉠, ㉡에 노출된 적이 없는 생쥐 Ⅰ~Ⅴ를 준비한다. Ⅰ~Ⅲ에 주사액의 조성을 달리하여 주사한 후, 일정 시간이 지난 후 생쥐의 생존 여부를 확인한 결과는 표와 같다.

생쥐	주사액의 조성	생존 여부
Ⅰ	X	죽음
Ⅱ	㉠	생존함
Ⅲ	㉡	생존함

- (다) (나)의 Ⅱ에서 혈장과 ㉠에 대한 기억 세포를 얻은 후, Ⅳ에는 ㉠에 대한 기억 세포를 주사하고 Ⅴ에는 혈장을 주사한다.
- (라) 1일 후 Ⅲ, Ⅳ, Ⅴ에 각각 살아 있는 X를 동일한 양만큼 주사하고, 일정 시간이 지난 후 생쥐의 생존 여부를 확인한 결과는 표와 같다.

생쥐	생존 여부
Ⅲ	죽음
Ⅳ	생존함
Ⅴ	생존함

이에 대한 설명으로 옳은 것만을 〈보기〉에서 있는 대로 고른 것은? (단, 제시된 조건 이외는 고려하지 않는다.) [3점]

보기
ㄱ. X에 대한 백신으로 ㉠보다 ㉡이 적합하다.
ㄴ. (나)의 Ⅱ에서 특이적 방어 작용이 일어났다.
ㄷ. (라)의 Ⅳ와 Ⅴ에서 모두 X에 대한 2차 면역 반응이 일어났다.

① ㄴ ② ㄷ ③ ㄱ, ㄴ ④ ㄱ, ㄷ ⑤ ㄱ, ㄴ, ㄷ

12
▶24068-0234

그림 (가)는 어떤 동물(2n)의 G₁기 세포로부터 생식세포가 형성되는 동안 핵 1개당 DNA 상대량을, (나)는 이 세포 분열 과정 중 일부를 나타낸 것이다. ㉠과 ㉡의 핵상은 같다.

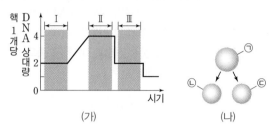

이에 대한 설명으로 옳은 것만을 〈보기〉에서 있는 대로 고른 것은? (단, 돌연변이는 고려하지 않는다.)

보기
ㄱ. 구간 Ⅰ에서 2개의 염색 분체로 구성된 염색체가 관찰된다.
ㄴ. ㉡과 ㉢의 유전자 구성은 동일하다.
ㄷ. 핵 1개당 DNA 상대량은 구간 Ⅱ의 세포가 ㉢의 4배이다.

① ㄱ ② ㄴ ③ ㄱ, ㄷ ④ ㄴ, ㄷ ⑤ ㄱ, ㄴ, ㄷ

13
▶24068-0235

어떤 동물 종(2n)의 유전 형질 ㉮는 2쌍의 대립유전자 A, a, B, b에 의해 결정된다. 그림은 이 동물 종의 G₁기 세포 Ⅰ로부터 정자가 형성되는 과정을, 표는 세포 (가)~(라)가 갖는 A와 b의 DNA 상대량과 A와 B의 DNA 상대량을 더한 값을 나타낸 것이다. (가)~(라)는 Ⅰ~Ⅳ를 순서 없이 나타낸 것이다.

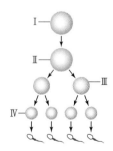

세포	DNA 상대량		DNA 상대량을 더한 값
	A	b	A+B
(가)	4	2	?
(나)	1	?	?
(다)	?	㉠	3
(라)	?	0	?

이에 대한 설명으로 옳은 것만을 〈보기〉에서 있는 대로 고른 것은? (단, 돌연변이와 교차는 고려하지 않으며, A, a, B, b 각각의 1개당 DNA 상대량은 1이다. Ⅱ와 Ⅲ은 중기의 세포이다.) [3점]

보기
ㄱ. ㉠은 1이다.
ㄴ. (나)는 Ⅳ이다.
ㄷ. Ⅲ에서 a와 B의 DNA 상대량을 더한 값은 2이다.

① ㄱ ② ㄷ ③ ㄱ, ㄴ ④ ㄴ, ㄷ ⑤ ㄱ, ㄴ, ㄷ

14
▶24068-0236

어떤 동물 종($2n$)의 유전 형질 ㉮는 2쌍의 대립유전자 D, d, E, e에 의해 결정된다. 표는 이 동물 종의 세포 Ⅰ~Ⅴ에서 대립유전자 ㉠~㉣의 유무를 나타낸 것이며, ㉠~㉣은 D, d, E, e를 순서 없이 나타낸 것이다. Ⅰ~Ⅳ 중 2개의 세포는 P의 세포이고, 나머지 2개는 Q의 세포이며, Ⅴ는 P와 Q 사이에서 태어난 자손 R의 세포이다. P는 암컷, Q와 R는 수컷이다. 이 동물 종의 성염색체는 암컷이 XX, 수컷이 XY이다.

세포	대립유전자			
	㉠	㉡	㉢	㉣
Ⅰ	○	×	○	×
Ⅱ	○	○	○	×
Ⅲ	×	×	×	○
Ⅳ	○	×	○	○
Ⅴ	○	×	×	○

(○: 있음, ×: 없음)

이에 대한 설명으로 옳은 것만을 〈보기〉에서 있는 대로 고른 것은? (단, 돌연변이와 교차는 고려하지 않는다.) [3점]

보기
ㄱ. Ⅱ는 P의 세포이다.
ㄴ. ㉢은 X 염색체에 있다.
ㄷ. R가 갖는 ㉠은 Q로부터 물려받은 것이다.

① ㄱ ② ㄷ ③ ㄱ, ㄴ ④ ㄴ, ㄷ ⑤ ㄱ, ㄴ, ㄷ

15
▶24068-0237

다음은 사람의 유전 형질 ㉠~㉢에 대한 자료이다.

- ㉠~㉢의 유전자는 서로 다른 3개의 상염색체에 있다.
- ㉠은 대립유전자 D와 d에 의해, ㉡은 대립유전자 E와 e에 의해, ㉢은 대립유전자 F와 f에 의해 결정된다.
- ㉠~㉢ 중 2가지 형질은 각 유전자형에서 대문자로 표시되는 대립유전자가 소문자로 표시되는 대립유전자에 대해 완전 우성이다. 나머지 한 형질을 결정하는 대립유전자 사이의 우열 관계는 분명하지 않고, 유전자형이 다르면 표현형이 다르다.
- 유전자형이 ⓐDDEeFf인 어머니와 ⓑDdeeFf인 아버지 사이에서 P가 태어날 때, P에게서 나타날 수 있는 ㉠~㉢의 표현형은 최대 6가지이다.

P에서 ㉠~㉢ 중 적어도 2가지 형질의 표현형이 ⓐ와 같을 확률은? (단, 돌연변이는 고려하지 않는다.)

① $\frac{3}{4}$ ② $\frac{1}{2}$ ③ $\frac{5}{16}$ ④ $\frac{1}{4}$ ⑤ $\frac{3}{8}$

16
▶24068-0238

다음은 어떤 집안의 유전 형질 (가)와 (나)에 대한 자료이다.

- (가)는 대립유전자 H와 H*에 의해, (나)는 대립유전자 T와 T*에 의해 결정되며, 각 대립유전자 사이의 우열 관계는 분명하다.
- (가)와 (나)의 유전자는 같은 염색체에 있다.

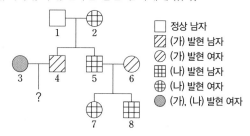

□ 정상 남자
▨ (가) 발현 남자
▧ (가) 발현 여자
⊞ (나) 발현 남자
⊕ (나) 발현 여자
● (가), (나) 발현 여자

- 7과 8 중 한 명은 정상 정자와 정상 난자가 수정되어 태어났다. 나머지 한 명은 5의 생식세포 형성 과정에서 염색체 비분리가 1회 일어나 형성된 정자 ㉠과 6의 생식세포 형성 과정에서 염색체 비분리가 1회 일어난 형성된 난자 ㉡이 수정되어 태어났다. 1~8의 핵형은 모두 정상이다.
- 1, 2, 3, 4 각각의 G_1기 체세포 1개당 T*의 DNA 상대량을 모두 더한 값은 2이다.
- 표는 구성원 1, 2, 5, 6의 H*와 T*의 유무를 나타낸 것이다.

대립유전자＼구성원	1	2	5	6
H*	×	○	?	○
T*	×	?	?	?

(○: 있음, ×: 없음)

이에 대한 설명으로 옳은 것만을 〈보기〉에서 있는 대로 고른 것은? (단, 제시된 돌연변이 이외의 돌연변이와 교차는 고려하지 않으며, T와 T* 각각의 1개당 DNA 상대량은 1이다.) [3점]

보기
ㄱ. 2에서 H*와 T*는 같은 염색체에 있다.
ㄴ. ㉠의 형성 과정에서 염색체 비분리는 감수 1분열에서 일어났다.
ㄷ. 3과 4 사이에서 아이가 태어날 때, 이 아이에게서 (가)와 (나)가 모두 발현될 확률은 $\frac{1}{2}$이다.

① ㄱ ② ㄷ ③ ㄱ, ㄴ ④ ㄴ, ㄷ ⑤ ㄱ, ㄴ, ㄷ

17

▶24068-0239

그림은 생태계를 구성하는 요소 사이의 상호 관계를, 표는 상호 관계 (가)~(다)의 예를 나타낸 것이다. (가)~(다)는 ㉠~㉢을 순서 없이 나타낸 것이다.

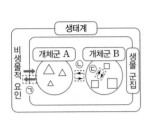

상호 관계	예
(가)	늑대 개체군에서 우두머리 늑대가 무리의 사냥 시기나 사냥감 등을 정한다.
(나)	식물에 서식하는 균류는 쓴 맛이 나는 ⓐ화합물을 만들어 초식 동물로부터 식물을 보호하고, 식물로부터 광합성 산물을 얻는다.
(다)	?

이에 대한 설명으로 옳은 것만을 〈보기〉에서 있는 대로 고른 것은?

보기
ㄱ. (가)는 ㉢이다.
ㄴ. ⓐ는 생물의 특성 중 물질대사와 관련이 있다.
ㄷ. 토양의 염분 농도에 따라 습지 식물의 서식 분포가 달라지는 현상은 (다)의 예에 해당한다.

① ㄴ   ② ㄷ   ③ ㄱ, ㄴ   ④ ㄱ, ㄷ   ⑤ ㄱ, ㄴ, ㄷ

18

▶24068-0240

그림 (가)는 연못가에 서식하는 큰 잎 부들과 좁은 잎 애기부들을 각각 단독 배양했을 때 수심에 따른 두 종의 생산량을, (나)는 (가)와 같은 조건에서 큰 잎 부들과 좁은 잎 애기부들을 혼합 배양했을 때 수심에 따른 두 종의 생산량을 나타낸 것이다.

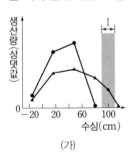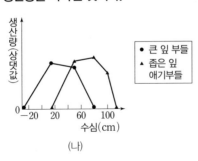

(가)   (나)

이에 대한 설명으로 옳은 것만을 〈보기〉에서 있는 대로 고른 것은? (단, 큰 잎 부들과 좁은 잎 애기부들을 단독 배양한 것과 혼합 배양한 것 이외의 조건은 동일하다.) [3점]

보기
ㄱ. 수심 80 cm 이상인 깊은 물에서 좁은 잎 애기부들은 환경 저항을 받지 않는다.
ㄴ. 구간 Ⅰ에서 큰 잎 부들이 생존하지 못한 것은 경쟁 배타의 결과이다.
ㄷ. (나)에서 큰 잎 부들과 좁은 잎 애기부들은 군집을 이룬다.

① ㄱ   ② ㄷ   ③ ㄱ, ㄴ   ④ ㄴ, ㄷ   ⑤ ㄱ, ㄴ, ㄷ

19

▶24068-0241

표는 면적이 동일한 서로 다른 지역 (가)와 (나)의 식물 군집을 조사한 결과를 나타낸 것이다.

지역	종	상대 빈도 (%)	상대 피도 (%)	중요치	개체 수
(가)	A	40	?	74	6
	B	40	37	?	?
	C	?	?	?	0
	D	?	39	?	36
(나)	A	20	?	?	7
	B	?	35	107	16
	C	10	20	46	?
	D	30	30	?	19

이에 대한 설명으로 옳은 것만을 〈보기〉에서 있는 대로 고른 것은? (단, A~D 이외의 종은 고려하지 않는다.) [3점]

보기
ㄱ. (가)에서 지표를 덮고 있는 면적이 가장 큰 종은 D이다.
ㄴ. A의 상대 밀도는 (가)에서가 (나)에서보다 작다.
ㄷ. (나)에서 우점종은 B이다.

① ㄴ   ② ㄷ   ③ ㄱ, ㄴ   ④ ㄱ, ㄷ   ⑤ ㄱ, ㄴ, ㄷ

20

▶24068-0242

그림은 어떤 안정된 생태계에서 이동하는 에너지양을 상댓값으로 나타낸 것이다. A~D는 분해자, 생산자, 1차 소비자, 2차 소비자를 순서 없이 나타낸 것이고, 1차 소비자의 에너지 효율은 10 %이다. ㉠~㉢은 에너지양이다.

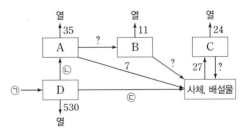

이에 대한 설명으로 옳은 것만을 〈보기〉에서 있는 대로 고른 것은?

보기
ㄱ. A는 빛에너지를 화학 에너지로 전환한다.
ㄴ. ㉡+㉢=70이다.
ㄷ. B의 에너지 효율은 30 %이다.

① ㄱ   ② ㄴ   ③ ㄱ, ㄷ   ④ ㄴ, ㄷ   ⑤ ㄱ, ㄴ, ㄷ

문항에 따라 배점이 다릅니다. 3점 문항에는 점수가 표시되어 있습니다. 점수 표시가 없는 문항은 모두 2점입니다.

01
▶ 24068-0243

다음은 연역적 탐구 방법에 대한 학생 A~C의 발표 내용이다.

독립변인에는 조작 변인과 종속변인이 있습니다.

통제 변인은 대조군과 실험군에서 동일하게 유지하는 변인입니다.

가설을 설정하기 전에 탐구를 먼저 설계해야 합니다.

학생 A 학생 B 학생 C

제시한 내용이 옳은 학생만을 있는 대로 고른 것은?

① A ② B ③ A, B ④ A, C ⑤ B, C

02
▶ 24068-0244

그림 (가)는 식물에서 일어나는 물질대사 과정을, (나)는 ATP와 ADP 사이의 전환을 나타낸 것이다. ㉠과 ㉡은 각각 광합성과 세포 호흡 중 하나이고, ⓐ와 ⓑ는 각각 ATP와 ADP 중 하나이다.

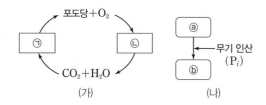

포도당+O_2 → ㉠ → ㉡ → CO_2+H_2O (가)

ⓐ → ⓑ 무기 인산 (P_i) (나)

이에 대한 설명으로 옳은 것만을 〈보기〉에서 있는 대로 고른 것은?

보기
ㄱ. ㉠에서 빛에너지가 화학 에너지로 전환된다.
ㄴ. ⓐ에서 1분자당 고에너지 인산 결합의 수는 2이다.
ㄷ. ㉡에서 생성된 에너지의 일부는 ⓑ에 저장된다.

① ㄴ ② ㄷ ③ ㄱ, ㄴ ④ ㄱ, ㄷ ⑤ ㄱ, ㄴ, ㄷ

03
▶ 24068-0245

표는 사람 몸을 구성하는 기관계 A~C의 특징을 나타낸 것이다. A~C는 소화계, 신경계, 호흡계를 순서 없이 나타낸 것이다.

기관계	특징
A	ⓐ회피 반사의 중추가 있다.
B	암모니아를 요소로 전환하는 기관이 있다.
C	㉠

이에 대한 설명으로 옳은 것만을 〈보기〉에서 있는 대로 고른 것은?

보기
ㄱ. ⓐ는 연수이다.
ㄴ. B에는 A의 조절을 받는 기관이 있다.
ㄷ. '기체 교환이 일어난다.'는 ㉠에 해당한다.

① ㄱ ② ㄷ ③ ㄱ, ㄴ ④ ㄴ, ㄷ ⑤ ㄱ, ㄴ, ㄷ

04
▶ 24068-0246

표는 사람의 질환 A~C에서 3가지 특징의 유무를 나타낸 것이다. A~C는 각각 당뇨병, 고지혈증(고지질 혈증), 갑상샘 기능 항진증 중 하나이다.

특징	A	B	C
대사성 질환이다.	○	㉠	㉡
ⓐ인슐린의 분비 부족으로 나타날 수 있다.	×	○	×
혈액 속에 콜레스테롤이나 중성 지방의 농도가 정상 범위보다 지속적으로 높다.	×	×	○

(○: 있음, ×: 없음)

이에 대한 설명으로 옳은 것만을 〈보기〉에서 있는 대로 고른 것은?

보기
ㄱ. ㉠와 ㉡는 모두 '○'이다.
ㄴ. C는 고지혈증(고지질 혈증)이다.
ㄷ. 이자에 연결된 교감 신경은 ⓐ의 분비를 촉진한다.

① ㄴ ② ㄷ ③ ㄱ, ㄴ ④ ㄱ, ㄷ ⑤ ㄱ, ㄴ, ㄷ

05

▶24068-0247

그림은 어떤 사람이 세균 X에 1차 감염되었을 때 일어나는 방어 작용의 일부를 나타낸 것이다. ㉠~㉣은 기억 세포, 대식세포, 형질세포, 보조 T 림프구를 순서 없이 나타낸 것이다.

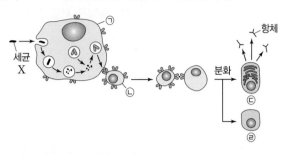

이에 대한 설명으로 옳은 것만을 〈보기〉에서 있는 대로 고른 것은?

┌ 보기 ┌
ㄱ. ㉠은 비특이적 방어 작용에 관여한다.
ㄴ. ㉡은 가슴샘에서 성숙(분화)한다.
ㄷ. 이 사람이 X에 2차 감염되면 ㉢으로부터 ㉣로의 분화가 일어난다.

① ㄴ ② ㄷ ③ ㄱ, ㄴ ④ ㄱ, ㄷ ⑤ ㄱ, ㄴ, ㄷ

06

▶24068-0248

그림은 어떤 식물 군집의 수직 분포를 나타낸 것이다. A~D는 관목대, 침엽수림, 낙엽 활엽수림, 상록 활엽수림을 순서 없이 나타낸 것이다.

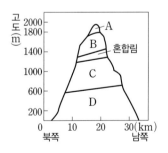

이에 대한 설명으로 옳은 것만을 〈보기〉에서 있는 대로 고른 것은?

┌ 보기 ┌
ㄱ. D는 낙엽 활엽수림이다.
ㄴ. 우점종의 평균 높이는 A에서가 C에서보다 작다.
ㄷ. 고도에 따른 기온은 이 식물 군집의 수직 분포에 영향을 주는 요인이다.

① ㄱ ② ㄷ ③ ㄱ, ㄴ ④ ㄴ, ㄷ ⑤ ㄱ, ㄴ, ㄷ

07

▶24068-0249

다음은 골격근의 수축 과정에 대한 자료이다.

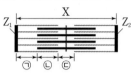

- 그림은 근육 원섬유 마디 X의 구조를 나타낸 것이다. X는 좌우 대칭이고, Z_1과 Z_2는 X의 Z선이다.

- 구간 ㉠은 액틴 필라멘트만 있는 부분이고, ㉡은 액틴 필라멘트와 마이오신 필라멘트가 겹치는 부분이며, ㉢은 마이오신 필라멘트만 있는 부분이다.
- 골격근 수축 과정의 두 시점 t_1과 t_2 중 t_1일 때 X의 길이는 L이다.
- t_1일 때 ㉠의 길이와 t_2일 때 ㉡의 길이는 같고, t_1일 때 ㉡의 길이와 t_2일 때 ㉢의 길이는 같다.
- t_1일 때 $\dfrac{@의\ 길이}{㉢의\ 길이}=3$이고, t_2일 때 $\dfrac{@의\ 길이}{㉠의\ 길이}=\dfrac{2}{3}$이다. @는 ㉠~㉢ 중 하나이다.

이에 대한 설명으로 옳은 것만을 〈보기〉에서 있는 대로 고른 것은? [3점]

┌ 보기 ┌
ㄱ. X의 길이는 t_1일 때가 t_2일 때보다 짧다.
ㄴ. ㉡의 길이와 ㉢의 길이를 더한 값은 t_1일 때가 t_2일 때보다 길다.
ㄷ. t_1일 때 X의 Z_1로부터 Z_2 방향으로 거리가 $\dfrac{4}{11}$L인 지점은 ㉢에 해당한다.

① ㄱ ② ㄷ ③ ㄱ, ㄴ ④ ㄱ, ㄷ ⑤ ㄴ, ㄷ

08

▶24068-0250

그림은 정상인 A와 B에서 ㉠의 변화를 나타낸 것이다. t_1일 때 A와 B 중 한 사람에게만 인슐린을 투여하였다. ㉠은 혈중 포도당 농도와 혈중 글루카곤 농도 중 하나이다.

이에 대한 설명으로 옳은 것만을 〈보기〉에서 있는 대로 고른 것은? (단, 제시된 조건 이외는 고려하지 않는다.) [3점]

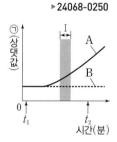

┌ 보기 ┌
ㄱ. ㉠은 혈중 글루카곤 농도이다.
ㄴ. A의 혈중 포도당 농도는 t_1일 때가 t_2일 때보다 낮다.
ㄷ. 구간 I에서 A의 글리코젠 합성량은 증가한다.

① ㄱ ② ㄴ ③ ㄱ, ㄴ ④ ㄱ, ㄷ ⑤ ㄴ, ㄷ

09

▶24068-0251

다음은 민말이집 신경 A와 B의 흥분 전도에 대한 자료이다.

- 그림은 A와 B의 지점 $d_1 \sim d_5$의 위치를, 표는 A의 ㉠과 B의 ㉡에 역치 이상의 자극을 동시에 1회 주고 경과된 시간이 4 ms일 때 $d_2 \sim d_5$에서의 막전위를 나타낸 것이다. ㉠과 ㉡은 각각 $d_2 \sim d_4$ 중 하나이다.

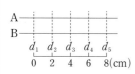

신경	4 ms일 때 막전위(mV)			
	d_2	d_3	d_4	d_5
A	?	ⓐ	ⓑ	ⓐ
B	ⓑ	?	ⓐ	0

- 흥분 전도 속도는 B에서가 A에서의 2배이고, ⓐ는 0보다 작다.
- A와 B 각각에서 활동 전위가 발생하였을 때, 각 지점에서의 막전위 변화는 그림과 같다.

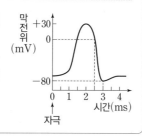

이에 대한 설명으로 옳은 것만을 〈보기〉에서 있는 대로 고른 것은? (단, A와 B에서 흥분의 전도는 각각 1회 일어났고, 휴지 전위는 -70 mV이다.) [3점]

보기
ㄱ. ㉠은 d_2이다.
ㄴ. A의 흥분 전도 속도는 2 cm/ms이다.
ㄷ. 4 ms일 때 B의 d_1에서 탈분극이 일어나고 있다.

① ㄴ　　② ㄷ　　③ ㄱ, ㄴ　　④ ㄱ, ㄷ　　⑤ ㄱ, ㄴ, ㄷ

10

▶24068-0252

그림은 중추 신경계로부터 자율 신경을 통해 방광과 심장에 연결된 경로를 나타낸 것이다. Ⅰ과 Ⅱ는 연수와 척수를 순서 없이 나타낸 것이고, ⓐ와 ⓑ에는 각각 하나의 신경절이 있으며, 뉴런 ㉡과 ㉣의 말단에서 분비되는 신경 전달 물질은 서로 다르다. ㉠~㉣은 서로 다른 뉴런이다.

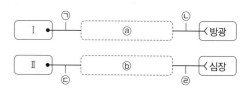

이에 대한 설명으로 옳은 것만을 〈보기〉에서 있는 대로 고른 것은? [3점]

보기
ㄱ. Ⅰ은 배뇨 반사의 중추이다.
ㄴ. ㉠과 ㉣의 말단에서 분비되는 신경 전달 물질은 같다.
ㄷ. ㉡에서 흥분의 발생 빈도가 증가하면 방광이 확장된다.

① ㄴ　　② ㄷ　　③ ㄱ, ㄴ　　④ ㄱ, ㄷ　　⑤ ㄱ, ㄴ, ㄷ

11

▶24068-0253

그림은 핵상이 $2n$인 동물 Ⅰ~Ⅲ의 세포 (가)~(라) 각각에 들어 있는 염색체 중 ㉠를 제외한 나머지를 모두 나타낸 것이다. Ⅰ과 Ⅱ는 같은 종이고, Ⅱ와 Ⅲ은 서로 다른 종이다. Ⅰ과 Ⅲ은 성이 같고, Ⅰ~Ⅲ의 성염색체는 암컷이 XX, 수컷이 XY이다. ㉠은 X 염색체와 Y 염색체 중 하나이다.

(가)　　　　(나)　　　　(다)　　　　(라)

이에 대한 설명으로 옳은 것만을 〈보기〉에서 있는 대로 고른 것은? (단, 돌연변이는 고려하지 않는다.)

보기
ㄱ. Ⅰ은 수컷이다.
ㄴ. (나)는 Ⅱ의 세포이다.
ㄷ. Ⅲ의 감수 2분열 중기의 세포 1개당 상염색체의 염색 분체 수는 4이다.

① ㄴ　　② ㄷ　　③ ㄱ, ㄴ　　④ ㄱ, ㄷ　　⑤ ㄱ, ㄴ, ㄷ

12

▶24068-0254

다음은 세포 주기에 대한 실험이다.

[실험 과정 및 결과]
(가) 어떤 동물의 체세포를 배양하여 집단 Ⅰ~Ⅲ으로 나눈다.
(나) Ⅱ에는 물질 X를, Ⅲ에는 물질 Y를 처리하고, Ⅰ~Ⅲ을 동일한 조건에서 일정 시간 동안 배양한다. 표는 물질 ㉠과 ㉡에 대한 설명이고, ㉠과 ㉡은 각각 X와 Y 중 하나이다.

물질	특징
㉠	S기에서 G_2기로의 전환을 억제
㉡	G_1기에서 S기로의 전환을 억제

(다) 세 집단에서 같은 수의 세포를 동시에 고정한 후, 각 집단의 세포당 DNA 양에 따른 세포 수를 나타낸 결과는 그림과 같다.

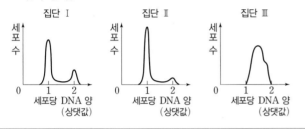

이에 대한 설명으로 옳은 것만을 〈보기〉에서 있는 대로 고른 것은?

┌─ 보기 ┌─
ㄱ. ㉡은 X이다.
ㄴ. Ⅱ에는 핵막을 갖는 세포가 있다.
ㄷ. (다)에서 S기의 세포 수는 Ⅰ에서가 Ⅲ에서보다 많다.

① ㄴ ② ㄷ ③ ㄱ, ㄴ ④ ㄱ, ㄷ ⑤ ㄱ, ㄴ, ㄷ

13

▶24068-0255

다음은 사람의 유전 형질 (가)에 대한 자료이다.

• 유전 형질 (가)는 2쌍의 대립유전자 H와 h, T와 t에 의해 결정되며, (가)의 유전자 중 하나는 상염색체에, 나머지 하나는 X 염색체에 있다.
• 세포 Ⅰ~Ⅳ는 생식세포 형성 과정에서 나타나는 중기의 세포이다. Ⅰ~Ⅳ 중 2개는 남자 P의, 나머지 2개는 여자 Q의 세포이다.
• 표는 Ⅰ~Ⅳ에서 대립유전자 ㉠~㉣의 유무와 ㉠과 ㉣의 DNA 상대량을 더한 값(㉠+㉣)을 나타낸 것이다. ㉠~㉣은 H, h, T, t를 순서 없이 나타낸 것이다.

세포	대립유전자				㉠+㉣
	㉠	㉡	㉢	㉣	
Ⅰ	○	×	?	?	ⓐ
Ⅱ	○	○	×	×	4
Ⅲ	○	○	×	?	6
Ⅳ	○	×	×	○	ⓑ

(○: 있음, ×: 없음)

이에 대한 설명으로 옳은 것만을 〈보기〉에서 있는 대로 고른 것은? (단, 돌연변이와 교차는 고려하지 않으며, H, h, T, t 각각의 1개당 DNA 상대량은 1이다.) [3점]

┌─ 보기 ┌─
ㄱ. Ⅰ은 P의 세포이다.
ㄴ. Ⅱ와 Ⅳ의 핵상은 같다.
ㄷ. ⓐ+ⓑ=6이다.

① ㄴ ② ㄷ ③ ㄱ, ㄴ ④ ㄱ, ㄷ ⑤ ㄱ, ㄴ, ㄷ

14

▶24068-0256

다음은 사람의 유전 형질 (가)와 (나)에 대한 자료이다.

- (가)는 서로 다른 3개의 상염색체에 있는 3쌍의 대립유전자 A와 a, B와 b, D와 d에 의해 결정된다.
- (가)의 표현형은 유전자형에서 대문자로 표시되는 대립유전자의 수에 의해서만 결정되며, 이 대립유전자의 수가 다르면 표현형이 다르다.
- (나)는 대립유전자 E와 e에 의해 결정되며, 유전자형이 다르면 표현형이 다르다. (나)의 유전자는 (가)의 유전자와 서로 다른 상염색체에 있다.
- P의 유전자형은 AABbDdEe이고, P와 Q는 (가)의 표현형이 서로 같다.
- P와 Q 사이에서 ⓐ가 태어날 때, ⓐ에게서 나타날 수 있는 (가)와 (나)의 표현형은 최대 9가지이다.

ⓐ가 유전자형이 AaBbDdee인 사람과 (가)와 (나)의 표현형이 모두 같을 확률은? (단, 돌연변이는 고려하지 않는다.) [3점]

① $\frac{1}{16}$　② $\frac{1}{8}$　③ $\frac{3}{16}$　④ $\frac{1}{4}$　⑤ $\frac{1}{2}$

15

▶24068-0257

표는 어떤 생태계에서 일어나는 물질 전환을 나타낸 것이다. (가)~(다)는 녹색 식물, 질소 고정 세균, 질산화 세균을 순서 없이 나타낸 것이고, ㉠과 ㉡은 암모늄 이온(NH_4^+)과 질산 이온(NO_3^-)을 순서 없이 나타낸 것이다.

구분	물질 전환
(가)	대기 중 질소(N_2) → ㉠
(나)	㉠ → ㉡
(다)	㉡ → 아미노산

이에 대한 설명으로 옳은 것만을 〈보기〉에서 있는 대로 고른 것은?

┌ 보기 ┌
ㄱ. ㉠은 암모늄 이온(NH_4^+)이다.
ㄴ. 탈질산화 세균은 ㉡이 대기 중 질소(N_2)로 전환되는 과정에 관여한다.
ㄷ. (다)에서 ㉡이 아미노산으로 전환되는 과정은 질소 동화 작용에 해당한다.

① ㄱ　② ㄴ　③ ㄱ, ㄷ　④ ㄴ, ㄷ　⑤ ㄱ, ㄴ, ㄷ

16

▶24068-0258

다음은 어떤 집안의 유전 형질 (가)와 (나)에 대한 자료이다.

- (가)는 1쌍의 대립유전자 A와 a에 의해 결정되며, A는 a에 대해 완전 우성이다.
- (나)는 1쌍의 대립유전자에 의해 결정되며, 대립유전자에는 E, F, G가 있다. E는 F와 G에 대해, F는 G에 대해 각각 완전 우성이며, (나)의 표현형은 3가지이다.
- 가계도는 구성원 1~8에게서 (가)의 발현 여부를 나타낸 것이다.

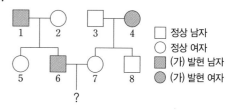

　□ 정상 남자
　○ 정상 여자
　■ (가) 발현 남자
　● (가) 발현 여자

- 표는 5~8에서 체세포 1개당 A와 F의 DNA 상대량을 더한 값(A+F)과 a와 E의 DNA 상대량을 더한 값(a+E)을 나타낸 것이다. ㉠~㉢은 1, 2, 3을 순서 없이 나타낸 것이다.

구성원		5	6	7	8
DNA 상대량을 더한 값	A+F	㉠	㉡	0	㉢
	a+E	㉡	㉠	3	㉢

이에 대한 설명으로 옳은 것만을 〈보기〉에서 있는 대로 고른 것은? (단, 돌연변이와 교차는 고려하지 않으며, A, a, E, F, G 각각의 1개당 DNA 상대량은 1이다.) [3점]

┌ 보기 ┌
ㄱ. (가)의 유전자와 (나)의 유전자는 서로 다른 염색체에 있다.
ㄴ. 6과 8의 (나)의 표현형은 서로 같다.
ㄷ. 6과 7 사이에서 아이가 태어날 때, 이 아이에게서 (가)와 (나)의 표현형이 모두 5와 같을 확률은 $\frac{1}{8}$이다.

① ㄴ　② ㄷ　③ ㄱ, ㄴ　④ ㄱ, ㄷ　⑤ ㄱ, ㄴ, ㄷ

17

▶24068-0259

다음은 어떤 가족의 유전 형질 (가)~(다)에 대한 자료이다.

- (가)는 대립유전자 A와 a에 의해, (나)는 대립유전자 B와 b에 의해, (다)는 대립유전자 D와 d에 의해 결정된다.
- (가)와 (나)의 유전자는 X 염색체에, (다)의 유전자는 상염색체에 있다.
- 표는 이 가족 구성원의 체세포 1개에 들어 있는 A, b, d의 DNA 상대량을 나타낸 것이다.

구성원	DNA 상대량		
	A	b	d
아버지	1	0	1
어머니	1	1	1
자녀 1	2	1	0
자녀 2	1	1	1
자녀 3	2	2	3

- 아버지와 어머니 중 한 명의 생식세포 형성 과정에서 대립유전자 ㉠이 대립유전자 ㉡으로 바뀌는 돌연변이가 1회 일어나 ㉡을 갖는 생식세포 P가, 나머지 한 명의 생식세포 형성 과정에서 ⓐ염색체 비분리가 1회 일어나 염색체 수가 비정상적인 생식세포 Q가 형성되었다. ㉠과 ㉡은 각각 A, a, B, b 중 하나이다.
- P와 Q가 수정되어 자녀 3이 태어났다. 자녀 3을 제외한 나머지 구성원의 핵형은 모두 정상이다.

이에 대한 설명으로 옳은 것만을 〈보기〉에서 있는 대로 고른 것은? (단, 제시된 돌연변이 이외의 돌연변이와 교차는 고려하지 않으며, A, a, B, b, D, d 각각의 1개당 DNA 상대량은 1이다.) [3점]

┌ 보기 ┐
ㄱ. ㉠은 B이다.
ㄴ. 자녀 1과 자녀 2는 성별이 서로 같다.
ㄷ. ⓐ가 형성될 때 염색체 비분리는 감수 2분열에서 일어났다.
└───┘

① ㄱ ② ㄴ ③ ㄱ, ㄴ ④ ㄱ, ㄷ ⑤ ㄴ, ㄷ

18

▶24068-0260

그림은 중추 신경계의 구조를 나타낸 것이다. ㉠~㉢은 간뇌, 소뇌, 연수, 중간뇌를 순서 없이 나타낸 것이다.
이에 대한 설명으로 옳은 것만을 〈보기〉에서 있는 대로 고른 것은?

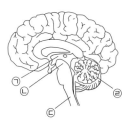

┌ 보기 ┐
ㄱ. ㉠은 체온 조절의 중추이다.
ㄴ. ㉡과 ㉣은 모두 몸의 평형(균형) 유지에 관여한다.
ㄷ. ㉢은 뇌줄기에 속한다.
└───┘

① ㄴ ② ㄷ ③ ㄱ, ㄴ ④ ㄱ, ㄷ ⑤ ㄱ, ㄴ, ㄷ

19

▶24068-0261

그림 (가)는 어떤 해안가의 구간 Ⅰ과 Ⅱ를, (나)는 따개비 종 ㉠이 존재할 때와 ㉠을 제거했을 때 Ⅰ과 Ⅱ에서 시간에 따른 따개비 종 ㉡의 생존 비율을 나타낸 것이다.

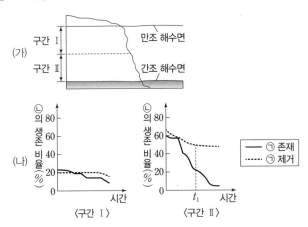

이에 대한 설명으로 옳은 것만을 〈보기〉에서 있는 대로 고른 것은? (단, 제시된 조건 이외는 고려하지 않는다.) [3점]

┌ 보기 ┐
ㄱ. 구간 Ⅰ에서 ㉠과 ㉡이 함께 존재할 때 ㉠과 ㉡은 한 개체군을 이룬다.
ㄴ. 구간 Ⅱ에서 ㉠과 ㉡이 함께 존재할 때 ㉠과 ㉡ 사이에서 종간 경쟁이 일어났다.
ㄷ. 구간 Ⅱ에서 t_1일 때 ㉡에 작용하는 환경 저항은 ㉠을 제거했을 때가 ㉠이 존재할 때보다 크다.
└───┘

① ㄱ ② ㄴ ③ ㄱ, ㄷ ④ ㄴ, ㄷ ⑤ ㄱ, ㄴ, ㄷ

20

▶24068-0262

그림은 어떤 식물 군집에서 시간에 따른 유기물량을 나타낸 것이다. ㉠~㉢은 각각 생장량, 순생산량, 총생산량 중 하나이다.

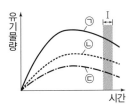

이에 대한 설명으로 옳은 것만을 〈보기〉에서 있는 대로 고른 것은? [3점]

┌ 보기 ┐
ㄱ. ㉡은 순생산량이다.
ㄴ. 1차 소비자의 호흡량은 ㉢에 포함된다.
ㄷ. 구간 Ⅰ에서 $\dfrac{생물량}{순생산량}$ 은 시간에 따라 감소한다.
└───┘

① ㄱ ② ㄴ ③ ㄱ, ㄷ ④ ㄴ, ㄷ ⑤ ㄱ, ㄴ, ㄷ

문항에 따라 배점이 다릅니다. 3점 문항에는 점수가 표시되어 있습니다. 점수 표시가 없는 문항은 모두 2점입니다.

01
▶24068-0263

다음은 어떤 펭귄에 대한 자료이다.

- 이 펭귄은 물고기, 새우, 오징어 등을 잡아 먹고 ⊙활동에 필요한 에너지를 얻는다.
- 이 펭귄은 주로 수중 사냥을 하며, ⓒ녹색과 적색에 대한 감각은 둔화되고 청색에는 예민하여 물속에서 먹잇감을 보기에 적합하다.

⊙과 ⓒ에 나타난 생물의 특성으로 가장 적절한 것은? [3점]

	⊙	ⓒ
①	항상성	적응과 진화
②	물질대사	적응과 진화
③	물질대사	발생과 생장
④	적응과 진화	발생과 생장
⑤	적응과 진화	물질대사

02
▶24068-0264

다음은 사람에서 일어나는 물질대사에 대한 자료이다.

(가) 지방이 세포 호흡을 통해 분해된 결과 생성되는 노폐물에는 @가 있다.
(나) 간에서 ⊙암모니아가 ⓒ요소로 전환된다.

이에 대한 설명으로 옳은 것만을 〈보기〉에서 있는 대로 고른 것은? [3점]

보기
ㄱ. ⊙은 @에 해당한다.
ㄴ. (가)에서 이화 작용이 일어난다.
ㄷ. ⓒ은 배설계를 통해 몸 밖으로 배출된다.

① ㄴ   ② ㄷ   ③ ㄱ, ㄴ   ④ ㄱ, ㄷ   ⑤ ㄴ, ㄷ

03
▶24068-0265

그림은 사람 몸에 있는 각 기관계의 통합적 작용을, 표는 기관계 (가)~(다) 각각에 속하는 기관의 예를 나타낸 것이다. (가)~(다)는 배설계, 소화계, 호흡계를 순서 없이 나타낸 것이다.

기관계	기관의 예
(가)	기관지
(나)	위
(다)	?

이에 대한 설명으로 옳은 것만을 〈보기〉에서 있는 대로 고른 것은?

보기
ㄱ. (나)에는 글루카곤의 표적 기관이 있다.
ㄴ. (다)에는 ADH가 작용하여 수분의 재흡수를 촉진하는 기관이 있다.
ㄷ. ⊙과 ⓒ에는 모두 CO_2의 이동이 포함된다.

① ㄱ   ② ㄷ   ③ ㄱ, ㄴ   ④ ㄴ, ㄷ   ⑤ ㄱ, ㄴ, ㄷ

04
▶24068-0266

그림은 정상인 A에게 공복 시 포도당을 투여한 후 혈중 호르몬 X의 농도를 시간에 따라 나타낸 것이고, 표는 당뇨병 환자 B에 대한 자료이다.

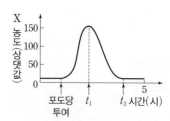

B는 이자의 ⊙에서 X가 정상적으로 분비된다. ⊙은 α세포와 β세포 중 하나이다. B에서 @단위 시간당 조직 세포로의 포도당 유입량이 정상인보다 적다.

이에 대한 설명으로 옳은 것만을 〈보기〉에서 있는 대로 고른 것은? (단, 제시된 조건 이외는 고려하지 않는다.)

보기
ㄱ. ⊙은 β세포이다.
ㄴ. 당뇨병은 대사성 질환에 해당한다.
ㄷ. A에서 @는 t_1일 때가 t_2일 때보다 많다.

① ㄱ   ② ㄷ   ③ ㄱ, ㄴ   ④ ㄴ, ㄷ   ⑤ ㄱ, ㄴ, ㄷ

05

▶ 24068-0267

다음은 호르몬 X와 Y에 대한 자료이다.

- X는 ⊙에서 분비되며, 혈액을 통해 ⓒ으로 운반되어 Y의 분비를 촉진한다. ⊙과 ⓒ은 갑상샘과 뇌하수체 전엽을 순서 없이 나타낸 것이다.
- Y는 세포에서 물질대사를 촉진하며, ⓒ의 기능에 이상이 있어 Y의 농도가 정상보다 높으면 심장 박동수가 증가하고 더위에 약한 증상이 나타난다.

이에 대한 설명으로 옳은 것만을 〈보기〉에서 있는 대로 고른 것은?

┌ 보기 ┐
ㄱ. ⊙에서 생장 호르몬이 분비된다.
ㄴ. 저온 자극이 주어지면 ⓒ에서 Y의 분비량이 증가한다.
ㄷ. X의 농도가 정상보다 낮으면 열 발생량은 정상보다 증가한다.

① ㄴ   ② ㄷ   ③ ㄱ, ㄴ   ④ ㄱ, ㄷ   ⑤ ㄱ, ㄴ, ㄷ

06

▶ 24068-0268

다음은 핵상이 $2n$인 동물 A~C의 세포 (가)~(다)에 대한 자료이다.

- A와 B는 서로 다른 종이고, A와 C는 서로 같은 종이며, B와 C의 체세포 1개당 염색체 수는 서로 다르다.
- A는 암컷이다. A~C의 성염색체는 암컷이 XX, 수컷이 XY이다.
- 그림은 (가)~(다) 각각에 들어 있는 모든 상염색체와 ⊙을 나타낸 것이다. ⊙은 X 염색체와 Y 염색체 중 하나이다.

(가)   (나)   (다)

이에 대한 설명으로 옳은 것만을 〈보기〉에서 있는 대로 고른 것은? (단, 돌연변이는 고려하지 않는다.)

┌ 보기 ┐
ㄱ. (나)와 (다)의 핵상은 모두 n이다.
ㄴ. $\dfrac{\text{(가)\sim(다)에서 ⊙의 수}}{\text{(가)\sim(다)에서 성염색체의 수}} = \dfrac{1}{2}$이다.
ㄷ. B의 감수 2분열 중기 세포 1개당 상염색체의 염색 분체 수는 4이다.

① ㄱ   ② ㄴ   ③ ㄷ   ④ ㄱ, ㄴ   ⑤ ㄴ, ㄷ

07

▶ 24068-0269

다음은 골격근의 수축 과정에 대한 자료이다.

- 그림은 근육 원섬유 마디 X의 구조를 나타낸 것이다. X는 좌우 대칭이다.

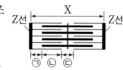

- 구간 ⊙은 액틴 필라멘트만 있는 부분이고, ⓒ은 액틴 필라멘트와 마이오신 필라멘트가 겹치는 부분이며, ⓒ은 마이오신 필라멘트만 있는 부분이다.
- 골격근 수축 과정의 두 시점 t_1과 t_2 중 t_1일 때 X의 길이는 $3.0\ \mu$m이고, t_2일 때 A대의 길이는 $1.6\ \mu$m이다.
- t_1일 때 $\dfrac{\text{ⓐ의 길이}}{\text{X의 길이}}=\dfrac{1}{3}$이고, t_2일 때 $\dfrac{\text{ⓑ의 길이}}{\text{X의 길이}}=\dfrac{1}{6}$이다.
- $\dfrac{t_1\text{일 때 ⓒ의 길이}}{t_2\text{일 때 ⓐ의 길이}}=1$이고, $\dfrac{t_1\text{일 때 ⓑ의 길이}}{t_2\text{일 때 ⓑ의 길이}}=\dfrac{2}{3}$이다.
- ⓐ~ⓒ는 ⊙~ⓒ을 순서 없이 나타낸 것이다.

이에 대한 설명으로 옳은 것만을 〈보기〉에서 있는 대로 고른 것은?
[3점]

┌ 보기 ┐
ㄱ. ⓐ는 ⓒ이다.
ㄴ. t_2일 때 ⓑ의 길이와 ⓒ의 길이를 더한 값은 $1.0\ \mu$m이다.
ㄷ. X의 길이는 t_1일 때가 t_2일 때보다 $0.3\ \mu$m 길다.

① ㄱ   ② ㄷ   ③ ㄱ, ㄴ   ④ ㄴ, ㄷ   ⑤ ㄱ, ㄴ, ㄷ

08

▶ 24068-0270

그림은 중추 신경계로부터 자율 신경을 통해 기관 (가)~(다)에 연결된 경로를 나타낸 것이다. (가)~(다)는 눈, 방광, 소장을 순서 없이 나타낸 것이다. ⓐ와 ⓑ 중 하나에만 신경절이 있고, ⓒ와 ⓓ 중 하나에만 신경절이 있다.

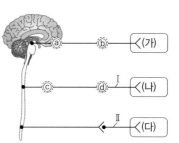

이에 대한 설명으로 옳은 것만을 〈보기〉에서 있는 대로 고른 것은?

┌ 보기 ┐
ㄱ. (다)는 방광이다.
ㄴ. ⓐ에 신경절이 있다.
ㄷ. Ⅰ과 Ⅱ의 축삭 돌기 말단에서 분비되는 신경 전달 물질은 같다.

① ㄱ   ② ㄴ   ③ ㄱ, ㄴ   ④ ㄱ, ㄷ   ⑤ ㄴ, ㄷ

09
▶24068-0271

표 (가)는 질병 A~D에서 특징 ㉠~㉢의 유무를 나타낸 것이고, (나)는 ㉠~㉢을 순서 없이 나타낸 것이다. A~D는 결핵, 독감, 무좀, 헌팅턴 무도병을 순서 없이 나타낸 것이다.

특징 질병	㉠	㉡	㉢
A	?	○	?
B	×	?	?
C	×	○	×
D	×	?	×

(○: 있음, ×: 없음)

(가)

특징(㉠~㉢)
• 비감염성 질병이다. • 병원체가 곰팡이에 속한다. • 병원체가 세포 구조로 되어 있다.

(나)

이에 대한 설명으로 옳은 것만을 〈보기〉에서 있는 대로 고른 것은?

보기
ㄱ. C의 치료에 항생제가 사용된다.
ㄴ. A와 D의 병원체는 모두 독립적으로 물질대사를 한다.
ㄷ. ㉢은 '비감염성 질병이다.'이다.

① ㄱ   ② ㄴ   ③ ㄱ, ㄷ   ④ ㄴ, ㄷ   ⑤ ㄱ, ㄴ, ㄷ

10
▶24068-0272

다음은 사람의 유전 형질 (가)와 (나)에 대한 자료이다.

• (가)는 대립유전자 A와 a에 의해 결정되며, 유전자형이 다르면 표현형이 다르다.
• (나)는 서로 다른 2개의 상염색체에 있는 3쌍의 대립유전자 B와 b, D와 d, E와 e에 의해 결정되며, B, b, D, d는 1번 염색체에 있다.
• (나)의 표현형은 유전자형에서 대문자로 표시되는 대립유전자의 수에 의해서만 결정되며, 이 대립유전자의 수가 다르면 표현형이 다르다.
• (가)의 유전자는 (나)의 유전자와 서로 다른 상염색체에 있다.
• P의 (가)와 (나)의 유전자형은 AaBbDdEe이고, Q에서 A, b, d, E를 모두 갖는 생식세포가 형성될 수 있다.
• P와 Q 사이에서 ⓐ가 태어날 때, ⓐ에게서 나타날 수 있는 (가)와 (나)의 표현형은 최대 18가지이다.
• ⓐ는 (가)와 (나)의 유전자형이 aabbddee인 사람과 같은 표현형을 가질 수 있다.

ⓐ의 (가)와 (나)의 표현형이 모두 Q와 같을 확률은? (단, 돌연변이와 교차는 고려하지 않는다.)

① $\frac{1}{16}$ ② $\frac{1}{8}$ ③ $\frac{3}{16}$ ④ $\frac{1}{4}$ ⑤ $\frac{3}{8}$

11
▶24068-0273

그림 (가)는 사람 P의 핵형 분석 결과의 일부를, (나)는 P의 체세포를 배양한 후 세포당 DNA 양에 따른 세포 수를 나타낸 것이다.

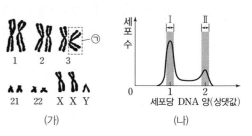

(가)   (나)

이에 대한 설명으로 옳은 것만을 〈보기〉에서 있는 대로 고른 것은?

보기
ㄱ. (가)에서 터너 증후군의 염색체 이상이 관찰된다.
ㄴ. 구간 Ⅰ에는 핵막이 소실된 세포가 있다.
ㄷ. 구간 Ⅱ에는 ㉠이 관찰되는 세포가 있다.

① ㄱ   ② ㄴ   ③ ㄷ   ④ ㄱ, ㄷ   ⑤ ㄴ, ㄷ

12
▶24068-0274

다음은 항원 X와 Y에 대한 생쥐의 방어 작용 실험이다.

[실험 과정 및 결과]
(가) 유전적으로 동일하고 X와 Y에 노출된 적이 없는 생쥐 Ⅰ ~Ⅴ를 준비한다.
(나) Ⅰ에게 X를, Ⅱ에게 Y를 주사하고 일정 시간이 지난 후, Ⅰ에서 ⓐ혈장을, Ⅱ에서 ⓑ혈장과 ⓒY에 대한 기억 세포를 분리한다.
(다) Ⅲ에게 ㉠을, Ⅳ에게 ㉡을, Ⅴ에게 ㉢을 주사한다. ㉠~㉢은 ⓐ~ⓒ를 순서 없이 나타낸 것이다.
(라) 일정 시간이 지난 후, Ⅲ~Ⅴ에게 Ⓐ를 각각 주사한다. Ⓐ는 X와 Y 중 하나이다.
(마) Ⅲ~Ⅴ에서 Ⓐ에 대한 혈중 항체 농도 변화는 그림과 같다.

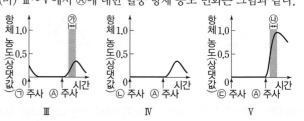

이에 대한 설명으로 옳은 것만을 〈보기〉에서 있는 대로 고른 것은? (단, 제시된 조건 이외는 고려하지 않는다.) [3점]

보기
ㄱ. ㉡은 ⓐ이다.
ㄴ. 구간 ㉮에서 X에 대한 항체가 형질 세포로부터 생성되었다.
ㄷ. 구간 ㉯에서 Ⓐ에 대한 2차 면역 반응이 일어났다.

① ㄱ   ② ㄴ   ③ ㄱ, ㄷ   ④ ㄴ, ㄷ   ⑤ ㄱ, ㄴ, ㄷ

13

▶24068-0275

다음은 민말이집 신경 A와 B의 흥분 전도와 전달에 대한 자료이다.

- 그림은 A와 B의 지점 d_1~d_5의 위치를, 표는 ㉠A와 B의 지점 X에 역치 이상의 자극을 동시에 1회 주고 경과된 시간이 t_1일 때 d_1~d_5에서의 막전위를 나타낸 것이다. X는 d_1~d_5 중 하나이다.

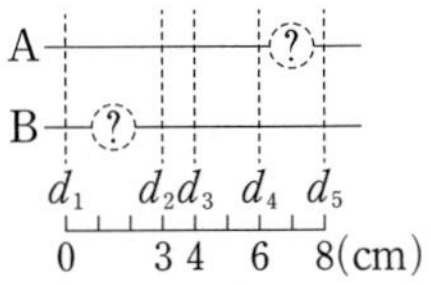

신경	t_1일 때 막전위(mV)				
	d_1	d_2	d_3	d_4	d_5
A	−70	−80	?	+30	−60
B	?	0	+30	−60	?

- ㉡A와 B의 지점 Y에 역치 이상의 자극을 동시에 1회 주고 경과된 시간이 t_1일 때 A와 B의 d_1~d_5 중 막전위가 −80 mV인 지점은 모두 4곳이다. Y는 d_1~d_5 중 하나이다.
- ㉢A와 B 중 하나에만 시냅스가 있다. ㉢을 구성하는 두 뉴런의 흥분 전도 속도는 ⓐ로 같고, 나머지 하나의 흥분 전도 속도는 ⓑ이다. ⓐ와 ⓑ는 2 cm/ms와 3 cm/ms를 순서 없이 나타낸 것이다.
- A와 B 각각에서 활동 전위가 발생하였을 때, 각 지점에서의 막전위 변화는 그림과 같다.

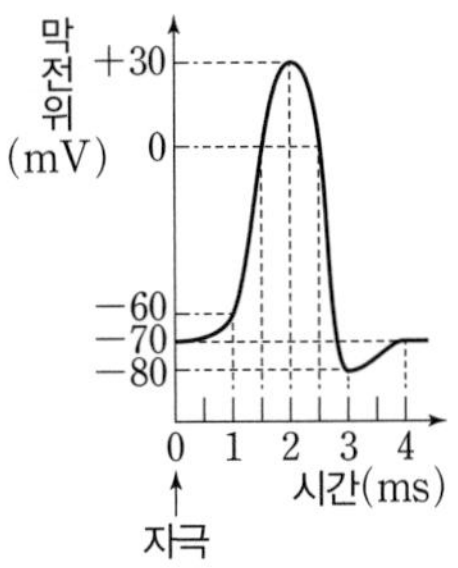

이에 대한 설명으로 옳은 것만을 〈보기〉에서 있는 대로 고른 것은? (단, A와 B에서 흥분의 전도는 각각 1회 일어났고, 휴지 전위는 −70 mV이다.) [3점]

〈보기〉
ㄱ. X는 d_1이다.
ㄴ. ㉠이 t_1일 때 B의 Y에서 재분극이 일어나고 있다.
ㄷ. A의 d_5와 B의 d_3은 모두 ㉡에 해당한다.

① ㄴ ② ㄷ ③ ㄱ, ㄴ ④ ㄱ, ㄷ ⑤ ㄱ, ㄴ, ㄷ

14

▶24068-0276

다음은 어떤 집안의 유전 형질 (가)와 (나)에 대한 자료이다.

- (가)는 대립유전자 A와 a에 의해, (나)는 대립유전자 B와 b에 의해 결정된다. A는 a에 대해, B는 b에 대해 각각 완전 우성이다.
- (가)의 유전자와 (나)의 유전자는 서로 다른 염색체에 있다.
- 가계도는 구성원 ㉠과 ㉡을 제외한 구성원 1~6에게서 (가)와 (나)의 발현 여부를 나타낸 것이다.

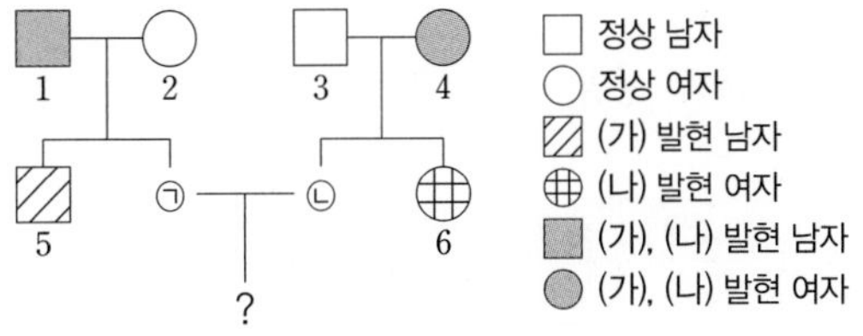

- 표는 구성원 Ⅰ~Ⅲ, ㉠, ㉡에서 체세포 1개당 A와 b의 DNA 상대량을 나타낸 것이다. Ⅰ~Ⅲ은 구성원 1, 2, 3을 순서 없이 나타낸 것이다. ⓐ+ⓑ=1이다.
- 4의 (나)의 유전자형은 동형 접합성이다.

구성원	DNA 상대량	
	A	b
Ⅰ	1	2
Ⅱ	0	0
Ⅲ	1	1
㉠	1	ⓐ
㉡	ⓑ	1

이에 대한 설명으로 옳은 것만을 〈보기〉에서 있는 대로 고른 것은? (단, 돌연변이와 교차는 고려하지 않으며, A, a, B, b 각각의 1개당 DNA 상대량은 1이다.) [3점]

〈보기〉
ㄱ. Ⅱ는 1이다.
ㄴ. 6의 (가)와 (나)의 유전자형은 모두 이형 접합성이다.
ㄷ. ㉠과 ㉡ 사이에서 아이가 태어날 때, 이 아이에게서 (가)와 (나)가 모두 발현될 확률은 $\frac{1}{4}$이다.

① ㄱ ② ㄷ ③ ㄱ, ㄴ ④ ㄴ, ㄷ ⑤ ㄱ, ㄴ, ㄷ

15

▶24068-0277

다음은 어떤 가족의 유전 형질 (가)와 (나)에 대한 자료이다.

- (가)는 1쌍의 대립유전자에 의해 결정되며, 대립유전자에는 A, B, C가 있고, 각 대립유전자 사이의 우열 관계는 분명하다. (가)의 유전자형이 AB인 사람과 BB인 사람의 표현형은 다르고, AC인 사람과 CC인 사람의 표현형은 같으며, BB인 사람과 BC인 사람의 표현형은 다르다.
- (나)는 대립유전자 D와 d에 의해 결정되며, D는 d에 대해 완전 우성이다.
- 표는 구성원의 성별, (가)의 유전자형, (나)의 발현 여부를 나타낸 것이다.

구성원	성별	(가)의 유전자형	(나)
아버지	남	이형 접합성	발현됨
어머니	여	이형 접합성	발현됨
자녀 1	여	동형 접합성	발현됨
자녀 2	여	이형 접합성	발현 안 됨
자녀 3	남	동형 접합성	발현 안 됨
자녀 4	남	동형 접합성	발현 안 됨

- 이 가족 구성원의 (가)의 유전자형은 모두 다르다.
- 자녀 1의 (나)의 유전자형은 이형 접합성이다.
- (가)의 표현형은 아버지, 어머니, 자녀 1이 서로 같고, 자녀 2와 자녀 3이 서로 같다.
- $\dfrac{\text{자녀 1~3 각각의 체세포 1개당 d의 DNA 상대량을 더한 값}}{\text{자녀 1~3 각각의 체세포 1개당 A의 DNA 상대량을 더한 값}}=1$이다.
- 부모 중 한 명의 생식세포 형성 과정에서 염색체 결실이 1회 일어나 형성된 생식세포 ㉮와 정상 생식세포 ㉯가 수정되어 자녀 2가 태어났다. ㉮는 대립유전자 ㉠이 결실되었고, ㉠은 A, B, C, D, d 중 하나이다. ㉯에는 B가 있다.
- 염색체 수가 24인 생식세포 ㉰와 염색체 수가 22인 생식세포 ㉱가 수정되어 자녀 3이 태어났고, 염색체 수가 24인 생식세포 ㉲와 염색체 수가 22인 생식세포 ㉳가 수정되어 자녀 4가 태어났다. ㉰~㉳의 형성 과정에서 각각 염색체 비분리가 1회 일어났다.
- 자녀 2를 제외한 나머지 가족 구성원의 핵형은 모두 정상이다.

이에 대한 설명으로 옳은 것만을 〈보기〉에서 있는 대로 고른 것은? (단, 제시된 돌연변이 이외의 돌연변이와 교차는 고려하지 않으며, A, B, C, D, d 각각의 1개당 DNA 상대량은 1이다.) [3점]

보기
ㄱ. (나)의 유전자는 X 염색체에 있다.
ㄴ. 어머니에서 B와 d를 모두 갖는 난자가 형성될 수 있다.
ㄷ. ㉮, ㉯, ㉱는 모두 아버지로부터 형성되었다.

① ㄱ 　② ㄷ 　③ ㄱ, ㄴ 　④ ㄴ, ㄷ 　⑤ ㄱ, ㄴ, ㄷ

16

▶24068-0278

사람의 유전 형질 (가)는 3쌍의 대립유전자 A와 a, B와 b, D와 d에 의해 결정된다. (가)의 유전자 중 1개는 X 염색체에, 나머지 2개는 서로 다른 상염색체에 있다. 표는 P의 세포 Ⅰ~Ⅲ과 Q의 세포 Ⅳ~Ⅵ 각각에 들어 있는 A, a, B, b, D, d의 DNA 상대량을 나타낸 것이다. P와 Q 중 한 명은 남자이고, 나머지 한 명은 여자이다. ⓐ~ⓒ는 0, 1, 2를 순서 없이 나타낸 것이다.

사람	세포	A	a	B	b	D	d
P	Ⅰ	ⓐ	?	ⓑ	?	?	2
	Ⅱ	?	0	ⓒ	ⓒ	?	1
	Ⅲ	?	0	0	ⓒ	1	?
Q	Ⅳ	0	ⓐ	2	0	ⓑ	ⓑ
	Ⅴ	ⓒ	0	1	ⓑ	1	?
	Ⅵ	ⓐ	2	2	?	?	ⓑ

이에 대한 설명으로 옳은 것만을 〈보기〉에서 있는 대로 고른 것은? (단, 돌연변이와 교차는 고려하지 않으며, A, a, B, b, D, d 각각의 1개당 DNA 상대량은 1이다.) [3점]

보기
ㄱ. P는 남자이다.
ㄴ. Ⅲ과 Ⅴ의 핵상은 모두 n이다.
ㄷ. Ⅰ의 b의 DNA 상대량은 Ⅵ의 D의 DNA 상대량과 같다.

① ㄱ 　② ㄷ 　③ ㄱ, ㄴ 　④ ㄴ, ㄷ 　⑤ ㄱ, ㄴ, ㄷ

17

▶24068-0279

그림 (가)는 종 A와 B를 혼합 배양했을 때 시간에 따른 개체 수를, (나)는 (가)에서 종 ㉠의 시간에 따른 개체 수 증가율을 나타낸 것이다. ㉠은 A와 B 중 하나이고, A와 B 사이의 상호 작용은 상리 공생과 종간 경쟁 중 하나이다.

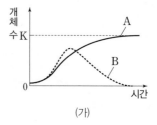
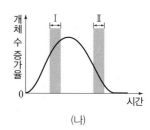

(가)　　　　　(나)

이에 대한 설명으로 옳은 것만을 〈보기〉에서 있는 대로 고른 것은? (단, 이입과 이출은 없으며, 서식지의 면적은 동일하다.) [3점]

보기
ㄱ. ㉠은 A이다.
ㄴ. 구간 Ⅰ과 Ⅱ에서 모두 개체군의 밀도가 증가한다.
ㄷ. A를 단독 배양했을 때 A의 환경 수용력은 K보다 크다.

① ㄴ 　② ㄷ 　③ ㄱ, ㄴ 　④ ㄱ, ㄷ 　⑤ ㄱ, ㄴ, ㄷ

18

▶24068-0280

다음은 어떤 지역의 식물 군집에서 우점종을 알아보기 위한 탐구이다.

(가) 이 지역에 동일한 크기의 방형구 ⓐ개를 설치하여 식물 종 A~D의 분포를 조사했다.

(나) 조사한 결과는 다음과 같다.

• 표는 A~D가 출현한 방형구 수와 피도를 나타낸 것이다.

종	출현한 방형구 수	피도
A	12	0.35
B	8	0.20
C	11	0.35
D	9	0.10

• A~D의 총개체 수는 50이고, A~D의 개체 수는 각각 8, 10, 12, 20 중 하나이다.
• A와 B가 동시에 출현한 방형구는 없고, A와 C가 동시에 출현한 방형구 수는 5이며, B와 C가 동시에 출현한 방형구 수는 4이다.
• D만 출현한 방형구 수는 1이고, A~D가 모두 출현하지 않은 방형구 수는 1이다.
• 방형구 Ⅰ은 A와 C만 출현하였고 Ⅰ에서 총개체 수는 6이다.
• 방형구 Ⅱ는 B, C, D만 출현하였고 Ⅱ에서 총개체 수는 ⓑ이다.

(다) 이 지역의 우점종은 C라고 결론을 내렸다.

이에 대한 설명으로 옳은 것만을 〈보기〉에서 있는 대로 고른 것은? (단, A~D 이외의 종은 고려하지 않는다.) [3점]

보기
ㄱ. A의 빈도는 0.5이다.
ㄴ. B의 상대 빈도는 D의 상대 밀도와 같다.
ㄷ. ⓑ의 최댓값은 10이다.

① ㄱ ② ㄷ ③ ㄱ, ㄴ ④ ㄴ, ㄷ ⑤ ㄱ, ㄴ, ㄷ

19

▶24068-0281

그림은 개체군의 생존 곡선 ㉠~㉢의 상대 수명에 따른 사망률을, 표는 ㉠~㉢을 나타내는 생물의 예를 순서 없이 나타낸 것이다. ㉠~㉢은 Ⅰ형, Ⅱ형, Ⅲ형을 순서 없이 나타낸 것이다.

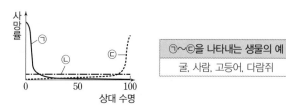

㉠~㉢을 나타내는 생물의 예
굴, 사람, 고등어, 다람쥐

이에 대한 설명으로 옳은 것만을 〈보기〉에서 있는 대로 고른 것은?

보기
ㄱ. ㉠은 Ⅲ형이다.
ㄴ. 표의 생물 중 생존 곡선이 ㉡에 해당하는 생물의 수는 2이다.
ㄷ. 한 번에 낳는 자손의 수는 ㉠에서가 ㉢에서보다 적다.

① ㄱ ② ㄴ ③ ㄷ ④ ㄱ, ㄴ ⑤ ㄱ, ㄷ

20

▶24068-0282

그림은 어떤 생태계에서 탄소 순환 과정의 일부를, 표는 이 생태계에서 각 영양 단계의 에너지양을 상댓값으로 나타낸 것이다. A~C는 1차 소비자, 2차 소비자, 생산자를 순서 없이 나타낸 것이고, Ⅰ~Ⅲ은 A~C를 순서 없이 나타낸 것이다. 에너지 효율은 3차 소비자 > 1차 소비자 > 2차 소비자이다. 3차 소비자의 에너지 효율은 2차 소비자의 에너지 효율의 2배이다.

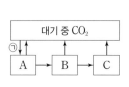

구분	에너지양 (상댓값)
Ⅰ	12
Ⅱ	1000
Ⅲ	?
3차 소비자	2.4

이에 대한 설명으로 옳은 것만을 〈보기〉에서 있는 대로 고른 것은?

보기
ㄱ. Ⅰ은 C이다.
ㄴ. Ⅲ의 에너지 효율은 10 %이다.
ㄷ. 광합성은 과정 ㉠에 해당한다.

① ㄱ ② ㄷ ③ ㄱ, ㄴ ④ ㄱ, ㄷ ⑤ ㄴ, ㄷ

문항에 따라 배점이 다릅니다. 3점 문항에는 점수가 표시되어 있습니다. 점수 표시가 없는 문항은 모두 2점입니다.

01
▶24068-0283

다음은 호주에 서식하는 큰장수앵무에 대한 자료이다.

- 식물의 열매나 씨앗을 먹어 ㉠생명 활동에 필요한 에너지를 얻는다.
- 단위 시간당 열 방출량은 부리와 다리가 다른 부위보다 높다.
- 19세기 후반에 비해 현재 지구의 평균 기온은 약 1 ℃ 정도 상승하였고, ㉡큰장수앵무의 평균 부리 크기는 약 10 % 정도 커졌으며, 이로 인해 열 방출이 이전보다 효율적으로 일어난다.

이 자료에 대한 설명으로 옳은 것만을 〈보기〉에서 있는 대로 고른 것은?

보기
ㄱ. 큰장수앵무는 세포로 구성된다.
ㄴ. ㉠ 과정에서 물질대사가 일어난다.
ㄷ. ㉡은 적응과 진화의 예이다.

① ㄴ ② ㄷ ③ ㄱ, ㄴ ④ ㄱ, ㄷ ⑤ ㄱ, ㄴ, ㄷ

02
▶24068-0284

다음은 사람에서 일어나는 물질대사에 대한 자료이다. ㉠과 ㉡은 각각 ADP와 ATP 중 하나이다.

(가) 포도당이 세포 호흡을 통해 분해되면서 방출된 에너지 중 일부는 ㉠과 무기 인산(P_i)이 결합하여 ㉡이 합성되는 과정에 이용된다.
(나) 여러 개의 아미노산이 결합되어 단백질이 합성된다.

이에 대한 설명으로 옳은 것만을 〈보기〉에서 있는 대로 고른 것은?

보기
ㄱ. ㉠은 ATP이다.
ㄴ. (나)에서 동화 작용이 일어난다.
ㄷ. (가)와 (나)에서 모두 효소가 이용된다.

① ㄱ ② ㄴ ③ ㄱ, ㄷ ④ ㄴ, ㄷ ⑤ ㄱ, ㄴ, ㄷ

03
▶24068-0285

다음은 어떤 과학자가 수행한 탐구이다.

(가) 세포막을 통한 물의 이동 속도가 빠른 어떤 세포에 단백질 X가 많이 있는 것을 보고 X가 세포막을 통한 물의 이동을 촉진할 것이라고 생각했다.
(나) X가 없는 세포 집단을 A와 B로 나누고, A와 B에 서로 다른 농도로 X 합성에 관여하는 물질 Y를 넣어주었다. A와 B 중 한 집단에서 합성된 X의 양은 다른 집단에서 합성된 X의 양의 4배이다.
(다) 일정 시간 후 A와 B에서 세포막을 통한 물의 이동 속도는 그림과 같다.
(라) X가 물의 이동을 촉진한다는 결론을 내렸다.

이 자료에 대한 설명으로 옳은 것만을 〈보기〉에서 있는 대로 고른 것은? (단, 제시된 조건 이외는 고려하지 않는다.) [3점]

보기
ㄱ. (가)에서 가설이 설정되었다.
ㄴ. 넣어준 Y의 양은 통제 변인이다.
ㄷ. 넣어준 Y의 양은 A가 B보다 많다.

① ㄱ ② ㄴ ③ ㄱ, ㄷ ④ ㄴ, ㄷ ⑤ ㄱ, ㄴ, ㄷ

04
▶24068-0286

그림은 사람의 혈액 순환 경로를 나타낸 것이다. ㉠~㉢은 각각 간, 폐, 콩팥 중 하나이다. 이에 대한 설명으로 옳은 것만을 〈보기〉에서 있는 대로 고른 것은?

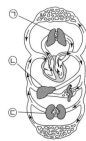

보기
ㄱ. ㉠에서 기체 교환이 일어난다.
ㄴ. ㉡은 소화계에 속한다.
ㄷ. ㉡에서 합성된 요소의 일부는 ㉢을 통해 배설된다.

① ㄱ ② ㄷ ③ ㄱ, ㄴ ④ ㄱ, ㄷ ⑤ ㄱ, ㄴ, ㄷ

05

▶24068-0287

다음은 민말이집 신경 A~C의 흥분 전도와 전달에 대한 자료이다.

- 그림은 A~C의 지점 d_1~d_5의 위치를, 표는 ㉠A와 B의 P 에, C의 Q에 역치 이상의 자극을 동시에 1회 주고 경과된 시간이 t_1일 때 d_1~d_5에서의 막전위를 나타낸 것이다. Ⅰ ~Ⅲ은 A~C를 순서 없이 나타낸 것이며, P와 Q는 각각 d_1~d_5 중 하나이다. ⓐ~ⓒ는 -80, -70, $+30$을 순서 없 이 나타낸 것이다.

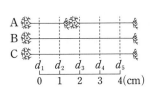

신경	t_1일 때 막전위(mV)				
	d_1	d_2	d_3	d_4	d_5
Ⅰ	ⓒ	?	?	?	ⓐ
Ⅱ	?	ⓐ	?	ⓑ	ⓐ
Ⅲ	ⓒ	?	ⓐ	?	ⓒ

- A를 구성하는 두 뉴런의 흥분 전도 속도와 B와 C의 흥분 전도 속도는 각각 1 cm/ms와 2 cm/ms 중 하 나이다.

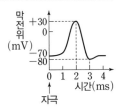

- A~C 각각에서 활동 전위가 발생 하였을 때, 각 지점에서의 막전위 변화는 그림과 같다.

이에 대한 설명으로 옳은 것만을 〈보기〉에서 있는 대로 고른 것은? (단, A~C에서 흥분의 전도는 각각 1회 일어났고, 휴지 전위는 -70 mV이다.) [3점]

┌ 보기 ┐
ㄱ. Ⅲ은 C이다.
ㄴ. B와 C의 흥분 전도 속도는 같다.
ㄷ. ㉠이 3 ms일 때 Na^+의 막 투과도는 Ⅱ의 d_2에서가 Ⅰ의 d_2에서보다 높다.

① ㄱ ② ㄴ ③ ㄱ, ㄴ ④ ㄱ, ㄷ ⑤ ㄴ, ㄷ

06

▶24068-0288

다음은 골격근의 수축 과정에 대한 자료이다.

- 그림은 좌우 대칭인 근육 원섬유 마디 X의 구조를, 표는 골 격근 수축 과정에서 시점 t_1~ t_3일 때 ⓐ의 길이에서 ⓑ의 길 이를 뺀 값을 ⓒ의 길이로 나눈 값($\frac{ⓐ-ⓑ}{ⓒ}$)과 X의 길이를 나타낸 것이다. ⓐ~ⓒ는 ㉠~㉢을 순서 없이 나타낸 것이다.

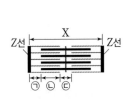

시점	$\frac{ⓐ-ⓑ}{ⓒ}$	X의 길이
t_1	0	3.2 μm
t_2	$\frac{1}{3}$	2.8 μm
t_3	$\frac{3}{7}$	2.6 μm

- 구간 ㉠은 액틴 필라멘트만 있는 부분이고, ㉡은 액틴 필라 멘트와 마이오신 필라멘트가 겹치는 부분이며, ㉢은 마이오 신 필라멘트만 있는 부분이다.

이에 대한 설명으로 옳은 것만을 〈보기〉에서 있는 대로 고른 것은?

┌ 보기 ┐
ㄱ. ⓒ는 ㉡이다.
ㄴ. t_1일 때 A대의 길이는 1.6 μm이다.
ㄷ. $\dfrac{t_2일 때 ⓐ의 길이}{t_3일 때 ⓑ의 길이}=3$이다.

① ㄴ ② ㄷ ③ ㄱ, ㄴ ④ ㄱ, ㄷ ⑤ ㄱ, ㄴ, ㄷ

07 ▶24068-0289

그림은 정상인에서 ㉠의 변화량에 따른 혈중 항이뇨 호르몬(ADH) 농도를, 표는 이 사람에서 ㉠의 변화량에 따른 (가)와 (나)의 상대량을 나타낸 것이다. ㉠은 전체 혈액량과 혈장 삼투압 중 하나이며, (가)와 (나)는 각각 오줌 삼투압과 단위 시간당 오줌 생성량 중 하나이다.

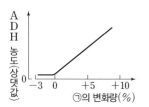

㉠의 변화량(%)	(가)	(나)
+10	3	1
0	1	6

이에 대한 설명으로 옳은 것만을 〈보기〉에서 있는 대로 고른 것은? (단, 제시된 조건 이외는 고려하지 않는다.) [3점]

보기
ㄱ. ㉠은 혈장 삼투압이다.
ㄴ. (가)는 오줌 삼투압이다.
ㄷ. 땀을 많이 흘려 혈장 삼투압이 증가하면 (나)는 증가한다.

① ㄱ   ② ㄷ   ③ ㄱ, ㄴ   ④ ㄱ, ㄷ   ⑤ ㄱ, ㄴ, ㄷ

08 ▶24068-0290

그림은 정상인에서 시간에 따른 열 발산량을 나타낸 것이다. 이 사람은 구간 Ⅰ과 Ⅱ 중 한 구간에서 골격근의 떨림이 발생했다.

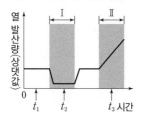

이에 대한 설명으로 옳은 것만을 〈보기〉에서 있는 대로 고른 것은?

보기
ㄱ. 골격근의 떨림이 발생한 구간은 Ⅰ이다.
ㄴ. 피부 근처 혈관을 흐르는 단위 시간당 혈액량은 t_1일 때가 t_2일 때보다 많다.
ㄷ. 땀 분비량은 t_2일 때가 t_3일 때보다 많다.

① ㄱ   ② ㄷ   ③ ㄱ, ㄴ   ④ ㄱ, ㄷ   ⑤ ㄱ, ㄴ, ㄷ

09 ▶24068-0291

그림은 정상인이 탄수화물을 섭취한 후 시간에 따른 혈중 호르몬 ㉠과 ㉡의 농도를 나타낸 것이다. ㉠과 ㉡은 인슐린과 글루카곤을 순서 없이 나타낸 것이다.

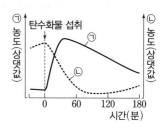

이에 대한 설명으로 옳은 것만을 〈보기〉에서 있는 대로 고른 것은?

보기
ㄱ. ㉠은 이자의 β세포에서 분비된다.
ㄴ. ㉡은 간에서 글리코젠 합성을 촉진한다.
ㄷ. 이자에 연결된 교감 신경의 흥분 발생 빈도가 증가하면 ㉡의 분비가 억제된다.

① ㄱ   ② ㄴ   ③ ㄱ, ㄴ   ④ ㄱ, ㄷ   ⑤ ㄴ, ㄷ

10 ▶24068-0292

표는 사람 질병의 특징을 나타낸 것이다. (가)와 (나)는 결핵과 말라리아를 순서 없이 나타낸 것이다.

질병	특징
(가)	병원체는 원생생물이다.
(나)	?
독감	㉠

이에 대한 설명으로 옳은 것만을 〈보기〉에서 있는 대로 고른 것은?

보기
ㄱ. (가)는 모기를 매개로 전염된다.
ㄴ. (나)의 치료에 항생제가 사용된다.
ㄷ. '병원체가 스스로 물질대사를 한다.'는 ㉠에 해당한다.

① ㄴ   ② ㄷ   ③ ㄱ, ㄴ   ④ ㄱ, ㄷ   ⑤ ㄱ, ㄴ, ㄷ

11

▶24068-0293

다음은 병원체 X와 Y에 대한 생쥐의 방어 작용 실험이다.

- X에 항원 ⓐ가 있다.

[실험 과정 및 결과]

(가) 유전적으로 동일하고 X, Y, ⓐ에 노출된 적이 없는 생쥐 I~III을 준비한다.

(나) I에게 X를 주사하고 일정 시간이 지난 후, ㉠을 분리한다. ㉠은 혈장과 ⓐ에 대한 기억 세포 중 하나이다.

(다) II에게 X를, III에게 (나)의 ㉠을 주사한다.

(라) 일정 시간이 지난 후, II와 III에게 Y를 각각 주사한다. II와 III에서 ⓐ에 대한 혈중 항체 농도 변화는 그림과 같다.

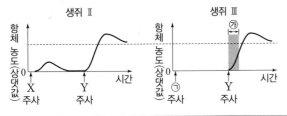

이에 대한 설명으로 옳은 것만을 〈보기〉에서 있는 대로 고른 것은? (단, 제시된 조건 이외는 고려하지 않는다.) [3점]

┌─ 보기 ┐
ㄱ. Y에 ⓐ가 있다.
ㄴ. ㉠은 혈장이다.
ㄷ. 구간 ㉮에서 ⓐ에 대한 기억 세포가 형질 세포로 분화되었다.
└────────┘

① ㄱ   ② ㄴ   ③ ㄷ   ④ ㄱ, ㄷ   ⑤ ㄴ, ㄷ

12

▶24068-0294

다음은 동물($2n=?$) A~C의 세포 (가)~(라)에 대한 자료이다.

- A와 B는 서로 다른 종이며 체세포 1개당 염색체 수가 같다. B와 C는 같은 종이다.
- A는 C와 성이 같으며, A~C의 성염색체는 암컷이 XX, 수컷이 XY이다.
- 그림은 (가)~(라) 각각에 들어 있는 모든 상염색체와 ㉠을 나타낸 것이다. ㉠은 X 염색체와 Y 염색체 중 하나이다.

(가)   (나)   (다)   (라)

이에 대한 설명으로 옳은 것만을 〈보기〉에서 있는 대로 고른 것은? (단, 돌연변이는 고려하지 않는다.) [3점]

┌─ 보기 ┐
ㄱ. ㉠은 Y 염색체이다.
ㄴ. (가)는 B의 세포이다.
ㄷ. $\dfrac{\text{A의 감수 1분열 중기 세포의 염색 분체 수}}{\text{B의 감수 2분열 중기 세포의 염색체 수}}=4$이다.
└────────┘

① ㄱ   ② ㄷ   ③ ㄱ, ㄴ   ④ ㄱ, ㄷ   ⑤ ㄱ, ㄴ, ㄷ

13

▶24068-0295

다음은 세포 주기에 대한 실험이다.

[실험 과정 및 결과]

(가) 어떤 동물의 체세포를 배양하여 집단 A와 B로 나눈다.

(나) A와 B 중 B에만 물질 X를 처리하고, 두 집단을 동일한 조건에서 일정 시간 동안 배양한다. X는 G₁기에서 S기로의 전환을 억제하는 물질과 방추사 형성을 억제하는 물질 중 하나이다.

(다) 두 집단에서 같은 수의 세포를 동시에 고정한 후, 각 집단의 세포당 DNA 양에 따른 세포 수를 나타낸 결과는 그림과 같다.

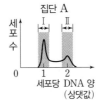 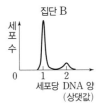

이에 대한 설명으로 옳은 것만을 〈보기〉에서 있는 대로 고른 것은?

┌─ 보기 ┐
ㄱ. X는 G₁기에서 S기로의 전환을 억제하는 물질이다.
ㄴ. 구간 I에 해당하는 세포 중에 핵막이 있는 세포가 있다.
ㄷ. 구간 II에 해당하는 세포에는 2가 염색체가 있다.
└────────┘

① ㄱ   ② ㄷ   ③ ㄱ, ㄴ   ④ ㄱ, ㄷ   ⑤ ㄱ, ㄴ, ㄷ

14

▶24068-0296

사람의 유전 형질 (가)는 대립유전자 A와 a에 의해, (나)는 대립유전자 B와 b에 의해 결정되며, (가)의 유전자는 상염색체에 있다. 그림은 사람 P의 G_1기 세포 I로부터 정자가 형성되는 과정을, 표는 세포 ㉠~㉣에서 A와 b의 DNA 상대량을 각각 더한 값 (A+b)과 a와 B의 DNA 상대량을 각각 더한 값(a+B)을 나타낸 것이다. ㉠~㉣은 I~IV를 순서 없이 나타낸 것이며, ⓐ~ⓒ는 0, 1, 2를 순서 없이 나타낸 것이다.

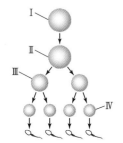

세포	A+b	a+B
㉠	ⓐ	?
㉡	ⓑ	4
㉢	ⓒ	ⓐ
㉣	ⓒ	0

이에 대한 설명으로 옳은 것만을 〈보기〉에서 있는 대로 고른 것은? (단, 돌연변이와 교차는 고려하지 않으며, A, a, B, b 각각의 1개당 DNA 상대량은 1이다. II와 III은 중기의 세포이다.) [3점]

〈보기〉
ㄱ. ⓒ는 1이다.
ㄴ. ㉠과 ㉢의 핵상은 같다.
ㄷ. (나)의 유전자는 상염색체에 있다.

① ㄱ　　② ㄴ　　③ ㄷ　　④ ㄱ, ㄴ　　⑤ ㄴ, ㄷ

15

▶24068-0297

다음은 어떤 집안의 유전 형질 (가)~(다)에 대한 자료이다.

- (가)는 대립유전자 A와 a에 의해, (나)는 대립유전자 B와 b에 의해, (다)는 대립유전자 D와 d에 의해 결정된다. A는 a에 대해, B는 b에 대해, D는 d에 대해 각각 완전 우성이다.
- (나)의 유전자와 (다)의 유전자는 같은 염색체에 있다.
- 가계도는 구성원 ⓐ와 ⓑ를 제외한 구성원 1~7에게서 (가)와 (나)의 발현 여부를 나타낸 것이다.

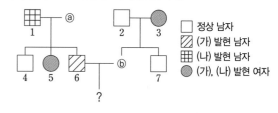

정상 남자 □
(가) 발현 남자 ▨
(나) 발현 남자 ▦
(가), (나) 발현 여자 ●

- 표는 구성원 1, 3, ⓑ에서 체세포 1개당 A와 b의 DNA 상대량을 더한 값(A+b)을 나타낸 것이다.

구성원	1	3	ⓑ
A+b	1	1	3

- 구성원 중 3, 6, 7에게서만 (다)가 발현되었다.

이에 대한 설명으로 옳은 것만을 〈보기〉에서 있는 대로 고른 것은? (단, 돌연변이와 교차는 고려하지 않으며, A, a, B, b, D, d 각각의 1개당 DNA 상대량은 1이다.) [3점]

〈보기〉
ㄱ. (가)의 유전자는 X 염색체에 있다.
ㄴ. ⓐ와 ⓑ의 (나)의 유전자형은 같다.
ㄷ. 6과 ⓑ 사이에서 아이가 태어날 때, 이 아이에게서 (가)~(다) 중 2가지 형질이 발현될 확률은 $\frac{1}{4}$이다.

① ㄱ　　② ㄴ　　③ ㄷ　　④ ㄱ, ㄷ　　⑤ ㄴ, ㄷ

16

▸24068-0298

다음은 사람의 유전 형질 (가)와 (나)에 대한 자료이다.

- (가)는 상염색체에 있는 2쌍의 대립유전자 A와 a, B와 b에 의해 결정되며, A와 a는 3번 염색체에 있고, B와 b는 3번 염색체와 18번 염색체 중 하나에 있다.
- (가)의 표현형은 유전자형에서 대문자로 표시되는 대립유전자의 수에 의해서만 결정되며, 이 대립유전자의 수가 다르면 표현형이 다르다.
- (나)는 18번 염색체에 있는 1쌍의 대립유전자에 의해 결정되며, 대립유전자에는 E, F, G가 있다.
- (나)의 표현형은 3가지이며, 유전자형이 EE인 사람, EF인 사람, EG인 사람은 (나)의 표현형이 같고, 유전자형이 FF인 사람과 FG인 사람은 (나)의 표현형이 같다.
- 유전자형이 AaBbE㉠인 사람 P와 AaBbFG인 사람 Q 사이에서 R가 태어날 때, R에게서 나타날 수 있는 (가)와 (나)의 표현형은 최대 ⓐ가지이며, R의 (가)와 (나)의 표현형이 P와 같을 확률은 Q와 같을 확률의 ⓑ배이다. ㉠은 F와 G 중 하나이고, ⓐ와 ⓑ는 각각 3, 6, 10 중 서로 다른 하나이다.

이에 대한 설명으로 옳은 것만을 〈보기〉에서 있는 대로 고른 것은? (단, 돌연변이와 교차는 고려하지 않는다.) [3점]

보기

ㄱ. Q에서 B는 3번 염색체에 있다.

ㄴ. ㉠은 G이다.

ㄷ. R와 유전자형이 AAbb㉠㉠인 사람이 (가)와 (나)의 표현형이 같을 확률은 $\frac{1}{8}$이다.

① ㄱ ② ㄷ ③ ㄱ, ㄴ ④ ㄴ, ㄷ ⑤ ㄱ, ㄴ, ㄷ

17

▸24068-0299

다음은 어떤 가족의 유전 형질 (가)~(다)에 대한 자료이다.

- (가)는 대립유전자 A와 a에 의해, (나)는 대립유전자 B와 b에 의해, (다)는 대립유전자 D와 d에 의해 결정된다.
- (가)~(다)의 유전자 중 1개는 상염색체에, 나머지 2개는 X 염색체에 있다.
- 표는 이 가족 구성원 ㉠~㉥의 성별, 체세포 1개에 들어 있는 A, B, d의 DNA 상대량을 나타낸 것이다. ㉠~㉥은 아버지, 어머니, 자녀 1, 자녀 2, 자녀 3, 자녀 4를 순서 없이 나타낸 것이다.

구성원	성별	DNA 상대량		
		A	B	d
㉠	여	2	2	1
㉡	여	1	1	1
㉢	남	1	1	1
㉣	남	1	1	0
㉤	남	1	0	1
㉥	?	0	2	1

- 자녀 1~4 중 하나는 염색체 수가 비정상적인 난자 ⓐ와 정상 정자가 수정되어 태어났으며, 클라인펠터 증후군 염색체 이상을 나타낸다.
- ㉠~㉥ 중 클라인펠터 증후군 염색체 이상을 보이는 자녀를 제외한 구성원의 핵형은 모두 정상이다.

이에 대한 설명으로 옳은 것만을 〈보기〉에서 있는 대로 고른 것은? (단, 제시된 돌연변이 이외의 돌연변이와 교차는 고려하지 않으며, A, a, B, b, D, d 각각의 1개당 DNA 상대량은 1이다.) [3점]

보기

ㄱ. ㉠에서 A와 d는 모두 X 염색체에 있다.

ㄴ. ㉤은 아버지이다.

ㄷ. ⓐ는 감수 1분열에서 염색체 비분리가 일어나 형성되었다.

① ㄱ ② ㄴ ③ ㄱ, ㄴ ④ ㄱ, ㄷ ⑤ ㄴ, ㄷ

18

▶24068-0300

표는 천이가 일어나고 있는 어떤 식물 군집에서 시점 t_1과 t_2일 때 각각 방형구 10개를 이용하여 식물 군집을 조사한 결과를 나타낸 것이다. 이 식물 군집은 t_1과 t_2 중 한 시점에서 극상을 이루었으며, 종 Ⅰ과 Ⅱ는 양수이고, 종 Ⅲ과 Ⅳ는 음수이다.

구분	t_1				t_2			
	양수		음수		양수		음수	
	Ⅰ	Ⅱ	Ⅲ	Ⅳ	Ⅰ	Ⅱ	Ⅲ	Ⅳ
개체 수	48	34	10	8	5	7	60	48
출현한 방형구 수	9	7	2	2	2	3	10	10
상대 피도(%)	53	ⓐ	7	3	3	5	60	32

이에 대한 설명으로 옳은 것만을 〈보기〉에서 있는 대로 고른 것은? (단, Ⅰ~Ⅳ 이외의 종은 고려하지 않으며 서식지의 면적은 일정하다.) [3점]

> **보기**
> ㄱ. t_2일 때 Ⅳ의 상대 밀도는 ⓐ보다 크다.
> ㄴ. 중요치(중요도)는 t_1일 때 Ⅰ이 t_2일 때 Ⅲ보다 크다.
> ㄷ. 이 식물 군집은 t_2일 때 극상을 이룬다.

① ㄱ   ② ㄴ   ③ ㄱ, ㄷ   ④ ㄴ, ㄷ   ⑤ ㄱ, ㄴ, ㄷ

19

▶24068-0301

그림은 어떤 동물 개체군의 시간에 따른 개체 수를 나타낸 것이다.

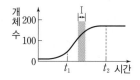

이에 대한 설명으로 옳은 것만을 〈보기〉에서 있는 대로 고른 것은?

> **보기**
> ㄱ. 구간 Ⅰ에서 사망한 개체 수는 태어난 개체 수보다 많다.
> ㄴ. 환경 저항은 t_2일 때가 t_1일 때보다 크다.
> ㄷ. 환경 수용력은 200보다 크다.

① ㄱ   ② ㄴ   ③ ㄷ   ④ ㄱ, ㄴ   ⑤ ㄴ, ㄷ

20

▶24068-0302

표는 어떤 생태계에서 일어나는 질소 순환 과정 중 일부를 나타낸 것이다. (가)~(다)는 질소 고정, 탈질산화 작용, 질소 동화 작용을 순서 없이 나타낸 것이며, ㉠은 암모늄 이온(NH_4^+)과 질산 이온(NO_3^-) 중 하나이다.

구분	과정
(가)	㉠ → 대기 중의 질소(N_2)
(나)	대기 중의 질소(N_2) → 암모늄 이온(NH_4^+)
(다)	?

이에 대한 설명으로 옳은 것만을 〈보기〉에서 있는 대로 고른 것은?

> **보기**
> ㄱ. ㉠은 암모늄 이온(NH_4^+)이다.
> ㄴ. 뿌리혹박테리아에서 (나)가 일어난다.
> ㄷ. 식물에서 (다)가 일어난다.

① ㄱ   ② ㄴ   ③ ㄷ   ④ ㄱ, ㄴ   ⑤ ㄴ, ㄷ

문항에 따라 배점이 다릅니다. 3점 문항에는 점수가 표시되어 있습니다. 점수 표시가 없는 문항은 모두 2점입니다.

01

▶ 24068-0303

다음은 검은머리갈매기에 대한 자료이다.

검은머리갈매기는 ㉠암컷과 수컷이 교대로 알을 품는 기간을 거쳐야 알에서 부화하며, 빠른 속도로 생장하여 성체가 된다. ㉡성체의 머리 깃털은 겨울에는 흰색이지만 봄이 되면 검은색으로 변한다.

이 자료에 대한 설명으로 옳은 것만을 〈보기〉에서 있는 대로 고른 것은?

┌ 보기 ┌
ㄱ. 검은머리갈매기가 알을 낳는 것은 생식과 유전의 예에 해당한다.
ㄴ. ㉠ 동안 알에서 발생과 생장이 일어난다.
ㄷ. ㉡ 과정에서 물질대사가 일어난다.

① ㄱ ② ㄷ ③ ㄱ, ㄴ ④ ㄴ, ㄷ ⑤ ㄱ, ㄴ, ㄷ

02

▶ 24068-0304

다음은 사람의 신경계에 대한 학생 A~C의 대화 내용이다.

두정엽은 대뇌의 백색질에 있어. — 학생 A

뇌교는 말초 신경계에 속해. — 학생 B

간뇌에는 삼투압 조절 중추가 있어. — 학생 C

제시한 내용이 옳은 학생만을 있는 대로 고른 것은?

① A ② C ③ A, B ④ B, C ⑤ A, B, C

03

▶ 24068-0305

다음은 어떤 토양에 생물체가 살고 있는지 알아보기 위한 실험이다.

[실험 과정]
(가) 실험 장치 Ⅰ에는 고온에서 가열하여 멸균한 토양을, 실험 장치 Ⅱ에는 가열하지 않은 토양을 각각 넣는다.
(나) 방사성 동위 원소(^{14}C)로 표지된 영양소를 Ⅰ과 Ⅱ에 각각 공급하고, 일정 시간이 지난 후 Ⅰ과 Ⅱ에서 방사성 기체가 검출되는지 각각 측정한다.

[실험 결과]
Ⅱ에서만 방사성 기체가 검출되었다.

이 자료에 대한 설명으로 옳은 것만을 〈보기〉에서 있는 대로 고른 것은? (단, 제시된 조건 이외는 고려하지 않는다.)

┌ 보기 ┌
ㄱ. Ⅱ에서 이화 작용이 일어났다.
ㄴ. 귀납적 탐구 방법이 이용되었다.
ㄷ. 토양의 가열 여부는 통제 변인이다.

① ㄱ ② ㄴ ③ ㄱ, ㄷ ④ ㄴ, ㄷ ⑤ ㄱ, ㄴ, ㄷ

04

▶ 24068-0306

다음은 사람에서 일어나는 영양소 (가)의 물질대사에 대한 자료이다.

(가)의 기본 단위인 아미노산이 분해되어 생성되는 노폐물 ㉠~㉢ 중 ㉠과 ㉡의 구성 원소에는 모두 수소가 포함되고, ㉡과 ㉢의 구성 원소에는 모두 산소가 포함된다. ㉠~㉢은 물, 암모니아, 이산화 탄소를 순서 없이 나타낸 것이다.

이에 대한 설명으로 옳은 것만을 〈보기〉에서 있는 대로 고른 것은?

┌ 보기 ┌
ㄱ. 녹말은 (가)에 해당한다.
ㄴ. 간에서 ㉠이 요소로 전환된다.
ㄷ. ㉢은 이산화 탄소이다.

① ㄱ ② ㄷ ③ ㄱ, ㄴ ④ ㄴ, ㄷ ⑤ ㄱ, ㄴ, ㄷ

05
▶24068-0307

그림 (가)는 사람 P의 체세포 세포 주기를, (나)는 P의 핵형 분석 결과의 일부를 나타낸 것이다. ㉠~㉢은 G₁기, G₂기, M기(분열기)를 순서 없이 나타낸 것이다.

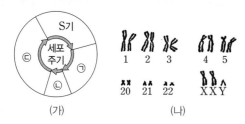

(가)   (나)

이에 대한 설명으로 옳은 것만을 〈보기〉에서 있는 대로 고른 것은?

┌─ 보기 ┐
ㄱ. ㉢ 시기의 세포에서 핵막이 관찰된다.
ㄴ. ㉡ 시기에 (나)의 염색체가 관찰된다.
ㄷ. (나)에서 터너 증후군의 염색체 이상이 관찰된다.

① ㄱ   ② ㄷ   ③ ㄱ, ㄴ   ④ ㄴ, ㄷ   ⑤ ㄱ, ㄴ, ㄷ

06
▶24068-0308

그림은 같은 종인 동물($2n=?$) Ⅰ과 Ⅱ의 세포 (가)~(다) 각각에 들어 있는 모든 염색체를 나타낸 것이다. (가)~(다) 중 2개는 Ⅰ의 세포이고, 나머지 1개는 Ⅱ의 세포이다. 이 동물의 성염색체는 암컷이 XX, 수컷이 XY이다. 이 동물 종의 유전 형질 ⓐ는 대립유전자 A와 a에 의해, 유전 형질 ⓑ는 대립유전자 B와 b에 의해 결정된다. Ⅰ과 Ⅱ는 각각 ⓐ와 ⓑ의 유전자형이 모두 동형 접합성이다.

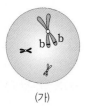      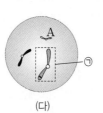

(가)   (나)   (다)

이에 대한 설명으로 옳은 것만을 〈보기〉에서 있는 대로 고른 것은? (단, 돌연변이와 교차는 고려하지 않는다.) [3점]

┌─ 보기 ┐
ㄱ. ㉠에는 B가 있다.
ㄴ. (나)를 갖는 개체와 (다)를 갖는 개체의 핵형은 다르다.
ㄷ. Ⅰ은 수컷이다.

① ㄱ   ② ㄴ   ③ ㄱ, ㄷ   ④ ㄴ, ㄷ   ⑤ ㄱ, ㄴ, ㄷ

07
▶24068-0309

표는 사람 질병의 특징을 나타낸 것이다.

질병	특징
㉠	치료에 항생제가 사용된다.
말라리아	(가)
낭성 섬유증	기관지에서 끈적한 점액이 과도하게 분비된다.

이에 대한 설명으로 옳은 것만을 〈보기〉에서 있는 대로 고른 것은?

┌─ 보기 ┐
ㄱ. 결핵은 ㉠에 해당한다.
ㄴ. '병원체가 바이러스이다.'는 (가)에 해당한다.
ㄷ. 낭성 섬유증은 감염성 질병이다.

① ㄱ   ② ㄷ   ③ ㄱ, ㄴ   ④ ㄴ, ㄷ   ⑤ ㄱ, ㄴ, ㄷ

08
▶24068-0310

사람의 유전 형질 ㉮는 상염색체에 있는 2쌍의 대립유전자 A와 a, B와 b, X 염색체에 있는 1쌍의 대립유전자 D와 d에 의해 결정된다. 표는 사람 P와 Q 각각에서 하나의 G₁기 세포로부터 생식세포가 형성되는 과정에서 나타나는 세포 (가)~(라)의 대립유전자 ㉠~㉥의 유무를 나타낸 것이다. ㉠~㉥은 A, a, B, b, D, d를 순서 없이 나타낸 것이다.

대립유전자	P의 세포		Q의 세포	
	(가)	(나)	(다)	(라)
㉠	×	×	×	×
㉡	○	×	○	×
㉢	×	×	×	○
㉣	○	○	○	○
㉤	×	○	○	×
㉥	×	○	×	○

(○: 있음, ×: 없음)

이에 대한 설명으로 옳은 것만을 〈보기〉에서 있는 대로 고른 것은? (단, 돌연변이와 교차는 고려하지 않는다.) [3점]

┌─ 보기 ┐
ㄱ. ㉤은 X 염색체에 있다.
ㄴ. ㉠은 ㉡과 대립유전자이다.
ㄷ. Q의 ㉮의 유전자형은 AaBbX^DX^d이다.

① ㄱ   ② ㄴ   ③ ㄱ, ㄷ   ④ ㄴ, ㄷ   ⑤ ㄱ, ㄴ, ㄷ

09

▶24068-0311

표는 근육 원섬유 P의 수축 과정에서 두 시점 t_1과 t_2일 때 H대의 길이를, 그림은 t_1일 때 관찰된 P의 일부를 나타낸 것이다. P는 동일한 형태의 근육 원섬유 마디가 반복되는 구조이고, 근육 원섬유 마디는 좌우 대칭이다. 구간 ㉠~㉢은 마이오신 필라멘트만 있는 부분, 액틴 필라멘트만 있는 부분, 마이오신 필라멘트와 액틴 필라멘트가 겹치는 부분을 순서 없이 나타낸 것이다.

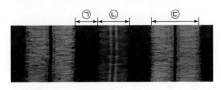

시점	H대의 길이
t_1	ⓐ μm
t_2	2ⓐ μm

이에 대한 설명으로 옳은 것만을 〈보기〉에서 있는 대로 고른 것은?

보기
ㄱ. ㉠은 A대에 포함된다.
ㄴ. t_2일 때 ㉡에 액틴 필라멘트가 있다.
ㄷ. ㉢의 길이에서 ㉡의 길이를 뺀 값은 t_1일 때와 t_2일 때가 같다.

① ㄱ   ② ㄴ   ③ ㄷ   ④ ㄱ, ㄷ   ⑤ ㄱ, ㄴ, ㄷ

11

▶24068-0313

그림은 정상인이 온도가 다른 물 ㉠과 ㉡에 들어갔을 때 땀 분비량과 열 발생량(열 생산량)의 변화를 나타낸 것이다. ㉠과 ㉡은 각각 '체온보다 낮은 온도의 물'과 '체온보다 높은 온도의 물' 중 하나이다.

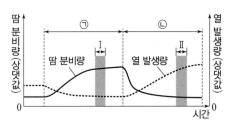

이에 대한 설명으로 옳은 것만을 〈보기〉에서 있는 대로 고른 것은? (단, 제시된 조건 이외는 고려하지 않는다.)

보기
ㄱ. ㉠은 '체온보다 높은 온도의 물'이다.
ㄴ. 구간 Ⅰ일 때가 구간 Ⅱ일 때보다 털세움근이 더 이완된 상태이다.
ㄷ. 구간 Ⅱ일 때 간에서 물질대사가 촉진된다.

① ㄱ   ② ㄴ   ③ ㄱ, ㄷ   ④ ㄴ, ㄷ   ⑤ ㄱ, ㄴ, ㄷ

10

▶24068-0312

그림은 같은 종인 동물 ㉠과 ㉡이 진한 농도의 소금물을 섭취하였을 때 시간에 따른 오줌 생성량을 나타낸 것이다. ㉠과 ㉡은 정상 개체와 뇌하수체 후엽을 제거한 개체를 순서 없이 나타낸 것이다. 진한 농도의 소금물은 정상 개체에서 항이뇨 호르몬(ADH)의 분비를 촉진한다.

이에 대한 설명으로 옳은 것만을 〈보기〉에서 있는 대로 고른 것은? (단, 제시된 조건 이외는 고려하지 않는다.) [3점]

보기
ㄱ. ㉠은 정상 개체이다.
ㄴ. t_1일 때 혈중 ADH의 농도는 ㉠이 ㉡보다 높다.
ㄷ. t_1일 때 생성되는 오줌의 삼투압은 ㉠이 ㉡보다 낮다.

① ㄱ   ② ㄴ   ③ ㄷ   ④ ㄱ, ㄴ   ⑤ ㄱ, ㄴ, ㄷ

12

▶24068-0314

그림은 정상인과 당뇨병 환자 A가 포도당을 섭취하였을 때 시간에 따른 혈중 포도당 농도를 나타낸 것이다. ㉠과 ㉢은 정상인과 '규칙적인 운동을 하기 전의 A'를 순서 없이 나타낸 것이고, ㉡은 '규칙적인 운동을 한 후의 A'이다.

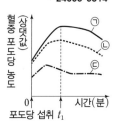

이에 대한 설명으로 옳은 것만을 〈보기〉에서 있는 대로 고른 것은? (단, 제시된 조건 이외는 고려하지 않는다.) [3점]

보기
ㄱ. 대사성 질환에는 당뇨병이 있다.
ㄴ. t_1일 때 혈중 포도당 농도는 정상인이 '규칙적인 운동을 하기 전의 A'보다 높다.
ㄷ. 규칙적인 운동은 A의 혈중 포도당 농도 조절에 영향을 미친다.

① ㄱ   ② ㄴ   ③ ㄱ, ㄷ   ④ ㄴ, ㄷ   ⑤ ㄱ, ㄴ, ㄷ

13

▸24068-0315

다음은 민말이집 신경 A~C의 흥분 전도와 전달에 대한 자료이다.

- 그림은 A~C의 지점 d_1~d_3의 위치를 나타낸 것이다. ㉠~㉥ 중 두 곳에만 시냅스가 있다.

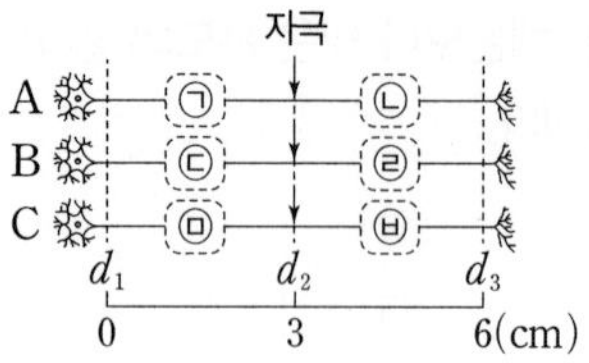

- A~C를 구성하는 뉴런의 흥분 전도 속도는 각각 1 cm/ms와 2 cm/ms 중 하나이고, 시냅스가 있는 신경을 구성하는 두 뉴런의 흥분 전도 속도는 같다.
- 그림은 A~C 각각에서 활동 전위가 발생하였을 때 각 지점에서의 막전위 변화를, 표는 ⓐA~C의 d_2에 역치 이상의 자극을 동시에 1회 주고 경과된 시간이 4 ms일 때, d_1과 d_3에서의 막전위가 속하는 구간을 나타낸 것이다.

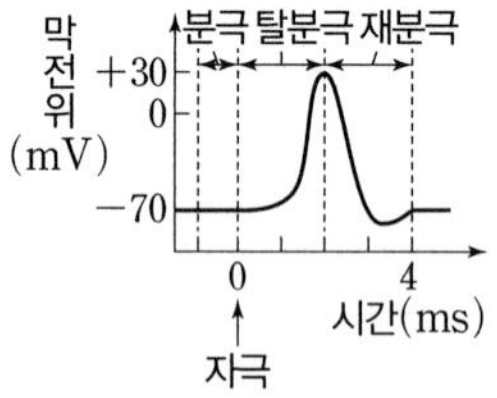

신경	4 ms일 때 막전위가 속하는 구간	
	d_1	d_3
A	탈분극	탈분극
B	분극	재분극
C	재분극	탈분극

이에 대한 설명으로 옳은 것만을 〈보기〉에서 있는 대로 고른 것은? (단, A~C에서 흥분의 전도는 각각 1회 일어났고, 휴지 전위는 −70 mV이다.) [3점]

보기

ㄱ. 시냅스는 ㉢과 ㉥에 있다.

ㄴ. ⓐ가 6 ms일 때 A의 d_3에서의 막전위는 분극 상태에 속한다.

ㄷ. B와 C를 구성하는 뉴런의 흥분 전도 속도는 모두 2 cm/ms이다.

① ㄱ ② ㄴ ③ ㄷ ④ ㄱ, ㄴ ⑤ ㄱ, ㄷ

14

▸24068-0316

다음은 어떤 과학자가 수행한 탐구이다.

(가) 어떤 군집에서 도마뱀이 거미를 잡아먹는 것을 보고, 도마뱀이 거미의 개체 수 증가를 억제할 것이라는 가설을 세웠다.

(나) 이 군집을 두 집단 A와 B로 구분하고 한 집단에서만 도마뱀을 제거한 후, A와 B 각각에서 시간에 따른 거미 개체 수를 측정하였다.

(다) (나)의 측정 결과는 그림과 같다.

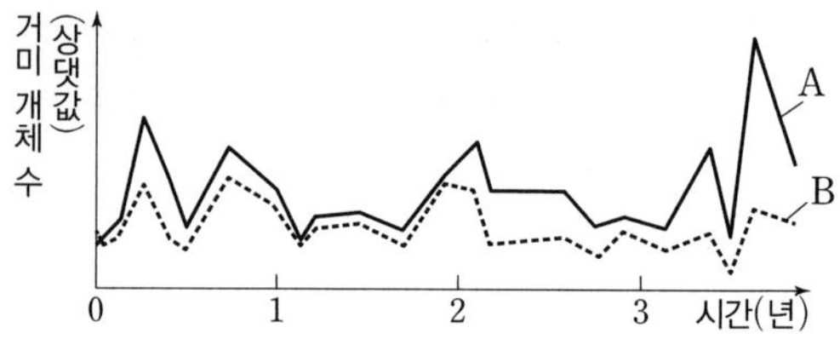

(라) 이 군집에서 도마뱀이 거미의 개체 수 증가를 억제한다는 결론을 내렸다.

이 자료에 대한 설명으로 옳은 것만을 〈보기〉에서 있는 대로 고른 것은? (단, 제시된 조건 이외는 고려하지 않는다.) [3점]

보기

ㄱ. B는 도마뱀을 제거한 집단이다.

ㄴ. (나)에서 A의 거미 개체군에 환경 저항이 작용한다.

ㄷ. 거미는 도마뱀의 천적이다.

① ㄱ ② ㄴ ③ ㄷ ④ ㄴ, ㄷ ⑤ ㄱ, ㄴ, ㄷ

15

▶24068-0317

다음은 어떤 가족의 유전 형질 (가)~(다)에 대한 자료이다.

- (가)~(다)의 유전자는 서로 다른 3개의 상염색체에 있다.
- (가)는 대립유전자 E와 e에 의해, (나)는 대립유전자 F와 f에 의해, (다)는 대립유전자 G와 g에 의해 결정된다.
- (가)~(다) 중 2가지는 각각 우성 형질과 열성 형질이며, 각 형질의 유전자형에서 대문자로 표시되는 대립유전자가 소문자로 표시되는 대립유전자에 대해 완전 우성이다. 나머지 한 형질은 유전자형이 다르면 표현형이 다르다.
- 표는 어머니와 아버지의 유전자형에서 e, f, G의 유무를, 그림은 어머니, 아버지, 자녀 Ⅰ과 Ⅱ에서 체세포 1개당 E, F, G의 DNA 상대량을 더한 값(E+F+G)을 나타낸 것이다.

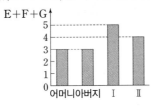

구성원	대립유전자		
	e	f	G
어머니	○	×	×
아버지	?	○	○

(○: 있음, ×: 없음)

- 이 가족 구성원 중 어머니에게서만 (다)가 발현되었다.
- Ⅰ과 Ⅱ는 (가)의 표현형이 다르고, (나)와 (다)의 표현형은 모두 같다.

이에 대한 설명으로 옳은 것만을 〈보기〉에서 있는 대로 고른 것은? (단, 돌연변이와 교차는 고려하지 않으며, E, e, F, f, G, g 각각의 1개당 DNA 상대량은 1이다.) [3점]

〈보기〉
ㄱ. 아버지의 (가)~(다)의 유전자형은 EeffGG이다.
ㄴ. (가)는 우성 형질이다.
ㄷ. Ⅰ과 Ⅱ는 (나)의 유전자형이 같다.

① ㄱ ② ㄷ ③ ㄱ, ㄴ ④ ㄴ, ㄷ ⑤ ㄱ, ㄴ, ㄷ

16

▶24068-0318

그림 (가)는 어떤 사람이 바이러스 X에 처음 감염된 후 나타나는 특이적 방어 작용의 일부를, (나)는 이 사람에서 X의 침입 이후 활성화된 세포 ㉠과 ㉡의 수 변화를 나타낸 것이다. ㉠과 ㉡은 각각 보조 T 림프구와 세포독성 T림프구 중 하나이다.

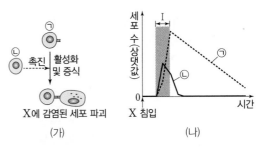

이에 대한 설명으로 옳은 것만을 〈보기〉에서 있는 대로 고른 것은? (단, 제시된 조건 이외는 고려하지 않는다.)

〈보기〉
ㄱ. 가슴샘에서 ㉠의 성숙이 일어난다.
ㄴ. ㉡은 세포독성 T림프구이다.
ㄷ. 구간 Ⅰ에서 X에 대한 세포성 면역이 일어났다.

① ㄱ ② ㄴ ③ ㄷ ④ ㄱ, ㄷ ⑤ ㄱ, ㄴ, ㄷ

17

▶24068-0319

다음은 사람의 유전 형질 (가)와 (나)에 대한 자료이다.

- (가)는 21번 염색체에 있는 대립유전자 A와 a, 7번 염색체에 있는 대립유전자 B와 b, 8번 염색체에 있는 대립유전자 D와 d에 의해 결정된다. (가)의 표현형은 유전자형에서 대문자로 표시되는 대립유전자의 수에 의해서만 결정되며, 이 대립유전자의 수가 다르면 표현형이 다르다.
- (나)는 대립유전자 H와 h에 의해 결정되며, H는 h에 대해 완전 우성이다.
- 그림은 (가)와 (나)의 표현형이 모두 같은 남자 P와 여자 Q의 체세포에 들어 있는 일부 염색체와 유전자를 나타낸 것이다. Q의 어머니의 생식세포 분열 과정에서 전좌가 일어나 일부 염색체의 구조가 비정상적인 난자가 형성되었고, 이 난자가 정상 정자와 수정되어 Q가 태어났다.

P의 체세포   Q의 체세포

P와 Q 사이에서 아이가 태어날 때, 이 아이의 표현형이 (가)와 (나) 중 (가)만 부모와 같을 확률은? (단, 제시된 돌연변이 이외의 돌연변이와 교차는 고려하지 않는다.) [3점]

① $\frac{1}{4}$ ② $\frac{7}{32}$ ③ $\frac{3}{16}$ ④ $\frac{1}{8}$ ⑤ $\frac{1}{16}$

18
▶24068-0320

다음은 어떤 집안의 유전 형질 (가)와 (나)에 대한 자료이다.

- (가)는 대립유전자 A와 a에 의해, (나)는 대립유전자 B와 b에 의해 결정된다. A는 a에 대해, B는 b에 대해 각각 완전 우성이다.
- (가)와 (나)의 유전자는 모두 X 염색체에 있다.
- 가계도는 구성원 ⓐ, ⓑ, ⓒ를 제외한 구성원 1~6에게서 (가)와 (나)의 발현 여부를 나타낸 것이다.

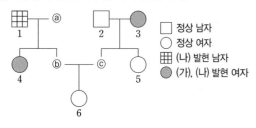

□	정상 남자
○	정상 여자
▦	(나) 발현 남자
●	(가), (나) 발현 여자

- ⓐ, ⓑ, ⓒ 중 한 사람은 (가)만 발현되었고, 다른 한 사람은 (나)만 발현되었으며, 나머지 한 사람은 (가)와 (나)가 모두 발현되었다.

이에 대한 설명으로 옳은 것만을 〈보기〉에서 있는 대로 고른 것은? (단, 돌연변이와 교차는 고려하지 않는다.) [3점]

┌ 보기 ┐
ㄱ. (나)는 우성 형질이다.
ㄴ. ⓒ는 여자이다.
ㄷ. ⓐ에게서 A와 B를 모두 갖는 생식세포가 형성될 수 있다.
└──────┘

① ㄱ ② ㄴ ③ ㄱ, ㄷ ④ ㄴ, ㄷ ⑤ ㄱ, ㄴ, ㄷ

19
▶24068-0321

표는 방형구법을 이용하여 어떤 지역의 식물 군집을 조사한 결과를 나타낸 것이다. A~C의 개체 수의 합은 120이다.

종	개체 수	빈도	상대 피도(%)	중요치(중요도)
A	36	㉠	?	100
B	36	0.5	40	?
C	?	㉡	30	105

이 자료에 대한 설명으로 옳은 것만을 〈보기〉에서 있는 대로 고른 것은? (단, A~C 이외의 종은 고려하지 않는다.) [3점]

┌ 보기 ┐
ㄱ. C의 상대 밀도는 40 %이다.
ㄴ. ㉠+㉡은 0.5이다.
ㄷ. 우점종은 B이다.
└──────┘

① ㄱ ② ㄴ ③ ㄱ, ㄷ ④ ㄴ, ㄷ ⑤ ㄱ, ㄴ, ㄷ

20
▶24068-0322

그림은 식물 군집 K의 시간에 따른 총생산량과 ㉠을 나타낸 것이고, 표는 K에서 t_1과 t_2 중 한 시기의 총생산량에 대한 피식량, 고사량, 낙엽량, 생장량, 호흡량의 비율을 나타낸 것이다. ㉠은 순생산량과 호흡량 중 하나이다.

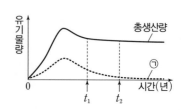

구분	비율(%)
피식량	0.3
고사량, 낙엽량	19.7
생장량	6.0
호흡량	74.0
합계	100

이에 대한 설명으로 옳은 것만을 〈보기〉에서 있는 대로 고른 것은?

┌ 보기 ┐
ㄱ. 피식량, 고사량, 낙엽량, 생장량은 모두 ㉠에 포함된다.
ㄴ. 호흡량은 t_1일 때가 t_2일 때보다 크다.
ㄷ. 표는 t_2일 때의 비율을 나타낸 것이다.
└──────┘

① ㄱ ② ㄴ ③ ㄱ, ㄷ ④ ㄴ, ㄷ ⑤ ㄱ, ㄴ, ㄷ

고2~N수 수능 집중 로드맵

수능 입문 →		기출 / 연습 →	연계+연계 보완 →	심화 / 발전 →	모의고사
윤혜정의 개념/패턴의 나비효과 하루 6개 1등급 영어독해 수능 감(感)잡기 수능특강 Light	**강의노트** 수능개념	윤혜정의 기출의 나비효과 수능 기출의 미래 수능 기출의 미래 미니모의고사 수능특강Q 미니모의고사	**수능연계교재의 VOCA 1800** **수능연계 기출 Vaccine VOCA 2200** **연계** 감수 수능특강 감수 수능완성 / 수능특강 사용설명서 수능특강 연계 기출 수능 영어 간접연계 서치라이트 수능완성 사용설명서	수능연계완성 3주 특강 박봄의 사회·문화 표 분석의 패턴	FINAL 실전모의고사 만점마무리 봉투모의고사 만점마무리 봉투모의고사 시즌2 만점마무리 봉투모의고사 BLACK Edition 수능 직전보강 클리어 봉투모의고사

구분	시리즈명	특징	수준	영역
수능 입문	윤혜정의 개념/패턴의 나비효과	윤혜정 선생님과 함께하는 수능 국어 개념/패턴 학습		국어
	하루 6개 1등급 영어독해	매일 꾸준한 기출문제 학습으로 완성하는 1등급 영어 독해		영어
	수능 감(感) 잡기	동일 소재·유형의 내신과 수능 문항 비교로 수능 입문		국/수/영
	수능특강 Light	수능 연계교재 학습 전 연계교재 입문서		영어
	수능개념	EBSi 대표 강사들과 함께하는 수능 개념 다지기		전 영역
기출/연습	윤혜정의 기출의 나비효과	윤혜정 선생님과 함께하는 까다로운 국어 기출 완전 정복		국어
	수능 기출의 미래	올해 수능에 딱 필요한 문제만 선별한 기출문제집		전 영역
	수능 기출의 미래 미니모의고사	부담없는 실전 훈련, 고품질 기출 미니모의고사		국/수/영
	수능특강Q 미니모의고사	매일 15분으로 연습하는 고품격 미니모의고사		전 영역
연계 + 연계 보완	수능특강	최신 수능 경향과 기출 유형을 분석한 종합 개념서		전 영역
	수능특강 사용설명서	수능 연계교재 수능특강의 지문·자료·문항 분석		국/영
	수능특강 연계 기출	수능특강 수록 작품·지문과 연결된 기출문제 학습		국어
	수능완성	유형 분석과 실전모의고사로 단련하는 문항 연습		전 영역
	수능완성 사용설명서	수능 연계교재 수능완성의 국어·영어 지문 분석		국/영
	수능 영어 간접연계 서치라이트	출제 가능성이 높은 핵심만 모아 구성한 간접연계 대비 교재		영어
	수능연계교재의 VOCA 1800	수능특강과 수능완성의 필수 중요 어휘 1800개 수록		영어
	수능연계 기출 Vaccine VOCA 2200	수능-EBS 연계 및 평가원 최다 빈출 어휘 선별 수록		영어
심화/발전	수능연계완성 3주 특강	단기간에 끝내는 수능 1등급 변별 문항 대비서		국/수/영
	박봄의 사회·문화 표 분석의 패턴	박봄 선생님과 사회·문화 표 분석 문항의 패턴 연습		사회탐구
모의고사	FINAL 실전모의고사	EBS 모의고사 중 최다 분량, 최다 과목 모의고사		전 영역
	만점마무리 봉투모의고사	실제 시험지 형태와 OMR 카드로 실전 훈련 모의고사		전 영역
	만점마무리 봉투모의고사 시즌2	수능 직전 실전 훈련 봉투모의고사		국/수/영
	만점마무리 봉투모의고사 BLACK Edition	수능 직전 최종 마무리용 실전 훈련 봉투모의고사		국·수·영
	수능 직전보강 클리어 봉투모의고사	수능 직전(D-60) 보강 학습용 실전 훈련 봉투모의고사		전 영역

MEMO

한성은 새롭다
세상엔 이롭다

한성대학교가 마주하는
도전과 기회가
글로벌 창의융합교육의
미래를 열어갑니다

트랙제 졸업생
취업률 78.1%

'방학 중 SW·AI
교육캠프 사업'
서울·경기권
최우수대학

'재학생 충원율'
최고 수준
101.1%

개교 이래 최초
외부 재정지원사업
수주 100억 원

고교교육 기여대학 지원사업
연차평가 우수 대학 선정

한성대학교 2025학년도
수 시 모 집

- 원서접수 : 2024. 9. 9.(월) ~ 9. 13.(금) 18:00
- 입시상담 : 02)760-5800

※ 자세한 사항은 입학홈페이지(https://enter.hansung.ac.kr)참고
※ 본 교재 광고의 수익금은 콘텐츠 품질개선과 공익사업에 사용됩니다.
※ 모두의 요강(mdipsi.com)을 통해 한성대학교의 입시정보를 확인할 수 있습니다.

HSU 한성대학교
HANSUNG UNIVERSITY

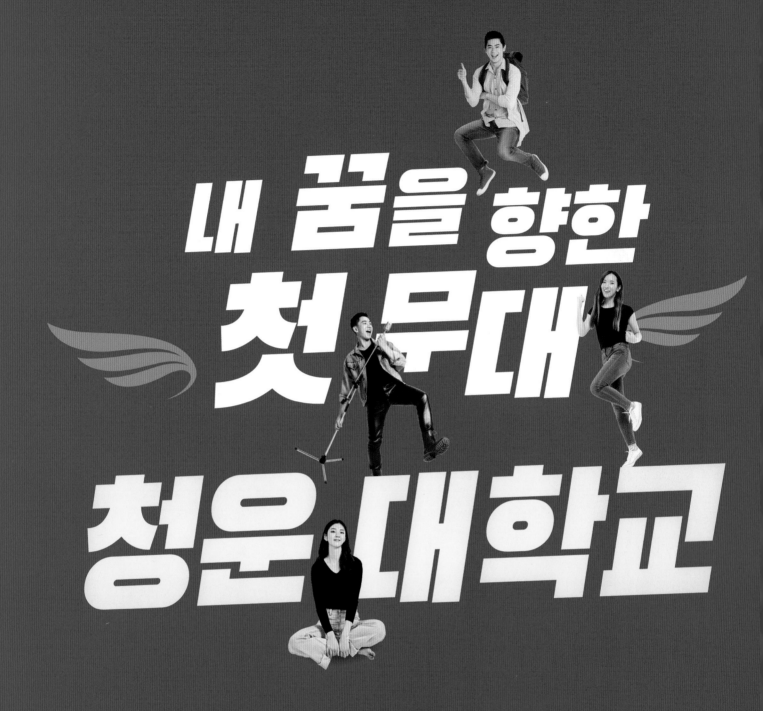

첨단 생활과학의 메카 | 인천캠퍼스 | 　 창의 융합교육의 산실 | 홍성캠퍼스

2024년 대학일자리플러스센터
(거점형) 선정

2024년 취업연계중점대학
9년 연속 선정

인천캠퍼스·홍성캠퍼스
입학상담 청운대학교 입학처 041-630-3333~9
입학처 홈페이지 http://enter.chungwoon.ac.kr

EBS

2025학년도
수능 연계교재
수능완성

한 권에 수능 에너지 가득
YOU MADE IT!

5회분
실전 모의고사
수록

테마편 + 실전편

과학탐구영역
정답과 해설

생명과학 I

본 교재는 대학수학능력시험을 준비하는 데 도움을 드리고자 과학과 교육과정을 토대로 제작된 교재입니다.
학교에서 선생님과 함께 교과서의 기본 개념을 충분히 익힌 후 활용하시면 더 큰 학습 효과를 얻을 수 있습니다.

문제를 사진 찍고
해설 강의 보기
Google Play | App Store

EBSi 사이트
무료 강의 제공

01 생명 과학의 이해

닮은꼴 문제로 유형 익히기

본문 5쪽

정답 ⑤

㉠. 생물은 물질대사를 통해 생명 활동에 필요한 에너지를 얻으므로 ㉠ 과정에서 물질대사가 일어난다.

㉡. 포식자가 접근해오면 대벌레가 길쭉한 앞다리를 쩍 벌리고 움직임을 멈춰 나뭇가지로 보이도록 하여 포식자의 눈에 잘 띄지 않는 것 (나)은 생물의 특성 중 적응과 진화의 예에 해당한다.

㉢. '초파리의 알이 애벌레와 번데기를 거쳐 성체가 된다.'는 수정란이 완전한 개체가 되는 과정이므로 이는 발생과 생장(㉡)의 예에 해당한다.

수능 2점 테스트

본문 6~7쪽

01 ④	02 ④	03 ⑤	04 ③	05 ⑤
06 ⑤	07 ③	08 ①		

01 생물의 특성

박테리아가 자신을 공격하는 바이러스를 방어하기 위해 진화시킨 면역 체계가 크리스퍼이다. 박테리아는 DNA 절단 효소인 카스9 단백질을 이용해 바이러스의 DNA를 분해한다.

✗. 박테리아(㉠)는 단세포 생물이므로 세포로 구성되지만, 바이러스 (㉡)는 단백질 껍질 속에 유전 물질인 핵산이 들어 있는 구조로 세포로 이루어져 있지 않다.

㉡. 박테리아가 가위 역할을 하는 절단 효소인 카스9 단백질을 이용해 바이러스의 DNA를 잘라내는 과정(㉢)에서 물질대사가 일어난다.

㉢. 박테리아는 오랜 시간 적응과 진화의 과정을 통해 자신을 공격하는 바이러스를 방어하는 면역 체계를 발달시킨 것이므로 ㉣은 적응과 진화의 예에 해당한다.

02 대조 실험

④ 탐구를 수행할 때 대조군을 설정하고 실험군과 비교하는 대조 실험을 해야 탐구 결과의 타당성이 높아진다. 대조군은 실험군과 비교하기 위해 아무 요인(변인)도 변화시키지 않은 집단이다. 주어진 실험은 로즈마리 잎 추출물의 항균 효과를 알아보기 위한 것으로, (나)에서 로즈마리 잎 추출액을 떨어뜨린 거름종이만 있으므로 로즈마리 잎의 항균 효과를 검증할 수 있는 비교 대상이 없다. 따라서 이 실험 설계에 추가로 실시해야 하는 실험 과정은 다른 거름종이에 로즈마리 잎 추출액 없이 증류수만 떨어뜨리고 투명환의 지름을 측정하는 것이다.

03 생물의 특성

(가)는 적응과 진화, (나)는 발생과 생장이다.

㉠. 수염고래가 긴 수염을 이용해 크릴이나 물고기와 같은 작은 해양성 동물을 걸러서 먹는 것은 적응과 진화의 예에 해당한다.

㉡. '물을 많이 마시면 오줌의 생성량이 증가한다.'는 항상성의 예에 해당한다.

㉢. 초파리가 '알-유충-번데기-성체'가 되는 과정에서 세포 분열을 하여 세포 수를 늘려감으로써 발생과 생장이 일어난다.

04 연역적 탐구 방법

이 탐구에서 조작 변인은 시험관 내 침 희석액의 농도, pH, 온도이다.

㉠. 시험관 내 침 희석액의 농도, pH, 온도를 조작 변인으로 설정하여 탐구를 진행하였으므로 연역적 탐구 방법이 이용되었다.

㉡. 시험관 A, B, E에서 온도와 pH는 동일하고 침 희석액의 농도는 서로 다르므로 침 희석액의 농도는 조작 변인에 해당한다. 따라서 침 희석액의 농도가 침에 의한 녹말 분해 작용에 영향을 줄 것이라는 가설을 세우고 탐구를 설계하였음을 알 수 있다.

✗. pH가 침의 녹말 분해 활성에 미치는 영향을 알아보기 위해서는 시험관 내의 pH만 다르고 다른 조건(침 희석액의 농도, 온도, 용액 전체의 부피)은 같게 유지해야 한다. 따라서 시험관 A, C, F의 결과를 비교하는 것이 타당하다.

05 생명 과학의 탐구 방법

(가)의 창명아주 연구 사례는 연역적 탐구 방법이 이용되었고, (나)의 뉴질랜드붉은부리갈매기 연구 사례는 귀납적 탐구 방법이 이용되었다.

✗. (가)의 탐구 과정에서 화분에 기르는 식물의 밀도는 조작 변인에 해당한다.

㉡. (가)에서는 창명아주 개체군의 밀도에 따른 식물의 생장을 비교하였으므로 대조 실험이 수행되었다.

㉢. 대기 온도가 증가하면서 갈매기의 평균 체중이 감소하였다는 것은 생물의 특성 중 적응과 진화의 예에 해당한다.

06 생물의 특성

생물의 특성 중 물질대사는 생물체에서 생명을 유지하기 위해 일어나는 모든 화학 반응이다. 이 실험은 생물의 특성 중 하나인 물질대사를 확인함으로써 생물체의 존재 여부를 확인하고자 한 것이다.

㉠. (가)는 이화 작용, (나)는 동화 작용을 확인하기 위한 것이므로 (가)와 (나)는 모두 '생물체는 물질대사를 한다.'를 기본 전제로 한다.

㉡. 화성 토양에 이화 작용을 하는 생물체가 있다면 ^{14}C로 표지된 영양 물질이 분해되어 방사선이 검출될 것이다.

㉢. (나)는 ^{14}C를 포함한 기체를 이용하여 광합성(동화 작용)을 하는 생물체의 존재 여부를 확인하기 위한 것이다.

07 귀납적 탐구 방법

귀납적 탐구 방법은 자연 현상을 관찰하여 얻은 자료를 종합하고 분석하여 규칙성을 발견하고, 이로부터 일반적인 원리나 법칙을 이끌어내는 탐구 방법이다. 이 탐구에서는 자연과 인간 생활 모습이 담긴 사진 자료들과 한자 및 표음 문자를 비교·분석하여 주기율표에 제시된 기호가 사진 자료와 글자에서 어떤 빈도로 나타나는지 조사하였다. 분석 결과 자연의 이미지와 글자에서 발견되는 기호의 빈도가 매우 유사하다는 것을 알아내었으며, 인간의 시각 기호인 글자가 자연의 사물처럼 보이도록 진화했다는 결론을 내렸다.

㉠. 사진 자료들에서 인간의 시각 기호(한자, 표음 문자)에서 보이는 것과 같은 모양이 어떤 빈도로 나타나는지를 조사하였으므로, 관찰 주제를 선정하는 단계가 있다.

✗. 이 탐구에서는 두 집단(실험군과 대조군)을 설정하여 비교하는 대조 실험이 수행되지 않았다.

㉢. 인간의 시각 기호가 자연의 사물처럼 보이도록 진화해왔다는 결론을 내렸으므로, 탐구 결과 자연에서 흔한 형태의 모양일수록 글자에서도 높은 빈도로 나타난다고 주장할 수 있다.

08 바이러스와 생물의 특징

'단백질을 갖는다.'는 대장균, 박테리오파지, 시금치가 갖는 특징이고, '다세포 생물이다.'는 시금치만 갖는 특징이며, '독립적으로 물질대사를 한다.'는 대장균과 시금치가 갖는 특징이다. 세 가지 특징을 모두 갖는 시금치는 Ⅲ이고, 개체 Ⅰ~Ⅲ이 모두 갖는 특징 ㉠은 '단백질을 갖는다.'이다. 시금치(Ⅲ)만 갖는 특징 ㉡은 '다세포 생물이다.'이고, 나머지 ㉢은 '독립적으로 물질대사를 한다.'이다. 특징 ㉠만 갖는 Ⅱ는 박테리오파지이고, 남은 Ⅰ은 대장균이다.

✗. ㉡은 '다세포 생물이다.'이므로 박테리오파지(Ⅱ)가 갖지 않는 특징이다. 따라서 ⓐ는 '×'이다.

㉡. Ⅰ은 대장균이다.

✗. ㉢은 '독립적으로 물질대사를 한다.'이다.

수능3점테스트 본문 8~9쪽

01 ⑤   02 ④   03 ③   04 ⑤

01 생명 과학의 특성

생명 과학은 지구에 살고 있는 생물체의 특성과 다양한 생명 현상을 연구하는 학문으로 다른 학문 분야와 많은 영향을 주고받으며 발달하고 있다.

㉠. (가)의 분자 농업 사례는 유용한 유전자를 식물에 도입하여 다양한 의약품을 생산하므로 의학과 관련이 있다.

㉡. (나)는 컴퓨터 과학의 세부 분야 중 하나인 AI(인공 지능)를 활용하여 질병의 전파를 예측한 사례로 정보 처리 기술이 이용되므로 ⓒ보다 ⓐ와 관련이 깊다.

㉢. 인간의 정신 작용인 의식을 뇌의 활동으로 설명하려는 연구는 생물학적인 배경을 가지고 심리학의 주제에 접근하는 행동 신경과학 또는 생물 심리학 분야의 연구이므로 ⓑ의 사례에 해당한다.

02 연역적 탐구 방법

탐구 결과 쐐기노린재의 포식에 의한 사망이 진딧물 개체군 생장 감소에 가장 큰 영향을 주며, 쐐기노린재에 의해 유도된 진딧물의 행동 변화 또한 진딧물 개체군의 생장 감소에 부분적으로 영향을 준다는 결론을 내렸으므로 ㉢은 ⓐ, ㉡은 ⓑ, ㉠은 ⓒ이다.

㉠. (나)에서 문제 해결을 위한 잠정적인 답(가설)을 설정하였다.

✗. ㉢에서 진딧물 개체군의 생장이 가장 작게 나타났으므로 쐐기노린재의 포식에 의한 직접적인 사망이 진딧물 개체군의 생장을 가장 많이 감소시켰음을 알 수 있다. 따라서 ㉢은 정상 쐐기노린재를 넣어 준 집단(ⓐ)이다.

㉢. 진딧물 개체군의 평균 사망률은 ⓐ(정상 쐐기노린재를 넣어준 집단)>ⓑ(주둥이를 잘라 없앤 쐐기노린재를 넣어준 집단)>ⓒ(쐐기노린재가 없는 집단)이다.

03 연역적 탐구 방법

산호는 초식성 게에게 포식자로부터의 은신처를 제공하고, 초식성 게는 해초의 과생장을 억제하여 산호의 생존을 증가시킨다는 결론을 내렸으므로 ㉠은 B이고, ㉡은 A이다.

㉠. ㉠이 ㉡에 비해 사망한 산호 개체 수가 많은 것으로 보아 ㉠은 초식성 게를 넣지 않은 산호 집단(B)이다.

✗. 이 실험에서 조작 변인은 초식성 게의 투입 여부이고, 종속변인은 사망한 산호의 개체 수이다.

㉢. (라)에서 산호는 초식성 게에게 포식자로부터의 은신처를 제공하고, 초식성 게는 해초를 섭식하여 해초의 과생장을 억제하여 산호의 생존을 증가시키므로, 산호와 초식성 게 사이의 상호 작용은 상리 공생에 해당한다.

04 연역적 탐구 방법

탐구 결과 검은골풀이 토양의 염도를 감소시키고 관목의 생장에 더 유리한 환경을 만들어냈다는 결론을 내렸다. ㉡은 ㉠에 비해 토양 염도가 높고, 높은 염도로 인해 생장에 불리한 환경이 조성되었으므로 관목 개체들의 생장량(평균 잎의 수)이 더 많이 감소하였음을 알 수 있다. 따라서 ㉡은 주위의 검은골풀을 주기적으로 제거한 B이고, ㉠은 A이다.

✗. ⓐ(관목 개체들의 생장량)는 종속변인에 해당한다.

㉡. 토양의 높은 염도는 관목의 생장을 저해함을 알 수 있다.

㉢. 검은골풀을 주기적으로 제거한 집단(㉡)의 토양 염도는 검은골풀을 제거하지 않은 집단(㉠)의 토양 염도보다 2배 이상 높다.

02 생명 활동과 에너지

닮은꼴 문제로 유형 익히기   본문 11쪽

정답 ⑤

㉠ 인슐린은 간에서 포도당이 글리코젠으로 전환되는 과정을 촉진하여 혈당량을 감소시킨다.

㉡ 단백질이 아미노산으로 분해되는 소화 과정(나)은 이화 작용으로 다양한 효소가 관여한다.

㉢ 세포 호흡에 의한 지방의 분해 과정에서 생성된 노폐물(ⓒ)은 이산화 탄소 또는 물이며, 이산화 탄소와 물은 모두 호흡계에 속하는 폐에서 날숨을 통해 몸 밖으로 배출된다.

수능 2점 테스트   본문 12~13쪽

01 ⑤	02 ④	03 ⑤	04 ②	05 ④
06 ⑤	07 ③	08 ③		

01 사람의 물질대사

물질대사는 세포에서 물질을 합성하고 분해하는 모든 화학 반응으로 대부분 효소가 관여하며, 물질대사가 일어날 때는 에너지의 출입이 함께 일어난다. 동화 작용은 저분자 물질로부터 고분자 물질을 합성하는 반응이며, 이화 작용은 고분자 물질을 저분자 물질로 분해하는 반응이다.

㉠ 단백질이 합성되는 과정은 에너지 흡수가 일어나는 동화 작용이다.

㉡ 아미노산이 세포 호흡을 통해 분해되면 노폐물인 이산화 탄소, 물, 암모니아가 생성된다.

㉢ 단백질이 합성되는 동화 작용, 포도당이 세포 호흡을 통해 분해되는 이화 작용에서 모두 효소가 이용된다.

02 물질대사

동화 작용은 에너지가 흡수되는 반응이고, 이화 작용은 에너지가 방출되는 반응이다. (가)는 이화 작용, (나)는 동화 작용이다.

✗ (가)는 생성물이 가진 에너지양보다 반응물이 가진 에너지양이 많으므로 에너지가 방출되는 이화 작용이다.

㉡ 식물은 광합성을 통해 합성한 유기물을 분해하는 세포 호흡(이화 작용)을 통해 생명 활동에 필요한 에너지를 얻는다.

㉢ 단백질이 합성되는 과정은 에너지가 흡수되는 동화 작용(나)이다.

03 사람의 물질대사

이화 작용은 크고 복잡한 물질을 작고 단순한 물질로 분해하는 과정

으로 에너지가 방출된다.

㉠ 단백질이 아미노산으로 분해되는 과정(Ⅰ)과 포도당이 세포 호흡을 통해 분해되는 과정(나)에서 모두 이화 작용이 일어난다.

㉡ 아미노산이 암모니아로 분해되는 과정에서 효소가 관여한다.

㉢ 미토콘드리아에서 일어나는 세포 호흡에서 생성된 에너지의 일부가 ATP에 저장된다.

04 ATP와 ADP 사이의 전환

ATP는 생명 활동에 직접 이용되는 에너지 저장 물질로 ATP가 분해될 때 끝 부분의 인산기가 분리되어 에너지가 방출되며, 생물체는 이 에너지를 사용하여 생명 활동을 한다. 이 과정에서 생성된 ADP와 무기 인산은 세포 호흡을 통해 다시 ATP로 합성된다. ⓐ는 ATP, ⓑ는 ADP이다.

✗ Ⅰ은 ATP가 ADP와 무기 인산으로 분해되는 과정으로 에너지가 방출된다.

㉡ Ⅱ는 ADP에 무기 인산이 결합하여 ATP가 합성되는 과정이다.

✗ ⓐ(ATP)는 아데노신(아데닌과 리보스)에 3개의 인산기가 결합한 화합물, ⓑ(ADP)는 아데노신에 2개의 인산기가 결합한 화합물이므로 1분자당 에너지양은 ⓐ가 ⓑ보다 많다.

05 에너지의 전환과 이용

간에서 다당류인 글리코젠이 단당류인 포도당으로 분해되는 과정은 이화 작용이며, 글루카곤에 의해 촉진된다.

✗ (가)는 글리코젠이 포도당으로 분해되는 과정이며, 인슐린은 포도당을 글리코젠으로 합성하는 과정을 촉진한다.

㉡ (나)는 체내에서 포도당이 이산화 탄소(CO_2)와 물(H_2O)로 분해되는 세포 호흡 과정으로 효소가 이용된다.

㉢ 세포 호흡(나)에서 방출된 에너지 중 일부는 ATP에 화학 에너지 형태로 저장되고, 나머지는 열에너지로 방출되어 체온 유지에 이용된다.

06 광합성과 세포 호흡

ⓐ는 세포 호흡, ⓑ는 광합성이다. ㉠은 ADP에 무기 인산이 결합하여 ATP가 합성되는 과정이고, ㉡은 ATP가 ADP와 무기 인산으로 분해되는 과정이다.

㉠ ⓐ는 세포 호흡으로 산소를 이용하여 포도당을 CO_2와 H_2O로 분해하는 과정에서 방출되는 에너지를 이용해 ATP를 합성한다.

㉡ 광합성(ⓑ)에서 빛에너지가 포도당의 화학 에너지로 전환된다.

㉢ ATP가 ADP와 무기 인산으로 분해되면서 방출되는 에너지는 정신 활동, 근육 운동 등 여러 가지 생명 활동에 이용된다.

07 지방의 분해와 단백질 합성

지방이 지방산과 모노글리세리드로 분해되는 과정인 (가)는 이화 작용이고, 아미노산이 단백질로 합성되는 과정 (나)는 동화 작용이다.

㉠ 지방이 분해되는 과정인 (가)에서 이화 작용이 일어난다.

㉡ ㉠은 아미노산이다.

✗. 소화 효소는 단백질(ⓒ)이 아미노산(⊙)으로 분해되는 과정을 촉진한다.

08 물질대사

Ⓐ. 식물이 암모늄 이온(NH_4^+)을 이용하여 단백질과 같은 질소 화합물을 합성하는 것은 질소 동화 작용이다.

Ⓑ. 엽록체에서 일어나는 광합성은 다양한 효소가 관여하는 반응이다.

✗. 식물의 세포 호흡에서 방출된 에너지의 일부는 ATP의 고에너지 인산 결합에 화학 에너지 형태로 저장된다.

01 세포 호흡

'구성 원소에 탄소(C)가 있다.'는 ATP, 이산화 탄소, 포도당이 가지는 특징이고, '호흡계를 통해 몸 밖으로 배출된다.'는 이산화 탄소만 가지는 특징이며, '탄수화물이 세포 호흡에 의해 완전 분해되면 생성된다.'는 ATP와 이산화 탄소가 가지는 특징이다. 이산화 탄소는 특징 3개를, ATP는 특징 2개를, 포도당은 특징 1개를 가진다. 따라서 특징 1개를 가지는 Ⅰ은 포도당이다. 물은 '호흡계를 통해 몸 밖으로 배출된다.'와 '탄수화물이 세포 호흡에 의해 완전 분해되면 생성된다.'의 2개의 특징을 가지므로 ⊙은 2이며, Ⅱ는 ATP이다. ⓒ은 3이며 Ⅲ은 이산화 탄소이다.

⊙. ⓒ은 3이다.

✗. Ⅱ는 ATP이다.

✗. Ⅲ(이산화 탄소)에는 고에너지 인산 결합이 없으며, ATP(Ⅱ)에 고에너지 인산 결합이 있다.

02 사람의 물질대사

세포 호흡 과정에서 포도당은 산소와 반응하여 이산화 탄소와 물로 분해되며 에너지를 방출한다. 이때 에너지 일부는 ATP에 저장되고, 나머지는 열에너지로 방출된다. ⊙은 ATP, ⓒ은 이산화 탄소이다.

✗. 미토콘드리아에서 일어나는 세포 호흡 과정(가)에서 포도당이 분해되어 생성된 에너지의 일부가 ATP(⊙)에 저장된다.

ⓒ. 녹말이 포도당으로 분해되는 과정(Ⅰ)과 포도당이 이산화 탄소와 물로 분해되는 과정(Ⅲ)은 모두 소화계에서 일어난다.

✗. (다)는 생성물이 가진 에너지양보다 반응물이 가진 에너지양이 많으므로 에너지가 방출되는 이화 작용에서의 에너지 변화이다. 포도당이 글리코젠으로 합성되는 과정(Ⅱ)은 동화 작용이므로 (다)는 Ⅱ에서의 에너지 변화가 아니다.

03 세포 호흡과 ATP

⊙은 O_2, ⓒ은 H_2O이고, ⓐ는 ATP, ⓑ는 ADP이다.

⊙. 세포 호흡 결과 발생한 H_2O(ⓒ)은 수증기의 형태로 호흡계를 통해 몸 밖으로 배출된다.

✗. ATP(ⓐ)가 ADP(ⓑ)와 무기 인산으로 전환되는 과정에서 에너지가 방출된다.

ⓒ. 근육 수축 과정에는 ATP(ⓐ)에 저장된 에너지가 사용된다.

04 효모의 물질대사

효모의 물질대사로 발생한 이산화 탄소는 발효관의 맹관부에 모인다. 발효관 ⊙에서는 효모가 없으므로 세포 호흡과 발효가 일어나지 않고, 발효관 ⓒ과 ⓒ에서는 포도당을 이용한 효모의 세포 호흡과 발효의 결과 이산화 탄소가 발생한다.

⊙. ⊙에는 효모가 없으므로 세포 호흡과 발효가 일어나지 않아 이산화 탄소가 발생하지 않는다. ⊙은 맹관부에 기체가 모이지 않은 C이다.

ⓒ. (다)의 A에서는 맹관부에 기체(이산화 탄소)가 모였으므로 효모의 세포 호흡과 발효(이화 작용)가 일어났다.

✗. (다)의 B에 이산화 탄소를 흡수하는 용액을 넣으면 맹관부에 모인 이산화 탄소가 녹아 들어가 h는 감소한다.

03 물질대사와 건강

정답 ②

ⓐ는 암모니아, ⓑ는 요소이고, A는 순환계이다.

X. 요소(ⓑ)는 순환계(A)를 통해 콩팥으로 운반된다.

X. 단백질의 분해 과정에서 생성된 암모니아(ⓐ)는 간으로 운반되어 비교적 독성이 약한 요소(ⓑ)로 전환된다. 따라서 ⓐ의 독성은 ⓑ보다 강하다.

ⓒ. 콩팥(㉠)은 항이뇨 호르몬(ADH)의 표적 기관이다.

수능 2점 테스트   본문 18~20쪽

01 ④	02 ⑤	03 ④	04 ⑤	05 ③
06 ④	07 ⑤	08 ②	09 ④	10 ①
11 ⑤	12 ①			

01 배설계와 소화계

(가)는 배설계, (나)는 소화계이고, A는 방광, B는 위이다.

X. 방광(A)은 오줌을 배설하는 기관이다. 물의 재흡수가 일어나는 기관은 콩팥이다.

ⓒ. 위(B)에서는 소화 효소에 의한 이화 작용이 일어난다.

ⓒ. 배설계(가)와 소화계(나)를 구성하는 세포에서는 모두 세포 호흡 결과 ATP가 생성된다.

02 순환계, 호흡계

A는 호흡계, B는 순환계이다.

㉠. 호흡계(A)에 속하는 폐에서 기체 교환이 일어난다.

ⓒ. 순환계(B)를 통해 산소가 세포로 운반된다.

ⓒ. 인슐린(㉠)은 혈액에서 세포로의 포도당 흡수를 촉진하여 혈당량을 감소시키는 호르몬이다.

03 사람의 기관

A는 이자, B는 간, C는 소장이고, ㉠은 글루카곤이다.

X. 글루카곤(㉠)은 이자(A)의 α세포에서 분비된다.

ⓒ. 간(B)은 소화계에 속한다.

ⓒ. C는 소장이다.

04 배설계, 소화계, 호흡계

A는 호흡계, B는 배설계, C는 소화계이다.

X. 암모니아가 요소로 전환되는 과정은 간에서 일어나고, 간은 소화

ⓒ. 항이뇨 호르몬(ADH)의 표적 기관은 콩팥이다. 요소(ⓒ)는 순환계를 통해 콩팥(㉠)으로 이동하여 몸 밖으로 배출된다.

ⓒ. 배설계(B)에는 부교감 신경이 작용하는 방광이 있다.

05 기관계의 통합적 작용

A는 소화계, B는 호흡계, C는 배설계이다.

X. A는 소화계이다.

X. 대장이 속하는 기관계는 소화계(A)이다.

ⓒ. 배설계(C)는 오줌을 통해 노폐물을 몸 밖으로 내보낸다.

06 에너지 균형과 대사성 질환

건강한 생활을 하기 위해서는 음식물에서 섭취하는 에너지양과 소비하는 에너지양 사이에 균형이 잘 이루어져야 한다. 하루 평균 휴식 시간을 늘리고 운동 시간을 줄이면 활동 대사량이 감소한다. 따라서 ㉠은 활동 대사량, ㉡은 기초 대사량이다.

X. ㉠은 활동 대사량이다.

ⓒ. 하루 동안 생활하는 데 필요한 총에너지양인 1일 대사량은 기초 대사량, 활동 대사량, 음식물의 소화·흡수에 사용되는 에너지양 등을 모두 더한 값이다. 따라서 음식물의 소화·흡수에 사용되는 에너지양은 1일 대사량에 포함된다.

ⓒ. 사람 A에서 1일 에너지 섭취량이 1일 대사량보다 많다. 이 상태가 지속되면 비만이 될 가능성이 높다.

07 대사성 질환

A는 고혈압, B는 당뇨병, C는 고지혈증이다.

㉠. A는 고혈압이다.

ⓒ. 인슐린(㉠)과 글루카곤은 길항 작용으로 혈당량을 조절한다.

ⓒ. 중성 지방(㉡)의 소화 산물에는 지방산과 모노글리세리드가 있다.

08 기관계의 통합적 작용

A는 폐, B는 콩팥이고, ㉠은 간정맥, ㉡은 간문맥이다.

X. 폐(A)는 호흡계에 속한다.

ⓒ. 항이뇨 호르몬(ADH)은 콩팥에서 수분의 재흡수를 촉진하는 역할을 하므로, 콩팥(B)에는 항이뇨 호르몬(ADH)에 대한 수용체가 있다.

X. 간에서 암모니아가 요소로 전환되므로 혈액의 단위 부피당 요소의 양은 간정맥(㉠)에서가 간문맥(㉡)에서보다 많다.

09 고지혈증

A는 고지혈증이다.

X. 고지혈증(A)은 유전적 원인이 있거나, 잘못된 생활 습관에 의해 주로 발생한다. 고지혈증은 비감염성 질병에 해당한다.

ⓒ. 혈관 내벽에 콜레스테롤이나 중성 지방이 과다하게 쌓이면 동맥 벽의 탄력이 떨어지고 혈관의 지름이 좁아지는 동맥 경화의 원인이 된다.

ㄷ. 고지혈증(A)은 물질대사 장애에 의해 발생하는 질환인 대사성 질환에 해당한다.

10 에너지 대사와 균형

생명 활동을 정상적으로 유지하고 건강한 생활을 하려면 음식물 섭취로부터 얻는 에너지양과 소비하는 에너지양 사이에 균형이 잘 이루어져야 한다.

ㄱ. A의 1일 에너지 소비량은 3300 kcal($=(1×9+2×3+3×8+4×4)×60$)이다.

✗. A가 잠자기에 소모하는 에너지양은 1 kcal/kg·h이고, 공부에 소모하는 에너지양은 3 kcal/kg·h이므로 A가 잠자는 시간은 줄이고, 공부 시간을 늘리면 1일 에너지 소비량이 증가할 것이다.

✗. 이 상태로 에너지 섭취량과 에너지 소비량이 지속되면 A는 에너지 섭취량(3200 kcal)이 에너지 소비량(3300 kcal)보다 적으므로 체중이 감소할 것이다.

11 기관계의 통합적 작용

산소는 순환계와 호흡계를 통해 조직 세포에 제공된다. 이산화 탄소는 호흡계를 통해 몸 밖으로 배출된다. 물은 호흡계, 배설계를 통해 몸 밖으로 배출된다. 체내에서 흡수되지 못한 영양소는 소화계에 속하는 대장을 통해 몸 밖으로 배출된다. ㉠은 순환계, ㉡은 호흡계, ㉢은 배설계, ㉣은 소화계이고, ⓐ는 산소, ⓑ는 이산화 탄소, ⓒ는 물이다.

ㄱ. 이산화 탄소(ⓑ)의 화학식은 CO_2, 물(ⓒ)의 화학식은 H_2O이다. 1분자당 산소(O) 원자의 개수는 이산화 탄소(ⓑ)에서가 물(ⓒ)에서보다 많다.

ㄴ. ㉠~㉣은 모두 기관계에 속하고, 기관계는 모두 세포로 이루어져 있으며, 모든 세포에서는 이화 작용이 일어난다. 따라서 ㉠과 ㉢에서 모두 이화 작용이 일어난다.

ㄷ. 간에서 요소가 생성되며, 간은 소화계(㉣)에 속하는 기관이다.

12 콩즙 속 유레이스 확인 실험

콩즙 속에는 요소를 가수 분해하여 암모니아를 생성하는 반응을 촉매하는 유레이스가 들어 있다. 요소가 유레이스에 의해 분해되어 암모니아가 생성되고, 생성된 암모니아에 의해 용액의 pH가 높아진다.

ㄱ. C의 용액 색깔이 (나)의 결과 초록색이고, (다)의 결과 노란색이므로 콩즙은 증류수보다 pH가 낮다.

✗. 오줌에는 요소가 있고, 요소를 분해하는 효소는 콩즙에 들어 있다.

✗. A와 B에서는 콩즙에 있는 유레이스에 의해 요소가 분해되지만 C에는 요소가 없다.

01 ⑤   02 ③   03 ③   04 ③   05 ⑤
06 ③

01 노폐물의 생성과 배출

이산화 탄소가 몸 밖으로 배출되는 과정에 호흡계와 순환계가 관여하고, 암모니아가 요소로 전환된 후 몸 밖으로 배출되는 과정에 순환계와 배설계가 관여한다. 따라서 (가)는 호흡계, (나)는 순환계, (다)는 배설계이다.

ㄱ. 암모니아(㉠)는 요소(㉡)보다 독성이 강하다.

ㄴ. 물은 순환계(나)를 통해 온몸을 돌다가 호흡계(가)를 통해 수증기로, 배설계(다)를 통해 오줌으로 배출된다. 따라서 물이 몸 밖으로 배출되는 과정에 (가)~(다)가 모두 관여한다.

ㄷ. 포도당이 조직 세포로 이동하는 과정에 순환계(나)가 관여한다.

02 기관계의 기능

Ⅱ를 통해 C가 몸 밖으로 배출되고, C의 구성 원소에 질소(N)가 포함되므로 Ⅰ은 폐, Ⅱ는 콩팥, C는 요소이다. 폐(Ⅰ)와 콩팥(Ⅱ)을 통해 B가 몸 밖으로 배출되므로 A는 이산화 탄소, B는 물이다.

ㄱ. A는 이산화 탄소이다.

ㄴ. 요소(C)는 순환계를 통해 콩팥(Ⅱ)으로 이동한다.

✗. 폐(Ⅰ)로 들어온 외부 공기 중 산소는 폐포에서 ㉡으로 이동하므로 혈액의 단위 부피당 산소의 양은 ㉠에서가 ㉡에서보다 적다.

03 노폐물의 생성과 배출

A는 포도당, B는 이산화 탄소, C는 암모니아이고, ㉠은 콩팥 동맥을 흐르는 혈액, ㉡은 콩팥 정맥을 흐르는 혈액이다.

ㄱ. 간에서 글리코젠이 포도당(A)으로 전환되는 물질대사(Ⅰ), 포도당(A)이 이산화 탄소(B)로 전환되는 물질대사(Ⅱ), 암모니아(C)가 요소로 전환되는 물질대사(Ⅲ)가 모두 일어난다.

ㄴ. 당뇨병은 오줌 속에 포도당(A)이 섞여 나오는 대사성 질환이므로 당뇨병 환자의 오줌에는 포도당(A)이 포함된다.

✗. 콩팥에서 혈액 속 요소의 일부가 오줌으로 빠져나가므로 요소(ⓐ)의 농도는 ㉠(콩팥 동맥을 흐르는 혈액)에서가 ㉡(콩팥 정맥을 흐르는 혈액)에서보다 높다. 따라서 $\dfrac{㉡에서\ ⓐ의\ 농도}{㉠에서\ ⓐ의\ 농도}$는 1보다 작다.

04 물질대사와 기관계

물, 암모니아, 이산화 탄소로 분해되는 (나)가 아미노산이므로 (가)는 포도당, C는 암모니아, D는 요소이다. 포도당(가)과 아미노산(나)이 소화계에서 흡수되어 순환계를 통해 운반되므로 ㉠은 소화계, ㉡은 순환계, ㉢은 배설계이다. 배설계(㉢)를 통해 몸 밖으로 배출되는 물질은 물과 요소(D)이므로 B는 물, A는 이산화 탄소이다.

ㄱ. (가)는 포도당이다.

ㄴ. 호흡계를 통해 이산화 탄소(A)가 몸 밖으로 배출된다.

✗. 암모니아(C)가 요소(D)로 전환되는 과정(Ⅰ)은 간에서 일어나고,

간은 소화계(㉠)에 속한다.

05 기관계의 통합적 작용

A는 배설계, B는 호흡계, C는 소화계이다.

㉠. 간은 소화계(C)에 속하는 기관이다.

㉡. 소화계에 속하는 간에서 요소가 생성되고, 요소는 순환계를 통해 온몸으로 이동하므로 ㉠에는 요소의 이동이 포함된다.

㉢. 세포 호흡 결과 생성되는 노폐물에는 물, 이산화 탄소, 암모니아가 있다. 물은 배설계(A)와 호흡계(B)를 통해, 이산화 탄소는 호흡계(B)를 통해 몸 밖으로 배출된다.

06 당뇨병

B는 이자의 β세포가 파괴된 당뇨병 환자이므로 탄수화물 섭취 후 혈액 내 인슐린의 농도가 증가하지 않으므로 ㉠은 포도당, ㉡은 인슐린이다. ⓐ는 ⓑ에 비해 탄수화물 섭취 전후 모두 혈액 내 포도당(㉠) 농도가 높고, 인슐린(㉡) 농도가 낮으므로 ⓐ는 당뇨병 환자 B, ⓑ는 정상인 A이다.

㉠. ㉠은 포도당이다.

✗. ⓑ는 정상인 A이다.

㉢. 소화계에 속하는 간은 인슐린(㉡)의 표적 기관이다.

닮은 꼴 문제로 유형 익히기 　　　본문 25쪽

정답 ⑤

X에 역치 이상의 자극을 1회 주고 경과된 시간(㉠)이 3 ms일 때 d_2에서의 막전위가 $+30$ mV이므로 X는 d_2가 아니다. ㉠이 5 ms일 때 d_1에서의 막전위가 -80 mV이므로 X는 d_1이 아니다. 따라서 X는 d_3이다. ㉠이 5 ms일 때 자극을 준 지점인 X(d_3)로부터 6 cm 떨어진 d_1에서의 막전위가 -80 mV이므로 d_3에서 d_1까지 흥분이 전도되는 데 걸린 시간은 2 ms이다. 따라서 흥분 전도 속도는 3 cm/ms(㉮)이다.

㉠. X는 d_3이다.

㉡. ㉠이 3 ms일 때 d_2에서의 막전위가 $+30$ mV이므로 d_3에서 d_2까지 흥분이 전도되는 데 걸린 시간은 1 ms이다. 따라서 d_3에서 d_2까지의 거리는 3 cm이므로 ⓐ는 3이다.

㉢. ㉠이 7 ms일 때 d_5에서의 막전위가 $+30$ mV이므로 d_4에서의 막전위가 0 mV인 경우는 d_4에 흥분이 도달한 후 d_4에서 막전위 변화 시간이 2 ms와 3 ms 사이일 때이다. ㉠이 6 ms일 때 d_4에 흥분이 도달한 후 d_4에서 막전위 변화 시간은 1 ms와 2 ms 사이이다. 따라서 ㉠이 6 ms일 때 d_4에서 탈분극이 일어나고 있다.

수능 2점 테스트 　　　본문 26~28쪽

01 ①	02 ①	03 ①	04 ③	05 ④
06 ⑤	07 ③	08 ⑤	09 ⑤	10 ③
11 ⑤	12 ④			

01 뉴런의 종류

I은 감각 뉴런, II는 연합 뉴런이다.

㉠. 감각 뉴런인 I은 구심성 뉴런이다.

✗. 말이집이 없는 II에서 도약전도가 일어나지 않는다.

✗. ⓐ는 I의 가지 돌기 부분에 해당한다. 시냅스 소포는 축삭 돌기 말단에 있으므로 ⓐ에는 시냅스 소포가 없다.

02 막 투과도

뉴런에 역치 이상의 자극을 주었을 때 이온의 막 투과도가 먼저 증가하는 ㉠이 Na^+이고, 나중에 증가하는 ㉡이 K^+이다.

㉠. 분극 상태일 때 Na^+(㉠)의 농도는 세포 밖에서가 세포 안에서보다 높고, K^+(㉡)의 농도는 세포 안에서가 세포 밖에서보다 높다. 따라서 X는 세포 밖이고, Y는 세포 안이다.

✗. Na^+(㉠)의 막 투과도가 증가하는 구간 I은 탈분극이 일어나고 있으며, Na^+(㉠)이 Na^+ 통로를 통해 세포 밖에서 세포 안으로 확산된다. 확산이 일어날 때 ATP를 소모하지 않는다.

✗. 뉴런에 역치 이상의 자극이 주어져 Na^+(㉠)이 Na^+ 통로를 통해 확산되더라도 Na^+(㉠)의 농도는 세포 밖(X)에서가 세포 안(Y)에서보다 높고, K^+(㉡)이 K^+ 통로를 통해 확산되더라도 K^+(㉡)의 농도는 세포 안(Y)에서가 세포 밖(X)에서보다 높다. t_1일 때 이온의 $\dfrac{\text{세포 안(Y)에서의 농도}}{\text{세포 밖(X)에서의 농도}}$는 Na^+(㉠)이 1보다 작고, K^+(㉡)이 1보다 크다. 따라서 t_1일 때 이온의 $\dfrac{\text{세포 안(Y)에서의 농도}}{\text{세포 밖(X)에서의 농도}}$는 Na^+(㉠)이 K^+(㉡)보다 작다.

03 흥분의 전도와 이온의 이동

K^+은 K^+ 통로를 통해 세포 안에서 세포 밖으로 유출되고, Na^+-K^+ 펌프를 통해 세포 밖에서 세포 안으로 유입된다. Na^+은 Na^+-K^+ 펌프를 통해 세포 안에서 세포 밖으로 유출된다. ㉠은 K^+이다.

㉠. K^+(㉠)은 K^+ 통로를 통해 세포 안에서 세포 밖으로 이동하므로 Ⅰ은 K^+ 통로이고, Ⅱ는 Na^+-K^+ 펌프이다.

✗. t_1일 때 탈분극이 일어나고 있고, t_2일 때 재분극이 일어나고 있다. 따라서 K^+의 막 투과도는 재분극이 일어나고 있는 t_2일 때가 t_1일 때보다 크다.

✗. t_3은 분극으로 돌아왔을 때이다. t_3일 때 Na^+-K^+ 펌프(Ⅱ)를 통해 Na^+이 세포 밖으로 유출된다.

04 흥분의 전도

A의 특정 지점에 흥분이 도달한 후 막전위 변화 시간이 $\dfrac{3}{4}t$일 때만 막전위가 $-80\,\mathrm{mV}$이다. ㉠이 t이고 자극을 준 지점이 (가)일 때 d_2와 d_3에서의 막전위가 모두 $-80\,\mathrm{mV}$이므로 (가)는 d_2와 d_3으로부터 같은 거리($2d$)에 있는 Ⅲ이다. ㉠이 t일 때 자극을 준 지점으로부터 거리가 $2d$인 지점에서의 막전위는 $-80\,\mathrm{mV}$를 나타낸다. ㉠이 t이고 자극을 준 지점이 (나)일 때 d_1에서의 막전위가 $-80\,\mathrm{mV}$이므로 (나)와 d_1 사이의 거리는 $2d$이다. 따라서 (나)는 Ⅱ이고, (다)는 Ⅰ이다.

㉠. (나)는 Ⅱ이다.

㉡. (나)(Ⅱ)에서 d_3까지의 거리는 $5d$이고, (가)(Ⅲ)에서 d_1까지의 거리도 $5d$이다. (가)~(다) 중 한 곳에 역치 이상의 자극을 각각 1회 주고 경과된 시간(㉠)이 t일 때 자극을 준 지점이 (가)(Ⅲ)인 경우 d_1에서의 막전위가 $0\,\mathrm{mV}$이므로 자극을 준 지점이 (나)(Ⅱ)인 경우 d_3에서의 막전위도 $0\,\mathrm{mV}$이다. 따라서 ⓐ는 0이다.

✗. A의 특정 지점에 흥분이 도달한 후 막전위가 $-80\,\mathrm{mV}$가 될 때까지 막전위 변화 시간이 $\dfrac{3}{4}t$이므로 A에서 $2d$인 거리를 흥분이 전도되는 데 걸린 시간은 $\dfrac{1}{4}t$이다. (다)(Ⅰ)에서 d_2까지의 거리는 $4d$이고, 흥분이 전도되는 데 걸린 시간은 $\dfrac{1}{2}t$이므로 ㉠이 t일 때 d_2에서 막전위 변화 시간은 $\dfrac{1}{2}t$이며, d_2에서의 막전위는 $+30\,\mathrm{mV}$이다. (다)(Ⅰ)에서 d_1까지의 거리가 d이므로 흥분이 전도되는 데 걸린 시간은 $\dfrac{1}{8}t$이다. ㉠이 $\dfrac{3}{4}t$일 때 d_1에서 막전위 변화는 $\dfrac{5}{8}t$동안 일어난다. 따라서

자극을 준 지점이 Ⅰ이고 ㉠이 $\dfrac{3}{4}t$일 때 d_1에서의 막전위는 $+30\,\mathrm{mV}$가 아니다.

05 흥분의 전도

말이집 뉴런에서 도약전도가 일어나므로 흥분이 이동하는 데 걸리는 시간은 말이집으로 싸여 있지 않은 부분에서가 말이집으로 싸여 있는 부분에서보다 더 길다. Ⅰ은 말이집으로 싸여 있는 부분이고, Ⅱ는 말이집으로 싸여 있지 않은 부분이다.

㉠. 말이집은 슈반 세포로 구성되어 있다. 따라서 말이집으로 싸여 있는 부분(Ⅰ)에는 슈반 세포가 있다.

✗. P로부터의 거리가 d_1인 지점이 P로부터의 거리가 d_2인 지점보다 P로부터 더 가깝다. P로부터의 거리가 d_1인 지점은 흥분이 먼저 도달하므로 막전위 변화 시간이 더 길다. 따라서 t일 때 P로부터의 거리가 d_1인 지점에서 재분극이 일어나고 있고, P로부터의 거리가 d_2인 지점에서 탈분극이 일어나고 있다.

㉢. 말이집으로 싸여 있지 않은 부분(Ⅱ)의 한 지점인 P로부터의 거리가 d_2인 지점에 역치 이상의 자극을 주면 P로 흥분의 이동이 일어난다. 따라서 P로부터의 거리가 d_2인 지점에 역치 이상의 자극을 주면 P에서 활동 전위가 발생한다.

06 흥분의 전도와 전달

A와 B의 d_2에 역치 이상의 자극을 동시에 1회 주고 경과된 시간(㉠)이 $4\,\mathrm{ms}$일 때 A의 d_3에서의 막전위가 $-80\,\mathrm{mV}$이므로 A의 d_3에서 막전위 변화 시간은 $3\,\mathrm{ms}$이고, A의 d_2에서 d_3까지 $2\,\mathrm{cm}$인 거리를 흥분이 전도되는 데 걸린 시간은 $1\,\mathrm{ms}$이다. A의 흥분 전도 속도는 $2\,\mathrm{cm/ms}$이다. ㉠이 $4\,\mathrm{ms}$일 때 B의 d_1에서의 막전위가 $-80\,\mathrm{mV}$이고, d_2에서 d_1까지 거리가 $2\,\mathrm{cm}$이므로 B를 구성하는 Ⅰ의 흥분 전도 속도는 $2\,\mathrm{cm/ms}$이다. ㉠이 $4\,\mathrm{ms}$일 때 A의 d_2에서 d_4까지 $4\,\mathrm{cm}$인 거리를 흥분이 전도되는 데 걸린 시간은 $2\,\mathrm{ms}$이므로 A의 d_4에서 막전위 변화 시간은 $2\,\mathrm{ms}$이고, d_4에서의 막전위는 $+30\,\mathrm{mV}$(ⓐ)이다. B의 d_3에서의 막전위는 $+30\,\mathrm{mV}$(ⓐ), d_4에서의 막전위는 $-60\,\mathrm{mV}$이므로 B의 d_3에서 d_4까지 $2\,\mathrm{cm}$인 거리를 흥분이 전도되는 데 걸린 시간은 $1\,\mathrm{ms}$이다. 따라서 B를 구성하는 Ⅱ의 흥분 전도 속도는 $2\,\mathrm{cm/ms}$이다.

㉠. 흥분 전도 속도는 A와 Ⅱ가 모두 $2\,\mathrm{cm/ms}$이므로 서로 같다.

✗. ㉠이 $4\,\mathrm{ms}$일 때 B의 d_3에서의 막전위가 $+30\,\mathrm{mV}$(ⓐ)이므로 ㉠이 $3\,\mathrm{ms}$일 때 B의 d_3에서의 막전위는 $-60\,\mathrm{mV}$이고, 탈분극이 일어나고 있다.

㉢. A의 d_2에서 d_1까지 흥분이 전도되는 데 걸린 시간은 $1\,\mathrm{ms}$이므로 ㉠이 $5\,\mathrm{ms}$일 때 A의 d_1에서 막전위 변화 시간은 $4\,\mathrm{ms}$이다. ㉠이 $5\,\mathrm{ms}$일 때 A의 d_1은 분극 상태로 휴지 전위인 $-70\,\mathrm{mV}$를 나타낸다. ㉠이 $5\,\mathrm{ms}$일 때 A의 d_1에서 Na^+은 Na^+-K^+ 펌프를 통해 세포 안에서 세포 밖으로 유출된다.

07 흥분의 전달과 근수축

ⓐ가 일어나는 동안 근육 ㉠은 수축하고, 근육 ㉡은 이완한다.

㉠. 시냅스 소포가 있는 Ⅱ의 축삭 돌기 말단에서 신경 전달 물질이

분비된 후 Ⅰ의 수용체로 이동하여 흥분의 전달이 일어난다. 따라서 Ⅱ에서 Ⅰ로 흥분의 전달이 일어난다.

ㄴ. 골격근인 ⓒ에 연결되어 있는 Ⅰ의 축삭 돌기 말단에서 신경 전달 물질인 아세틸콜린이 분비된다.

✗. ⓐ가 일어나는 동안 ㉠은 수축하므로 ㉠의 근육 원섬유 마디의 길이와 H대의 길이는 모두 감소한다. 근육 원섬유 마디의 길이가 H대의 길이보다 길고, 근육 원섬유 마디의 길이와 H대의 길이가 모두 같은 길이만큼 감소하므로 ⓐ가 일어나는 동안 ㉠의 근육 원섬유 마디에서 $\dfrac{\text{H대의 길이}}{\text{근육 원섬유 마디의 길이}}$ 는 감소한다.

08 흥분의 전도

A의 흥분 전도 속도는 $1\,\text{cm/ms}$이고, X에 역치 이상의 자극을 1회 주고 경과된 시간($㉠$)이 $5\,\text{ms}$일 때 X를 제외한 나머지 지점에서의 막전위를 자극을 준 지점에 따라 나타내면 표와 같다.

자극을 준 지점(X)	5 ms 일 때 막전위(mV)				
	d_1	d_2	d_3	d_4	d_5
d_1	−70	−80	+30	−70	−70
d_2	−80	−70	−70	+30	−70
d_3	+30	−70	−70	−80	−50
d_4	−70	+30	−80	−70	−80
d_5	−70	−70	−50	−80	−70

따라서 X는 d_3이다.

✗. X는 d_3이다.

ㄴ. $㉠$이 $4\,\text{ms}$일 때 $d_1 \sim d_5$에서의 막전위는 각각 $-50\,\text{mV}$, $-80\,\text{mV}$, $-70\,\text{mV}$, $+30\,\text{mV}$, $-70\,\text{mV}$이다. $㉠$이 $4\,\text{ms}$일 때 d_1에서 탈분극이 일어나고 있으므로 $d_1 \sim d_5$ 중 탈분극이 일어나고 있는 지점이 있다.

ㄷ. $㉠$이 $3\,\text{ms}$일 때 $d_1 \sim d_5$에서의 막전위는 각각 $-70\,\text{mV}$, $+30\,\text{mV}$, $-80\,\text{mV}$, $-50\,\text{mV}$, $-70\,\text{mV}$이다. $㉠$이 $3\,\text{ms}$일 때 특정 지점에서 막전위가 ⓐ인 경우는 각 지점에 자극이 도달한 후 막전위 변화 시간이 $1\,\text{ms}$와 $2\,\text{ms}$ 사이에 있는 경우와 $2\,\text{ms}$와 $3\,\text{ms}$ 사이에 있는 경우이다. 구간 Ⅰ은 $㉠$이 $3\,\text{ms}$일 때 구간 Ⅰ의 각 지점에 자극이 도달한 후 막전위 변화 시간이 $0\,\text{ms}$와 $2\,\text{ms}$ 사이인 경우이므로 $㉠$이 $3\,\text{ms}$일 때 막전위가 ⓐ인 지점이 Ⅰ에 있다. 구간 Ⅲ은 $㉠$이 $3\,\text{ms}$일 때 구간 Ⅲ의 각 지점에 자극이 도달한 후 막전위 변화 시간이 $1\,\text{ms}$와 $3\,\text{ms}$ 사이인 경우이므로 $㉠$이 $3\,\text{ms}$일 때 막전위가 ⓐ인 지점이 Ⅲ에 있다.

09 골격근의 구조

Z선을 포함하지 않는 ㉮는 A대이다.

ㄱ. 골격근의 근육 섬유에는 여러 개의 핵이 있다.

ㄴ. A대(㉮)에는 마이오신 필라멘트만 있는 H대와 마이오신 필라멘트와 액틴 필라멘트가 겹치는 부분이 모두 있다. A대(㉮)에서 마이오신 필라멘트만 있는 단면(ⓛ)과 마이오신 필라멘트와 액틴 필라멘트가 같이 있는 단면(ⓒ)이 모두 관찰된다.

ㄷ. 골격근 ⓐ가 수축할 때 액틴 필라멘트만 있는 단면(㉠)이 관찰되는 부분의 길이는 감소한다.

10 골격근의 수축 과정

$t_1 \sim t_3$일 때 A대의 길이($2ⓛ+ⓒ$)는 $1.6\,\mu\text{m}$로 일정하다. ㉠의 길이와 ⓛ의 길이를 더한 값은 액틴 필라멘트의 길이와 같으므로 $t_1 \sim t_3$일 때 $1.0\,\mu\text{m}$로 일정하다. t_1일 때 ⓒ의 길이가 $0.6\,\mu\text{m}$이므로 ⓛ의 길이는 $0.5\,\mu\text{m}$이고, ㉠의 길이도 $0.5\,\mu\text{m}$이다. R와 Q가 각각 ㉠과 ⓛ 중 하나이면 t_1일 때 $\dfrac{R}{Q}=1$이어야 하지만 $\dfrac{R}{Q}=\dfrac{6}{5}$이므로 조건에 맞지 않는다. P와 R가 각각 ㉠과 ⓛ 중 하나이면 t_3일 때 $\dfrac{P}{R}=\dfrac{1}{6}$에서 P는 $\dfrac{1}{7}\,\mu\text{m}$, R는 $\dfrac{6}{7}\,\mu\text{m}$이고, $\dfrac{Q}{P}=4$에서 Q는 $\dfrac{4}{7}\,\mu\text{m}$이지만, A대의 길이($2ⓛ+ⓒ$)가 $1.6\,\mu\text{m}$인 조건을 만족하지 않는다. 따라서 P와 Q가 각각 ㉠과 ⓛ 중 하나이고, R가 ⓒ이다. t_1일 때 ㉠의 길이와 ⓛ의 길이는 모두 $0.5\,\mu\text{m}$이므로 $\dfrac{Q}{P}=1$이다. 따라서 ⓐ는 1이다. t_2일 때 $\dfrac{Q}{P}=\dfrac{2}{3}$이므로 Q의 길이는 $0.4\,\mu\text{m}$, P의 길이는 $0.6\,\mu\text{m}$이고, $\dfrac{R}{Q}=1$(ⓐ)에서 R(ⓒ)의 길이는 $0.4\,\mu\text{m}$이다. A대의 길이($2ⓛ+ⓒ$)는 $1.6\,\mu\text{m}$인 조건을 만족하는 ⓛ은 P이고, ㉠은 Q이다. t_3일 때 $\dfrac{Q}{P}=4$에서 ㉠(Q)의 길이는 $0.8\,\mu\text{m}$, ⓛ(P)의 길이는 $0.2\,\mu\text{m}$이고, $\dfrac{P}{R}=\dfrac{1}{6}$에서 ⓒ(R)의 길이는 $1.2\,\mu\text{m}$이다. 따라서 t_3일 때 $\dfrac{R}{Q}=\dfrac{1.2}{0.8}=\dfrac{3}{2}$이므로 ⓑ는 $\dfrac{3}{2}$이다.

ㄱ. Q는 ㉠이다.

✗. ⓐ는 1, ⓑ는 $\dfrac{3}{2}$이므로 ⓐ+ⓑ$=\dfrac{5}{2}$이다.

ㄷ. X의 길이는 $2\times㉠$의 길이$+2\times ⓛ$의 길이$+ⓒ$의 길이와 같고, ㉠의 길이$+ⓛ$의 길이$=1.0\,\mu\text{m}$로 일정하므로 ⓒ의 길이로 비교한다. ⓒ의 길이는 t_2일 때 $0.4\,\mu\text{m}$, t_3일 때 $1.2\,\mu\text{m}$이므로 X의 길이는 t_2일 때($2.4\,\mu\text{m}$)가 t_3일 때($3.2\,\mu\text{m}$)보다 $0.8\,\mu\text{m}$ 짧다.

11 골격근의 수축 과정

t_1일 때 ㉠의 길이가 k이면, ⓛ의 길이는 $k-0.1$, t_2일 때 ⓒ의 길이는 k이다. A대의 길이는 모든 시점에서 일정하며 ㉠의 길이와 ⓛ의 길이의 2배를 더한 값($㉠+2ⓛ$)과 같으므로 t_1일 때 A대의 길이$=1.6\,\mu\text{m}=k+2(k-0.1)$에서 $k=0.6$이다. t_1일 때 ㉠의 길이는 $0.6\,\mu\text{m}$, ⓛ의 길이는 $0.5\,\mu\text{m}$이다. X의 길이는 ㉠의 길이, ⓛ의 길이의 2배, ⓒ의 길이의 2배를 모두 더한 값($㉠+2ⓛ+2ⓒ$)과 같으므로 t_1일 때 X의 길이$=3.2\,\mu\text{m}=1.6+2ⓒ$에서 ⓒ의 길이는 $0.8\,\mu\text{m}$이다. t_2일 때 ⓒ의 길이는 t_1일 때 ㉠의 길이와 같으므로 t_2일 때 ⓒ의 길이는 $0.6\,\mu\text{m}$이다. X의 길이가 $2x$만큼 변할 때 ㉠의 길이는 $2x$, ⓛ의 길이는 $-x$, ⓒ의 길이는 x만큼 변한다. ⓒ의 길이는 t_1일 때가 t_2일 때보다 $0.2\,\mu\text{m}$ 길므로 X의 길이는 t_1일 때가 t_2일 때보다 $0.4\,\mu\text{m}$ 길다. t_2일 때 X의 길이는 $2.8\,\mu\text{m}$이다. t_1일 때 ㉠의 길이는 $0.6\,\mu\text{m}$, ⓛ의 길이는 $0.5\,\mu\text{m}$이므로 t_2일 때 ㉠의 길이는 $0.2\,\mu\text{m}$, ⓛ의 길이는 $0.7\,\mu\text{m}$이다.

ㄱ. t_1일 때 ⓒ의 길이는 $0.8\,\mu\text{m}$이다.

ㄴ. t_2일 때 ㉠의 길이는 $0.2\,\mu\text{m}$, ⓛ의 길이는 $0.7\,\mu\text{m}$이므로 t_2일

때 ㉠의 길이는 ㉡의 길이보다 짧다.

ㄷ. t_1일 때 X의 길이는 3.2 μm, t_2일 때 X의 길이는 2.8 μm이므로 X의 길이는 t_1일 때가 t_2일 때보다 0.4 μm 길다.

12 골격근의 수축 과정

A대의 길이는 모든 시점에서 같으므로 t_1과 t_2일 때 모두 1.6 μm이다. A대의 길이는 H대의 길이+2×㉡의 길이=1.6 μm이고, ⓐ가 ㉡이면, t_1일 때 ⓐ의 길이가 0.9 μm 경우 A대의 길이가 1.6 μm일 수가 없다. 따라서 ⓐ는 ㉠이다. t_2일 때 A대−H대=1.0 μm이므로 t_2일 때 H대의 길이는 0.6 μm이고, ㉡의 길이는 0.5 μm이다. t_1에서 t_2가 될 때 ㉠의 길이가 0.4 μm 짧아졌으므로 X의 길이는 0.8 μm 짧아진 것이고, t_1일 때 X의 길이는 3.4 μm이다. t_2일 때 H대의 길이는 0.6 μm이므로 t_1일 때 H대의 길이는 1.4 μm이다.

ㄱ. ⓐ는 ㉠이다.

ㄴ. A대−H대는 ㉡의 길이의 2배와 같다. ㉮(A대−H대)는 t_1일 때 ㉡의 길이의 2배와 같으므로 $\dfrac{t_1일 때 ㉡의 길이}{㉮}=\dfrac{1}{2}$이다.

ㄷ. t_2일 때 H대의 길이는 0.6 μm이고, ㉠의 길이는 0.5 μm이다. 따라서 t_2일 때 H대의 길이는 ㉠의 길이보다 길다.

수능 3점 테스트 본문 29~33쪽

| 01 ⑤ | 02 ④ | 03 ⑤ | 04 ① | 05 ③ |
| 06 ④ | 07 ⑤ | 08 ⑤ | 09 ② | 10 ③ |

01 이온의 막 투과도

(나)에서 막 투과도가 먼저 증가하는 이온 ㉠은 Na^+이고, ㉡은 K^+이다.

ㄱ. Y는 말이집 부분이고, Z는 축삭이 노출된 랑비에 결절이다. X에 역치 이상의 자극을 주었을 때 (나)와 같은 이온의 막 투과도 변화가 일어난 지점은 축삭이 노출된 랑비에 결절이다. 따라서 ⓐ는 Z이다.

ㄴ. ㉠(Na^+)의 막 투과도가 증가한 t_1일 때 ⓐ에서 탈분극이 일어나고 있다. ⓐ에서 탈분극이 일어날 때 ㉠(Na^+)은 Na^+ 통로를 통해 세포 밖에서 세포 안으로 확산되어 이동한다.

ㄷ. 분극 상태일 때 ㉡(K^+)은 세포 안 농도가 세포 밖 농도보다 높다. ㉡(K^+)의 막 투과도가 증가한 t_2일 때 ⓐ에서 재분극이 일어나고 있고, ㉡(K^+)이 K^+ 통로를 통해 세포 안에서 세포 밖으로 이동하지만 ㉡(K^+)의 세포 안 농도는 세포 밖 농도보다 높다. 따라서 t_2일 때 ⓐ에서 $\dfrac{㉡의 세포 밖 농도}{㉡의 세포 안 농도}$는 1보다 작다.

02 흥분의 전도와 전달

Ⅰ과 Ⅲ의 d_1에서의 막전위가 각각 −50 mV와 −80 mV로 휴지 전위가 아니므로 Ⅰ과 Ⅲ 중 하나는 C이다. C의 흥분 전도 속도가

3 cm/ms이므로 d_4에서 d_1까지 6 cm인 거리를 흥분이 전도되는 데 걸린 시간은 2 ms이다. C의 d_1에 흥분이 도달한 후 막전위 변화 시간은 3 ms이고, d_1에서의 막전위가 −80 mV이므로 Ⅲ이 C이다. A의 d_2에 역치 이상의 자극을 주고 경과된 시간이 t일 때 A의 d_4에서의 막전위가 0 mV이므로 $t=1.5\text{ ms}+\dfrac{4\text{ cm}}{4\text{ cm/ms}}=2.5\text{ ms}$와 $t=2.5\text{ ms}+\dfrac{4\text{ cm}}{4\text{ cm/ms}}=3.5\text{ ms}$ 중 하나이다. B의 d_2에 역치 이상의 자극을 주고 경과된 시간이 t일 때 B의 d_4에서의 막전위가 0 mV이므로 $t=1.5\text{ ms}+\dfrac{4\text{ cm}}{2\text{ cm/ms}}=3.5\text{ ms}$와 $t=2.5\text{ ms}+\dfrac{4\text{ cm}}{2\text{ cm/ms}}=4.5\text{ ms}$ 중 하나이다. 따라서 t는 3.5 ms이다. Ⅰ이 A이면 d_3에서 d_1까지 4 cm인 거리를 흥분이 전도되는 데 걸린 시간은 1 ms이므로 Ⅰ의 d_3에서의 막전위 −80 mV인 경우 d_1에서의 막전위가 +30 mV이어야 하나 −50 mV이어서 모순이다. 따라서 Ⅰ은 B이고, Ⅱ는 A이다.

ㄱ. B(Ⅰ)의 흥분 전도 속도는 2 cm/ms이고, d_3에서 d_2까지 2 cm인 거리를 흥분이 전도되는 데 걸린 시간은 1 ms이므로 B(Ⅰ)의 d_2에서의 막전위 변화 시간은 2 ms이다. 따라서 ㉠이 5 ms일 때 B(Ⅰ)의 d_2에서의 막전위는 +30(㉮) mV이다.

ㄴ. C(Ⅲ)의 d_4에 역치 이상의 자극을 주었을 때 B(Ⅰ)에서 휴지 전위가 아닌 막전위가 측정되었으므로 ⓐ에서 C는 B와 시냅스를 형성하고 있으며, C(Ⅲ)에서 B(Ⅰ)로 흥분의 전달이 일어난다. ⓐ에는 C(Ⅲ)의 축삭 돌기 말단이 있고, B(Ⅰ)의 축삭 돌기 말단은 없으므로 A(Ⅱ)의 축삭 돌기 말단이 있다. ⓐ에는 Ⅱ와 Ⅲ의 축삭 돌기 말단이 모두 있다.

ㄷ. C의 d_4에 역치 이상의 자극을 1회 주고 경과된 시간(㉠)이 t(3.5 ms)일 때 A의 d_3에는 흥분이 전달되지 않으므로 분극 상태이다. ㉠이 5 ms일 때 B의 d_3에서의 막전위가 −80 mV이므로 C의 d_4에서 B의 d_3까지 흥분이 이동하는 데 걸린 시간은 2 ms이다. ㉠이 t(3.5 ms)일 때 B의 d_3에서 막전위 변화 시간은 1.5 ms이므로 B의 d_3에서 탈분극이 일어나고 있다. C의 d_4에서 d_3까지 흥분이 이동하는데 걸린 시간은 $\dfrac{2}{3}$ ms이다. ㉠이 t(3.5 ms)일 때 C의 d_3에서는 재분극이 일어나고 있다. 따라서 ㉠이 t(3.5 ms)일 때 A~C의 d_3 중에서 탈분극이 일어나고 있는 지점의 수는 1이다.

03 흥분의 전도

표의 Ⅰ~Ⅳ 중 X에 역치 이상의 자극을 준 후 각 지점에서의 막전위 −80 mV에 도달할 때까지 걸린 시간이 가장 짧은 Ⅰ이 자극을 준 지점 X이다. X(Ⅰ)에 역치 이상의 자극을 주고 경과된 시간이 $2t$일 때 X(Ⅰ)에서의 막전위 −80 mV이다. 막전위가 −80 mV에 도달할 때까지 걸린 시간이 Ⅱ에서 $4t$이므로 X(Ⅰ)에서 Ⅱ까지 흥분이 전도되는 데 걸린 시간은 $4t-2t=2t$이다. 막전위가 −80 mV에 도달할 때까지 걸린 시간이 Ⅳ에서 $5t$이므로 X(Ⅰ)에서 Ⅳ까지 흥분이 전도되는 데 걸린 시간은 $5t-2t=3t$이다. X에서 각 지점까지의 거리는 흥분이 전도되는 데 걸린 시간에 비례하므로 X(Ⅰ)에서 Ⅱ까지 거리와 X(Ⅰ)에서 Ⅳ까지 거리의 비는 2 : 3이다. 이를 만족하는 X(Ⅰ)는 d_2이고, Ⅱ는 d_1, Ⅳ는 d_3이다. 나머지 Ⅲ은 d_4이다.

✗. X는 d_2이다.

ㄴ. X(d_2)에서 d_4까지 거리는 7 cm이므로 X(d_2)에서 d_4까지 흥분이 전도되는 데 걸리는 시간은 $7t$이고, d_4에 자극이 도달하고 막전위가 -80 mV가 될 때까지 걸리는 시간은 $2t$이다. 따라서 ⓐ는 $7t+2t=9t$이다.

ㄷ. A의 d_5에서 Ⅳ(d_3)까지 거리는 5 cm이므로 d_5에서 Ⅳ(d_3)까지 흥분이 전도되는 데 걸리는 시간은 $5t$이다. A의 d_5에 역치 이상의 자극을 1회 주고 경과된 시간이 $6t$일 때 Ⅳ(d_3)에 흥분이 도달한 후 t 동안 막전위 변화가 일어난다. 표의 Ⅰ에서의 막전위 변화에서 X에 자극을 준 후 t 동안 막전위 변화가 일어났을 때 탈분극이 일어나고 있다. 따라서 A의 d_5에 역치 이상의 자극을 1회 주고 경과된 시간이 $6t$일 때 Ⅳ(d_3)에서 탈분극이 일어나고 있다.

04 흥분의 전도

A~C의 d_1에 역치 이상의 자극을 동시에 1회 주고 경과된 시간(㉠)이 3 ms, 4 ms, 5 ms, 6 ms로 각 시간 간격이 1 ms이며, Ⅰ일 때와 Ⅱ일 때 A의 X에서의 막전위가 각각 -60 mV, -80 mV이므로 Ⅰ과 Ⅱ는 2 ms 차이이고, Ⅱ가 Ⅰ보다 크다. Ⅰ일 때와 Ⅲ일 때 B의 X에서의 막전위가 각각 -80 mV, $+30$ mV이므로 Ⅰ과 Ⅲ은 1 ms 차이이고, Ⅰ이 Ⅲ보다 크다. 따라서 Ⅲ<Ⅰ<Ⅳ<Ⅱ이므로 Ⅲ은 3 ms, Ⅰ은 4 ms, Ⅳ는 5 ms, Ⅱ는 6 ms이다. ㉠이 4 ms(Ⅰ)일 때 A의 X에서의 막전위가 -60 mV이므로 A의 d_1에서 X까지 흥분이 전도되는 데 걸린 시간은 3 ms이고, ㉠이 4 ms(Ⅰ)일 때 B의 X에서의 막전위가 -80 mV이므로 B의 d_1에서 X까지 흥분이 전도되는 데 걸린 시간은 1 ms이다. 흥분이 이동하는 거리가 같고, 걸린 시간이 A에서가 B에서의 3배이므로 흥분 전도 속도는 B에서가 A에서의 3배이다. 따라서 A의 흥분 전도 속도는 1 cm/ms, B의 흥분 전도 속도는 3 cm/ms이다. ㉠이 4 ms(Ⅰ)일 때 A의 d_1에서 X까지 흥분이 전도되는 데 걸린 시간은 3 ms이고, A의 흥분 전도 속도는 1 cm/ms이므로 d_1에서 X까지 거리는 3 ms×1 cm/ms=3 cm이다. 따라서 X는 d_4이다. ㉠이 3 ms(Ⅲ)일 때 C의 X(d_4)에서의 막전위가 0 mV이므로 막전위 변화 시간이 1.5 ms와 2.5 ms 중 하나이고, 흥분 전도 시간은 1.5 ms와 0.5 ms 중 하나이다. 따라서 C의 흥분 전도 속도는 $\dfrac{3\ \text{cm}}{1.5\ \text{ms}}=$

2 cm/ms와 $\dfrac{3\ \text{cm}}{0.5\ \text{ms}}=$6 cm/ms 중 하나이지만, 조건에 따라 C의 흥분 전도 속도는 2 cm/ms이다.

㉠. X는 d_4이다.

✗. ㉠이 5 ms(Ⅳ)일 때 A의 d_1에서 X(d_4)까지 흥분이 전도되는 데 걸린 시간은 3 ms이고, X(d_4)에서 막전위 변화 시간은 2 ms이므로 X(d_4)에서의 막전위(ⓐ)는 $+30$ mV이다. ㉠이 4 ms(Ⅰ)일 때 C의 d_1에서 X(d_4)까지 흥분이 전도되는 데 걸린 시간은 1.5 ms이고 X(d_4)에서 막전위 변화 시간은 2.5 ms이므로 X(d_4)에서의 막전위(ⓑ)는 0 mV이다. ⓐ와 ⓑ는 서로 같지 않다.

✗. ㉠이 3.5 ms일 때 B의 d_1에서 X(d_4)까지 흥분이 전도되는 데 걸린 시간은 1 ms이고, X(d_4)에서 막전위 변화 시간은 2.5 ms이므로 X(d_4)에서 재분극이 일어나고 있다.

05 흥분의 전달과 활동 전위

A에 역치 이상의 자극을 주었을 때 활동 전위가 발생한 뉴런의 수가 1이므로 A에서만 활동 전위가 발생한 것이고, A에서 B와 C로 흥분의 전달이 일어나지 않은 것이다. ㉠에는 A의 축삭 돌기 말단이 없고, B와 C의 축삭 돌기 말단이 있다. ㉡에 E의 축삭 돌기 말단이 있으면 E에 역치 이상의 자극을 주었을 때 E에서 C로 흥분의 전달이 일어나므로 A~E 중 활동 전위가 발생한 뉴런의 수가 1일 수 없다. 따라서 ㉡에는 D의 축삭 돌기 말단이 있다.

㉠. D에 역치 이상의 자극을 주었을 때 C와 E로 모두 흥분의 전달이 일어나고, C에서 A로 흥분의 전달이 일어나지만 C에서 B로 흥분의 전달이 일어나지 않는다. 따라서 D에 역치 이상의 자극을 주었을 때 A~E 중 활동 전위가 발생한 뉴런은 A, C, D, E이므로 ⓐ는 4이다.

ㄴ. ㉡에는 D의 축삭 돌기 말단이 있다.

✗. ㉠에는 B와 C의 축삭 돌기 말단이 있으므로 C에서 B로 흥분의 전달이 일어나지 않는다. 따라서 C에 역치 이상의 자극을 주면 B에서 활동 전위가 발생하지 않는다.

06 흥분의 전도와 전달

Ⅱ의 d_3과 d_5에서의 막전위가 모두 0 mV이므로 자극을 준 지점인 d_1과 가까운 d_3에서는 재분극이 일어나고 있고, d_5에서는 탈분극이 일어나고 있다. d_3에서 d_5까지의 거리는 4 cm이고, Ⅱ의 d_3에서 d_5까지 흥분이 이동하는 데 걸린 시간은 1 ms이다. 이 경우는 Ⅱ의 d_3에서 d_5 사이에 시냅스가 없고, Ⅱ의 흥분 전도 속도가 4 cm/ms인 경우에 가능하다. Ⅱ의 d_4에서의 막전위는 0~$+30$ mV 사이에 가능하므로 ㉢은 $+30$이다. Ⅱ의 d_4에서의 막전위가 $+30$ mV이므로 흥분이 d_4에 도달하고 2 ms 동안 막전위가 변한 것이며, Ⅱ의 d_1에서 d_4까지 6 cm를 2 ms 동안 이동한 것이다. Ⅱ의 흥분 전도 속도가 4 cm/ms이므로 Ⅱ의 d_1에서 d_3 사이에 시냅스가 있다. 따라서 Ⅱ는 B와 C 중 하나이다. Ⅲ의 d_3에서의 막전위가 $+30$(㉢) mV이므로 d_2와 d_4 중 자극을 준 지점인 d_1에서 더 먼 d_4에서의 막전위(㉡)가 -80 mV일 수 없다. 따라서 ㉠이 -80, ㉡이 -60이다. 흥분 전도 속도가 다른 Ⅰ과 Ⅲ의 d_2에서의 막전위가 모두 -80 mV인 것은 d_1과 d_2 사이에 시냅스가 있다는 것을 의미한다. 따라서 C의 ㉮에 시냅스가 있으며, C는 Ⅰ과 Ⅲ 중 하나이다. Ⅱ는 C가 아니므로 Ⅱ는 B이고, B의 흥분 전도 속도는 4(ⓑ) cm/ms이다. A의 흥분 전도 속도가 3 cm/ms이면 Ⅰ과 Ⅲ의 d_2에서의 막전위가 -80 mV일 수 없으므로 A의 흥분 전도 속도는 2(ⓐ) cm/ms이고, C의 흥분 전도 속도는 3(ⓒ) cm/ms이다. C의 d_2에서의 막전위는 -80 mV이므로 C의 d_1에서 d_2까지 흥분 이동 시간은 1 ms이고, d_2에서 d_3까지 흥분 전도 시간은 $\dfrac{2}{3}$ ms이다. 따라서 C의 d_3에 흥분이 도달한 후 d_3에서 막전위 변화 시간은 $\dfrac{7}{3}$ ms이므로 d_3에서의 막전위는 $+30$ mV가 아니며, A의 d_3에서의 막전위는 $+30$ mV이다. 따라서 Ⅲ은 A이고, Ⅰ은 C이다.

㉠. Ⅱ는 B이다.

✗. ⓐ는 2이고, ⓒ는 3이다.

ㄷ. B의 d_1에서 d_3까지 흥분이 이동하는 데 걸린 시간이 1.5 ms이고,

d_1에서 d_2까지 흥분이 전도되는 데 걸린 시간은 $\dfrac{2\,cm}{4\,cm/ms}=0.5\,ms$ 이다. 따라서 B의 d_2에서 d_3까지 흥분이 이동하는 데 걸린 시간은 $1\,ms$이다. B의 d_2에 역치 이상의 자극을 주고 경과된 시간이 $3\,ms$ 일 때, d_2에서 d_5까지 흥분이 이동하는 데 걸리는 시간은 $2\,ms$이므로 d_5에서 막전위 변화 시간은 $1\,ms$이다. 따라서 B의 d_5에서의 막전위는 $-60(ⓒ)\,mV$이다. C의 흥분 전도 속도는 $3\,cm/ms$이고, d_2에서 d_5까지 거리는 $6\,cm$이므로 흥분이 전도되는 데 걸리는 시간은 $2\,ms$이다. C의 d_5에서 막전위 변화 시간은 $1\,ms$이므로 C의 d_5에서의 막전위는 $-60(ⓒ)\,mV$이다.

07 골격근의 수축과 이완

X의 길이가 $2x$만큼 변할 때 ㉠의 길이는 $2x$, ㉡의 길이는 $-x$, ㉢의 길이는 x만큼 변한다. ⓑ의 길이는 t_1일 때가 t_2일 때보다 $0.3\,\mu m$ 짧고, ⓒ의 길이는 t_1일 때가 t_2일 때보다 $0.6\,\mu m$ 짧다. 따라서 ⓑ는 ㉢이고, ⓒ는 ㉠이며, ⓐ는 ㉡이다. ⓒ(㉠)의 길이가 t_1일 때가 t_2일 때보다 $0.6\,\mu m$ 짧으므로 X의 길이도 t_1일 때가 t_2일 때보다 $0.6\,\mu m$ 짧다. 따라서 t_2일 때 X의 길이는 $3.0\,\mu m$이다.

㉠. t_1에서 t_2 될 때 X의 길이가 증가하였으므로 X는 Q의 근육 원섬유 마디이다.

✗. ⓐ는 ㉡이다.

㉢. ⓐ의 길이+ⓑ의 길이($=$㉡의 길이+㉢의 길이)는 액틴 필라멘트의 길이로 두 시점에서 같다. X의 길이$-$ⓒ(㉠)의 길이는 $2\times$(㉡의 길이+㉢의 길이)와 같다. 따라서 $\dfrac{\text{X의 길이}-ⓒ\text{의 길이}}{ⓐ\text{의 길이}+ⓑ\text{의 길이}}=$ $\dfrac{2\times(㉡\text{의 길이}+㉢\text{의 길이})}{㉡\text{의 길이}+㉢\text{의 길이}}=2$로 t_1일 때와 t_2일 때가 같다.

08 골격근의 수축 과정

X의 길이가 $2x$만큼 변할 때 ㉠의 길이는 x, ㉡의 길이는 $-x$, ㉢의 길이는 $2x$만큼 변하고, ㉠$-$㉡은 $2x$만큼 변한다. ㉢의 길이를 $t_1\sim t_3$일 때 각각 $6k$, $3k$, $8k$로 하면 t_1에서 t_2 될 때 ㉢의 길이가 $3k$ 감소하였으므로 ㉠$-$㉡도 $3k$ 감소한다. $3k=0.3$이므로 $k=0.1$이고, $t_1\sim t_3$일 때 ㉢의 길이는 각각 $0.6\,\mu m$, $0.3\,\mu m$, $0.8\,\mu m$이다. t_2일 때 X의 길이는 $3.2-0.3=2.9\,\mu m$이다. t_2일 때 ㉠$-$㉡$=0$이므로 ㉠의 길이와 ㉡의 길이는 같다. X의 길이에서 ㉢의 길이를 뺀 값(X$-$㉢)은 ㉠의 길이와 ㉡의 길이를 더한 값(㉠$+$㉡)의 2배와 같으므로 t_2일 때 $2.9-0.3=2\times(㉠+㉡)$이다. 따라서 t_2일 때 ㉠의 길이와 ㉡의 길이는 모두 $0.65\,\mu m$이다. ㉠의 길이와 ㉡의 길이를 더한 값($1.3\,\mu m$)은 액틴 필라멘트의 길이와 같고 각 시점에서 동일하다. t_1일 때 ㉠$+$㉡$=1.3\,\mu m$, ㉠$-$㉡$=0.3\,\mu m$이므로 ㉠의 길이는 $0.8\,\mu m$, ㉡의 길이는 $0.5\,\mu m$이다. t_3일 때 X의 길이는 $3.2+0.2=3.4\,\mu m$이고, ㉠$+$㉡$=1.3\,\mu m$, ㉠$-$㉡$=0.5\,\mu m$이므로 ㉠의 길이는 $0.9\,\mu m$, ㉡의 길이는 $0.4\,\mu m$이다. 각 시점에서 X, ㉠$\sim$㉢의 길이는 표와 같다.

시점	X의 길이	㉠$-$㉡	㉠의 길이	㉡의 길이	㉢의 길이
t_1	3.2	0.3	0.8	0.5	0.6
t_2	?(2.9)	0	0.65	0.65	0.3
t_3	?(3.4)	0.5	0.9	0.4	0.8

(단위: μm)

✗. ㉡의 길이는 t_2일 때가 $0.65\,\mu m$, t_3일 때가 $0.4\,\mu m$이다. 따라서 ㉡의 길이는 t_2일 때가 t_3일 때보다 $0.25\,\mu m$ 길다.

㉡. t_1일 때 ㉠의 길이는 $0.8\,\mu m$, t_3일 때 ㉢의 길이는 $0.8\,\mu m$이다.

㉢. X의 길이가 $3.0\,\mu m$일 때 ㉠의 길이는 $0.7\,\mu m$, ㉡의 길이는 $0.6\,\mu m$, ㉢의 길이는 $0.4\,\mu m$이다. 따라서 $\dfrac{㉠\text{의 길이}-㉡\text{의 길이}}{㉢\text{의 길이}}=$ $\dfrac{0.7-0.6}{0.4}=\dfrac{1}{4}$이다.

09 골격근의 수축 과정

d_1은 마이오신 필라멘트의 끝 지점이므로 M선으로부터 d_1까지의 거리는 A대의 길이의 절반에 해당하고, d_2는 액틴 필라멘트의 끝 지점이므로 M선으로부터 d_2까지의 거리는 H대의 길이의 절반에 해당한다. M선으로부터 d_3까지의 거리는 H대의 길이의 절반과 ㉮의 길이의 절반을 더한 값에 해당한다. t_1일 때 M선으로부터 d_1까지의 거리가 $0.8\,\mu m$이므로 A대의 길이는 $1.6\,\mu m$이다. t_1일 때 M선으로부터 d_2까지의 거리는 $0.5\,\mu m$이므로 H대의 길이는 $1.0\,\mu m$이다. t_1일 때 M선으로부터 d_3까지의 거리는 $1.0\,\mu m\left(=0.5\,\mu m+\dfrac{㉮\text{의 길이}\,\mu m}{2}\right)$이므로 ㉮의 길이는 $1.0\,\mu m$이다. X의 길이는 $2\times$㉮의 길이 $+$ H대의 길이이므로 t_1일 때 X의 길이는 $3.0\,\mu m$이다. t_2일 때 M선으로부터 d_2까지의 거리는 $0.2\,\mu m$이므로 H대의 길이는 $0.4\,\mu m$이다. t_1에서 t_2가 되는 과정에서 H대의 길이는 $0.6\,\mu m$ 감소하였으므로 X의 길이도 $0.6\,\mu m$ 감소한다. 따라서 t_2일 때 X의 길이는 $2.4\,\mu m$이다.

✗. X의 길이는 t_1일 때($3.0\,\mu m$)가 t_2일 때($2.4\,\mu m$)보다 $0.6\,\mu m$ 길다.

㉡. t_2일 때 M선으로부터 d_2까지의 거리는 $0.2\,\mu m$이고, ㉮의 길이의 절반은 $0.5\,\mu m$이므로 M선으로부터 d_3까지의 거리는 $0.7\,\mu m$이다. A대의 길이의 절반은 $0.8\,\mu m$이므로 t_2일 때 d_3은 A대에 포함된다.

✗. t_1일 때 Z_1로부터 d_2까지의 거리는 X의 길이의 절반과 H대의 길이의 절반을 더한 값과 같으므로 $1.5\,\mu m+0.5\,\mu m=2.0\,\mu m$이다. t_2일 때 Z_2로부터 d_1까지의 거리는 X의 길이의 절반과 A대의 길이의 절반을 더한 값과 같으므로 $1.2\,\mu m+0.8\,\mu m=2.0\,\mu m$이다. 따라서 t_1일 때 Z_1로부터 d_2까지의 거리는 t_2일 때 Z_2로부터 d_1까지의 거리와 서로 같다.

10 골격근의 수축과 이완

X의 길이가 $2x$만큼 변할 때 ㉠의 길이는 x, ㉡의 길이는 $-x$, ㉢의 길이는 $2x$만큼 변한다. P와 Q의 길이 변화량이 각각 x와 $-x$ 중 하나이므로 P와 Q는 각각 ㉠과 ㉡ 중 하나이다. P가 ㉠이면 구간 ㉮에서 P의 길이가 최소인 $0.3\,\mu m$인 시점에서 X의 길이도 최소이다. X의 길이는 A대의 길이$+2\times$㉠의 길이와 같으므로 $1.6+2\times0.3=2.2\,\mu m$이다. 따라서 조건을 만족하지 않으므로 P는 ㉡이고, Q는 ㉠이다. 구간 ㉮에서 Q(㉠)의 길이가 최소인 $0.5\,\mu m$인 시점에서 X의 길이가 최소이고, X의 길이는 $1.6+2\times0.5=2.6\,\mu m$로 조건을 만족한다. 이때 ㉡(P)의 길이는 $0.5\,\mu m$이고, ㉢의 길이는 $0.6\,\mu m$이다.

✗. P는 ㉡이다.

✗. H대의 길이는 ©의 길이와 같고, ㈀(Q)의 길이 변화량이 x일 때 H대(©)의 길이 변화량이 $2x$이다. ㈀(Q)의 길이가 0.5 μm일 때 © (H대)의 길이가 0.6 μm이므로 t_2일 때 H대의 길이도 0.6 μm이다. t_1일 때 ㈀(Q)의 길이가 0.4 μm이므로 H대의 길이는 0.4 μm이다. 따라서 H대의 길이는 t_1일 때가 t_2일 때보다 0.2 μm 짧다.

Ⓒ. 구간 ㉯에서 ㈀(Q)의 길이는 0.4 μm에서 0.2 μm로 감소하고, ㈁(P)의 길이는 0.6 μm에서 0.8 μm로 증가한다. Z_1로부터 거리가 0.3 μm인 지점은 ㈀의 길이가 0.3 μm보다 긴 경우에는 액틴 필라멘트만 있는 구간 ㈀에 해당하고, ㈀의 길이가 0.3 μm보다 짧은 경우에는 액틴 필라멘트와 마이오신 필라멘트가 겹치는 구간 ㈁에 해당한다. 따라서 구간 ㉯에는 Z_1로부터 거리가 0.3 μm인 지점이 ㈁에 해당하는 시기(㈀의 길이가 0.3 μm보다 짧은 경우)가 있다.

닮은 꼴 문제로 유형 익히기
본문 35쪽

정답 ④

㈀은 중간뇌, ㈁은 소뇌, ㈂은 연수, ㈃은 척수이다. A와 B는 중간뇌 (㈀)와 연결되어 있으므로 부교감 신경, C와 D는 척수(㈃)와 연결되어 있으므로 교감 신경이다.

① 중간뇌(㈀), 연수(㈂)는 뇌교와 함께 뇌줄기를 구성한다.

② 소뇌(㈁)는 좌우 2개의 반구로 나누어져 있다.

③ 척수(㈃)는 배변·배뇨 반사의 중추이다.

✗ 부교감 신경에 속하는 B의 활동 전위 발생 빈도가 증가하면 동공이 작아진다.

⑤ C와 D는 교감 신경에 속하므로 신경절 이전 뉴런인 C의 길이는 신경절 이후 뉴런인 D의 길이보다 짧다.

수능 2점 테스트
본문 36~37쪽

01 ②	02 ③	03 ⑤	04 ③	05 ①
06 ⑤	07 ④	08 ⑤		

01 신경계의 구성

중추 신경계는 뇌와 척수로 구분되며, 말초 신경계는 해부학적으로 뇌 신경과 척수 신경으로 구분되고, 기능적으로 구심성 신경(감각 신경)과 원심성 신경(운동 신경)으로 구분된다. A는 뇌 신경, B는 척수 신경이다.

✗ 뇌 신경(A)은 말초 신경계에 속한다.

✗ 척수 신경(B)에는 구심성 신경과 원심성 신경이 모두 있다.

Ⓒ 척수 신경(B)은 31쌍으로 구성된다.

02 무릎 반사

무릎 반사에서 다리를 들어올리는 반응이 나타나기 위해서는 C와 연결된 근육은 수축해야 하고, D와 연결된 근육은 수축이 억제되어야 한다. A는 구심성 뉴런(감각 뉴런), B는 연합 뉴런, C와 D는 체성 신경에 속하는 원심성 뉴런(운동 뉴런)이다.

㈀. B는 중추 신경계인 척수를 구성하므로 연합 뉴런이다.

㈁. 골격근에 연결된 원심성 뉴런의 축삭 돌기 말단에서는 아세틸콜린이 분비된다. C는 원심성 뉴런이므로 C의 축삭 돌기 말단에서 분비되는 신경 전달 물질은 아세틸콜린이다.

✗. A에 활동 전위가 발생하면 D에서의 활동 전위 발생 빈도가 C에서의 활동 전위 발생 빈도보다 낮아진다.

03 뇌의 구조

A는 대뇌, B는 간뇌, C는 뇌교이다.

✗. 대뇌(A) 겉질은 주로 신경 세포체가 모인 회색질이고, 대뇌(A) 속질은 주로 축삭 돌기가 모인 백색질이다.

ㄴ. 간뇌(B)는 시상, 시상 하부, 뇌하수체로 구성된다.

ㄷ. 뇌교(C)는 중간뇌, 연수와 함께 뇌줄기를 구성한다.

04 자율 신경

동공이 확대되었으므로 ㉠은 교감 신경이다.

㉠. 반응 A는 대뇌가 관여하지 않는 무조건 반사에 해당한다.

✗. 교감 신경(㉠)의 신경절 이전 뉴런의 신경 세포체는 척수에 있다.

ㄷ. 교감 신경(㉠)의 신경절 이후 뉴런의 축삭 돌기 말단에서 분비되는 신경 전달 물질은 노르에피네프린이다.

05 자율 신경

A는 축삭 돌기 중간에 신경 세포체가 있으므로 구심성 신경(감각 신경)이고, B는 신경절 이전 뉴런의 길이가 신경절 이후 뉴런의 길이보다 길므로 부교감 신경이다.

㉠. A는 구심성 신경(감각 신경)이다.

✗. 부교감 신경(B)이 흥분하면 심장 박동이 억제된다.

✗. 구심성 신경(A)은 자율 신경에 속하지 않고, 부교감 신경(B)은 자율 신경에 속한다.

06 중추 신경계

㉠~㉢ 중 '교감 신경이 연결되어 있다.'는 척수에만 해당하므로 Ⅰ은 척수, ㉠은 '교감 신경이 연결되어 있다.'이다. ㉠~㉢ 중 '무조건 반사의 중추이다.'는 척수와 중간뇌에 해당하므로 Ⅱ는 중간뇌, ㉡은 '무조건 반사의 중추이다.'이다. ㉠~㉢ 중 '몸의 평형 유지에 관여한다.'는 소뇌와 중간뇌에 해당하므로 Ⅲ은 소뇌, ㉢은 '몸의 평형 유지에 관여한다.'이다.

㉠. ㉢은 '몸의 평형 유지에 관여한다.'이다.

ㄴ. 척수(Ⅰ)는 배변·배뇨 반사의 중추이다.

ㄷ. 소뇌(Ⅲ)는 좌우 2개의 반구로 이루어져 있다.

07 신경계 질환

(가)는 근위축성 측삭 경화증, (나)는 알츠하이머병, (다)는 파킨슨병이고, ㉠은 체성 신경, ㉡은 대뇌, ㉢은 중간뇌이다.

㉠. 체성 신경(㉠)은 원심성 신경(운동 신경)에 속한다.

✗. 대뇌(㉡)의 속질에는 주로 축삭 돌기가 모여 있고, 대뇌의 겉질에는 주로 뉴런의 신경 세포체가 모여 있다.

ㄷ. 중간뇌(㉢)에는 부교감 신경이 연결되어 있다.

08 대뇌 겉질의 분업화

㉣은 단어를 들을 때 활성화되므로 청각 중추가 있는 영역이다.

✗. ㉠은 운동 겉질로 전두엽에 속하는 영역이다.

ㄴ. ㉢은 언어의 이해를 담당하는 영역이므로 ㉢이 손상되면 언어를

이해할 수 없지만 ㉠과 ㉡이 정상이므로 말은 할 수 있다.

ㄷ. 단어를 듣고 따라 말할 때는 '청각 중추(㉣) → 언어 이해(㉢) → 말 만들기(㉡) → 말하기(㉠)'의 순서로 대뇌의 활동 영역이 활성화된다.

수능 3점 테스트   본문 38~41쪽

| 01 ② | 02 ② | 03 ④ | 04 ① | 05 ② |
| 06 ③ | 07 ④ | 08 ⑤ | | |

01 자극에 대한 반응 경로

(나)에서 흥분은 피부(발) → 구심성 신경 → 중추 신경(척수) → 체성 신경 → C로 전달되고, (다)에서 흥분은 피부(손) → 구심성 신경 → 중추 신경(척수, 뇌) → 체성 신경 → B로 전달되므로 (가)에서의 반응 기관은 A이다.

✗. ⓒ는 척수를 구성하는 연합 뉴런이다. 척수 신경은 척수와 연결된 신경을 말한다.

ㄴ. (다)의 흥분 전달 경로에 ⓑ가 관여한다.

✗. 밝은 빛을 볼 때 동공의 크기가 작아지는 반응에서 흥분은 눈 → 뇌(중간뇌) → 부교감 신경 → 눈으로 전달되는데, 뇌와 A는 체성 신경을 구성하는 뉴런으로 연결되어 있다. 따라서 '밝은 빛을 볼 때 동공의 크기가 작아진다.'는 ㉠에 해당하지 않는다.

02 교감 신경과 부교감 신경

교감 신경이 흥분하면 소화가 억제되므로 위액 분비가 억제되어 위 내부의 pH가 높아지고, 부교감 신경이 흥분하면 소화가 촉진되므로 위액 분비가 촉진되어 위 내부의 pH가 낮아진다. A 자극이 주어졌을 때 위액 분비가 촉진되어 위 내부의 pH가 낮아졌으므로 A는 부교감 신경이고, ㉠은 소화 작용에 의한 위액 분비이다. 따라서 B는 교감 신경이고, ㉡은 심장 박동이다.

✗. ㉠은 소화 작용에 의한 위액 분비이다.

ㄴ. 소화 작용에 의한 위액 분비(㉠)와 심장 박동(㉡)의 반응 중추는 모두 연수이다.

✗. 부교감 신경(A)의 신경절 이전 뉴런의 축삭 돌기 말단에서는 아세틸콜린이, 교감 신경(B)의 신경절 이후 뉴런의 축삭 돌기 말단에서는 노르에피네프린이 분비된다.

03 말초 신경계

ㄴ에 역치 이상의 자극을 주었을 때 ㉠~㉢ 중 활동 전위가 발생한 지점의 수를 A라 하고, ⓗ에 역치 이상의 자극을 주었을 때 ㉣~ⓗ 중 활동 전위가 발생한 지점의 수를 B라 하자. A와 B를 더한 값이 3이고, ㄴ과 ⓗ에 각각 역치 이상의 자극을 주었을 때 최소한 한 군데에서는 활동 전위가 발생하므로 A와 B는 0 또는 3이 될 수 없다. ⓐ에 신경절이 있을 경우 A는 2이고, ⓑ에 신경절이 있을 경우 A는 3이므로 ⓐ와 ⓑ 중 ⓐ에 신경절이 있다. 따라서 B는 1이고, ⓒ와 ⓓ 중 ⓓ에 신경절이 있다. Ⅰ은 교감 신경이고, Ⅱ는 부교감 신경이다.

X. Ⅰ은 교감 신경이고, 교감 신경은 신경절 이전 뉴런의 길이가 신경절 이후 뉴런의 길이보다 짧으므로 신경절은 ⓐ에 있다.

Ⓛ. Ⅱ는 부교감 신경이므로 ⓔ에 역치 이상의 자극을 주면 방광이 수축한다.

Ⓒ. 교감 신경(Ⅰ)의 신경절 이전 뉴런의 신경 세포체와 방광과 연결되어 있는 부교감 신경(Ⅱ)의 신경절 이전 뉴런의 신경 세포체는 모두 척수에 있다.

04 말초 신경계

㉠으로 구성된 (가)는 다리의 골격근에 연결된 체성 신경이고, ㉠과 ㉢의 말단에서 분비되는 신경 전달 물질이 같으므로 ㉠과 ㉢의 말단에서 분비되는 신경 전달 물질은 모두 아세틸콜린이다. ㉤에 역치 이상의 자극을 주면 동공의 크기가 작아지므로 ㉣과 ㉤으로 이루어진 (다)는 부교감 신경이다. ㉡과 ㉣의 말단에서 분비되는 신경 전달 물질이 서로 다르므로 ㉡의 말단에서 분비되는 신경 전달 물질은 노르에피네프린이고 (나)는 교감 신경이다.

X. (다)는 중간뇌와 연결된 뇌 신경이므로 전근을 통해 나오지 않는다.

Ⓛ. ㉡은 교감 신경(나)을 구성하는 뉴런이므로 ㉡에 역치 이상의 자극을 주면 소장에서의 소화액 분비가 억제된다.

X. 부교감 신경인 (다)의 신경절 이후 뉴런 말단에서는 아세틸콜린이 분비된다. (다)의 신경절 이후 뉴런 말단에 아세틸콜린 분해 효소의 작용을 저해하는 물질을 처리하면 아세틸콜린이 반응 기관인 눈에 지속적으로 작용하여 과도한 흥분이 발생한다. 따라서 신경절 이후 뉴런 말단에 아세틸콜린 분해 효소의 작용을 억제하는 물질을 처리하면 ⓐ가 촉진된다.

05 신경계의 구성과 자율 신경

㉠은 구심성 신경(감각 신경), ㉡은 체성 신경이다. 척수와 소장 사이에 연결된 자율 신경은 교감 신경이므로 신경절은 ⓐ에 있고, B는 교감 신경의 신경절 이후 뉴런이다. A는 구심성 신경이다.

X. A는 구심성 신경(㉠)에 속한다.

X. B는 신경절 이후 뉴런이므로 B의 신경 세포체는 척수에 존재하지 않는다.

Ⓒ. A와 B는 모두 척수와 연결되어 있으므로 척수 신경이다.

06 중추 신경계

자율 신경을 통해 방광과 연결되어 있는 구조는 척수이므로 A와 D 중 하나가 척수이다. 부교감 신경의 신경절 이전 뉴런의 신경 세포체가 존재하는 구조는 간뇌, 소뇌, 척수, 중간뇌 중 척수와 중간뇌이므로 A가 척수, C가 중간뇌이다. 항상성의 조절 중추는 간뇌의 시상 하부이므로 B가 간뇌, D가 소뇌이다.

㉠. ⓐ는 'O'이다.

Ⓛ. 간뇌(B)의 시상 하부는 체온 조절의 중추이다.

X. 뇌줄기는 중간뇌(C), 뇌교, 연수로 이루어져 있다. 소뇌는 뇌줄기를 구성하지 않는다.

07 말초 신경계의 구조와 기능

A~C는 척수 신경에 속하고 ㉡~㉣이 척수 신경에 속하므로 뇌 신경에 속하는 D는 ㉠이다. B와 C의 축삭 돌기 말단에서 분비되는 신경 전달 물질이 같으므로 B와 C는 각각 ㉡과 ㉣ 중 하나이다. 따라서 A는 ㉢이다. B에서 활동 전위 발생 빈도가 증가하면 위액 분비가 억제되므로 B는 ㉡, C는 ㉣이다.

㉠. C는 ㉣이다.

X. ㉣은 척수 신경이므로 ⓐ는 얼굴에 있는 근육이 아니다.

Ⓒ. D(㉠)의 신경 세포체는 연수에 있고, 연수는 기침, 재채기의 반사 중추이다.

08 신경의 교차 부위

오른손으로 사포의 거친 면을 만져도 거친 정도를 느낄 수 없는 것은 오른손의 촉각 자극이 대뇌로 전달되지 않았다는 뜻이므로 ⓐ가 손상된 것이다. 따라서 B는 ⓐ, A는 ⓑ이다.

X. A는 ⓑ이다.

Ⓛ. 오른손이 가시에 찔려도 통증을 느낄 수 없다는 것은 오른손의 통각 자극이 대뇌로 전달되지 않았다는 뜻이므로 ⓑ(A)가 손상된 것이다. 따라서 ㉠에 해당한다.

Ⓒ. 대뇌 우반구에서 전달된 명령은 B(ⓐ)의 위쪽에서 교차되므로 B(ⓐ)를 지나지 않고 왼쪽 손으로 전달된다. 따라서 B(ⓐ)가 손상되어도 왼쪽 손으로 공을 던지는 의식적인 운동을 할 수 있다.

06 항상성

닮은꼴 문제로 유형 익히기　　　　本文 43쪽

정답 ⑤

㉠이 증가함에 따라 ADH 농도가 증가하므로 ㉠은 혈장 삼투압이다.

✗. ㉠은 혈장 삼투압이다.

㉡. 혈장 삼투압(㉠)이 높으면 혈중 ADH 농도가 증가하므로 단위 시간당 오줌 생성량은 감소하고 오줌 삼투압은 증가한다. 따라서 생성되는 오줌 삼투압은 p_1일 때가 p_2일 때보다 낮다.

㉢. 같은 시간 동안 A의 혈장 삼투압(㉠)이 B의 혈장 삼투압(㉠)보다 크게 증가하므로 A는 '항이뇨 호르몬(ADH)이 정상보다 적게 분비되는 개체'이고, B는 '항이뇨 호르몬(ADH)이 정상적으로 분비되는 개체'이다. 따라서 t_1일 때 $\dfrac{\text{A의 혈중 ADH 농도}}{\text{B의 혈중 ADH 농도}}$는 1보다 작다.

수능 2점 테스트　　　　本文 44~45쪽

01 ②	02 ③	03 ①	04 ⑤	05 ③
06 ②	07 ④	08 ⑤		

01 호르몬의 특징

호르몬은 내분비샘에서 생성되어 혈액을 따라 이동하다가 특정 호르몬 수용체를 가진 표적 세포(기관)에 작용한다.

✗. 에피네프린은 간에서 글리코젠의 분해를 촉진한다. 글리코젠의 합성을 촉진하는 호르몬은 인슐린이다.

Ⓑ. 혈중 티록신의 농도가 증가하면 음성 피드백에 의해 TRH와 TSH의 분비가 억제된다.

✗ 항이뇨 호르몬(ADH)은 콩팥에 작용하여 물의 재흡수를 촉진한다.

02 혈당량 조절

혈중 포도당 농도가 높아질수록 인슐린의 혈중 농도는 증가하고, 글루카곤의 혈중 농도는 감소한다. 따라서 ㉠은 글루카곤, ㉡은 인슐린이다. 글루카곤(㉠)은 간에 작용하여 글리코젠을 포도당으로 분해하는 반응을 촉진하므로 A는 글리코젠, B는 포도당이다.

㉠. ㉠은 글루카곤이다.

㉡. 글루카곤(㉠)과 인슐린(㉡)의 표적 기관은 모두 간이므로 간은 인슐린(㉡)의 표적 기관에 해당한다.

✗. 부교감 신경은 이자의 β세포와 연결되어 인슐린의 분비를 촉진하고, 인슐린은 혈중 포도당 농도를 감소시킨다. 따라서 이자에 연결된 부교감 신경의 흥분 발생 빈도가 증가하면 간에서 글리코젠(A)의 양이 증가한다.

03 항상성 유지의 원리

A는 뇌하수체 전엽, B는 갑상샘이다. ㉠은 시상 하부에서 분비되므로 TRH이고, ㉡은 뇌하수체 전엽(A)에서 분비되므로 TSH이다.

㉠. ㉠은 TRH이다.

✗. 뇌하수체 전엽(A)은 ㉠의 표적 기관이고, 갑상샘(B)이 ㉡의 표적 기관이다.

✗. 2가지 요인이 같은 생리 작용에 대해 서로 반대로 작용하여 서로의 효과를 줄이는 것을 길항 작용이라고 한다. 혈중 티록신 농도는 음성 피드백에 의해 조절된다.

04 체온 조절

고온 자극을 받으면 시상 하부의 온도는 올라가고 체온은 내려가며, 저온 자극을 받으면 시상 하부의 온도는 내려가고 체온은 올라간다. 따라서 ㉠은 저온, ㉡은 고온이다.

✗. ㉠은 저온이다.

㉡. 고온(㉡) 자극을 주면 체온을 낮추기 위해 열 발산량이 증가하므로 피부 근처 혈관이 확장된다.

㉢. 저온 자극을 주면 체온을 높이기 위해 열 발생량이 증가하므로 열 발생량은 t_1일 때가 t_2일 때보다 많다.

05 삼투압 조절

㉠. ㉠은 혈장 삼투압이 높아질 때 뇌하수체 후엽에서 분비되는 항이뇨 호르몬(ADH)이다.

㉡. 항이뇨 호르몬(ADH)은 물의 재흡수를 증가시켜 혈액량을 유지하는 역할을 하므로 전체 혈액량이 증가하면 항이뇨 호르몬(ADH)의 분비는 억제된다. 따라서 B가 전체 혈액량이 정상보다 증가한 상태이다.

✗. 혈중 항이뇨 호르몬(ADH) 농도가 높아지면 콩팥에서 물의 재흡수량이 증가함에 따라 단위 시간당 오줌 생성량이 감소하므로 오줌 삼투압은 증가한다. A일 때 생성되는 오줌의 삼투압은 항이뇨 호르몬(ADH) 농도가 더 낮은 P_1일 때가 P_2일 때보다 낮다.

06 호르몬의 특징

(가)는 부신 겉질 자극 호르몬(ACTH), (나)는 에피네프린, (다)는 항이뇨 호르몬(ADH)이다.

✗. 부신 겉질 자극 호르몬(가)은 부신 겉질에 작용하여 당질 코르티코이드의 분비를 촉진하므로 부신 겉질 자극 호르몬의 표적 기관은 부신 겉질이다.

㉡. 에피네프린(나)은 부신 속질에 연결된 교감 신경에 의해 분비가 촉진되므로 교감 신경은 ⓐ에 해당한다.

✗. 항이뇨 호르몬(다)은 콩팥에서 물의 재흡수를 촉진하여 단위 시간당 오줌 생성량을 감소시킨다.

07 혈당량 조절

운동을 시작하면 혈중 글루카곤의 농도는 증가하고 혈중 인슐린의 농도는 감소한다. 따라서 ㉠은 인슐린이다.

㉠. ㉠은 인슐린이다.

ⓧ. 인슐린(㉠)은 이자의 β세포에서 분비된다.
ⓒ. 혈중 포도당 농도는 인슐린의 농도가 높은 t_1일 때가 t_2일 때보다 높다.

08 삼투압 조절
물을 투여하면 혈장 삼투압이 낮아져 항이뇨 호르몬(ADH)의 분비량이 감소하게 되므로 물의 재흡수량이 감소하여 단위 시간당 오줌 생성량이 증가한다. 소금물을 투여하면 혈장 삼투압이 높아져 항이뇨 호르몬(ADH)의 분비량이 증가하게 되므로 물의 재흡수량이 증가하여 단위 시간당 오줌 생성량이 감소한다. 따라서 ㉠은 물, ㉡은 소금물이다.
ⓧ. ㉠은 물이다.
ⓒ. 혈중 항이뇨 호르몬(ADH)의 농도는 단위 시간당 오줌 생성량이 적은 t_1일 때가 t_2일 때보다 높다.
ⓒ. 단위 시간당 오줌 생성량이 많을수록 생성되는 오줌의 삼투압은 작아진다. 따라서 생성되는 오줌의 삼투압은 t_2일 때가 t_3일 때보다 작다.

| 수능 3점 테스트 | | | | 본문 46~49쪽 |

01 ③	02 ⑤	03 ③	04 ④	05 ④
06 ③	07 ③	08 ④		

01 호르몬의 분비 조절 경로
(가)는 뇌하수체 전엽이고, ㉠은 티록신, ㉡은 에피네프린이다. ⓐ는 신경에 의한 신호 전달이고, ⓑ는 호르몬에 의한 신호 전달이다.
ⓒ. 뇌하수체 전엽(가)에서 생장 호르몬이 분비된다.
ⓧ. 혈중 티록신(㉠)의 농도가 증가하면 음성 피드백에 의해 TRH와 TSH의 분비가 억제된다.
ⓒ. 신호 전달 속도는 신경에 의한 신호 전달(ⓐ)이 호르몬에 의한 신호 전달(ⓑ)보다 빠르다.

02 혈당량 조절
㉠은 이자에서 분비되어 근육 세포로의 포도당 흡수를 촉진하고, 간에서 포도당이 글리코젠으로 전환되는 과정을 촉진하여 혈당량을 감소시키므로 인슐린이다. ㉡은 이자에서 분비되어 간에서 글리코젠이 포도당으로 전환되는 과정을 촉진하여 혈당량을 증가시키므로 글루카곤이다.
ⓒ. (나)의 정상인에서 탄수화물 섭취 후 혈당량을 낮추기 위해 인슐린의 분비가 증가하므로 X는 인슐린(㉠)이다.
ⓒ. 글루카곤(㉡)은 간세포에 작용하여 글리코젠의 분해를 촉진한다.
ⓒ. 인슐린(㉠, X)은 간세포에 작용하여 글리코젠의 합성을 촉진한다. 따라서 t_1일 때 혈중 포도당 농도는 혈중 인슐린 농도가 높은 정상인이 A보다 낮다.

03 체온 조절
시상 하부의 설정 온도는 체온 조절의 기준이 되는 온도이므로 시상 하부의 설정 온도에 따라 체온의 변화가 나타난다. 따라서 ㉠은 시상 하부의 설정 온도이고, ㉡은 체온이다.
ⓒ. ㉠은 시상 하부의 설정 온도이다.
ⓒ. 시상 하부가 저온 자극을 감지하면 교감 신경의 작용 강화로 피부 근처의 혈관이 수축하여 피부 근처로 흐르는 혈액량이 감소한다. 따라서 ⓐ는 '피부 근처 혈관 수축'이다.
ⓧ. 구간 Ⅰ에서 시상 하부의 설정 온도 증가로 인해 체온이 높아지는 방향으로 조절이 일어나므로 땀샘을 통한 땀의 분비가 감소한다.

04 삼투압 조절의 이상
구간 Ⅰ에서 A에게 항이뇨 호르몬(ADH)을 주사하자 단위 시간당 오줌 생성량이 감소하여 오줌 삼투압이 증가하였으므로 A는 '뇌하수체 후엽에 이상이 있는 사람'이다. 콩팥에 이상이 있는 사람은 뇌하수체 후엽에서 정상적으로 항이뇨 호르몬(ADH)이 분비되고 있으므로 항이뇨 호르몬(ADH)을 주사하더라도 오줌 삼투압에는 변화가 없다.
ⓧ. 정상인에서 혈장 삼투압은 오줌 삼투압이 낮은 t_1일 때가 t_2일 때보다 낮다.
ⓒ. A는 '뇌하수체 후엽에 이상이 있는 사람'이다.
ⓒ. t_3일 때 A는 정상인보다 오줌 삼투압이 낮으므로 콩팥에서의 단위 시간당 수분 재흡수량은 A가 정상인보다 적다.

05 갑상샘 기능의 이상
t_1일 때 갑상샘의 기능이 저하되면 티록신의 혈중 농도가 감소하므로 ㉠이 티록신, ㉡이 TSH이다.
ⓧ. 티록신 분비 조절의 중추는 간뇌의 시상 하부이다.
ⓒ. 혈중 티록신(㉠) 농도가 낮아지면 시상 하부에서 TRH 분비와 뇌하수체 전엽에서 TSH(㉡)의 분비가 각각 촉진된다. 따라서 혈중 TRH 농도는 t_1일 때가 t_2일 때보다 낮다.
ⓒ. 혈중 티록신(㉠) 농도는 음성 피드백에 의해 조절되므로 t_2일 때 A에게 티록신(㉠)을 주사하면 혈중 TSH(㉡)의 농도는 감소할 것이다.

06 혈당량 조절
정상인에서 혈당량이 높아지면 혈중 인슐린의 농도는 증가하고, 혈당량이 낮아지면 혈중 인슐린의 농도는 감소한다. 따라서 ㉠은 인슐린이다.
ⓒ. 인슐린(㉠)은 이자의 β세포에서 분비된다.
ⓧ. 만약 A가 인슐린(㉠)을 생성하지 못하는 사람이라면 A에서 혈중 인슐린의 농도는 정상인보다 매우 낮아야 한다. 따라서 A는 인슐린(㉠)의 표적 세포에 이상이 있는 사람이다.
ⓒ. 어느 과정의 산물이 그 과정을 억제하는 조절을 음성 피드백이라고 한다. 혈중 인슐린의 농도가 높아지면 인슐린에 의해 혈중 포도당의 농도가 감소하고, 혈중 포도당 농도의 감소에 의해 이자에서 인슐린의 분비가 억제된다. 따라서 정상인에서 인슐린(㉠)의 농도가 t_1일 때보다 t_2일 때 낮은 것은 음성 피드백에 의한 결과이다.

07 체온 조절

정상인이 저온 자극을 받으면 피부 근처 혈관이 수축됨으로써 피부 근처 혈관을 흐르는 혈액량이 감소하며, 고온 자극을 받으면 피부 근처 혈관이 확장됨으로써 피부 근처 혈관을 흐르는 혈액량이 증가한다. 따라서 ㉠은 저온, ㉡은 고온이다.

㉠. 저온 자극을 주었을 때 피부 근처 혈관이 수축되므로 Ⅰ은 저온(㉠) 자극을 주었을 때 나타나는 작용이다.

✗. Ⅰ이 저온(㉠) 자극을 주었을 때 나타나는 작용이므로 Ⅱ는 고온 자극을 주었을 때 나타나는 작용이다. 고온 자극을 주면 땀 분비를 증가시켜 열 발산량이 증가하므로 ⓐ는 '증가'이다.

㉢. 저온(㉠) 자극을 받았을 때 열 발생량이 증가하고 열 발산량이 감소하므로 $\dfrac{열\ 발생량}{열\ 발산량}$은 t_1일 때가 t_2일 때보다 크다.

08 삼투압 조절

혈중 항이뇨 호르몬(ADH)의 농도가 높아지면 콩팥에서 물의 재흡수가 촉진되므로 혈장의 삼투압은 낮아지고, 오줌의 삼투압은 높아진다. 따라서 ㉠은 혈장, ㉡은 오줌이다.

✗. ㉠은 혈장이다.

㉡. 구간 Ⅰ에서 혈장(㉠) 삼투압이 증가할수록 혈중 항이뇨 호르몬(ADH)의 농도가 증가하므로 단위 시간당 수분 재흡수량이 증가한다.

㉢. 단위 시간당 생성되는 오줌의 양은 혈중 항이뇨 호르몬(ADH)의 농도가 낮을 때 많으므로 안정 상태일 때가 p_1일 때보다 많다.

07 방어 작용

닮은 꼴 문제로 유형 익히기   본문 51쪽

정답 ②

✗. B 림프구는 골수에서 생성되고 성숙한다. 따라서 B 림프구는 ⓐ에서 성숙하지 않는다.

㉡. A~C 중 C만 죽었고 A와 B는 살아남았으므로 C는 가슴샘이 제거되어 정상적으로 면역 반응이 일어나지 못한 생쥐이다.

✗. 혈중 항체 농도를 조사한 결과 A에서가 B에서보다 높았으므로 A는 ㉠을 주사한 생쥐이며, A에서는 2차 면역 반응이 일어났다. B는 ㉠을 주사하지 않은 생쥐이며, B에서는 1차 면역 반응이 일어났다.

수능 2점 테스트   본문 52~53쪽

01 ④	02 ④	03 ⑤	04 ③	05 ④
06 ⑤	07 ④	08 ⑤		

01 세균과 바이러스

㉠. (가)에 세포막과 리보솜이 있으므로 (가)는 세균이며 결핵의 병원체이다.

✗. (나)는 독감의 병원체이며, 독감의 병원체는 바이러스이다. 바이러스는 스스로 물질대사를 하지 못한다.

㉢. 세균과 바이러스는 모두 유전 물질을 갖는다.

02 질병과 병원체

A~C의 병원체는 모두 유전 물질을 가지므로 ㉢은 '병원체가 유전 물질을 갖는다.'이다. 모기를 매개로 전염되는 질병은 말라리아뿐이므로 ㉡은 '모기를 매개로 전염된다.'이고, ㉠은 '병원체가 세포막을 갖는다.'이다. 말라리아는 3가지 특징을 모두 가지므로 B이고, 홍역은 '병원체가 유전 물질을 갖는다.'만 가지므로 A이며, C는 결핵이다.

✗. 홍역의 병원체는 원생생물이 아닌 바이러스이다.

㉡. ㉠은 '병원체가 세포막을 갖는다.'이다.

㉢. 항생제는 세균을 죽이거나 증식을 억제하는 물질이므로 세균에 의한 질병인 C를 치료하는 데 사용된다.

03 질병과 병원체

무좀의 병원체는 곰팡이, 탄저병의 병원체는 세균, 후천성 면역 결핍증(AIDS)의 병원체는 바이러스이다.

㉠. 무좀의 병원체는 3가지 특징 중 2가지 특징만 가지고, 탄저병의 병원체는 3가지 특징을 모두 가지며, 후천성 면역 결핍증(AIDS)의 병원체는 1가지 특징만을 가진다. 따라서 A는 탄저병, B는 후천성

면역 결핍증(AIDS), C는 무좀이며, ㉠은 1이다.

✗. A는 탄저병이다. 탄저병의 병원체는 세균이다.

㉢. C는 무좀이며, 무좀의 병원체는 곰팡이다. 곰팡이는 핵막을 갖는 진핵생물이다.

04 염증 반응

㉠. ㉡은 보조 T 림프구에게 항원 정보를 제공하므로 대식세포이고, ㉠은 비만세포이다.

㉡. 대식세포(㉡)는 병원체를 세포 내로 들여와 효소로 분해한다.

✗. 히스타민이 모세 혈관에 작용하면 모세 혈관이 확장된다.

05 방어 작용

㉠. ㉠은 병원체를 세포 내로 들여와 분해하고, 분해하여 얻은 항원을 보조 T 림프구에게 전달하는 대식세포이다. 대식세포는 식세포 작용을 한다.

㉡. ㉡은 대식세포로부터 항원을 인식하고 B 림프구의 분화를 촉진하는 보조 T 림프구이다. 보조 T 림프구는 체액성 면역에 관여한다.

✗. ㉢은 B 림프구로 골수에서 성숙하였다.

06 2차 면역 반응

㉠. B 림프구는 항체를 분비하는 형질 세포(㉠)와 병원체에 대한 정보를 기억하는 기억 세포(㉡)로 분화된다.

㉡. 구간 Ⅰ에서 X의 1차 침입에 의해 B 림프구의 분화가 일어난다.

㉢. 구간 Ⅱ에서 기억 세포(㉡)가 형질 세포로 분화되는 과정 ⓐ가 일어난다.

07 비특이적 방어 작용과 특이적 방어 작용

㉠. (가)에서는 비특이적 방어 작용인 염증 반응과 식세포 작용이 X에 대해 일어났다.

✗. ㉠과 ㉡은 모두 T 림프구가 분화되어 형성된 세포이므로 골수가 아닌 가슴샘에서 성숙하였다.

㉢. ㉡은 세포독성 T림프구로 세포성 면역에 관여한다.

08 ABO식 혈액형

✗. Ⅰ의 혈액을 ㉢과 섞었을 때 응집이 일어나므로 Ⅰ의 ABO식 혈액형은 O형이 아니다. Ⅰ에 응집소 β가 있으므로 Ⅰ의 ABO식 혈액형은 A형이다.

㉡. Ⅱ의 혈액에는 응집원 A와 응집소 β가 모두 없으므로 Ⅱ의 ABO식 혈액형은 B형이다. ㉠을 Ⅰ의 혈액과 섞었을 때도 응집이 일어나지 않고, Ⅱ의 혈액과 섞었을 때도 응집이 일어나지 않으므로 ㉠에 응집소 α와 β가 모두 없으며, ㉠은 Ⅲ의 혈장이다. 따라서 Ⅲ의 ABO식 혈액형은 AB형이고 Ⅲ의 적혈구에는 응집원 B가 있다.

㉢. Ⅱ의 혈액을 ㉡과 섞었을 때 응집이 일어나므로 ㉡은 Ⅰ의 혈장이다. ABO식 혈액형이 A형인 사람의 혈장에는 응집소 β가 있다.

01 ④	02 ②	03 ⑤	04 ②	05 ④
06 ③	07 ①	08 ④		

01 질병과 병원체

㉠. A는 비감염성 질병, B는 세균에 의한 질병, C는 바이러스에 의한 질병이다. 독감은 바이러스에 의한 질병이므로 ㉠에 해당한다.

✗. A는 비감염성 질병이므로 전염될 수 없다.

㉢. B는 세균에 의한 질병이므로 (나)의 특징을 모두 갖는다.

02 질병과 병원체

✗. 항생제는 세균을 죽이거나 증식을 억제하는 물질이다. 따라서 ㉠은 결핵의 병원체이다.

㉡. ㉡과 ㉢ 중 세포가 없는 배지에서 증식할 수 있는 것이 ㉡이므로 ㉡은 무좀의 병원체이며, 무좀의 병원체는 곰팡이다. ㉢은 후천성 면역 결핍증(AIDS)의 병원체이며, 후천성 면역 결핍증(AIDS)의 병원체는 바이러스이다.

✗. ㉢은 바이러스이므로 스스로 물질대사를 하지 못한다.

03 ABO식 혈액형

그림에서 응집소 α와 적혈구가 응집 반응을 하고 응집소 β와 적혈구는 응집 반응을 하지 않으므로 그림은 ABO식 혈액형이 A형인 사람의 혈액을 항 A 혈청과 섞었을 때 일어나는 반응이다. 따라서 ㉡은 응집원 A, ㉣은 응집소 β이다. ㉠은 응집원 B이므로 ABO식 혈액형이 B형인 학생의 수와 AB형인 학생의 수를 더한 값은 42이다. ㉢은 응집소 α이므로 ABO식 혈액형이 B형인 학생의 수와 O형인 학생의 수를 더한 값은 52이다. ㉡과 ㉣을 모두 갖는 학생은 ABO식 혈액형이 A형인 학생이므로 A형인 학생의 수는 38이다. ㉠을 가진 학생의 수와 ㉢과 ㉣을 모두 가진 학생의 수를 더한 값을 전체 학생의 수에서 빼면 ABO식 혈액형이 O형인 학생의 수인 20을 얻을 수 있고, 이를 이용해 ABO식 혈액형이 B형인 학생의 수가 32이고, AB형인 학생의 수가 10인 것을 구할 수 있다.

㉠. ABO식 혈액형이 O형인 학생의 수는 20, AB형인 학생의 수는 10이다.

㉡. ㉠과 ㉢을 모두 갖는 학생은 ABO식 혈액형이 B형이므로 ㉠과 ㉢을 모두 갖는 학생의 수는 32이다. Rh 응집원이 없는 학생은 2명이고 모두 ABO식 혈액형이 B형이므로 B형인 학생 중 Rh 응집원을 갖는 학생의 수는 30이다.

㉢. 항 A 혈청에 응집되는 혈액을 갖는 학생의 수는 48이고, 항 B 혈청에 응집되는 혈액을 갖는 학생의 수는 42이다.

04 방어 작용과 백신

✗. 혈장에는 세포 성분이 없으므로 ⓐ에는 기억 세포가 없다.

㉡. (다)의 Ⅲ에서 얻은 혈장을 주사한 Ⅴ가 살아남은 것은 Ⅲ에서 특이적 방어 작용이 일어나 생성된 항체가 Ⅴ에게 전달되었기 때문이다.

✗. A를 주사한 Ⅳ는 죽었고, B를 주사한 Ⅴ는 살아남았으므로 ㉠

을 만드는 데 사용된 세균은 B이다.

05 기억 세포와 2차 면역 반응

X. ⓐ를 주사한 ㉡에게 X를 주사한 후 1차 면역 반응이 일어나고, ⓑ를 주사한 ㉢에게 X를 주사한 후 2차 면역 반응이 일어났으므로 ⓐ는 혈장이고, ⓑ는 X에 대한 기억 세포이다.

㉡. 구간 Ⅰ에서 생쥐에 X가 침입하여 X에 대한 비특이적인 방어 작용이 일어난다.

㉢. X를 주사한 후 생성되는 항체의 양이 ㉢에서가 ㉡에서보다 많은 것은 ㉡에서는 1차 면역 반응이, ㉢에서는 2차 면역 반응이 일어났기 때문이다.

06 백신 개발

㉠. (다)의 Ⅱ에서 특이적 방어 작용이 일어나 ㉡에 대한 기억 세포가 형성되었다.

㉡. ⓐ를 주사한 Ⅳ에게 X를 주사하였을 때 Ⅳ가 살아남았으므로 ⓐ에는 X에 대한 항체가 들어 있다.

X. ㉠을 주사한 생쥐에게 X를 주사하였을 때는 생쥐가 죽지만, ㉡을 주사한 후 얻은 혈장이나 ㉡에 대한 B 림프구가 분화한 기억 세포를 주사한 생쥐에게 X를 주사하였을 때는 생쥐가 살아남았으므로 ㉠과 ㉡ 중 X에 대한 백신으로 적합한 물질은 ㉡이다.

07 체액성 면역과 세포성 면역

㉠은 항체를 분비하는 형질 세포이고, ㉡은 형질 세포로 분화하는 기억 세포이다. ㉢은 병원체에 감염된 세포를 파괴하는 세포독성 T림프구이다.

㉠. (가)에서 형질 세포가 분비한 항체가 항원 항체 반응으로 병원체를 제거하므로 (가)는 체액성 면역이다.

X. X에 재감염되었을 때는 ㉡이 ㉠으로 분화한다.

X. ㉢은 세포독성 T림프구이므로 골수가 아닌 가슴샘에서 성숙하였다.

08 병원체와 항원

X. A에 있는 ㉠이 B에는 없고, C에는 있으므로 1차 면역 반응이 일어난 생쥐 1에게 주사한 ㉮는 B이고, ㉯는 C이다.

㉡. X에는 ㉠이 있으므로 구간 Ⅰ에서는 ㉠에 대한 기억 세포가 형성되었다.

㉢. X를 주사한 생쥐 2에서 기억 세포가 형성된 이후 ㉠을 갖는 C를 주사하였으므로 구간 Ⅱ에서 2차 면역 반응이 일어났다.

---

08 유전 정보와 염색체

닮은꼴 문제로 유형 익히기   본문 60쪽

정답 ④

핵상이 $2n$인 (나)에는 모양과 크기가 같은 상동 염색체가 3쌍 있으므로 (나)는 암컷(XX)인 Ⅰ의 세포이며, Ⅰ의 유전자형은 AaBB이다. 핵상이 n인 (라)에는 (나)에서는 관찰되지 않는 크기가 작은 검은색 염색체(Y 염색체)가 있으므로, (라)는 수컷(XY)인 Ⅱ의 세포이다. (라)에는 B와 b가 모두 없으므로, B와 b는 X 염색체에 있는 대립유전자이고, 핵상이 $2n$인 (나)에는 B만 있고 b가 없으므로, b가 있는 (다)는 Ⅱ의 세포이다. 핵상이 n인 (가)에는 B가 없고 b만 있으므로 (가)는 Ⅱ의 세포이다. (가)에는 a가, (다)에는 A가 있으므로 A와 a는 상염색체에 있는 대립유전자이고, Ⅱ의 체세포($2n$)에는 A와 a가 모두 있으며, X 염색체에 b가 있다.

세포	DNA 상대량			
	A	a	B	b
(가)(Ⅱ, n)	ⓐ(0)	2	0	ⓑ(2)
(나)(Ⅰ, $2n$)	ⓒ(2)	2	4	?(0)
(다)(Ⅱ, n)	1	0	0	1
(라)(Ⅱ, n)	?(0 또는 2)	?(0 또는 2)	0	0

㉠. (가)는 Ⅱ의 세포이다.

㉡. (다)에서 A는 상염색체에 있다.

X. ⓐ는 0, ⓑ는 2, ⓒ는 2이므로 ⓐ+ⓑ+ⓒ=4이다.

수능 2점 테스트   본문 61~62쪽

01 ⑤	02 ①	03 ①	04 ③	05 ③
06 ③	07 ②	08 ①		

01 핵형 분석

핵형은 한 생물이 가진 염색체의 수, 모양, 크기 등과 같이 관찰할 수 있는 염색체의 형태적인 특징이다. 1~22번 염색체는 남녀 공통으로 가지는 상염색체이고, 마지막 한 쌍의 염색체는 성염색체이다.

X. A는 체세포 분열 중기의 세포이다.

㉡. ㉠과 ㉡은 부모로부터 각각 하나씩 물려받은 상동 염색체이다.

㉢. 이 핵형 분석 결과, 21번 염색체가 3개이므로 상염색체 수는 45이다. 따라서 A의 상염색체의 염색 분체 수는 90, 성염색체 수는 2이므로 $\dfrac{\text{상염색체의 염색 분체 수}}{\text{성염색체 수}}$=45이다.

02 세포 주기

체세포의 세포 주기는 간기(G_1기, S기, G_2기)와 M기(분열기)가 반복된다. ㉠은 M기, ㉡은 G₂기, ㉢은 S기이다. 핵막이 소실된 세포가 관찰되는 시기는 M기이므로 (가)는 ㉠(M기)이다. DNA가 복제되는 시기는 S기이므로 (나)는 ㉢이며, (다)는 ㉡(G₂기)이다.

㉠. (나)는 ㉢(S기)이다.

✗. 상동 염색체의 접합은 감수 1분열에서 일어나므로 체세포 분열의 M기(㉠)에서는 상동 염색체의 접합이 일어나지 않는다.

✗. 방추사는 M기(분열기) 때 형성되므로 동원체에 방추사가 부착된 세포는 M기(㉠)에 많다.

03 감수 분열

(가)는 감수 분열 시 핵 1개당 DNA의 상대량을 나타낸 그래프이며, 두 번의 분열이 연속해서 일어난다. 구간 Ⅰ은 DNA 복제가 일어나는 S기이고, 구간 Ⅱ는 감수 1분열의 일부 시기에 해당한다. 이 동물의 핵상은 $2n=8$이다. (나)는 염색 분체가 분리되기 전 염색체 수가 4이므로, (나)는 염색 분체가 분리되는 감수 2분열 후기의 세포를 나타낸 것이다.

㉠. 구간 Ⅰ은 DNA 복제가 일어나는 S기이며, S기는 간기에 해당하므로 핵막을 갖는 세포가 있다.

✗. (나)는 염색 분체가 분리되는 감수 2분열 후기의 세포이므로 구간 Ⅱ에서 관찰되지 않는다.

✗. 상동 염색체가 분리되어 형성된 (나)는 한 종류의 대립유전자만 가지므로 h를 갖지 않는다.

04 세포 주기와 염색체

(나)는 DNA가 응축하여 염색체를 구성하는 모습을 나타낸 것이며, ㉠은 히스톤 단백질, ㉡은 염색체이다.

✗. 구간 Ⅰ의 세포는 DNA 복제가 일어나는 S기에 해당하는 세포이므로 2개의 염색 분체로 구성된 염색체(㉡)가 관찰되지 않는다.

✗. DNA의 기본 단위가 뉴클레오타이드이다.

㉢. 염색 분체의 분리가 일어나는 시기는 체세포 분열 후기이다. 분열기의 세포는 세포당 DNA 상대량이 2인 구간 Ⅱ에 있다.

05 감수 분열

감수 분열 과정 중 핵막은 간기(G₁기, S기, G₂기)에 관찰되고 분열기가 시작되면 핵막은 소실된다. DNA 상대량이 2인 세포 중 핵막이 소실 안 된 Ⅰ은 G₂기 세포, 핵막이 소실된 Ⅲ은 감수 1분열 중기 세포이다. DNA 상대량이 1인 Ⅱ와 Ⅳ는 각각 G₁기 세포와 감수 2분열 중기 세포 중 하나이다. 감수 1분열 결과 형성된 딸세포는 DNA 양과 염색체 수가 모두 절반으로 줄어든다. 따라서 감수 1분열 중기 세포 1개당 $\dfrac{\text{DNA 양}}{\text{염색체 수}}$은 감수 2분열 중기 세포와 같다. G₁기 세포와 비교했을 때 감수 1분열 중기 세포는 DNA 양이 2배가 되고 염색체 수는 같으므로, 감수 1분열 중기 세포 1개당 $\dfrac{\text{DNA 양}}{\text{염색체 수}}$은 G₁기 세포의 2배이다. 따라서 세포 1개당 $\dfrac{\text{DNA 양}}{\text{염색체 수}}$이 Ⅲ(감수 1분열 중기 세포)과 같은 Ⅳ는 감수 2분열 중기 세포이다.

㉠. Ⅱ는 G₁기 세포이며, 핵막이 관찰되므로 ㉠은 '소실 안 됨'이다.

㉡. Ⅱ는 G₁기 세포이므로 핵상이 $2n$, Ⅲ은 감수 1분열 중기 세포이므로 핵상이 $2n$이다. 따라서 Ⅱ와 Ⅲ의 핵상은 같다.

✗. Ⅳ는 상동 염색체가 분리되어 형성된 감수 2분열 중기 세포이므로, Ⅳ에서 상동 염색체의 접합이 일어나지 않는다.

06 염색체와 유전자

(가)~(라)에 포함된 염색체의 모양과 크기를 비교했을 때, (나)와 (다)가 같은 종의 세포이며 (가)와 (라)가 같은 종의 세포라는 것을 알 수 있다. (나)에 있는 상동 염색체의 모양과 크기가 서로 같으므로 (나)는 XX를 갖는 암컷의 세포이고, (다)는 검은색 염색체의 크기가 (나)와 다르므로 XY를 갖는 수컷의 세포이다. (가)의 검은색 염색체와 (라)의 검은색 염색체의 크기가 다르므로, 이 검은색 염색체가 성염색체이다. (가)와 (라)는 서로 다른 종류의 성염색체를 가지므로 수컷의 세포이다.

✗. (가)와 (라)는 C의 세포, (나)는 A의 세포, (다)는 B의 세포이다.

✗. (가)와 (라)를 비교하면 검은색 염색체가 성염색체이므로 ㉠은 상염색체이다.

㉢. (가)의 상염색체 수는 2, (다)의 염색 분체 수는 6이므로

$\dfrac{\text{(가)의 상염색체 수}}{\text{(다)의 염색 분체 수}}=\dfrac{1}{3}$이다.

07 감수 분열

형의 G₁기 세포에서 H의 DNA 상대량이 2인 것을 보아 대립유전자 H와 h는 상염색체에 있음을 알 수 있다. 남녀 모두 상염색체를 쌍으로 가지므로 대립유전자 H와 h의 합은 항상 2이다. 형은 부모로부터 H를 물려받았으며, 여동생은 부모로부터 h를 물려받았으므로 어머니와 아버지의 유전자형은 모두 Hh이다. 아버지의 G₁기 세포에는 T만 있으며, T와 t의 DNA 상대량을 더한 값이 H와 h의 DNA 상대량을 더한 값의 절반이므로, T와 t는 성염색체(X 염색체)에 있다.

✗. ㉠은 1, ㉡은 1이므로 ㉠+㉡=2이다.

㉡. H와 h는 상염색체에 있다.

✗. 아들의 성염색체 조합(XY)은 어머니로부터 X 염색체를, 아버지로부터 Y 염색체를 물려받아 구성된다. T는 X 염색체에 있으므로 형이 갖는 T는 어머니로부터 물려받은 것이다.

08 감수 분열

(나)는 B와 b를 모두 가지므로 핵상이 $2n$이고, (라) 또한 A와 a를 모두 가지므로 핵상이 $2n$이다. (가)는 B와 b 중 하나만 가지므로 핵상이 n, (다) 또한 A와 a 중 하나만 가지므로 핵상이 n이다. DNA 상대량을 비교해 보면 (라)가 DNA 복제를 거쳐 형성된 세포가 (나)이며, 감수 1분열이 완료된 세포가 (가), 감수 2분열이 완료된 세포가 (다)임을 알 수 있다. 이를 정리하면 표와 같다.

세포	DNA 상대량			
	A	a	B	b
(가)(Ⅲ, n)	0	?(2)	2	0
(나)(Ⅱ, $2n$)	㉠(2)	?(2)	2	2
(다)(Ⅳ, n)	1	0	?(0)	㉡(1)
(라)(Ⅰ, $2n$)	1	1	?(1)	?(1)

ㄱ. ㉠은 2, ㉡은 1이므로 ㉠+㉡=3이다.

✗. (나)는 Ⅱ이다.

✗. (다)의 핵상은 n, (라)의 핵상은 $2n$이다.

본문 63~67쪽

수능 3점 테스트

01 ②	02 ③	03 ③	04 ④	05 ⑤
06 ③	07 ①	08 ③	09 ①	10 ③

01 핵형과 염색체의 구조

그림은 여자의 핵형 분석 결과와 DNA가 응축되어 염색체를 형성하는 것을 나타낸다. ㉡은 DNA이고 ㉠은 DNA가 히스톤 단백질을 감아 형성된 뉴클레오솜이다.

✗. 핵형 분석에서 보이는 염색체는 복제된 2개의 DNA 분자가 각각 응축하여 형성된 두 개의 염색 분체로 구성되어 있으며, 하나의 염색체를 이루는 두 염색 분체의 유전자 구성은 서로 동일하다. 따라서 (가)는 e이다.

ㄴ. 간기의 G_2기에 ㉠(뉴클레오솜)이 있다.

✗. 이 사람의 체세포 1개에 있는 상염색체 수는 44이며, X 염색체 수는 2이다. 따라서 $\dfrac{\text{상염색체 수}}{\text{X 염색체 수}} = 22$이다.

02 세포 주기

DNA 양이 1인 세포는 DNA 복제가 일어나기 전인 G_1기이며, DNA 양이 2인 세포는 DNA 복제가 끝난 G_2기와 M기의 세포이다. DNA 양이 1에서 2로 변화하는 구간의 세포는 DNA 복제가 이루어지는 S기의 세포이다.

ㄱ. 구간 Ⅰ에는 DNA 복제 전인 G_1기의 세포가 존재하며, G_1기는 간기에 해당하므로 핵막을 가진다.

✗. 집단 A에서 G_1기 세포 수가 G_2기 세포 수보다 많으므로 G_1기가 G_2기보다 길다는 것을 알 수 있다.

ㄷ. DNA 양이 2 근처인 세포 수가 X를 처리한 B에서가 Y를 처리한 C에서보다 많으므로 세포 주기의 진행을 억제하는 효과는 X가 Y보다 크다.

03 염색체와 유전자

(가)~(마)에 포함된 염색체의 모양과 크기를 비교했을 때, (나)와 (라)가 같은 종의 세포이고, (가), (다), (마)는 이와 다른 종의 세포이다. (가)에서 가장 큰 흰색 염색체, 중간 크기의 회색 염색체와 작은 크기의 흰색 염색체는 쌍을 이루는 반면, 가장 작은 검은색 염색체는 하나만 존재하므로 검은 염색체가 Y 염색체임을 알 수 있다. 따라서 X 염색체를 나타내지 않은 (가)의 핵상은 $2n=8$이고, 수컷의 세포이다.

ㄱ. (나)에 포함된 큰 회색 염색체와 검은색 염색체, 중간 크기의 흰색 염색체는 (라)에 포함된 염색체와 동일하므로 (나)에서 가장 작은 흰색 염색체는 Y 염색체임을 알 수 있다. 따라서 (나)와 (라)는 수컷인 C의 세포이다.

ㄴ. B와 C의 성은 같으며 B의 세포가 2개라고 하였으므로 X 염색체 1개를 나타내지 않은 (가)와 (마)는 모두 B(수컷)의 세포이고, X 염색체 2개를 모두 나타내지 않은 (다)는 A(암컷)의 세포이다.

✗. A($2n=8$)의 체세포 분열 중기 세포의 핵상은 $2n$이고, DNA가 복제된 상태이므로 하나의 염색체는 두 개의 염색 분체로 구성된다. 따라서 A의 체세포 분열 중기의 세포 1개당 염색 분체 수는 16이다.

04 염색체와 유전자

Ⅲ에 A와 a가 모두 없는 것으로 보아 A와 a는 성염색체에 있고, B와 b, D와 d가 하나의 상염색체에 있음을 알 수 있으며, Ⅲ은 P(남자)의 세포로 핵상이 n인 감수 2분열 중기 세포이다. Ⅳ는 B와 b를 모두 가지므로 핵상이 $2n$이다. Ⅲ에는 d가 있으나 Ⅳ에는 없으므로 Ⅳ는 Q(여자)의 세포이다. Q의 ㉮와 ㉯의 유전자형은 X^aX^aBbDD이며, Ⅳ는 감수 1분열 중기 세포이므로 ⓒ=4이다. Ⅰ은 D와 d를 모두 가지므로 핵상이 $2n$이다. Ⅰ은 Q의 세포인 Ⅳ($2n$)와 유전자 구성이 다르므로 P의 세포이며, P의 ㉮와 ㉯의 유전자형은 X^AYBbDd이고 ⓐ=1이다. Ⅱ는 a를 가지므로 Q의 세포이고, Ⅳ와 유전자 구성이 다르므로 핵상은 n이다. 따라서 ⓑ=1이다. 이를 정리하면 표와 같다.

세포	DNA 상대량					
	A	a	B	b	D	d
Ⅰ(P, $2n$)	1	?(0)	1	ⓐ(1)	1	1
Ⅱ(Q, n)	0	1	ⓑ(1)	0	1	0
Ⅲ(P, n)	0	0	2	?(0)	0	2
Ⅳ(Q, $2n$)	0	?(4)	2	2	ⓒ(4)	0
Ⅴ(㉠, n)	1	0	1	0	0	1

✗. ⓐ는 1, ⓑ는 1, ⓒ는 4이다.

ㄴ. Ⅱ와 Ⅲ의 핵상은 모두 n이다.

ㄷ. ㉠의 세포인 Ⅴ에 B와 d가 있으므로 P의 체세포에서 B와 d는 같은 염색체에, b와 D는 같은 염색체에 있다.

Q의 생식세포 / P의 생식세포	BD	bD
Bd	BBDd	BbDd
bD	BbDD	bbDD

P와 Q 사이에서 ㉠의 동생이 태어날 때, 이 아이의 ㉯의 유전자형이 P와 같을(BbDd) 확률은 $\dfrac{1}{4}$이다.

05 감수 분열

Ⅰ로부터 형성된 중기의 세포인 (다)의 A와 b의 DNA 상대량을 더한 값이 0이므로, (다)는 상동 염색체가 분리되어 형성된 감수 2분열 중기의 세포이다. (다)에는 a와 B가 있다. (가)~(다)의 핵상이 모두 같다고 하였으므로 (가)~(다)의 핵상은 n이고, (라)의 핵상은 $2n$이다. Ⅰ의 생식세포 형성 과정에서 형성되는 핵상이 n인 세포의 'A와 b의 DNA 상대량을 더한 값'은 A와 b를 가지는 감수 2분열 중인 세포(AAbb)는 4, A와 b를 가지는 생식세포(Ab)는 2, a와 B를 가지는 생식세포(aB)는 0이므로, 4, 2, 0만 가능하다. 따라서 A와 b의 DNA 상대량을 더한 값이 1인 (가)는 Ⅱ로부터 형성된 것이다. Ⅱ에

서 형성되는 핵상이 n인 세포 중 A와 B(또는 a와 b)를 가지는 생식세포가 A와 b의 DNA 상대량을 더한 값이 1이다. (라)는 Ⅱ로부터 형성된 중기($2n$)의 세포로 DNA가 복제된 상태(AAaaBBbb)이므로 ⓒ=4이다. 마지막 남은 (나)는 Ⅰ로부터 형성된 세포이고, 감수 2분열 결과 형성된 A와 b를 가지는 생식세포(Ab)이므로 ⓐ은 2이다.

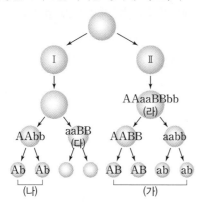

ㄱ. ⓐ은 2, ⓒ은 4이다.
ㄴ. (가)는 Ⅱ로부터 형성되었다.
ㄷ. (다)(aaBB)의 a의 DNA 상대량은 2, (라)(AAaaBBbb)의 a의 DNA 상대량이 2이므로, 세포 1개당 a의 DNA 상대량은 (다)와 (라)가 같다.

06 감수 분열과 DNA 상대량

Ⅱ는 대립유전자인 B와 b를 모두 가지므로 핵상이 $2n$이고, a를 가지지 않으므로 A만 갖는다. Ⅰ은 D를 가지므로 Ⅱ에도 D가 있으며, Ⅲ은 D를 갖지 않으므로 d를 가진다. 이 사람의 유전 형질 ㉮의 유전자형은 AABbDd이다. 핵상이 $2n$인 Ⅱ의 G_1기의 A+b+D의 값이 4이므로 ⓒ는 Ⅱ이다. ⓐ와 ⓑ는 A+b+D의 값이 4보다 작은 홀수이므로 핵상이 n인 생식세포이다. A+b+D의 값이 3인 ⓑ는 대립유전자 A, b, D를 가지는 Ⅰ이고, A+b+D의 값이 1인 ⓐ는 대립유전자 A, B, d를 가지는 Ⅲ이다.

ㄱ. ⓑ는 Ⅰ이다.
ㄴ. Ⅰ과 Ⅲ의 핵상은 모두 n으로 같다.
ㄷ. 세포 1개당 $\dfrac{\text{D의 DNA 상대량}}{\text{A의 DNA 상대량}+\text{B의 DNA 상대량}}$은 Ⅰ이 $\dfrac{1}{1+0}=1$이고, Ⅱ가 $\dfrac{1}{2+1}=\dfrac{1}{3}$이다.

07 염색체와 유전자

Ⅰ에서 ㉠과 ㉡의 DNA 상대량은 각각 1이며, ㉢의 DNA 상대량은 1, ㉣의 DNA 상대량은 0이다. Ⅱ에서 ㉠~㉣의 DNA 상대량은 각각 1이다. Ⅲ에서 ㉡과 ㉣의 DNA 상대량은 각각 0이므로 ㉠과 ㉢의 DNA 상대량은 각각 1이다. Ⅳ에서 ㉢과 ㉣의 DNA 상대량은 각각 0이므로 ㉡의 DNA 상대량은 2, ㉠의 DNA 상대량은 0이다. Ⅰ은 2쌍의 대립유전자 중 3개를, Ⅱ는 4개를 가지므로 Ⅰ과 Ⅱ는 모두 핵상이 $2n$이고, Ⅲ과 Ⅳ는 2쌍의 대립유전자 중 2개 이하를 가지므로 핵상이 n이다. Ⅳ는 2쌍의 대립유전자 중 1개의 대립유전자(㉡)만 가지므로, Ⅳ는 Y 염색체를 갖는 남자의 감수 2분열 중인 세포이며, ㉡은 상염색체에 있고, ㉠, ㉢, ㉣ 중 1쌍은 X 염색체에 있

음을 알 수 있다. 핵상이 $2n$인 Ⅰ과 Ⅱ의 대립유전자 구성이 다르므로 Ⅰ과 Ⅱ는 각각 다른 사람의 세포이며, Ⅰ은 (나)의 세포, Ⅱ는 (가)의 세포이다. Ⅰ($2n$)에서 2쌍의 대립유전자(㉠~㉣) 중 ㉣의 DNA 상대량이 0이므로 ㉣은 X 염색체에 있으며, Ⅰ은 (나)(남자)의 세포이다. 그림의 생식세포(n)에는 ㉣이 있으므로 (가)(여자)의 세포이며, ㉣은 X 염색체에 있으므로 ㉠은 상염색체에 있음을 알 수 있다. 이를 정리하면, ㉠은 ㉡과 대립유전자이며 상염색체에 있고, ㉢은 ㉣과 대립유전자이며 X 염색체에 있다.

세포	DNA 상대량			
	㉠(상)	㉡(상)	㉢(X)	㉣(X)
Ⅰ((나), $2n$)	1	1	1	0
Ⅱ((가), $2n$)	1	1	1	1
Ⅲ(?, n)	1	0	1	0
Ⅳ((나), n)	0	2	0	0

ㄱ. Ⅱ는 (가)(여자)의 세포이며, Ⅱ의 ㉮의 유전자형은 ㉠㉡X㉢X㉣이다.
ㄴ. ㉠은 ㉡과 대립유전자, ㉢은 ㉣과 대립유전자이다.
ㄷ. (나)의 ㉮의 유전자형은 ㉠㉡X㉢Y이며 대립유전자 ㉣을 갖지 않는다. 따라서 (나)로부터 ㉡과 ㉣을 모두 갖는 생식세포가 형성될 수 없다.

08 감수 분열과 DNA 상대량

Ⅰ은 유전자형이 HHRrTt이므로 대립유전자 H를 2개 가지며, r와 t를 1개씩 갖는다. 따라서 (가)는 Ⅰ이다. Ⅱ는 감수 2분열 중기 세포로 핵상은 n이고 DNA가 복제된 상태이다. 따라서 Ⅱ는 (라)이며 대립유전자 H와 t를 가진다. Ⅲ이 (나)라고 가정하면, Ⅱ가 분열하여 생성된 Ⅲ은 Ⅱ와 같은 종류의 대립유전자를 가지며 DNA 상대량은 절반이므로 ⓑ는 1이다. Ⅳ는 (다)이며 r를 가지므로, Ⅱ와 Ⅲ은 R를 가지며 ⓐ와 ⓓ는 모두 0이다. Ⅱ와 Ⅲ이 모두 t를 가지므로 Ⅳ는 T를 가지며 ⓒ는 0이다. 따라서 ⓐ+ⓑ+ⓒ+ⓓ=1이 되어 'ⓐ+ⓑ+ⓒ+ⓓ>2'라는 조건에 맞지 않는다. 따라서 Ⅲ은 (다)이며, ⓐ와 ⓑ는 모두 0, ⓒ는 1, ⓓ는 2이므로 ⓐ+ⓑ+ⓒ+ⓓ>2를 만족한다.

ㄱ. (다)는 Ⅲ이다.
ㄴ. ⓐ+ⓑ+ⓒ+ⓓ=3이다.
ㄷ. 세포 1개당 $\dfrac{\text{H의 DNA 상대량}}{\text{R의 DNA 상대량}+\text{T의 DNA 상대량}}$은 Ⅰ이 $\dfrac{2}{1+1}=1$이고, (나)가 $\dfrac{1}{1+1}=\dfrac{1}{2}$이므로, Ⅰ이 (나)의 2배이다.

09 염색체와 유전자

(라)는 F를 가지나 (다)는 F를 가지지 않으므로 (다)의 핵상은 n이고, (라)의 핵상은 $2n$이다. (다)는 f만 가지며, E+F+G의 값이 짝수인 4이므로 E=2, G=2이다. (다)는 E, f, G를 가지며, DNA가 복제된 상태인 감수 2분열 중기의 세포이다(EEffGG). (라)에는 F와 g가 있으므로, F=1, G=1, E=2이며, (라)의 유전자형은 EEFfGg이다.

(가)의 DNA 상대량이 (나)의 2배이므로, (가)는 DNA가 복제된 상태인 감수 2분열 중기의 세포(n)이며 E=2, F=0, G=0이다. (나)는 E, F, G를 가지는 생식세포이며, E=1, F=1, G=1이다.
이를 정리하면 표와 같다.

세포	대립유전자			DNA 상대량을 더한 값
	E	F	g	E+F+G
(가)	○	ⓐ(×)	?(○)	2
(나)	ⓑ(○)	?(○)	?(×)	3
(다)	?(○)	×	?(×)	4
(라)	?(○)	○	○	4

(○: 있음, ×: 없음)

㉠. ⓑ는 '○'이다.

✗. 이 사람의 ㉮의 유전자형은 EEFfGg이다.

✗. (가)는 EEffgg, (다)는 EEffGG이므로, e, f, g의 DNA 상대량을 더한 값은 (가)는 4, (다)는 2이다.

10 염색체와 유전자

대립유전자 4개를 갖는 Ⅰ의 핵상은 $2n$이고, 대립유전자 3개 이하를 갖는 Ⅱ~Ⅴ는 핵상이 n이다. Ⅰ에는 ⓜ이 없으나 Ⅱ에는 ⓜ이 있으므로 Ⅰ과 Ⅱ는 다른 개체의 세포이며, Ⅰ에는 ⓛ이 없으나 Ⅳ에는 ⓛ이 있으므로 Ⅰ과 Ⅳ는 다른 개체이다. 따라서 Ⅰ은 P(수컷)의 세포이고, Ⅱ와 Ⅳ는 Q(암컷)의 세포이다. 나머지 Ⅲ과 Ⅴ는 P의 세포이다. 핵상이 n인 세포에서 함께 있는 유전자는 서로 대립유전자 관계가 아니다. 따라서 ㉠은 ⓜ과 대립유전자, ㉡은 ⓗ과 대립유전자, ㉢은 ㉣과 대립유전자이다. Ⅲ은 대립유전자를 2개만 가지므로 Ⅲ은 Y 염색체를 가지는 핵상이 n인 세포이고, ㉣과 ⓗ은 상염색체에 있다. 정리하면, ㉠과 ⓜ은 성염색체(X 염색체)에, ㉡과 ⓗ, ㉢과 ㉣은 상염색체에 있다.

ⓑ에서 B와 D의 DNA 상대량을 더한 값이 3이므로, ⓑ는 핵상이 $2n$이다. 따라서 ⓑ는 Ⅰ이다. Ⅰ에는 A와 d가 없으므로 ㉡과 ⓜ은 각각 A와 d 중 하나이다. 핵상이 n인 ⓐ에서 B와 D의 DNA 상대량이 각각 1이며, d가 없으므로 A의 DNA 상대량이 1이다. 즉, ⓐ에는 대립유전자 3개(A, B, D)가 있으므로 ⓐ는 Ⅱ이고 나머지 ⓒ는 Ⅲ이다. Ⅰ에 없는 ㉡과 ⓜ 중 Ⅱ에 있는 ⓜ이 A이고, ㉡이 d이다. 따라서 ㉠은 a, ㉡은 d, ㉢은 B, ㉣은 b, ⓜ은 A, ⓗ은 D이다.

㉠. ⓜ은 A이다.

✗. ⓒ(Ⅲ)에는 b와 D만 있으며, B는 없다.

㉢. Q의 세포인 Ⅱ(n)는 A, B, D를 가지며, Ⅳ(n)는 a, b, d를 가지므로 Q의 ㉣와 ㉤의 유전자형은 BbDd이다.

닮은 꼴 문제로 유형 익히기
본문 69쪽

정답 ⑤

㉠. B와 B*사이의 우열 관계가 분명하면 ⓐ의 (나)의 표현형이 P와 같을 확률은 $\frac{3}{4}$이므로 P와 (가)~(다)의 표현형이 모두 같을 확률이 $\frac{1}{4}$일 수 없다. 따라서 B와 B*사이의 우열 관계는 분명하지 않으며 A와 A*사이의 우열 관계는 분명하다. ⓐ의 (나)의 표현형이 P와 같을 확률이 $\frac{1}{2}$이고, (다)의 표현형이 P와 같을 확률도 $\frac{1}{2}$이므로 (가)의 표현형이 P와 같을 확률은 1이다. 따라서 A는 A*에 대해 완전 우성이다.

㉡. ⓐ의 (가)의 표현형이 Q와 같을 확률은 1이고, (나)의 표현형이 Q와 같을 확률은 $\frac{1}{2}$이며, (다)의 표현형이 Q와 같을 확률은 $\frac{1}{4}$이다. 따라서 ㉠은 $\frac{1}{8}$이다.

㉢. ⓐ에게서 나타날 수 있는 (가)의 표현형은 1가지이고, (나)의 표현형은 3가지이며, (다)의 표현형은 3가지이다. 따라서 ⓐ에게서 나타날 수 있는 (가)~(다)의 표현형은 최대 9가지이다.

수능 2점 테스트
본문 70~72쪽

01 ④	02 ②	03 ③	04 ⑤	05 ⑤
06 ③	07 ③	08 ①	09 ②	10 ⑤

01 상염색체 유전

㉠. (가)가 발현되지 않은 1과 2로부터 (가)가 발현된 5가 태어났으므로 (가)는 열성 형질이다.

✗. (가)의 유전자가 X 염색체에 있다면 (가)가 발현된 여자 4로부터 태어나는 아들에게서 (가)가 발현되어야 한다. 4의 아들인 7에게서 (가)가 발현되지 않았으므로 (가)의 유전자는 X 염색체가 아닌 상염색체에 있다.

㉢. 5의 (가)의 유전자형은 aa이고, 6의 (가)의 유전자형은 Aa이다. 따라서 5와 6 사이에서 아이가 태어날 때, 이 아이에게서 (가)가 발현될 확률은 $\frac{1}{2}$이다.

02 다인자 유전

✗. P에서 A와 B가 같은 염색체에 있고, a와 b가 같은 염색체에 있는 경우 ⓐ의 유전자형에서 A와 B의 수를 더한 값은 1, 2, 3, 4가 가능하므로 주어진 조건을 만족시키지 못한다.

ⓒ. P에서 A와 b가 같은 염색체에 있고, a와 B가 같은 염색체에 있는 경우 ⓐ의 유전자형에서 A와 B의 수를 더한 값은 2와 3이 가능하며, ⓐ의 유전자형에서 D의 수가 1가지가 아니므로 주어진 조건을 만족시키지 못한다. P와 Q에서 A와 a가 다른 대립유전자와 다른 상염색체에 있는 경우 ⓐ의 유전자형에서 A의 수의 가짓수가 최대 3가지가 되어 주어진 조건을 만족시키지 못한다. ⓐ에게서 나타날 수 있는 표현형이 최대 2가지가 되려면 P와 Q에서 모두 A와 d가 같은 염색체에 있고, a와 D가 같은 염색체에 있어야 가능하므로 ㉠은 d이다.

✗. ⓑ의 유전자형에서 A와 D의 수를 더한 값과 확률은 $1\left(\frac{1}{4}\right)$, $2\left(\frac{1}{2}\right)$, $3\left(\frac{1}{4}\right)$이고, ⓑ의 유전자형에서 B의 수와 확률은 $1\left(\frac{1}{2}\right)$, $2\left(\frac{1}{2}\right)$이다. ⓑ가 Q와 같이 대문자로 표시되는 대립유전자의 수가 4일 확률은 $\frac{1}{2}\times\frac{1}{2}+\frac{1}{4}\times\frac{1}{2}=\frac{3}{8}$이다.

03 성염색체 유전
㉠. 1과 2의 A의 DNA 상대량이 서로 같으므로 (가)의 유전자가 상염색체에 있으면 1과 2의 표현형이 같아야 한다. 1과 2의 표현형이 서로 다르므로 (가)의 유전자는 X 염색체에 있다.
ⓒ. (가)의 유전자가 X 염색체에 있으므로 ⓐ는 0이거나 1이다. 1과 2의 표현형이 서로 다르므로 ⓐ는 1이다.
✗. A를 2개 갖는 5에게서 (가)가 발현되지 않고, A를 1개 갖는 2에게서 (가)가 발현되었으므로 A*가 A에 대해 완전 우성이다.

04 ABO식 혈액형과 적록 색맹
✗. ABO식 혈액형을 결정하는 유전자는 상염색체에 있고, 적록 색맹을 결정하는 유전자는 X 염색체에 있다.
ⓒ. 가족 구성원 4명의 ABO식 혈액형이 서로 다르므로 부모의 ABO식 혈액형은 A형과 B형이거나 AB형과 O형이다. 부모의 ABO식 혈액형이 A형과 B형이면 아버지의 적혈구는 형과 남동생 중 AB형인 자녀의 혈장과 섞었을 때 응집 반응이 일어나지 않는다. 따라서 아버지의 ABO식 혈액형은 AB형이며, 어머니의 ABO식 혈액형은 O형이다.
ⓒ. 아버지와 어머니 사이에서 세 번째 자녀가 태어날 때, 이 아이의 ABO식 혈액형이 A형일 확률은 $\frac{1}{2}$이고, 적록 색맹일 확률은 $\frac{1}{4}$이다. 따라서 구하고자 하는 확률은 $\frac{1}{8}$이다.

05 상염색체 유전과 성염색체 유전
㉠. (가)가 발현된 부모로부터 (가)가 발현되지 않는 딸 자녀 2가 태어났으므로 (가)는 상염색체 우성 형질이다. 따라서 (나)의 유전자는 X 염색체에 있다.
ⓒ. (가)가 우성 형질이므로 (나)는 열성 형질이다. ⓑ가 '발현됨'이라면 (나)가 어머니에게서 발현되었으므로 아들에게서도 발현되어야 한다. 아들인 자녀 3에서 (나)의 발현 여부가 어머니와 다르므로 ⓑ는 '발현 안 됨'이고, ⓐ가 '발현됨'이다.
ⓒ. 아버지의 (가)와 (나)의 유전자형은 AaX^bY이고, 어머니의 (가)

와 (나)의 유전자형은 AaX^BX^b이다. 따라서 자녀 3의 동생이 태어날 때, 이 아이에게서 (가)가 발현될 확률은 $\frac{3}{4}$이고, (나)가 발현될 확률은 $\frac{1}{2}$이므로 구하고자 하는 확률은 $\frac{3}{8}$이다.

06 가계도 분석
㉠. (나)가 발현되지 않은 1과 2 사이에서 (나)가 발현된 5가 태어났으므로 (나)는 열성 형질이다. 1과 2 각각의 체세포 1개당 b의 DNA 상대량을 더한 값은 (나)의 유전자가 상염색체에 있으면 2이고, X 염색체에 있으면 1이다. (가)가 발현된 남자 1로부터 (가)가 발현되지 않은 딸 6이 태어났고, (가)가 발현되지 않은 남자 3으로부터 (가)가 발현된 딸 9가 태어났으므로 (가)의 유전자는 상염색체에 있다. 1과 2 각각의 체세포 1개당 a의 DNA 상대량을 더한 값은 (가)가 우성 형질이면 3이고, 열성 형질이면 2이거나 3이다. 1과 2 각각의 체세포 1개당 a의 DNA 상대량을 더한 값은 1과 2 각각의 체세포 1개당 b의 DNA 상대량을 더한 값의 2배이므로 (가)는 상염색체 열성 형질이고, (나)는 X 염색체 열성 형질이다.
✗. (나)가 발현되지 않은 1과 2로부터 (나)가 발현된 5가 태어났으므로 (나)의 유전자형은 1이 X^BY, 2가 X^BX^b이다. 1과 2 각각의 체세포 1개당 a의 DNA 상대량을 더한 값은 1과 2 각각의 체세포 1개당 b의 DNA 상대량을 더한 값의 2배이므로 2는 a를 갖지 않으며 2의 (가)의 유전자형은 AA이다.
ⓒ. 6의 (가)와 (나)의 유전자형은 AaX^BX^b이고, 7의 (가)와 (나)의 유전자형은 AaX^bY이다. 따라서 10의 동생이 태어날 때, 이 아이에게서 (가)가 발현될 확률은 $\frac{1}{4}$이고, (나)가 발현될 확률은 $\frac{1}{2}$이므로 구하고자 하는 확률은 $\frac{1}{8}$이다.

07 다인자 유전과 단일 인자 유전
ⓐ. (가)와 (나)의 유전자형이 AaBbDdEe인 사람과 AaBbDDEe인 사람 사이에서 아이가 태어날 때, 이 아이에게서 나타날 수 있는 (가)와 (나)의 표현형은 최대 18가지이다. (가)와 (나)의 유전자형이 AaBbDdEe인 사람과 aaBbDdee인 사람 사이에서 아이가 태어날 때, 이 아이에게서 나타날 수 있는 (가)와 (나)의 표현형은 최대 12가지이다. 따라서 P와 Q의 (가)와 (나)의 유전자형은 한 사람이 AaBbDDEe이고, 다른 한 사람은 aaBbDdee이다. 둘 사이에서 ⓐ가 태어날 때, ⓐ의 (가)의 유전자형에서 대문자로 표시되는 대립유전자의 수가 3일 확률은 $\frac{3}{8}$이고, (나)의 유전자형이 Ee일 확률은 $\frac{1}{2}$이므로 ⓐ가 유전자형이 AABbddEe인 사람과 (가)와 (나)의 표현형이 모두 같을 확률은 $\frac{3}{16}$이다.

08 복대립 유전
㉠. (가)는 1쌍의 대립유전자에 의해 결정되며 대립유전자가 3종류가 있으므로 복대립 유전 형질이다.

✗. E가 F에 대해 완전 우성이면 (가)의 표현형은 3가지만 나타난다. (가)의 표현형이 4가지이므로 E와 F는 우열 관계가 분명하지 않다.

✗. Q의 (가)의 유전자형이 EF라면 ⓐ의 (가)의 표현형이 Q와 같을 확률이 0이므로 P의 유전자형은 GG이다. 이 경우 ⓐ의 (가)의 표현형이 P와 같을 확률이 $\frac{1}{2}$이 아니므로 Q의 (가)의 유전자형은 EF가 아니다. Q의 (가)의 유전자형이 EE라면 ⓐ의 (가)의 표현형이 Q와 같을 확률이 0이므로 P의 (가)의 유전자형은 FF이다. 이 경우 ⓐ의 (가)의 표현형이 P와 같을 확률이 0이므로 Q의 (가)의 유전자형은 EE가 아니다. Q의 (가)의 유전자형이 FF라면 ⓐ의 (가)의 표현형이 Q와 같을 확률이 0이므로 P의 (가)의 유전자형은 EE이다. 이 경우 ⓐ의 (가)의 표현형이 P와 같을 확률이 $\frac{1}{2}$이 아니므로 Q의 (가)의 유전자형은 FF가 아니다. Q의 (가)의 유전자형이 GG라면 ⓐ의 (가)의 표현형이 Q와 같을 확률이 0이므로 P의 (가)의 유전자형은 EE, EF, FF 중 하나이다. 이 경우 ⓐ의 (가)의 표현형이 P와 같을 확률이 $\frac{1}{2}$이 아니므로 Q의 (가)의 유전자형은 GG가 아니다. 따라서 Q의 (가)의 유전자형은 FG이거나 EG이며, Q의 (가)의 유전자형은 이형 접합성이다. Q의 (가)의 유전자형이 FG라면 P의 (가)의 유전자형은 EE이고, Q의 (가)의 유전자형이 EG라면 P의 (가)의 유전자형은 FF이므로 P의 (가)의 유전자형은 동형 접합성이다.

09 다인자 유전

② Q는 P와 (가)의 표현형이 같으므로 Q의 (가)의 유전자형에서 대문자로 표시되는 대립유전자의 수는 3이다. Q가 A, B, D 중 하나라도 2개를 가지면 ⓐ에게서 나타날 수 있는 표현형은 최대 7가지가 될 수 없다. 따라서 Q의 (가)의 유전자형은 AaBbDd이다. P와 Q에서 형성된 생식세포에서 대문자로 표시되는 대립유전자의 수가 0, 1, 2, 3일 확률은 각각 $\frac{1}{4}$이다. 따라서 ⓐ가 유전자형이 AABbDd인 사람과 같이 대문자로 표시되는 대립유전자를 4개 가질 확률은 $\frac{3}{16}$이다.

10 가계도 분석

㉠. 3과 4 각각에서 체세포 1개당 a의 DNA 상대량이 서로 같고 (가)의 표현형이 서로 다르므로 (가)의 유전자는 X 염색체에 있다.

㉡. 3의 적혈구와 3의 혈장이 각각 특정 조건에서 응집 반응을 하므로 3의 ABO식 혈액형은 A형과 B형 중 하나이다. 4의 적혈구와 4의 혈장도 각각 특정 조건에서 응집 반응을 하므로 4의 ABO식 혈액형은 A형과 B형 중 하나이다. 1의 적혈구는 3의 혈장과도 응집하고 4의 혈장과도 응집하므로 1의 ABO식 혈액형은 AB형이다. ABO식 혈액형이 A형과 B형인 부모 사이에서 태어난 6의 ABO식 혈액형 유전자형이 동형 접합성이므로 6의 ABO식 혈액형은 O형이다. 따라서 3과 4의 ABO식 혈액형 유전자형은 모두 이형 접합성이다.

㉢. 1의 ABO식 혈액형이 AB형이고, 2의 ABO식 혈액형이 O형이므로 5의 ABO식 혈액형은 A형이거나 B형이며 유전자형이 이형 접합성이다. 6의 ABO식 혈액형은 O형이므로 5와 6 사이에서 아이가 태어날 때, 이 아이의 ABO식 혈액형이 O형일 확률은 $\frac{1}{2}$이다. 5의 (가)의 유전자형은 X^aY이고, 6의 (가)의 유전자형은 X^AX^a이다.

따라서 5와 6 사이에서 아이가 태어날 때, 이 아이에게서 (가)가 발현될 확률은 $\frac{1}{2}$이다. 그러므로 구하고자 하는 확률은 $\frac{1}{4}$이다.

수능 3점 테스트   본문 73~78쪽

| 01 ⑤ | 02 ④ | 03 ② | 04 ⑤ | 05 ⑤ |
| 06 ⑤ | 07 ① | 08 ③ | 09 ④ | 10 ⑤ |

01 가계도 분석

✗. (가)가 발현되지 않은 3과 4로부터 (가)가 발현된 7이 태어났으므로 (가)는 열성 형질이다. (가)의 유전자가 X 염색체에 있으면 (가)가 발현된 2로부터 태어나는 아들은 모두 (가)가 발현되어야 한다. 2의 아들인 5에게서 (가)가 발현되지 않았으므로 (가)의 유전자는 상염색체에 있고, (나)의 유전자가 X 염색체에 있다.

㉡. (나)가 발현된 여자 4로부터 (나)가 발현되지 않은 아들 7이 태어났으므로 (나)는 우성 형질이다.

㉢. 6의 (가)와 (나)의 유전자형은 AaX^BX^b이고, 7의 (가)와 (나)의 유전자형은 aaX^bY이다. 따라서 6과 7 사이에서 아이가 태어날 때 (가)가 발현될 확률은 $\frac{1}{2}$이고, (나)가 발현될 확률도 $\frac{1}{2}$이므로 구하고자 하는 확률은 $\frac{1}{4}$이다.

02 다인자 유전과 단일 인자 유전

㉠. (가)는 여러 쌍의 대립유전자에 의해 결정되므로 다인자 유전 형질이다.

✗. ⓐ의 (가)의 유전자형에서 A와 B의 수를 더한 값은 1, 2, 3, 4 중 하나이다. E가 e에 대해 완전 우성이면 ⓐ의 (나)의 표현형과 D의 수는 E_(2), E_(1), ee(1)이므로 ⓐ에게서 나타날 수 있는 표현형이 최대 13가지가 될 수 없다. e가 E에 대해 완전 우성이어도 ⓐ에게서 나타날 수 있는 표현형이 최대 13가지가 될 수 없으므로 E와 e 사이는 우열 관계가 분명하지 않다.

㉢. ⓐ의 (가)의 유전자형에서 A와 B의 수를 더한 값은 1, 2, 3, 4 중 하나이며, (나)의 표현형과 D의 수는 EE(2), Ee(2), Ee(1), ee(1)이다. ⓐ가 P와 같이 (가)의 유전자형에서 대문자로 표시되는 대립유전자를 4개 갖고 (나)의 유전자형이 Ee일 확률은 $\frac{1}{8}$이다.

03 불완전 우성과 복대립 유전

② P와 Q 중 한 사람이 Ⅱ이면 ⓐ에게서 나타날 수 있는 (가)의 표현형은 최대 1가지이므로 ⓐ에게서 나타날 수 있는 (가)~(다)의 표현형이 최대 6가지가 될 수 없다. 따라서 Ⅱ는 P나 Q가 아니다. P와 Q가 각각 Ⅰ과 Ⅳ 중 서로 다른 하나라면 ⓐ에게서 나타날 수 있는 (가)의 표현형은 최대 2가지이고, (나)와 (다)의 표현형은 최대 4가지이다. P와 Q가 각각 Ⅲ과 Ⅳ 중 서로 다른 하나라면 ⓐ에게서 나타날 수 있는 (가)의 표현형은 최대 2가지이고, (나)와 (다)의 표현형은 최

대 4가지이다. P와 Q가 각각 Ⅰ과 Ⅲ 중 서로 다른 하나라면 ⓐ에게서 나타날 수 있는 (가)의 표현형은 최대 2가지이고, (나)와 (다)의 표현형은 최대 3가지이다. 따라서 P와 Q는 각각 Ⅰ과 Ⅲ 중 서로 다른 하나이다. ⓐ에게서 Ⅱ와 같은 (가)~(다)의 표현형이 나타날 수 있으므로 Ⅰ에서는 B와 F가 같은 염색체에 있고, B*와 E가 같은 염색체에 있다. ⓐ의 (가)의 표현형이 Ⅳ와 같을 확률은 $\frac{1}{2}$이고, (나)와 (다)의 표현형이 Ⅳ와 같을 확률은 $\frac{1}{4}$이므로 구하고자 하는 확률은 $\frac{1}{8}$이다.

04 가계도 분석

✗. 6과 8의 (나)의 표현형이 서로 같으므로 ⓛ은 1이거나 2이다. ⓛ이 1이면 ㄱ과 ⓒ은 각각 0과 2 중 하나인데 이 경우 5와 7의 표현형이 서로 같을 수 없으므로 ⓛ은 2이다.

ⓛ. ㄱ이 ⓒ보다 크므로 ㄱ은 1, ⓒ은 0이며, 5와 7의 (나)의 표현형이 같으므로 (나)의 유전자가 상염색체에 있다면 5의 (나)의 유전자형은 EF이고, 7의 (나)의 유전자형은 EG이다. (나)의 유전자가 X 염색체에 있다면 5의 (나)의 유전자형은 $X^E X^F$이고, 7의 (나)의 유전자형은 $X^E Y$이다. (나)의 유전자가 X 염색체에 있다면 5, 6, 7 각각의 체세포 1개당 G의 DNA 상대량이 0이므로 주어진 조건을 만족시키지 못한다. 따라서 (나)의 유전자는 상염색체에 있다.

ⓒ. (가)가 발현된 남자 1로부터 (가)가 발현되지 않은 딸 5가 태어났고, (가)가 발현된 여자 4로부터 (가)가 발현되지 않은 아들 7이 태어났으므로 (가)의 유전자는 상염색체에 있다. (가)가 우성 형질이면 5, 6, 7 각각의 체세포 1개당 A의 DNA 상대량을 더한 값은 1이고, (가)가 열성 형질이면 5, 6, 7 각각의 체세포 1개당 A의 DNA 상대량을 더한 값은 2이다. 5, 6, 7 각각의 체세포 1개당 G의 DNA 상대량을 더한 값이 1이므로 (가)는 우성 형질이다. 7은 a와 E, a와 G를 갖고 8은 a와 F만을 가지므로 (가)의 유전자와 (나)의 유전자는 서로 다른 상염색체에 있다. 6의 (가)와 (나)의 유전자형이 AaFF이고, 7의 (가)와 (나)의 유전자형이 aaEG이므로 6과 7 사이에서 아이가 태어날 때, 이 아이의 (가)와 (나)의 표현형이 모두 6과 같을 확률은 $\frac{1}{4}$이다.

05 가계도 분석

ㄱ. (나)가 발현된 남자 1로부터 (나)가 발현되지 않은 딸 4가 태어났으므로 (나)는 X 염색체 우성 형질이 아니다. (나)가 발현되지 않은 남자 3으로부터 (나)가 발현된 딸 5가 태어났으므로 (나)는 X 염색체 열성 형질이 아니다. 따라서 (나)는 상염색체 유전 형질이다. (나)가 우성 형질이라면 (나)가 발현되지 않은 3과 4의 (나)의 유전자형은 모두 bb이고, (나)가 열성 형질이라면 (나)가 발현되지 않은 3과 4의 (나)의 유전자형은 모두 Bb이다. 3과 4의 a+B가 같으므로 3과 4에서 a의 DNA 상대량도 같은데 3에서는 (가)가 발현되지 않았고, 4에서만 (가)가 발현되었으므로 (가)의 유전자는 X 염색체에 있으며, (가)는 우성 형질이다. (가)가 발현된 6의 a의 DNA 상대량은 0이고, (가)가 발현되지 않은 7의 a의 DNA 상대량은 1이다. 6과 7의 a+B가 같으므로 6은 7보다 B를 하나 더 갖는다. 6에게서 (나)가 발현되지 않았고, 7에게서 (나)가 발현되었으므로 (나)는 열성 형질

다. (가)의 유전자와 (다)의 유전자가 같은 염색체에 있으므로 (다)의 유전자는 X 염색체에 있다. 남자 3에게서 (다)가 발현되었고, 딸 5에게서 (다)가 발현되지 않았으므로 (다)는 열성 형질이다.

ⓛ. 4의 (가)와 (나)의 유전자형은 $X^A X^a Bb$이므로 ⓛ은 2이다. 6과 7은 남자이므로 ⓒ은 1이고 ㄱ은 3이다. 6과 7에게 서로 다른 X 염색체를 물려준 ⓐ의 (가)와 (다)의 대립유전자 구성은 $X^{AD} X^{aD}$이고, a+B가 2이므로 (나)의 유전자형은 Bb이다. ⓐ와 ⓑ의 (다)의 표현형은 같으므로 ⓑ에게서는 (다)가 발현되지 않았다. ⓑ는 2로부터 a를 물려받고, (다)가 발현되지 않았으므로 (가)와 (다)의 대립유전자 구성은 $X^{aD} Y$이고, ⓑ의 a+B가 2이므로 (나)의 유전자형은 Bb이다. 따라서 ⓐ와 ⓑ는 (가)의 표현형은 서로 다르고, (나)와 (다)의 표현형은 서로 같다.

ⓒ. ⓑ의 (가)~(다)의 대립유전자 구성은 $X^{aD} Y Bb$이고, 5의 (가)~(다)의 대립유전자 구성은 $X^{AD} X^{ad} bb$이다. 따라서 ⓑ와 5 사이에서 아이가 태어날 때, 이 아이에게서 나타날 수 있는 대립유전자 구성은 $X^{aD} X^{AD} Bb$, $X^{aD} X^{AD} bb$, $X^{aD} X^{ad} Bb$, $X^{aD} X^{ad} bb$, $X^{AD} Y Bb$, $X^{AD} Y bb$, $X^{ad} Y Bb$, $X^{ad} Y bb$이며, 이 중 적어도 2가지 이상의 유전 형질이 발현되는 대립유전자 구성은 $X^{aD} X^{AD} bb$, $X^{AD} Y bb$, $X^{ad} Y bb$이므로 구하고자 하는 확률은 $\frac{3}{8}$이다.

06 다인자 유전과 단일 인자 유전

ㄱ. ⓐ에게서 나타날 수 있는 (나)의 유전자형과 D의 개수는 GG(1), EG(1), FG(0), EF(0)이다. (나)의 유전자형이 FF인 사람과 FG인 사람의 (나)의 표현형이 서로 같으므로 (나)의 유전자형이 GG인 사람과 (나)의 유전자형이 FG인 사람은 (나)의 표현형이 서로 다르다. G가 E에 대해서 완전 우성이거나 F가 E에 대해 완전 우성이면 ⓐ에게서 나타날 수 있는 (가)와 (나)의 표현형은 최대 16가지일 수 없다. 따라서 E는 G와 F에 대해 각각 완전 우성이며, (나)의 유전자형이 EF인 사람과 EG인 사람은 (나)의 표현형이 서로 같다.

ⓛ. ㄱ이 A이면 ⓐ에서 A와 B의 수를 더한 값은 1, 2, 3, 4 중 하나이고, ㄱ이 a이면 ⓐ에서 A와 B의 수를 더한 값은 0, 1, 2, 3, 4 중 하나이다. ⓐ에게서 나타날 수 있는 (가)와 (나)의 표현형은 최대 16가지이므로 ㄱ은 a이다.

ⓒ. ⓐ의 (가)와 (나)의 표현형이 Q와 같은 경우는 A와 B의 수를 더한 값이 2이고, D는 갖지 않으며, (나)의 유전자형은 EF인 경우(경우 1)와 A와 B의 수를 더한 값이 1이고, D를 1개 가지며, (나)의 유전자형은 EG인 경우(경우 2)이다. 경우 2의 확률은 $\frac{1}{4} \times \frac{1}{4} = \frac{1}{16}$이고, 경우 1의 확률은 $\frac{3}{8} \times \frac{1}{4} = \frac{3}{32}$이므로 구하고자 하는 확률은 $\frac{5}{32}$이다.

07 가계도 분석

ㄱ. (나)가 발현된 남자 1로부터 (나)가 발현되지 않은 딸 6이 태어나고, (나)가 발현된 여자 4로부터 (나)가 발현되지 않은 아들 8이 태어났으므로 (나)는 상염색체 유전 형질이다. (나)가 상염색체 우성 형질이라면 2, 5, 6은 모두 B를 갖지 않으므로 ㄱ~ⓒ 중 a+B가 3인 경우는 불가능하다. 따라서 (나)는 상염색체 열성 형질이다.

ㄨ. (가)가 발현된 1과 2 사이에서 (가)가 발현되지 않은 5가 태어났으므로 (가)는 우성 형질이다. (가)의 유전자가 상염색체에 있다면 $a+B$는 구성원 2가 2이거나 3, 구성원 5가 3, 구성원 6이 1이거나 2이다. (가)의 유전자가 X 염색체에 있다면 $a+B$는 구성원 2가 2이거나 3, 구성원 5가 2, 구성원 6이 1이거나 2이다. ⓒ이 ⓐ보다 크므로 (가)의 유전자는 상염색체에 있으며, ⓐ은 2, ⓒ은 3, ⓒ은 1이다.

ㄨ. 6의 (가)와 (나)의 유전자형은 AABb이고, 7의 (가)와 (나)의 유전자형은 aabb이다. 따라서 6과 7 사이에서 아이가 태어날 때, 이 아이에게서 (가)와 (나)가 모두 발현될 확률은 $\frac{1}{2}$이다.

08 가계도 분석

ㄱ. (가)가 발현되지 않은 1과 2로부터 (가)가 발현된 딸 3이 태어났으므로 (가)는 상염색체 열성 형질이고, (나)의 유전자는 X 염색체에 있다. (나)가 발현되지 않은 남자 4로부터 (나)가 발현된 딸 6이 태어났으므로 (나)는 우성 형질이다.

ㄴ. (가)와 (나)의 유전자형은 구성원 1이 AaX^BY, 구성원 3이 aaX^BX^b, 구성원 6이 AaX^BX^b이다. 따라서 ⓐ는 2이며, 구성원 3은 $A+$ⓐ이 1이므로 Ⅱ는 구성원 3이고, ⓑ는 1이다. 구성원 1에서 $A+$ⓐ이 2이므로 ⓐ은 B이다.

ㄨ. 3의 (가)와 (나)의 유전자형은 aaX^BX^b이고, 4의 (가)와 (나)의 유전자형은 AaX^bY이다. 따라서 6의 동생이 태어날 때, 이 아이에게서 (가)가 발현될 확률이 $\frac{1}{2}$이고, 이 아이가 (나)가 발현되지 않은 남자 아이일 확률이 $\frac{1}{4}$이므로 구하고자 하는 확률은 $\frac{1}{8}$이다.

09 상염색체 유전

ㄨ. (나)의 유전자가 (다)의 유전자와 같은 염색체에 있으면 ⓐ에게서 나타날 수 있는 (가)의 표현형이 최대 2가지이므로 ⓐ에게서 나타날 수 있는 (가)~(다)의 표현형이 최대 9가지가 될 수 없다. 따라서 (나)의 유전자는 (가)의 유전자와 같은 염색체에 있다.

ㄴ. ⓐ에게서 나타날 수 있는 (가)와 (나)의 표현형과 (다)의 유전자형은 각각 3가지이므로 (다)는 유전자형이 다르면 표현형이 다르고, (나)는 대립유전자 사이의 우열 관계가 분명하다. 따라서 ⓐ은 B이다.

ㄷ. P와 Q에서 모두 A와 B가 같은 염색체에 있고, A^*와 B^*가 같은 염색체에 있으면 ⓐ에게서 나타날 수 있는 (가)와 (나)의 표현형은 최대 2가지이므로 주어진 조건을 만족하지 못한다. 따라서 P와 Q 중 최소 1명은 A와 B^*가 같은 염색체에 있고, A^*와 B가 같은 염색체에 있다. ⓐ가 P와 같이 (가)와 (나)의 표현형이 모두 우성 표현형으로 나타날 확률은 $\frac{1}{2}$이고, 유전자형이 DD^*일 확률도 $\frac{1}{2}$이므로 구하고자 하는 확률은 $\frac{1}{4}$이다.

10 다인자 유전

ㄱ. ⓐ에게서 나타날 수 있는 (가)와 (나)의 표현형이 최대 20가지이므로 (가)와 (나) 중 하나의 표현형은 최대 5가지이고 다른 하나의 표현형은 최대 4가지이다. (가)의 유전자는 서로 다른 2개의 상염색체

에 있고, (나)의 유전자는 같은 상염색체에 있으므로 (가)의 표현형은 최대 5가지, (나)의 표현형은 최대 4가지이다. 따라서 ⓐ은 B이며, P와 Q의 (가)의 표현형은 같다.

ㄴ. ⓒ이 D이면 (나)의 표현형은 최대 1가지이거나 2가지이므로 ⓒ은 d이다.

ㄷ. ⓐ의 (가)의 표현형이 Q와 같이 (가)의 유전자형에서 대문자로 표시되는 대립유전자를 2개 가질 확률은 $\frac{3}{8}$이고, (나)의 표현형이 Q와 같이 (나)의 유전자형에서 대문자로 표시되는 대립유전자를 3개 가질 확률은 $\frac{1}{4}$이므로 구하고자 하는 확률은 $\frac{3}{32}$이다.

사람의 유전병

본문 81쪽

닮은꼴 문제로 유형 익히기

정답 ①

ⓒ이 발현되지 않은 부모에게서 ⓒ이 발현된 딸인 자녀 2가 태어났으므로 ⓒ은 X 염색체 열성 형질이 아닌, 상염색체(7번 염색체) 열성 형질이고, ⓒ은 (다)이다. 따라서 ⊙과 ⓒ은 모두 우성 형질이다. ⊙과 ⓒ의 유전자가 7번 염색체에 함께 있을 경우 또는 ⓒ과 ⓒ의 유전자가 7번 염색체에 함께 있을 경우는 자녀 1과 자녀 2에서 ⓒ은 각각 발현되면서 ⊙이나 ⓒ의 발현 여부가 서로 다르므로 모순이다. 따라서 ⊙과 ⓒ의 유전자는 모두 X 염색체에 있다. 아버지는 ⓒ이 발현되지 않았고, 자녀 2는 ⓒ이 발현되었으므로 자녀 2의 ⓒ의 유전자형은 이형 접합성이고, ⓒ은 (나)가 아니다. 따라서 ⊙은 (나)이고, ⓒ은 (가)이다. 자녀 3에서 ⊙과 ⓒ이 모두 발현되었으므로 생식세포 형성 과정에서 염색체 비분리가 일어나 성염색체를 갖지 않고 염색체 수가 22인 정자(ⓑ)와 성염색체로 상동 염색체를 모두 가지고 염색체 수가 24인 난자(ⓐ)가 수정되어 자녀 3이 태어났다. 각 구성원의 (가)~(다)의 유전자를 나타내면 다음과 같다.

아버지	어머니
a ┃↑ b ┃↑ D ┃┃d	a ┃┃A B ┃┃b D ┃┃d

자녀 1	자녀 2	자녀 3
a ┃↑ B ┃↑ d ┃┃d	a ┃┃A b ┃┃b d ┃┃d	a ┃┃A B ┃┃b D ┃┃D

ㄱ. ⓒ의 유전자는 상염색체에 있고, ⊙과 ⓒ의 유전자는 모두 X 염색체에 있다.

✗. ⊙은 (나), ⓒ은 (다), ⓒ은 (가)이다.

✗. 염색체 수가 24인 ⓐ는 난자이고, 염색체 수가 22인 ⓑ는 정자이다.

수능 2점 테스트

본문 82~84쪽

01 ④	02 ③	03 ③	04 ④	05 ①
06 ②	07 ①	08 ③	09 ②	10 ⑤

01 생식세포 형성 과정과 염색체 비분리

ㄱ. 그림에서 1개씩 있던 회색과 흰색 염색체에서 염색 분체가 분리되고 있으므로 그림은 감수 2분열 후기에 관찰되는 세포이다. 따라서 ⊙은 감수 2분열이다.

✗. 염색체 분리가 정상적으로 일어나면 감수 2분열 후기의 세포에는 상동 염색체가 없다. ⓐ의 염색체와 t가 표시된 염색체는 한 염색체의 염색 분체를 이루고 있다가 분리되고 있으므로 ⓐ에는 T가 없고 t가 있다.

ㄷ. 감수 2분열 후기의 세포인데 2개의 검은색 염색체에서 염색 분체가 분리되는 것은 감수 1분열에서 검은색 염색체의 상동 염색체 비분리가 일어났기 때문이다.

02 생식세포 형성 과정과 결실

생식세포인 Ⅲ과 Ⅳ가 될 가능성이 있는 세포는 ⓒ과 ⓔ(또는 ⓔ과 ⓒ)이다. ⓒ과 ⓔ에 모두 B가 1개씩 있으므로 이 사람의 (가)의 유전자형에는 B가 2개 있고, ⊙과 ⓒ에도 B가 2개씩 있다. ⓒ에 대립유전자의 DNA 상대량으로 1과 2가 모두 있으므로 ⓒ이 G₁기 세포인 Ⅰ이고, ⊙이 Ⅱ이다. 3쌍의 대립유전자가 모두 상염색체에 있으므로 이 사람의 (가)의 유전자형은 AaBBDd이다. ⊙에 a가 2개 있는데 ⓒ과 ⓔ에 모두 a가 없으므로 결실된 ㉮는 a임을 알 수 있다. 만약 ⊙이 분열하여 ⓒ이 생성되었다면 ⓒ에 d가 없는 것이 모순이므로 ⊙이 분열하여 ⓔ이 생성되었다. 따라서 Ⅲ이 ⓔ이고, Ⅳ가 ⓒ이다. 표에서 물음표에 해당하는 값을 나타내면 다음과 같다.

세포	DNA 상대량		
	a	B	d
⊙(Ⅱ)	2	?(2)	2
ⓒ(Ⅳ)	0	1	0
ⓒ(Ⅰ)	1	?(2)	1
ⓔ(Ⅲ)	0	1	1

✗. 이 사람의 (가)의 유전자형은 AaBBDd이다.

✗. ㉮는 a이다.

ㄷ. ⓔ은 Ⅲ이다.

03 생식세포 형성 과정과 염색체 비분리

정상 생식세포의 염색체 수는 23인데, 염색체 비분리가 1회 일어날 경우 24 또는 22가 될 수 있다. 따라서 염색체 수는 Ⅱ가 22, Ⅲ이 23, Ⅴ가 24이다. (나)에서 염색체 수가 정상인 생식세포와 이상이 있는 생식세포가 모두 형성되었으므로 감수 2분열에서 Ⅳ와 Ⅴ가 형성될 때 21번 염색체 비분리가 일어났으며, 21번 염색체는 Ⅳ에는 없고 Ⅴ에는 2개 있다. 따라서 (가)에서는 감수 1분열에서 성염색체 비분리가 일어났다. Ⅰ은 염색체 수가 24이고 성염색체로 XX를 가지며, Ⅱ에는 성염색체가 없다.

ㄱ. Ⅳ는 21번 염색체가 없고 염색체 수가 22이다. Ⅰ은 성염색체로 XX를 가지고 염색체 수가 24이다. 따라서 염색체 수는 Ⅳ가 Ⅰ보다 작다.

ㄴ. (가)의 감수 1분열에서 성염색체의 비분리가, (나)의 감수 2분열에서 21번 염색체의 비분리가 일어났다.

✗. 21번 염색체를 2개 가지는 Ⅴ가 정상 난자와 수정되어 태어난 아이는 21번 염색체를 3개 가지므로 다운 증후군의 염색체 이상을 보이며, 성염색체는 XX 또는 XY를 가지므로 클라인펠터 증후군의 염색체 이상을 보이지 않는다.

04 가계도와 유전자 돌연변이

오빠의 체세포에서 t는 없고 T가 1개만 있으므로 T는 성염색체에 있고, 영희의 체세포에 t가 있으므로 T와 t는 Y 염색체가 아닌, X 염색체에 있으며, 같은 염색체에 있는 R와 r도 X 염색체에 있음을 알 수 있다. 따라서 언니의 체세포에는 t가 2개 있고, 오빠의 체세포에는 R가 없다. 따라서 아버지의 X 염색체에는 Rt가 있고, 어머니의 X 염색체에는 Rt와 rT가 각각 있다. 영희의 체세포에 R가 없으므로 r가 2개, T와 t가 각각 1개씩 있다. 따라서 아버지의 생식세포 형성 과정에서 R(ⓐ)가 r(ⓑ)로 바뀌는 돌연변이가 일어나 rt를 갖는 정자가 형성되었고, 이 정자가 rT를 갖는 정상 난자와 수정되어 영희가 태어났다.

✗. (가)의 유전자는 X 염색체에 있다.

ⓒ. 영희는 rt를 갖는 정자와 rT를 갖는 난자가 수정되어 태어났으므로 영희의 (가)의 유전자형은 rrTt이다.

ⓒ. ⓐ는 R이고, ⓑ는 r이다.

05 핵형과 유전자 돌연변이

(다)에서 검은색 상동 염색체의 크기가 다르고, (가)에 작은 검은색 염색체가 있으므로 (가)와 (다)는 수컷의 세포이다. 따라서 (나)와 (라)는 암컷의 세포이다. 만약 유전자형이 Aabb인 Ⅱ가 수컷이고, (다)의 B가 돌연변이에 의해 갖게 된 것이라면 유전자형이 aaBb인 암컷의 세포 (라)에 A가 있는 것은 또 다른 돌연변이가 일어났다는 것을 의미하므로 모순이다. 따라서 유전자형이 aaBb인 Ⅰ이 수컷이고, (가)와 (다)가 Ⅰ의 세포이며, (가)는 수컷에서 a(ⓒ)가 A(ⓒ)로 바뀌는 돌연변이가 일어난 것이다. 따라서 유전자형이 Aabb인 Ⅱ가 암컷이고, (나)와 (라)는 Ⅱ의 세포이다.

ⓒ. (가)와 (라)의 핵상은 모두 n이고, (나)와 (다)의 핵상은 모두 $2n$이다.

✗. Ⅱ는 암컷이다.

✗. ⓒ은 A이다.

06 생식세포 형성 과정과 염색체 비분리

(라)에서 R와 r는 모두 0이고, T와 t가 모두 1인 것은 모순이므로 (라)가 염색체 비분리가 일어나 형성된 정자이다. (나)와 (다)는 모두 정상 세포이고 T와 t가 모두 있으므로 핵상이 $2n$이다. G₁기 세포인 (다)가 수컷의 세포라면 (다)에 H가 2개 있는데 (라)에 H가 없는 것은 모순이므로 (다)는 암컷의 세포이고, (나)는 수컷의 G₁기 세포이며, (가)는 암컷의 세포이다. G₁기 세포인 (다)에 H가 2개 있는데 (가)에 H가 2개 있으므로 (가)는 감수 2분열 중기 세포이다. 정자인 (라)에 T와 t가 모두 있으므로 T와 t는 상염색체에 있고, 감수 1분열에서 상염색체의 비분리가 일어났음을 알 수 있다. 정자인 (라)에 R와 r가 모두 없으므로 R, r는 T, t와 서로 다른 염색체에 있다. G₁기 세포인 (나)에 H와 h의 DNA 상대량의 합이 1이고 암컷의 세포에도 H가 있으므로 H는 X 염색체에 있다. 3쌍 중 2쌍의 대립유전자가 같은 염색체에 있으므로 R와 r도 X 염색체에 있다. (라)에 R와 r가 모두 없으므로 (라)에는 Y 염색체가 있고 X 염색체가 없으므로 ⓐ는 0이다. (나)에 R가 없으므로 r가 1개 있으며, 수컷인 Ⅱ의 ⓒ의 유전자형을 나타내면 $TtX^{Hr}Y$이다. (다)는 암컷인 Ⅰ의 G₁기 세포이

고 ⓒ의 유전자형을 나타내면 $TtX^{HR}X^{Hr}$이다. 표의 정보를 나타내면 다음과 같다.

세포	DNA 상대량					
	H	h	R	r	T	t
(가) Ⅰ의 감수 2분열 중기 세포	2	?(0)	0	?(2)	?(2)	0
(나) Ⅱ의 G₁기 세포	1	0	0	?(1)	1	1
(다) Ⅰ의 G₁기 세포	2	0	1	?(1)	1	1
(라) Ⅱ의 정자	0	ⓐ(0)	0	0	1	1

✗. 정자인 (라)에 대립유전자인 T와 t가 모두 있으므로 염색체 비분리는 감수 1분열에서 일어났다.

ⓒ. (다)에서 H, R, r는 모두 X 염색체에 있고, T와 t는 상염색체에 있다.

✗. ⓐ는 0이다.

07 가계도와 염색체 비분리

만약 ⓒ의 유전자가 상염색체에 있다면 1과 2가 각각 A와 a 중 한 종류만 가지고 있을 때 자손의 유전자형이 모두 Aa이고 표현형이 같아야 하는데 3과 4의 표현형이 다르므로 모순이다. 따라서 ⓒ의 유전자는 X 염색체에 있다. 만약 ⓒ이 열성 형질이라면 2의 유전자형은 X^AX^A인데, 4에서 ⓒ이 발현된 것은 모순이다. 따라서 ⓒ은 X 염색체에 있는 우성 형질이다. 1과 2의 아들인 5에서 ⓒ이 발현된 것은 1로부터 성염색체로 X^AY를 받고, 2로부터 성염색체를 받지 않은 경우이다.

ⓒ. ⓒ의 유전자는 X 염색체에 있다.

✗. ⓒ은 우성 형질이다.

✗. P에는 1의 X 염색체와 Y 염색체가 모두 있으므로 P가 형성될 때 염색체 비분리가 감수 1분열에서 일어났다.

08 DNA 상대량과 전좌

Ⅰ의 감수 2분열 중기의 세포인 (가)에는 eeFF가 있으므로 ⓒ과 ⓒ이 각각 e와 F(또는 F와 e)이며, ⓒ과 ⓒ이 E와 f(또는 f와 E)이다. (나)에는 ⓒ과 ⓒ이 모두 없으므로, ⓒ이 1개, ⓒ이 2개 있다. (다)에는 ⓒ과 ⓒ이 각각 2개 있으므로 ⓒ이 0개, ⓒ이 1개 있다. 따라서 유전자형이 Eeff인 Ⅱ의 세포 (나)와 (다)에 각각 2개 있는 ⓒ이 f이다. (다)에 ⓒ이 2개 있는데 ⓒ이 F인 것은 모순이므로 ⓒ은 e이고, ⓒ은 F이며, 따라서 ⓒ은 E이다. 따라서 (나)에는 Eff가 있고, (다)에는 Eeeff가 있으며, Ⅱ의 G₁기 세포 ㉮로부터 생식세포가 형성되는 과정에서 E(ⓐ)의 전좌가 1회 일어나 (나)에는 E가 1개 적고, (다)에는 E가 1개 많은 상태이다.

ⓒ. ⓒ은 e, ⓒ은 F, ⓒ은 f, ⓒ은 E이다.

✗. (나)에는 Eff가 있고 e가 없다.

ⓒ. ⓐ는 E이다.

09 생식세포 형성 과정과 염색체 비분리

ⓒ과 ⓒ의 유전자가 모두 X 염색체에 있는데, ⓒ이 발현된 딸인 자녀 1의 아버지에게서 ⓒ이 발현되지 않았으므로 ⓒ은 열성 형질이 아닌 우성 형질이며, ⓒ이 발현되지 않은 아버지와 어머니 사이에서 ⓒ이

발현된 자녀 2가 태어났으므로 ⓒ은 열성 형질이다. 만약 자녀 3이 정상이라면 아래 가계도와 같이 ⓐ과 ⓒ 중 ⓒ만 발현되어 R가 없으면서 t를 갖는 자녀 2가 태어나는 것은 모순이다.

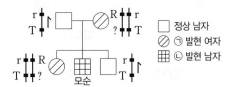

따라서 자녀 2가 정상이며, 이 가족의 아버지와 어머니 사이에서 정상적으로는 ⓐ과 ⓒ이 모두 발현되지 않은 아들이 태어날 수 없다. 그러므로 아버지에서 염색체 비분리가 감수 1분열에서 일어나 성염색체로 X와 Y를 모두 갖는 정자와 정상 난자가 수정되어 자녀 3이 태어났다. 가계도에 각 구성원의 ⓐ과 ⓒ의 유전자를 나타내면 다음과 같다.

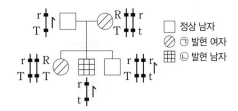

✗. ⓐ은 우성 형질이다.
◯. 염색체 수가 비정상적인 생식세포가 정상 생식세포와 수정되어 태어난 ㉮는 자녀 3이다.
✗. 염색체 비분리는 감수 1분열에서 일어났다.

10 가계도와 결실

여자인 2에 B가 1개 있으므로 2는 Bb를 가지는데 2에게서 ⓒ이 발현되지 않았으므로 ⓒ은 열성 형질이다. ⓒ 발현 여자인 4의 아들인 7에게서 ⓒ이 발현되지 않았으므로 ⓒ은 X 염색체에 있는 열성 형질이 아니고, 상염색체에 있는 열성 형질이다. ⓐ과 ⓒ의 유전자가 같은 염색체에 있으므로 ⓐ의 유전자는 상염색체에 있다. 1은 aa를 가지며 2는 a가 없고 AA를 가지므로 자손인 6은 Aa를 가지는데 ⓐ이 발현되었으므로 ⓐ은 상염색체에 있는 우성 형질이다. 2가 AA를 갖는데 5에게서 ⓐ이 발현되지 않았으므로 5는 2로부터 A(ⓐ)가 결실된 염색체를 받았으며, 따라서 8은 정상 염색체를 가진다. 가계도에 각 구성원의 ⓐ과 ⓒ의 유전자를 나타내면 다음과 같다.

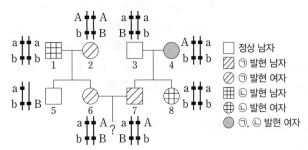

◯. ⓐ은 우성 형질이다.
◯. A가 결실된 염색체를 가지는 ㉮는 5이다.
◯. 6과 7 사이에서 아이가 태어날 때, 이 아이에게서 ⓐ은 발현되고 ⓒ은 발현되지 않는 경우는 ⓐ과 ⓒ의 유전자형이 AaBB, AABb일 때이므로 확률은 $\frac{1}{2}$이다.

01 ①	02 ③	03 ⑤	04 ④	05 ②
06 ③	07 ②	08 ②	09 ⑤	10 ④

01 생식세포 형성 과정과 염색체 비분리

ⓔ에 D와 d가 모두 없으므로 ⓔ은 G_1기 세포인 I이 아니며, 중기의 세포에서는 각 대립유전자의 개수가 짝수이므로 ⓔ은 II나 III도 아니다. 따라서 ⓔ은 IV이다. 핵상이 n인 ⓔ에 B와 b가 모두 있으므로 (나)의 감수 1분열에서 B와 b가 있는 상동 염색체의 비분리가 일어나 IV에는 B와 b가 모두 있고, III에는 B와 b가 모두 없으며, ⓒ이 III임을 알 수 있다. 따라서 ⓐ은 I이고 ⓒ은 II이다. ⓔ에서 D와 d가 모두 없는 것은 D와 d가 성염색체에 있음을 의미하고, 여자의 세포에도 D와 d가 있으므로 D와 d는 X 염색체에 있다. 남자의 세포인 ⓒ에 A가 2개 있고, ⓔ에 B와 b가 있으므로 A, a, B, b는 모두 상염색체에 있다. 표에서 물음표에 해당하는 값을 나타내면 다음과 같다.

세포	DNA 상대량					
	A	a	B	b	D	d
ⓐ(I)	1	?(1)	?(0)	2	1	?(1)
ⓒ(III)	2	?(0)	0	0	2	?(0)
ⓒ(II)	?(0)	2	?(0)	?(2)	?(0)	2
ⓔ(IV)	?(0)	1	1	1	0	0

따라서 여자의 ⓐ의 유전자형은 $AabbX^DX^d$이고, 남자의 ⓐ의 유전자형은 $AaBbX^DY$이다. III에 AA가 있고 IV에 a가 있으므로 A와 a가 있는 상동 염색체는 감수 1분열에서 정상적으로 분리되었고, A와 a, B와 b는 각각 서로 다른 상염색체에 있음을 알 수 있다.

◯. IV인 ⓔ에 B와 b가 모두 있으므로 염색체 비분리는 감수 1분열에서 일어났다.
✗. ⓒ은 II이다.
✗. A와 a, B와 b는 각각 서로 다른 상염색체에 있으므로 ⓐ에서 A와 b는 같은 염색체에 있지 않다.

02 생식세포 형성 과정 및 전좌와 염색체 비분리

정자인 I에 R와 r가 모두 있고, 정자인 II에 H가 2개 있는 것은 I과 II가 돌연변이가 일어난 세포임을 의미한다. 만약 I에 R와 r가 모두 있는 것이 염색체 비분리 때문이라면 감수 1분열에서 염색체 비분리가 일어난 것이고 II~IV 중 2개의 세포에서 R와 r가 모두 없어야 하므로 모순이다. 따라서 I에 R와 r가 모두 있는 것은 전좌 때문이고, II에 H가 2개 있는 것은 염색체 비분리 때문이다. 남자인 P에 R와 r, T와 t가 모두 있으므로 R, r, T, t는 각각 서로 다른 상염색체에 있다. T와 t가 있는 염색체는 정상적으로 분리되었으므로 t를 갖는 III이 ⓐ이고, T를 갖는 II가 ⓒ이다. 만약 염색체 비분리가 감수 1분열에서 일어났다면 II와 IV에서 H의 개수가 다른 것은 모순이다. 따라서 염색체 비분리는 감수 2분열에서 일어났으며, II에는 H가 2개 있고 h는 없으며, IV에는 H와 h가 모두 없다. I과 III의 형성 과정에서는 염색체 비분리가 일어나지 않았는데 I에 H와 h가 모두 없는 것은 H와 h가 성염색체에 있고, I과 III에 H와 h를 갖지 않는 성염색체가 있음을 의미한다. 따라서 P의 (가)~(다)의 유전자형은 $RrTtX^HY$(또는 $RrTtXY^H$)이다. 표에서 물음표에 해당하는 값을 나타내면 다음과 같다.

세포	DNA 상대량					
	H	h	R	r	T	t
I	0	0	1	1	0	?(1)
II(ⓒ)	2	?(0)	?(0)	?(0)	1	0
III(㉠)	?(0)	?(0)	1	0	0	1
IV	0	?(0)	0	1	1	0

㉠. I에 R와 r가 모두 있는 것은 전좌가 일어나 r를 갖는 염색체가 있기 때문이다.

ⓒ. ㉠은 III이고, ⓒ은 II이다.

✗. II(ⓒ)에는 H가 2개 있고, IV에는 H가 없으므로 염색체 비분리는 감수 2분열에서 일어났다.

03 다인자 유전과 염색체 비분리

(가)의 유전자형이 AaBbDd인 부모 사이에서 정상적으로 태어난 아이에게서 나타날 수 있는 (가)의 표현형이 최대 4가지인 경우는 (가)를 결정하는 3개의 유전자가 모두 같은 상염색체에 있을 때이다. 또한 염색체 상에서 대립유전자의 배열이 부모 중 한 명은 (ABD/abd)이고, 나머지 한 명은 aBD/Abd(또는 AbD/aBd 또는 ABd/abD)이어야 한다. 염색체 수가 비정상적인 정자와 정상 난자가 수정되어 태어난 ⓐ의 (가)의 유전자형에서 대문자로 표시되는 대립유전자의 수가 6인 경우는 대립유전자의 배열이 (ABD/abd)인 어머니에게서 형성된 ABD를 갖는 정상 난자와 대립유전자의 배열이 aBD/Abd(또는 AbD/aBd 또는 ABd/abD)인 아버지에게서 염색체 비분리가 감수 1분열에서 일어나 AaBbDd를 갖는 비정상적인 정자가 수정되었을 때이다.

㉠. 정상 자손인 ㉠에게서 나타날 수 있는 (가)의 표현형이 최대 4가지이므로 (가)를 결정하는 3개의 유전자는 모두 같은 염색체에 있다.

ⓒ. 어머니의 염색체 상에서 (가)의 대립유전자는 A, B, D가 1개의 염색체에, a, b, d가 1개의 염색체에 있다. 따라서 어머니에게서 a, b, d를 모두 갖는 난자가 형성될 수 있다.

ⓒ. 염색체 비분리는 정자 형성 과정의 감수 1분열에서 일어났다.

04 생식세포 형성 과정과 염색체 비분리

ⓒ에 f가 4개 있으므로 ⓒ은 감수 1분열 중기의 세포인 II이고, 여자의 감수 1분열 중기 세포에서는 E와 e의 개수의 합이 4가 되어야 하므로 ⓒ에는 E가 2개, e가 2개 있음을 알 수 있다. 따라서 이 여자의 ⓐ의 유전자형은 Eeff이고, G_1기 세포인 I은 ⓒ이다. III에는 각 대립유전자의 개수가 짝수인 경우만 가능하므로 III은 ㉢이고 e가 2개, f가 2개 있다. 따라서 IV는 ㉠이고, 감수 2분열에서 염색체 비분리가 1회 일어나 IV에 E가 2개, f가 1개 있다.

✗. 이 여자의 ⓐ의 유전자형은 Eeff이다.

ⓒ. ㉠은 IV, ⓒ은 I, ⓒ은 II, ㉢은 III이다.

ⓒ. 염색체 비분리는 감수 2분열에서 일어났다.

05 복대립 유전과 유전자 돌연변이

(나)의 유전자형에 대해 1은 DD, 4는 DE, 5는 FF이다. 2가 EE일 경우 3과 4가 모두 DE가 되므로 모순이고, 3이 EE일 경우 1이 DD인 것이 모순이므로 6이 EE이다. 3이 EF일 경우 1이 DD인 것이 모순이므로 2가 EF이고, 3이 DF이다. 남자인 5가 FF이므로 (나)의 유전자는 성염색체가 아닌, 상염색체에 있다. (가)가 우성 형질이라면 6은 4로부터 EH를 갖는 염색체를 받았고, 1에 E가 없으므로 4는 2로부터 EH를 갖는 염색체를 받아야 하는데 2에서 (가)가 발현되지 않았으므로 모순이다. 따라서 (가)는 상염색체에 있는 열성 형질이다. 6의 (나)의 유전자형이 EE이고 (가)가 발현되었으므로 6은 4로부터 Eh를 갖는 염색체를 받고, 5로부터 Fh가 Eh로 바뀌는 돌연변이가 일어난 염색체를 받았다. 따라서 ㉠은 F이고, ⓒ은 E이다.

✗. (나)의 유전자형에 대해 3은 DF이고 6은 EE이므로 (나)의 표현형이 다르다.

ⓒ. (가)는 상염색체에 있는 열성 형질이다.

✗. ⓒ은 E이다.

06 염색체 비분리와 결실

(가)의 3가지 유전자형(AA, Aa, aa)에 따른 표현형은 각각 I, II, III 중 하나이다. 자녀 1~3에서 세 가지 표현형이 모두 나타났고, 아버지와 자녀 3의 (가)의 표현형이 III으로 같으므로 어머니, 아버지, 자녀 3 모두 (가)의 유전자형이 Aa이다. 자녀 2의 A+B+D가 6인 것은 (가)~(다)의 유전자형에 AABBDD가 있는 경우이며, (가)의 유전자형이 AA일 때 (가)의 표현형이 II이다. 어머니는 D를 갖지 않으므로 자녀 2의 DD는 모두 아버지로부터 받은 것이며, 생식세포 형성 과정에서 13번 염색체 비분리가 1회 일어나 형성된 정자(ⓒ)와 정상 난자가 수정되어 자녀 2(ⓑ)가 태어났다. 아버지의 A+B+D가 3이므로 아버지의 (가)~(다)의 유전자형은 AaBbDd이다. 자녀 1의 (가)의 표현형인 I은 (가)의 유전자형이 aa인 경우이며, A+B+D가 2이므로 자녀 1의 (가)~(다)의 유전자형은 aaBbDd이다. 자녀 3(ⓐ)은 (가)의 유전자형이 Aa이고, A+B+D가 1이므로 생식세포 형성 과정에서 7번 염색체의 AB에서 B가 결실되어 Ad를 갖는 난자(㉠)와 abd를 갖는 정상 정자가 수정되어 태어났다. 표는 이 가족 구성원의 (가)~(다)의 유전자를 나타낸 것이다.

아버지	어머니
A┃┃a B┃┃b D┃┃d	A┃┃a B┃┃B d┃┃d

자녀 1	자녀 2	자녀 3
a┃┃a B┃┃b d┃┃D	A┃┃A B┃┃B D┃┃D┃d	A┃┃a ┃┃b d┃┃d

㉠. ㉠의 형성 과정에서 7번 염색체 결실이 일어날 때 B가 결실되었다.

✗. ⓒ은 정자이다.

ⓒ. 자녀 1의 (다)의 유전자형은 Dd이다.

07 생식세포 형성 과정과 염색체 비분리

만약 염색체 비분리가 감수 1분열에서 일어났다면 ☆(유전자형에서 대문자로 표시되는 대립유전자의 수)이 ㉠과 ㉡, ㉢과 ㉣에서 각각 같아야 하는데 Ⅰ~Ⅲ의 ☆이 0, 1, 3인 것은 모순이다. 따라서 염색체 비분리는 감수 2분열에서 일어났다. 감수 2분열에서 염색체 비분리가 일어나 형성된 2개의 정자의 ☆은 다르고, 감수 2분열이 정상적으로 일어나 형성된 2개의 정자의 ☆은 같아야 한다. 따라서 ⓐ는 0, 1, 3 중 하나이다. 또한 Ⅰ~Ⅲ과 ㉣의 ☆을 모두 더한 값은 G_1기 세포의 ☆의 2배라서 짝수가 되어야 하는데 ⓐ가 1 또는 3인 경우는 모순이므로 ⓐ는 0이다. 따라서 G_1기 세포의 ☆은 2이며, 감수 1분열 결과 a와 b를 갖는 세포, A와 B를 갖는 세포로 분리되었다. 감수 2분열이 정상적으로 일어나 형성된 ㉢과 ㉣은 모두 ☆이 0이므로 각각 ab를 가지며, Ⅰ은 ㉢이다. 감수 2분열에서 염색체 비분리가 일어나 형성된 ㉠과 ㉡의 ☆이 1 또는 3인 것을 통해 P에서 A와 B가 서로 다른 염색체에 있고, 둘 중 하나의 염색체에서만 감수 2분열에서 염색체 비분리가 일어났음을 알 수 있다.

✗. 염색체 비분리는 감수 2분열에서 일어났다.
◯. ⓐ는 0이다.
✗. P에서 A와 B는 서로 다른 염색체에 있다.

08 가계도와 염색체 비분리

(나)에 대해 정상인 3과 4 사이에서 (나)가 발현된 8이 태어났으므로 (나)는 열성 형질이다. 3은 b가 없고 B만 가지며 (나)에 대해 정상이므로 B가 정상 대립유전자, b가 (나) 발현 대립유전자이다. 만약 (나)의 유전자가 상염색체에 있다면 (나)의 유전자형으로 8은 bb, 3은 Bb를 가져야 하는데 3에는 b가 없으므로 모순이다. 또한 (나)의 유전자가 Y 염색체에 있다면 여자인 2와 7이 (나)의 유전자를 가지는 것이 모순이므로 (나)의 유전자는 X 염색체에 있다. (가)와 (나)의 유전자가 같은 염색체에 있으므로 (가)의 유전자도 X 염색체에 있다. 만약 (가)가 X 염색체에 있는 열성 형질이라면 (가) 발현 여자인 2에게서 정상인 아들 6이 태어난 것은 모순이다. 따라서 (가)는 우성 형질이다.

1과 2 사이에서 정상적으로 태어나는 딸이 가질 수 있는 유전자형은 Aabb 또는 aaBb인데, 5에서 (가)는 발현되고 (나)는 발현되지 않았으므로 5가 ⓐ임을 알 수 있다. 5는 염색체 수가 24이고 성염색체로 $X^{Ab}X^{aB}$를 갖는 난자(㉠)와 염색체 수가 22이고 성염색체가 없는 정자(㉡)가 수정되어 태어났으며, 난자(㉠)의 형성 과정 중 감수 1분열에서 염색체 비분리가 일어났다. 가계도에 각 구성원의 (가)와 (나)의 유전자를 나타내면 다음과 같다.

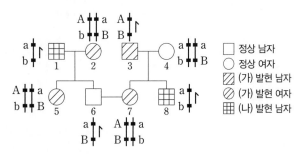

□ 정상 남자
○ 정상 여자
▨ (가) 발현 남자
◑ (가) 발현 여자
▦ (나) 발현 남자

✗. (가)는 우성 형질이다.

◯. ⓐ는 5이다.
✗. ㉠은 감수 1분열에서 염색체 비분리가 일어나 형성된 난자이다.

09 가계도와 염색체 비분리

㉠이 발현되지 않은 5와 6 사이에서 ㉠이 발현된 7이 태어났으므로 ㉠은 열성 형질이다. 만약 ㉠이 상염색체 열성 형질이라면 1, 2, 3, 4의 ㉠의 유전자형이 각각 T_, tt, tt, T_이므로 $\dfrac{\text{1, 2, 3, 4 각각의 체세포 1개당 t의 DNA 상대량을 더한 값}}{\text{1, 2, 3, 4 각각의 체세포 1개당 T의 DNA 상대량을 더한 값}}$이 1, $\dfrac{5}{3}$, 3 중 하나가 되어 2가 될 수 없으므로 모순이다. 따라서 ㉠은 X 염색체 열성 형질이고 1, 2, 3, 4의 ㉠의 유전자형은 각각 X^TY, X^tX^t, X^tY, X^TX^t이다. ㉠의 유전자형이 X^TX^t인 5와 X^TY인 6 사이에서 태어난 딸인 7에게서 ㉠이 발현되었으므로 5에서 염색체 비분리가 감수 2분열에서 일어나 X^tX^t를 갖는 난자와 6에서 형성된 성염색체를 갖지 않는 정자가 수정되어 7이 태어났다. ABO식 혈액형에 대해 2, 5, 6, 7의 표현형이 모두 다르고, 2의 유전자형이 동형 접합성인 것은 ABO식 혈액형의 표현형이 2가 O형, 7이 AB형이고, 항 B 혈청과 응집 반응을 나타내는 6이 B형, 5가 A형임을 의미한다. ABO식 혈액형의 유전자형이 7이 I^AI^B이므로 1, 3, 4도 I^AI^B이다. 따라서 B형인 6의 ABO식 혈액형의 유전자형은 I^BI^B이다. 가계도에 각 구성원의 ABO식 혈액형과 ㉠의 유전자를 나타내면 다음과 같다.

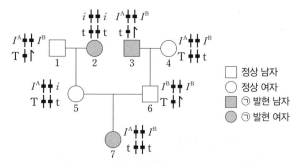

□ 정상 남자
○ 정상 여자
▨ ㉠ 발현 남자
◑ ㉠ 발현 여자

◯. ABO식 혈액형의 유전자는 상염색체에 있고, ㉠의 유전자는 X 염색체에 있으므로 서로 다른 염색체에 있다.
◯. ㉠의 유전자형이 X^TX^t인 5에서 염색체 비분리가 감수 2분열에서 일어나 형성된 X^tX^t를 갖는 난자가 수정되어 7이 태어났다.
◯. 6의 ABO식 혈액형의 유전자형은 I^BI^B이므로 동형 접합성이다.

10 가계도와 염색체 비분리

(나) 발현 여자인 2에게서 (나)가 발현되지 않은 아들 5가 태어났으므로 (나)는 X 염색체 열성 형질이 아니고, 상염색체 열성 형질이다. 따라서 (가)는 X 염색체 열성 형질이다. 4와 2의 혈액 응집 반응 결과를 통해 2와 4의 혈액형이 A형과 B형(또는 B형과 A형)임을 알 수 있다. 1, 2, 3, 4, 6, 7의 혈액형의 유전자형이 각각 서로 다르므로 4와 7의 혈액 응집 반응 결과를 통해 7은 O형이고, 4와 8의 혈액 응집 반응 결과를 통해 8은 4와 같은 혈액형임을 알 수 있다. 7이 O형이므로 4와 9의 혈액형의 유전자형은 _i이며, 4와 9 각각의 체세포 1개당 I^B의 개수는 0과 1 중 하나이다. 4와 9 각각의 체세포 1개당 I^B, H, T의 DNA 상대량을 더한 값의 총합은 6인데, 9가 X^hX^htt를 가지므로 9의 혈액형 유전자형은 I^Bi이고, 4는 $X^HX^HTTI^Bi$를 가진다.

따라서 혈액형 유전자형은 3이 $I^A i$, 2가 $I^A I^A$이고, 1이 $I^B I^B$, 6이 I^A I^B이며, 8은 4와 같은 $I^B i$이고, 5는 $I^A I^B$이다. 7의 (가)의 표현형에 따른 (가)의 유전자형은 $X^h Y$인데 4는 h를 갖지 않으므로 3에서 염색체 비분리가 감수 1분열에서 일어나 형성된 $X^h Y$를 갖는 정자 P와 4에서 형성된 성염색체를 갖지 않는 난자 Q가 수정되어 7이 태어났음을 알 수 있다.

가계도에 각 구성원의 (가), (나), ABO식 혈액형의 유전자를 나타내면 다음과 같다.

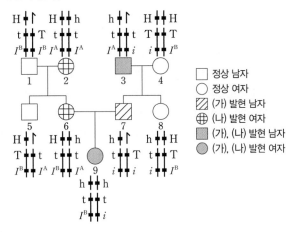

○ 정상 남자
○ 정상 여자
▨ (가) 발현 남자
⊕ (나) 발현 여자
■ (가), (나) 발현 남자
● (가), (나) 발현 여자

ㄱ. 7의 ABO식 혈액형은 O형이다.

✗. 4의 유전자형은 $X^H X^H TT I^B i$이므로 4에게서 I^A를 갖는 생식세포가 형성될 수 없다.

ㄷ. 7은 성염색체인 $X^h Y$를 모두 3으로부터 받았으므로 3의 생식세포 형성 과정에서 염색체 비분리는 감수 1분열에서 일어났다.

11 생태계의 구성과 기능

닮은 꼴 문제로 유형 익히기　　　　　　　　본문 93쪽

정답 ②

용암 대지에서 시작하는 ㉠은 1차 천이이고, ㉡은 2차 천이이다. A는 지의류, B는 양수림, C는 음수림이다.

✗. ㉮에서 방형구법을 이용한 식물 군집 조사 자료에서 양수에 속하는 Ⅰ과 Ⅱ의 빈도, 개체 수, 상대 피도가 모두 음수에 속하는 Ⅲ과 Ⅳ보다 크므로 ㉮는 양수림이다. 따라서 ㉮는 B이다.

ㄴ. ㉠은 1차 천이이다.

✗. 우점종은 상대 밀도, 상대 빈도, 상대 피도를 더한 값인 중요치(중요도)가 가장 큰 종이다. Ⅰ은 상대 밀도가 30 %, 상대 빈도가 39 %, 상대 피도가 30 %이고, Ⅱ는 상대 밀도가 38 %, 상대 빈도가 31 %, 상대 피도가 39 %이므로 중요치(중요도)는 Ⅱ가 Ⅰ보다 크다. ㉮에서 Ⅱ가 우점종이다.

수능 2점 테스트　　　　　　　　　　　본문 94~96쪽

01 ⑤	02 ④	03 ①	04 ④	05 ①
06 ③	07 ⑤	08 ⑤	09 ⑤	10 ③
11 ③	12 ②			

01 생태계 구성 요소 사이의 상호 관계

㉠은 개체군과 개체군 사이의 상호 작용을, ㉡은 비생물적 요인이 생물적 요인에 영향을 주는 것을, ㉢은 생물적 요인이 비생물적 요인에 영향을 주는 것을 나타낸다.

ㄱ. (가)에서 비생물적 요인인 기온과 강수량이 생물적 요인인 식물 군집에 영향을 주었으므로 (가)는 ㉡이다.

ㄴ. (가)에서 기온(ⓐ)과 강수량은 모두 비생물적 요인에 해당한다.

ㄷ. (나)에서 나비(ⓑ)와 꽃은 각각 개체군을 형성하고, 각 개체군은 생물 군집에 속한다.

02 생태계 구성 요소 사이의 상호 관계

(가)는 개체군 사이의 상호 작용의 예이고, (나)는 생물적 요인이 비생물적 요인에 영향을 주는 것의 예이다.

✗. 휘파람새 4종은 서로 다른 개체군을 형성하며, 서로 다른 개체군이 경쟁을 피하기 위해 한 가문비나무에서 서식지를 달리하는 상호 작용은 분서에 해당한다. 따라서 (가)는 개체군 사이의 상호 작용에 해당한다.

ㄴ. 휘파람새 A와 가문비나무(㉠)는 동일한 지역에 함께 서식하므로 같은 군집에 속한다.

ㄷ. 지의류(ⓒ)는 생물적 요인에 해당하므로 생태계 구성 요소에 포함된다.

03 개체군의 생장 곡선
A는 이론적 생장 곡선, B는 실제 생장 곡선이다.
ㄱ. A는 이론적 생장 곡선이다.
✗. 실제 생장 곡선(B)에서 개체군은 먹이, 서식지 등에 대한 환경 저항을 받는다. B에서 t일 때 환경 저항이 작용한다.
✗. B에서 단위 시간당 증가한 개체 수는 구간 Ⅰ에서가 구간 Ⅱ에서보다 적다.

04 군집의 천이
A는 지의류, B는 관목림, C는 양수림, D는 음수림이다. ㉠과 ㉢ 중 하나는 개척자인 지의류(A)이고, 나머지 하나는 음수림(D)이다. 군집의 평균 높이는 ㉠에서가 ㉢에서보다 높으므로 ㉠은 음수림(D), ㉢은 지의류(A)이다. ㉣이 양수림(C)이므로 ㉡이 관목림(B)이다.
ㄱ. ㉡은 B이다.
✗. 용암 대지에서 시작하는 천이 과정이므로 (가)는 1차 천이이다.
ㄷ. 이 식물 군집은 음수림(㉠, D)에서 극상을 이룬다.

05 개체군 사이의 상호 작용
특징 '개체군 사이의 상호 작용이다.'를 갖는 상호 작용은 기생, 종간 경쟁, 편리공생이고, 특징 '이익을 얻는 개체군이 있다.'를 갖는 상호 작용은 기생, 편리공생이다. 따라서 A는 종간 경쟁이고, B는 편리공생이며, 특징 @는 기생만 갖는 특징이다.
ㄱ. B는 편리공생이다.
✗. 겨우살이가 다른 식물로부터 물과 양분을 흡수하여 살아가는 것은 기생의 예에 해당하고 종간 경쟁(A)의 예에 해당하지 않는다.
✗. '경쟁 배타가 일어날 수 있다.'는 종간 경쟁이 갖는 특징이고 기생이 갖는 특징이 아니다. 따라서 '경쟁 배타가 일어날 수 있다.'는 @에 해당하지 않는다.

06 개체군의 생존 곡선
다람쥐의 생존 곡선은 Ⅱ형에 해당하므로 ㉠은 Ⅱ형이다. 초기 사망률은 Ⅲ형에서가 Ⅰ형에서보다 높으므로 ㉡은 Ⅲ형, ㉢은 Ⅰ형이다.
ㄱ. ㉡은 Ⅲ형이다.
ㄴ. ㉢(Ⅰ형)의 생존 곡선을 나타내는 종에서 초기 사망률은 후기 사망률보다 낮다.
✗. ㉮ 시기에서 사망률은 Ⅰ형＞Ⅱ형＞Ⅲ형이므로 ㉠~㉢ 중 ㉮ 시기에서 사망률이 가장 높은 것은 ㉢(Ⅰ형)이다.

07 식물 군집 조사
A는 모든 개체가 서로 다른 방형구에 있었고, 방형구 수는 25이므로 A의 개체 수는 10이다. A의 빈도는 $\frac{10}{25}=0.4$이다. C는 설치한 모든 방형구에 출현하였으므로 C의 빈도는 1이다. A의 상대 빈도가 20 %이므로 C의 상대 빈도는 50 %이고, B의 상대 빈도는 30 %이

다. C의 개체 수가 40이면 C의 상대 밀도는 $\frac{40}{80}\times100=50$ %이지만 C에서 상대 빈도(50 %)는 상대 밀도보다 크다는 조건을 만족하지 못하므로 C의 개체 수는 40이 아니라 30이다. 나머지 B의 개체 수는 40이다. 지표면을 덮고 있는 면적이 A가 $2k$이면 C가 k이고, B는 $3k$이다. 따라서 A의 상대 피도는 33.3 %, B의 상대 피도는 50 %, C의 상대 피도는 16.7 %이다.
✗. C의 상대 밀도는 $\frac{30}{80}\times100=37.5$ %이다. A의 상대 피도(33.3 %)는 C의 상대 밀도(37.5 %)보다 작다.
ㄴ. B의 상대 빈도는 30 %이므로 B의 빈도는 0.6이다. 25개의 방형구 중 B가 출현한 방형구 수는 25×0.6=15이다.
ㄷ. 중요치(중요도)는 상대 밀도, 상대 빈도, 상대 피도를 더한 값이다. A의 중요치(중요도)는 12.5+20+33.3=65.8이고, B의 중요치(중요도)는 50+30+50=130이며, C의 중요치(중요도)는 37.5+50+16.7=104.2이다. 따라서 우점종은 중요치(중요도)가 가장 큰 B이다.

08 개체군 사이의 상호 작용
A와 B 사이의 상호 작용에서 손해를 보는 개체군이 있으므로 동물 A와 식물 B 사이의 상호 작용은 포식과 피식이고, A와 B는 각각 ㉡과 ㉢ 중 하나이다. B와 C 사이의 상호 작용에서 두 개체군은 모두 이익을 얻으므로 식물 B와 세균 C 사이의 상호 작용은 상리 공생이고, B와 C는 각각 ㉠과 ㉢ 중 하나이다. 두 상호 작용에 공통으로 포함된 B는 ㉢이고, A는 ㉡, C는 ㉠이다.
ㄱ. ㉢은 B이다.
ㄴ. 동물 A와 식물 B 사이에서 포식과 피식이 일어날 때 식물 B가 피식자이고, 손해를 보는 개체군(@)에 해당한다. 따라서 @는 생산자에 해당한다.
ㄷ. (나)에서 A(㉡)와 C(㉠) 사이의 상호 작용은 편리공생이다.

09 개체군 내 상호 작용
(가)는 사회생활, (나)는 리더제, (다)는 텃세이다.
ㄱ. 사회생활은 각 개체가 먹이 수집, 방어, 생식 등의 일을 분담하고 협력하여 살아가는 것이다. 따라서 (가)는 사회생활이다.
ㄴ. 늑대(㉠)는 생물적 요인 중 소비자에 해당한다. 소비자는 다른 생물로부터 유기물을 얻는다.
ㄷ. 물개가 앉을 자리를 두고 서로 다투는 것은 서식 공간 확보를 위해 다른 개체의 침입을 적극적으로 막는 텃세(다)의 예에 해당한다.

10 식물 군집 조사
A의 개체 수는 10, B의 개체 수는 8, C의 개체 수는 7이므로 A의 상대 밀도는 40 %, B의 상대 밀도는 32 %, C의 상대 밀도는 28 %이다. A의 빈도는 $\frac{4}{25}=0.16$, B의 빈도는 $\frac{2}{25}=0.08$, C의 빈도는 $\frac{4}{25}=0.16$이므로 A의 상대 빈도는 40 %, B의 상대 빈도는 20 %, C의 상대 빈도는 40 %이다. 따라서 ㉠은 상대 밀도, ㉡은 상대 피도이다.
ㄱ. ㉠은 상대 밀도이다.

ㄴ. A의 상대 피도는 30 %, B의 상대 피도는 45 %이므로 C의 상대 피도는 25 %이다. A의 중요치(중요도)는 40＋40＋30＝110이고, C의 중요치(중요도)는 28＋40＋25＝93이다. 따라서 중요치(중요도)는 A가 C보다 크다.

X. B의 상대 빈도는 20 %이고, C의 상대 피도는 25 %이다. 따라서 B의 상대 빈도는 C의 상대 피도보다 작다.

11 개체 수 증가율

개체 수 증가율이 0보다 크면 개체군에서 개체 수가 증가하고, 개체 수 증가율이 0이면 개체 수의 변화가 없으며, 개체 수 증가율이 0보다 작으면 개체군에서 개체 수가 감소한다.

X. A의 개체 수는 t_3일 때가 t_1일 때보다 많으므로 A에 작용하는 환경 저항은 t_3일 때가 t_1일 때보다 크다.

X. 서식지 면적은 동일하므로 A의 개체군 밀도는 개체 수가 많을수록 크다. 개체 수 증가율이 0보다 작으면 개체 수가 감소하므로 t_6일 때 개체 수는 t_5일 때 개체 수보다 적다. 따라서 A의 개체군 밀도는 t_5일 때가 t_6일 때보다 크다.

ㄷ. 환경 수용력은 개체군의 최대 크기(최대 개체 수)를 의미하므로 환경 수용력과 개체 수의 차이는 개체 수가 적을수록 크다. t_2 이후에 개체 수 증가율이 0보다 큰 구간이 있으므로 개체 수가 증가한다. t_2일 때 개체 수는 t_4일 때 개체 수보다 적으므로 환경 수용력과 개체 수의 차이는 t_2일 때가 t_4일 때보다 크다.

12 군집의 천이

화산 활동으로 용암 대지가 형성된 곳에서는 1차 천이가 진행되고 개척자로 지의류가 나타난다. Ⅱ는 (가)이고, ㉠은 용암 대지이다. Ⅲ에서 양수림, 혼합림, 음수림 순서로 천이가 일어나므로 Ⅲ은 (나)이고 ㉡은 혼합림이다. Ⅰ은 (다)이고, ㉢은 초원이다.

X. Ⅰ은 (다)이다.

ㄴ. ㉢은 초원이다.

X. Ⅲ(나)의 식물 군집은 혼합림(㉡) 이후에 천이가 진행되므로 혼합림(㉡)에서 극상을 이루지 않는다.

---

01 생태계 구성 요소와 개체군의 주기적 변동

ⓐ는 영양염류의 농도, ⓑ는 P의 개체 수, ⓒ는 빛의 세기이다.

㉠. P의 서식지 면적은 일정하므로 P의 개체군 밀도는 P의 개체 수(ⓑ)를 비교하여 알 수 있다. P의 개체 수(ⓑ)는 t_1일 때가 t_2일 때보다 적으므로 P의 개체군 밀도는 t_1일 때가 t_2일 때보다 작다.

X. 구간 Ⅰ에서 빛의 세기(ⓒ)가 증가하여 P의 개체 수(ⓑ)가 증가하는 것은 비생물적 요인인 빛의 세기가 생물적 요인인 P에 영향을 주는 것이므로 ㉢의 예에 해당한다.

X. 구간 Ⅱ에서 영양염류의 농도(ⓐ)가 낮아 P의 개체 사이에서 경쟁이 일어나는 것은 개체군 내 상호 작용에 해당하므로 ㉡의 예에 해당하지 않고, ㉠의 예에 해당한다.

02 개체군 생장 곡선과 개체군 사이의 상호 작용

X와 Y는 선호하는 먹이가 비슷하여 X와 Y가 함께 있을 때 섭취할 수 있는 먹이의 양이 감소하므로 X와 Y 사이의 상호 작용은 종간 경쟁이다.

X. A는 이론적 생장 곡선이고, S자형으로 나타나는 B와 C는 실제 생장 곡선이다. X와 Y 사이의 상호 작용은 종간 경쟁이므로 X의 개체 수는 Y가 있을 때가 Y가 없을 때보다 적다. 따라서 B는 Y가 없을 때 실제 생장 곡선이고, C는 Y가 있을 때 실제 생장 곡선이다.

ㄴ. X와 Y는 선호하는 먹이가 비슷하므로 생태적 지위가 중복된다.

X. 환경 저항의 크기는 이론적 생장 곡선과 실제 생장 곡선에서 개체 수의 차이로 비교한다. t_1일 때 C에서의 환경 저항은 t_2일 때 B에서의 환경 저항보다 작다.

03 군집의 천이

ⓒ에서 산불이 일어났고 ㉢은 초원이며, (다)는 Ⅲ이다. (가) 시기에서 혼합림을 거쳐 형성된 ㉡은 음수림이고, ㉠은 양수림이다. (나) 시기에 초원(㉢), ㉣을 거쳐 양수림(㉠)이 형성되었으므로 ㉣은 관목림이다.

㉠. ㉣은 관목림이다.

X. 천이의 과정은 (나) → (가) → (다)이므로 (가)는 Ⅱ이다.

ㄷ. (다) 시기에 산불이 일어난 후 초원(㉢)이 형성되었으므로 (다) 시기에 2차 천이가 일어났다.

04 식물 군집 조사

㉠에서 A의 개체 수는 5, B의 개체 수는 1, C의 개체 수는 2, D의 개체 수는 3이고, ㉡에서 A의 개체 수는 0, B의 개체 수는 4, C의 개체 수는 3, D의 개체 수는 4이다. 따라서 ㉠은 Ⅱ와 Ⅴ 중 하나이고, ㉡은 Ⅰ과 Ⅲ 중 하나이다. 방형구의 수가 5이므로 각 종의 빈도는 0.2, 0.4, 0.6, 0.8, 1 중 하나이다. C는 5개의 방형구 중 3개 이상 출현하고 있으므로 C의 빈도는 0.6 이상이고, A의 빈도의 2배이다. 따라서 C의 빈도는 0.8, A의 빈도는 0.4이고, C가 출현한 방형구 수는 4, A가 출현한 방형구 수는 2이다. Ⅳ에 C가 출현하지 않았으면 ⓐ는 0이고 ⓑ는 3이다. 이때 Ⅰ에서 총개체 수는 0이므로 조건에 맞지 않는다. 따라서 Ⅳ에 C가 출현하였고, Ⅴ에 C가 출현하지 않아서 Ⅴ에서 C의 개체 수가 0이다. A~D 중 방형구에 출현한 종의 수는 Ⅴ에서가 A, B, D로 3이므로 Ⅰ에서 방형구에 출현한 종의 수는 B, C로 2이다. Ⅰ에서 총개체 수는 7이므로 ⓑ는 10이다. Ⅰ에서 방형구에 출현한 종의 수는 2이므로 Ⅰ은 ㉡이 아니다. ㉡은 Ⅲ이다. Ⅴ에서 A의 개체 수가 7(ⓐ)이므로 Ⅴ는 ㉠이 아니다. ㉠은 Ⅱ이다.

방형구	개체 수				총개체 수
	A	B	C	D	
Ⅰ	?(0)	4	3	?(0)	ⓑ−3(7)
Ⅱ	5	?(1)	2	?(3)	?(11)
Ⅲ	?(0)	?(4)	3	?(4)	?(11)
Ⅳ	0	3	ⓐ(7)	0	ⓑ(10)
Ⅴ	ⓐ(7)	1	?(0)	3	?(11)

✗. ⓐ는 7이다.
ⓛ. ⓛ은 Ⅲ이다.
✗. 개체 수는 A가 12, B가 13, C가 15, D가 10이고, 총개체 수는 50이다. B의 상대 밀도는 26 %, D의 상대 밀도는 20 %이다. 빈도는 A가 0.4, B가 1, C가 0.8, D가 0.6이므로 B의 상대 빈도는 $\frac{1}{2.8}$ × 100 %, D의 상대 빈도는 $\frac{0.6}{2.8}$ × 100 %이다. $\frac{상대\ 밀도}{상대\ 빈도}$는 B에서가 D에서보다 작다.

05 개체군 내 상호 작용과 개체군 사이의 상호 작용
A는 (가)에, B는 (나)에 서식지를 나누어 서식하는 것은 분서에 해당한다. A가 (다)로 유입된 이후 A의 개체 수가 증가하고 C의 개체 수가 감소하였으며, 일정 시간 후 A의 개체 수가 감소하고 C의 개체 수가 증가하였으므로 A와 C 사이의 상호 작용은 포식과 피식에 해당한다.
ⓛ. A의 개체들이 일정한 공간을 점유하고 다른 개체가 들어오지 못하도록 막고 있는 것은 텃세에 해당한다.
✗. A가 (다)로 유입된 이후 A의 개체 수는 증가하고 C의 개체 수는 감소하였으므로 A가 C를 포식한 것이다. A가 포식하는 C의 개체 수가 줄어들었기 때문에 일정 시간 후 A의 개체 수가 감소하고 C의 개체 수는 증가한 것이다.
ⓛ. (라)에서 B와 D 사이의 상호 작용(ⓐ)은 상리 공생에 해당한다.

06 군집의 천이와 개체군 밀도
(가)는 음수림, (나)는 관목림, (다)는 양수림이다. 모든 종의 상대 밀도를 더한 값은 100 %이다. 따라서 ⓛ은 11, ⓛ은 15이다. ⓛ+ⓛ =ⓛ+ⓛ=26이므로 Ⅰ일 때 B의 상대 밀도는 58 %이다. (가)에는 A의 개체 수가 가장 많으므로 Ⅲ은 t_1, (나)에는 B의 개체 수가 가장 많으므로 Ⅰ은 t_2, (다)에는 C의 개체 수가 가장 많으므로 Ⅱ는 t_3이다.
ⓛ. 산불이 일어난 후 진행되는 식물 군집의 천이 과정은 2차 천이이다.
ⓛ. Ⅱ는 t_3이다.
ⓛ. t_1(Ⅲ)일 때 A의 상대 밀도는 54 %이고, t_2(Ⅰ)일 때 B의 상대 밀도는 58 %이다. 따라서 t_1일 때 A의 상대 밀도는 t_2일 때 B의 상대 밀도보다 작다.

07 개체군 특징과 개체군 사이의 상호 작용
A를 포식하는 B와 C를 제거하는 조건에 따라 조사한 지역에서 A가 덮은 면적이 증가하는 속도의 차이가 있다.
ⓛ. 생산자인 A를 포식하는 B와 C는 모두 소비자에 해당한다.
ⓛ. ⓛ(C만 제거된 경우)일 때 구간 Ⅰ에서 B가 A를 포식하므로 A

와 B 사이의 상호 작용은 포식과 피식에 해당한다.
ⓛ. 조사한 지역에서 A가 덮은 면적은 A의 피도와 같다. 따라서 구간 Ⅱ에서 A의 피도는 ⓛ일 때가 ⓛ일 때보다 크다.

08 군집의 특성
A는 관목대, B는 침엽수림대, C는 상록 활엽수림대이고, (가)는 사막, (나)는 초원, (다)는 삼림이다.
ⓛ. 관목대(A)와 상록 활엽수림대(C)의 차이는 고도에 따른 기온의 차이로 나타난다. 열대 우림(ⓛ)과 온대 우림(ⓛ)의 차이는 위도에 따른 기온의 차이로 나타난다.
✗. 육상 군집에서 연평균 강수량을 많은 순서대로 나열하면 삼림, 초원, 사막 순이다. 연평균 강수량은 삼림(다)에서가 사막(가)에서보다 많다.
ⓛ. 군집의 평균 높이는 침엽수림대(B)에서가 초원(나)에서보다 높다.

09 생태적 지위
ⓛ과 ⓛ 사이에서 분서가 일어났으므로 ⓛ과 ⓛ은 각각 C와 D 중 하나이고, ⓛ과 ⓛ 사이에서 먹이에 대한 경쟁이 일어났으므로 ⓛ과 ⓛ은 각각 A와 B 중 하나이다. ⓛ과 ⓛ은 서식지 범위가 중복되지 않으므로 ⓛ은 D, ⓛ은 A이다. ⓛ은 C, ⓛ은 B이다.
ⓛ. ⓛ은 C이다.
ⓛ. 서식지의 강수량 감소로 ⓛ의 먹이의 크기가 달라지는 것은 비생물적 요인이 생물적 요인에게 주는 영향에 해당한다. 따라서 ⓐ는 비생물적 요인이고, ⓑ는 생물적 요인이다.
ⓛ. A와 B는 먹이의 크기와 서식지 범위가 겹치므로 A와 B는 생태적 지위가 중복된다.

10 개체군의 생장 곡선과 개체군 사이의 상호 작용
ⓛ과 ⓛ을 혼합 배양했을 때 ⓛ이 사라졌으므로 ⓛ과 ⓛ 사이의 상호 작용은 종간 경쟁이고, ⓛ과 ⓛ 사이의 상호 작용은 상리 공생이다. (나)에서 ⓛ과 ⓛ 사이의 상호 작용은 종간 경쟁이므로 ⓛ과 ⓛ은 모두 손해를 보며, 최대 개체 수는 감소한다. (나)에서 ⓛ의 최대 개체 수는 단독 배양했을 때 A의 환경 수용력(N_3)과 B의 환경 수용력(N_2) 사이이다. 따라서 ⓛ은 A이다. (다)에서 ⓛ의 최대 개체 수는 단독 배양했을 때 B의 환경 수용력(N_2)과 C의 환경 수용력(N_1) 사이에 있으므로 ⓛ은 C이고, ⓛ은 B이다.
ⓛ. ⓛ은 A이다.
ⓛ. (나)의 ⓛ과 ⓛ 사이에서 종간 경쟁이 일어났고, ⓛ이 사라졌으므로 ⓛ과 ⓛ 사이에서 경쟁 배타가 일어났다.
✗. (가)에서 ⓛ(C)의 환경 수용력은 N_1이고, (다)에서 ⓛ(C)의 환경 수용력은 N_1과 N_2 사이이다. 따라서 ⓛ(C)의 환경 수용력은 (가)에서가 (다)에서보다 작다.

12 에너지 흐름과 물질 순환, 생물 다양성

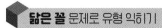

닮은 꼴 문제로 유형 익히기 본문 103쪽

정답 ②

Ⅰ은 광합성, Ⅱ는 공중 방전이다.

✗. ㉠은 질산 이온(NO_3^-), ㉡은 질소 기체(N_2), ㉢은 이산화 탄소(CO_2)이다.

◯. 광합성인 Ⅰ은 탄소 순환 과정에 해당한다.

✗. 번개에 의해 공중 방전인 Ⅱ가 일어나며, 질소 고정 세균은 대기 중의 질소 기체(N_2)가 암모늄 이온(NH_4^+)으로 전환되는 데 관여한다.

수능 2점 테스트 본문 104~106쪽

01 ②	02 ④	03 ③	04 ②	05 ①
06 ⑤	07 ⑤	08 ③	09 ②	10 ①
11 ②	12 ③			

01 물질 생산과 소비

A는 생장량이다.

✗. 생산자가 광합성을 통해 합성한 유기물의 총량은 총생산량이다.

◯. A는 생장량이다.

✗. 총생산량에서 생산자의 호흡량을 제외한 나머지인 순생산량에 분해자의 호흡량이 포함된다.

02 탄소의 순환

(가)는 분해자, (나)는 생산자이다.

✗. 분해자(가)인 곰팡이는 생산자(나)에 속하지 않는다.

◯. 과정 Ⅰ의 예에는 생산자(나)에서 이산화 탄소가 유기물로 합성되는 광합성이 있다.

◯. 과정 Ⅱ의 예에는 화석 연료의 연소가 있으며, Ⅱ를 통한 탄소의 이동량 증가는 지구 온난화의 원인이 된다.

03 생태계의 에너지 흐름

A는 에너지이고, (가)는 생산자, (나)는 1차 소비자, (다)는 2차 소비자이다.

✗. A는 생태계 내에서 순환하지 않고, 생태계로 유입되었다가 생태계 밖으로 방출되는 에너지이다.

✗. 상위 영양 단계로 갈수록 각 영양 단계가 가지는 에너지양이 감소하고, 각 영양 단계가 가지는 에너지의 일부만 다음 영양 단계로 이동하므로 에너지(A)의 이동량은 과정 Ⅱ에서가 과정 Ⅰ에서보다 적다.

㉢. 유기물에 저장된 화학 에너지의 일부는 세포 호흡을 통해 열에너지로 전환되며, 세포 호흡은 생산자(가), 1차 소비자(나), 2차 소비자(다)에서 모두 일어난다.

04 질소의 순환

㉠은 질산 이온(NO_3^-), ㉡은 질소 기체(N_2), ㉢은 암모늄 이온(NH_4^+)이다.

✗. ㉢은 암모늄 이온(NH_4^+)이다.

◯. 질소 기체(㉡)는 대기를 구성하는 기체 중 비율이 가장 높다.

✗. 생산자에서 질산 이온(㉠)이나 암모늄 이온(㉢)이 단백질로 전환되는 과정은 질소 동화 작용이고, 대기 중의 질소 기체(㉡)가 질소 고정 세균에 의해 암모늄 이온(㉢)이 되거나 공중 방전에 의해 질산 이온(㉠)이 되는 것이 질소 고정이다.

05 생태계 평형

㉠. 사슴을 잡아먹는 포식자인 늑대는 사슴의 천적이다.

✗. 구간 Ⅱ에서가 구간 Ⅰ에서보다 사슴의 개체 수가 많고 식물 군집의 생물량의 감소량이 크므로 사슴에 의한 식물 군집의 피식량은 Ⅰ에서가 Ⅱ에서보다 적다.

✗. t_1일 때는 늑대 개체 수의 인위적 감소에 의해 이 생물 군집의 생태계 평형이 일시적으로 파괴된 상태이다.

06 생물 다양성의 위기

✗. 5가지 요인 중 종 다양성 감소에 가장 큰 영향을 미친 요인은 강·호수와 육지에서는 서식지 파괴이고, 바다에서는 남획이다.

◯. 야생 동식물이 원래의 개체군 크기를 회복하지 못할 정도로 과도하게 포획하는 것은 남획이다.

㉢. 지구 온난화에 의해 수온이 상승하여 산호초가 파괴되는 것은 기후 변화에 의한 종 다양성 감소의 예에 해당한다.

07 물질 생산과 소비

A는 순생산량이다.

✗. K는 t_1일 때 양수림 단계이며, 음수림 출현 이후에 극상을 이룬다.

◯. 극상에서는 총생산량과 호흡량이 거의 같아지고 순생산량이 0에 가까운 값이 되므로 A는 순생산량이다. 초식 동물에 의한 K의 피식량은 순생산량(A)에 포함된다.

㉢. K에서 호흡량은 총생산량에서 순생산량(A)을 뺀 값이다. 따라서 K에서 $\dfrac{호흡량}{총생산량}$ 은 t_1일 때가 t_2일 때보다 작다.

08 생태계 평형

㉠. (나)에서 산불에 의해 교란이 일어날 때 생산자가 감소하므로 ㉠은 '생물량 감소'이고, ㉡은 '생물량 증가'이다.

◯. P의 생물량은 생산자와 1차 소비자의 생물량이 감소된 단계인 (다)일 때가 평형 상태인 (가)일 때보다 적다.

✗. 평형이 회복되는 과정인 구간 Ⅰ에서 (라)가 나타나며, 아직 평형 상태(마)는 나타나지 않았다.

09 생물 다양성

✗. 개구리의 총개체 수는 (가)와 (나)에서 모두 20마리로 같다.

✗. 종 다양성은 종 수가 많을수록, 종의 비율이 고를수록 높다. 개구리의 종 수는 (가)에서와 (나)에서가 같고, 각 종의 비율은 (나)에서가 (가)에서보다 비교적 균등하므로 종 다양성은 (나)에서가 (가)에서보다 크다.

ⓒ. 상대 밀도(%)는 조사한 모든 종의 밀도의 합에 대한 특정 종의 밀도의 비율이므로 A의 상대 밀도는 (가)에서가 85 %, (나)에서가 25 %이다.

10 생태 피라미드

㉠. 식물성 플랑크톤, 옥수수, 벼에는 모두 유기물의 형태로 화학 에너지가 저장된다.

✗. (가)에서 에너지양은 생산자인 식물성 플랑크톤이 1000, 1차 소비자인 동물성 플랑크톤이 $100\left(=1000\times\dfrac{10}{100}\right)$, 2차 소비자인 고등어가 $15\left(=100\times\dfrac{15}{100}\right)$, 3차 소비자인 사람이 $3\left(=15\times\dfrac{20}{100}\right)$이다. 따라서 에너지양은 사람이 동물성 플랑크톤의 2배가 아니다.

✗. (나)에서 에너지양은 생산자인 옥수수가 1000, 1차 소비자인 닭이 $100\left(=1000\times\dfrac{10}{100}\right)$, 2차 소비자인 사람이 $15\left(=100\times\dfrac{15}{100}\right)$이다. (다)에서 에너지양은 생산자인 벼가 1000, 1차 소비자인 사람이 $100\left(=1000\times\dfrac{10}{100}\right)$이다. 따라서 사람의 에너지양은 (나)에서가 (다)에서보다 적다.

11 생물 다양성

✗. 같은 종의 개체에서 다양한 형질이 나타나는 것은 유전적 다양성의 예이다.

ⓒ. 유전적 다양성이 높은 종은 환경이 급격히 변할 때 살아남기에 유리한 형질을 가진 개체가 존재할 확률이 높아 멸종될 확률이 낮다.

✗. 한 생태계 내에 존재하는 생물의 다양한 정도를 종 다양성이라고 하고, 생태계 다양성은 어떤 지역에서 사막, 초원, 삼림 등 다양한 생태계가 존재하는 것이다.

12 생물 다양성의 감소 원인

㉠. 댐 건설로 인해 수몰되면서 이 지역이 A와 B로 분할되었으므로 서식지 단편화가 일어났다.

ⓒ. 5년 후 생존한 동물 종 수는 A에서가 4종, B에서가 2종이다.

✗. A와 B에서 모두 댐 건설 이후 25년 동안 13종 중 12종이 멸종되었으므로 멸종된 동물 종 수의 비율은 50 %보다 크다.

01 에너지의 흐름

A는 생산자이고, B는 1차 소비자이다. 태양의 빛에너지 중 A로 전달된 에너지양은 1000(=1000000−999000)이고, 2차 소비자의 에너지양은 20(=15+5)이다. B의 에너지양을 x라고 할 때, 에너지 효율이 2차 소비자가 B의 2배이므로 $\dfrac{x}{1000}\times2=\dfrac{20}{x}$이므로 B의 에너지양은 100이다. 따라서 ㉠은 800(=1000−100−100)이고, ㉡은 70(=100−10−20)이며, ㉢은 115(=100+10+5)이다.

㉠. 식물 군집은 생산자이므로 A에 속한다.

✗. ㉡은 70이고, ㉢은 115이므로 ㉢에서 ㉡을 뺀 값은 45이다.

✗. 식물에서 호흡으로 소비되는 유기물은 1차 소비자에게 전달되지 않으므로 1차 소비자(B)의 호흡량은 식물의 호흡량(Ⅰ)에 포함되지 않는다.

02 질소의 순환

A는 분해자이고, B는 생산자이다. ㉠은 암모늄 이온(NH_4^+)이고, ㉡은 질산 이온(NO_3^-)이다.

㉠. 질산화 세균에 의해 암모늄 이온(㉠)이 질산 이온(㉡)으로 전환되는 과정은 질산화 작용이다.

ⓒ. 대조군인 Ⅱ에 비해 삼림 벌채를 한 Ⅰ에서 질산 이온의 유출량이 급격히 증가하였으므로 삼림 벌채가 Ⅰ의 토양 속 질산 이온의 농도 감소에 영향을 미쳤다.

ⓒ. 질소는 생산자의 생장에 필요한 성분이므로 t_1일 때 생산자(B)의 생물량은 삼림 벌채를 하지 않아 토양 속 질산 이온의 농도가 높은 Ⅱ에서가 Ⅰ에서보다 많다.

03 생태계의 평형

✗. ㉠은 달팽이이고, ㉡은 꽃게이다.

ⓒ. (가)의 먹이 사슬에서 유기물 형태의 탄소가 1차 소비자인 달팽이(㉠)에서 2차 소비자인 꽃게(㉡)로 이동한다.

✗. 달팽이(㉠)에 의해 갯줄풀의 생장이 억제되므로 (다)에서 Ⅰ~Ⅲ에 넣어준 달팽이(㉠)의 개체 수는 Ⅰ에서가 1200마리, Ⅱ에서가 600마리, Ⅲ에서가 0마리이다.

04 생태 피라미드

✗. 온대 초원은 생산자인 초본의 개체 크기가 작아서 개체 수의 상댓값이 크고, 온대 삼림은 생산자인 목본의 개체 크기가 커서 개체 수의 상댓값이 작다. 따라서 (가)는 온대 초원이고, (나)는 온대 삼림이다.

ⓒ. (가)와 (나)에서 생산자의 총에너지양이 같으므로 $\dfrac{\text{총에너지양}}{\text{총개체 수}}$은 생산자의 개체 수가 적은 온대 삼림(나)에서가 생산자의 개체 수가 많은 온대 초원(가)에서보다 크다.

ⓒ. DDT는 상위 영양 단계 생물의 체내에 농축되므로 표의 DDT

농도를 하위 영양 단계에서부터 쌓아 올린 생태 피라미드는 역피라미드 형태이다.

05 생물 다양성 보전

✗. t_1일 때 Ⅰ에서가 Ⅱ에서보다 식물이 지표를 덮은 면적이 넓고, 층상 구조의 층수가 많으므로 식물을 통과하여 지표면에 도달하는 빛의 세기는 Ⅰ에서가 Ⅱ에서보다 작다.

✗. 생물의 종 다양성은 3종의 식물이 있는 Ⅱ에서가 식물이 없는 Ⅳ에서보다 크다.

Ⓒ. 생태계 복원 속도는 식물이 있고 생태계 내 질소 함량이 높은 Ⅲ에서가 식물이 없고 생태계 내 질소 함량이 낮은 Ⅳ에서보다 빠르다.

06 서식지 단편화

㉠. (가)에서 도로 개발로 인해 서식지 내부인 곳은 감소하고 가장자리는 증가하였으므로 서식지의 $\dfrac{\text{가장자리 면적}}{\text{내부 면적}}$이 증가하였다.

✗. 생물량은 현재 군집이 가지고 있는 유기물의 총량이고, 생산자의 총생산량에서 호흡량을 제외한 유기물의 양은 순생산량이다.

Ⓒ. A에서 생물량의 손실량이 t_1일 때가 t_2일 때보다 적으므로 단위 면적당 생물량은 t_1일 때가 t_2일 때보다 많다.

01 연역적 탐구 방법

탐구 결과 초록꼬리송사리 수컷의 소드(sword)는 구혼 시 암컷을 유인하는 시각적 신호로 작용하며, 초록꼬리송사리 암컷은 소드가 긴 수컷을 선호한다는 결론을 내렸다.

✗. 암컷이 소드의 길이가 다른 각 수컷과 같이 보내는 시간의 차이(ⓐ)는 종속변인에 해당한다.

Ⓛ. 연역적 탐구 방법이 이용되었다.

✗. 탐구 결과 두 수컷의 소드 길이 차이가 클수록 암컷이 그들과 보내는 시간의 차이가 더욱 컸음을 확인할 수 있다. 따라서 두 수컷의 소드 길이 차이가 클수록 상대적으로 더 긴 소드를 가진 수컷에 대한 암컷의 선호도가 높다.

02 물질대사

동화 작용은 작고 간단한 분자를 크고 복잡한 분자로 합성하는 과정으로 에너지가 흡수된다. 이화 작용은 크고 복잡한 분자를 작고 단순한 분자로 분해하는 과정으로 에너지가 방출된다.

㉠. 단백질이 아미노산으로 분해되는 과정(Ⅰ)은 이화 작용이므로 이 과정에서 에너지가 방출된다.

Ⓛ. 이산화 탄소가 포도당으로 합성되는 과정(Ⅱ)에 효소가 관여한다.

Ⓒ. (나)는 에너지가 흡수되는 동화 작용에서의 에너지 변화이다. 이산화 탄소가 포도당으로 합성되는 과정(Ⅱ)은 동화 작용이므로, (나)는 Ⅱ에서의 에너지 변화이다.

03 기관계

음식물 속의 영양소를 조직에 공급하는 데 관여하는 기관계는 소화계와 순환계이므로, '음식물 속의 영양소를 조직에 공급하는 데 관여한다.'는 ㉢이고, A는 배설계이다. 콩팥이 속해 있는 기관은 배설계이므로 '콩팥이 속해 있다.'는 ㉠이고, '흡수하지 못한 영양소를 체외로 배출한다.'는 ㉡이다. 소화계와 순환계 중 흡수하지 못한 영양소를 체외로 배출하는 것은 소화계이므로, B는 소화계이고 C는 순환계이다.

㉠. 배설계에는 콩팥이 속해 있으므로 ⓐ는 '○'이고, 소화계는 흡수하지 못한 영양소를 체외로 배출하므로 ⓑ 또한 '○'이다.

Ⓛ. 소화계(B)에 속한 간에서 암모니아가 요소로 전환된다.

✗. ㉢은 '음식물 속의 영양소를 조직에 공급하는 데 관여한다.'이다.

04 에너지 섭취량과 에너지 소비량

건강한 생활을 위해서는 1일 에너지 섭취량과 에너지 소비량이 균형을 이루어야 한다.

㉠. 민호가 하루 동안 소비한 에너지양을 구하면 $(1.5 \times 4 + 1.8 \times 4 + 3.0 \times 2 + 8.0 \times 2 + 1.0 \times 3 + 0.9 \times 9) \times 60 = 2778$ kcal이다. 철

수가 하루 동안 소비한 에너지양을 구하면 $(1.5 \times 3 + 1.8 \times 4 + 3.0 \times 2 + 8.0 \times 3 + 1.0 \times 4 + 0.9 \times 8) \times 60 = 3174$ kcal이다. 하루 동안 소비한 에너지양은 철수가 민호보다 많다.

✗. 민호가 하루 동안 섭취한 에너지양은 2900 kcal이고, 소비한 에너지양은 2778 kcal이다.

✗. 철수는 에너지 소비량이 에너지 섭취량보다 많으므로 이 상태가 지속되면 체중이 감소할 것이다.

05 세포 주기

세포당 DNA 양이 1인 구간 Ⅰ에는 G_1기의 세포가 있고, 세포당 DNA 양이 2인 구간 Ⅱ에는 G_2기 또는 분열기(M기)의 세포가 있다.
ㄱ. 세포 주기의 특정 시기의 세포가 많이 관찰될수록 그 시기가 길다. (가)에서 G_1기의 세포 수가 G_2기 또는 분열기(M기)의 세포 수보다 많으므로 P의 세포 주기에서 G_1기는 G_2기보다 길다.
ㄴ. (나)는 염색 분체가 분리되고 있으므로 체세포 분열 후기 때 관찰되는 세포이다. 따라서 구간 Ⅱ에는 ⓐ 시기의 세포가 있다.
✗. ㉠과 ㉡은 DNA 복제에 의해 형성된 염색 분체이다.

06 흥분의 전도와 전달

A와 B의 지점 X에 역치 이상의 자극을 동시에 1회 주고 경과된 시간이 3 ms일 때 B의 Ⅳ에서 측정한 막전위가 −80 mV로 나타났으므로 Ⅳ가 자극을 준 지점이다. 따라서 A의 Ⅳ에서 측정된 막전위도 −80 mV이다. A와 B 모두에서 1 ms의 시간 차이를 갖는 막전위인 −80 mV와 +35 mV가 나타난다. A와 B 중 흥분 전도 속도가 2 cm/ms인 뉴런은 막전위가 −80 mV인 지점과 +35 mV인 지점이 서로 2 cm만큼 떨어져 있으며, 흥분 전도 속도가 3 cm/ms인 뉴런은 막전위가 −80 mV인 지점과 +35 mV인 지점이 서로 3 cm만큼 떨어져 있다. 따라서 자극을 준 지점 X는 d_2이고, A의 흥분 전도 속도는 3 cm/ms, B의 흥분 전도 속도는 2 cm/ms이며, A에서 시냅스는 ㉯에 있다. Ⅱ는 d_1, Ⅰ은 d_3, Ⅲ은 d_4이다.
ㄱ. B의 d_2에 주어진 자극은 d_1로 전달될 수 없으므로 ㉠은 휴지 전위 상태인 −70 mV이다.
ㄴ. ㉯에 시냅스가 없다면, A의 흥분 전도 속도는 3 cm/ms이므로 A의 d_2에 자극을 준 후 2 ms가 지나서 d_4에 도착한다. 따라서 d_4에서 −60 mV가 나타나야 하는데, d_4에서 측정된 막전위 −65 mV는 그 지점에 자극이 도달한 후 시간이 지났을 때이므로 위 가정에 모순된다. 따라서 시냅스는 ㉯에 있다.
ㄷ. ⓐ가 4 ms일 때 B의 d_2에 주어진 자극이 Ⅲ(d_4)에 도달하는 데 3 ms가 걸리므로 남은 1 ms 동안 막전위 변화가 일어난다. 따라서 ⓐ가 4 ms일 때 B의 Ⅲ(d_4)에서 탈분극이 일어나고 있다.

07 자율 신경

Ⅰ과 Ⅱ에 모두 신경절이 있으므로, 그림은 중추 신경계와 두 기관을 연결하는 자율 신경을 나타낸 것이다. 교감 신경이 방광에 작용하면 방광이 이완되므로 ⓒ는 교감 신경의 신경절 이전 뉴런이다. ⓒ와 신경절 이후 뉴런인 ⓑ의 말단에서 분비되는 신경 전달 물질이 서로 같으므로, ⓑ와 ⓒ에서 분비되는 신경 전달 물질은 아세틸콜린이다. 따

라서 ⓑ는 부교감 신경의 신경절 이후 뉴런이다.
ㄱ. 부교감 신경이 흥분하면 심장 박동이 억제된다.
ㄴ. 교감 신경은 신경절 이전 뉴런이 신경절 이후 뉴런보다 짧으므로, ⓒ의 길이는 ⓓ의 길이보다 짧다.
✗. 심장에 연결된 부교감 신경의 신경절 이전 뉴런(ⓐ)의 신경 세포체는 연수에 있으며, 교감 신경의 신경절 이전 뉴런(ⓒ)의 신경 세포체는 척수에 있다. 따라서 ⓐ와 ⓒ의 신경 세포체는 같은 기관에 존재하지 않는다.

08 골격근의 수축 과정

근수축으로 근육 원섬유 마디(X)의 길이가 $2d$만큼 짧아질 때, ㉠의 길이는 $2d$만큼 짧아지고, ㉡의 길이는 d만큼 길어지며, ㉢의 길이는 d만큼 짧아진다. 따라서 표에 제시된 ㉠+㉡의 길이 변화는 d만큼 짧아진다. 표로 정리하면 다음과 같다.

시점	X의 길이	㉠+㉡	㉠+㉢	㉠	㉡	㉢
t_1	?(2.2)	0.9	0.5	0.2	0.7	0.3
t_2	?(3.0)	?(1.3)	1.7	1.0	0.3	0.7
t_3	2.0	0.8	?(0.2)	0	0.8	0.2

✗. t_1일 때 A대의 길이는 1.6 μm이다.
ㄴ. t_2일 때 ㉠의 길이는 1.0 μm, ㉡의 길이는 0.3 μm, ㉢의 길이는 0.7 μm이므로, t_2일 때 $\dfrac{\text{㉠의 길이}}{\text{㉡의 길이}+\text{㉢의 길이}} = \dfrac{1.0}{0.3+0.7} = 1$이다.
ㄷ. 골격근이 연속적으로 수축하는 동안 근육 원섬유 마디 X의 길이가 짧아지므로 시간 경과의 순서는 $t_2 \rightarrow t_1 \rightarrow t_3$이다.

09 체온 조절

시상 하부에 설정된 온도는 체온을 조절하는 기준이 되는 온도이므로, 시상 하부에 설정된 온도가 체온보다 높아지면 열 발산량이 감소하고 열 발생량이 증가하여 체온이 올라간다. 시상 하부에 설정된 온도가 현재 체온보다 낮아지면 열 발산량이 증가하고 열 발생량이 감소하여 체온이 내려간다.
✗. 저온 자극이 주어지면 교감 신경의 작용으로 부신 속질에서 에피네프린(호르몬 X)의 분비량이 증가하므로, ⓐ는 신경에 의한 자극 전달 경로이다.
✗. 구간 Ⅱ는 시상 하부에 설정된 온도에 도달하기 위해 체온이 상승하는 구간이다. 에피네프린(호르몬 X)의 분비량이 구간 Ⅰ보다 높으며, 에피네프린에 의해 물질대사가 촉진되어 열 발생량이 높아진다.
ㄷ. 피부 근처 혈관을 흐르는 단위 시간당 혈액량이 많아지면 열 발산량이 증가한다. 구간 Ⅲ은 시상 하부에 설정된 온도에 도달하기 위해 체온이 낮아지는 구간이므로, 단위 시간당 피부 근처 혈관을 흐르는 혈액의 양은 구간 Ⅲ에서가 구간 Ⅱ에서보다 많다.

10 삼투압 조절

(가)에서 ADH를 투여하면 Ⅰ은 오줌 삼투압이 높아지므로 Ⅰ은 뇌하수체 후엽에 이상이 있어 ADH를 분비하지 못하는 환자이다. Ⅱ는 ADH를 투여해도 오줌 삼투압에 변화가 없는 것으로 보아 콩팥에 있는 호르몬 수용체에 이상이 있는 환자이다.

ㄱ. (나)에서 ㉠은 혈장 삼투압이 높아짐에 따라 정상인과 비슷하게 혈중 ADH의 농도가 증가하는 것으로 보아 콩팥에 있는 호르몬 수용체에 이상이 있는 환자(Ⅱ)임을 알 수 있다.

✗. Ⅰ은 뇌하수체 후엽에 이상이 있어 ADH를 분비하지 못하는 환자이다.

✗. 정상인에서 수분 공급을 중단하면 혈장 삼투압이 높아지므로 이를 감지하여 뇌하수체 후엽에서 ADH의 분비가 촉진된다. 따라서 단위 시간당 혈중 ADH의 농도는 t_2일 때가 t_1일 때보다 높다.

11 백신의 개발

병원체 X를 주사한 생쥐 Ⅰ은 죽었고, X로부터 얻은 물질 ㉠과 ㉡을 각각 주사한 Ⅱ와 Ⅲ은 생존하였으므로 X는 독성이 강한 병원체이며, ㉠과 ㉡은 독성이 약하거나 없는 물질임을 알 수 있다.

✗. ㉠을 주사한 생쥐 Ⅱ에서 얻은 ㉠에 대한 기억 세포와 혈장을 각각 주사한 생쥐 Ⅳ, Ⅴ가 살아 있는 병원체 X를 주사한 후에도 모두 생존하였다. 반면 ㉡을 주사한 생쥐 Ⅲ에 일정 시간 후 병원체 X를 주사하였더니 죽었다. 따라서 ㉠은 X에 대한 항체와 기억 세포를 형성하였지만 ㉡은 그렇지 못하였으므로, X에 대한 백신으로 ㉠이 ㉡보다 적합하다.

ㄴ. (나)의 Ⅱ에서 특이적 방어 작용의 결과로 항체와 ㉠에 대한 기억 세포를 형성하였다.

✗. 생쥐 Ⅳ에는 ㉠에 대한 기억 세포를 주사하였으므로 X에 대한 2차 면역 반응이 일어났으며, 생쥐 Ⅴ에는 혈장을 주사하였으므로 ㉠에 대한 기억 세포가 존재하지 않아 2차 면역 반응이 일어나지 않았다.

12 감수 분열

(가)는 감수 분열 시 핵 1개당 DNA의 상대량을 나타낸 그래프이며, 구간 Ⅰ은 G_1기이고, Ⅱ는 G_2기~감수 1분열의 일부 시기, Ⅲ은 감수 2분열의 일부 시기에 해당한다.

✗. 구간 Ⅰ은 DNA가 복제되기 전이므로 2개의 염색 분체로 구성된 염색체가 관찰되지 않는다.

ㄴ. ㉠과 ㉡의 핵상이 같으므로, (나)는 염색 분체가 분리되는 감수 2분열을 나타낸다. 따라서 감수 2분열 결과 형성되는 딸세포 ㉡과 ㉢의 유전자 구성은 동일하다.

ㄷ. DNA가 복제된 상태인 구간 Ⅱ의 세포($2n$)가 연속 두 번 분열하여 생식세포(㉢)를 형성하므로 핵 1개당 DNA 상대량은 구간 Ⅱ의 세포가 ㉢의 4배이다.

13 감수 분열과 DNA 상대량

(가)~(라) 중 가장 큰 DNA 상대량을 갖는 (가)는 Ⅱ이며, (가)는 대립유전자 A와 b를 모두 가지고 있으며 A와 b의 DNA 상대량은 순서대로 2, 1이므로 (다)가 Ⅰ이 된다. Ⅱ의 감수 1분열 결과 형성된 Ⅲ은 (라)이고, Ⅳ는 (나)이다. Ⅰ에서 대립유전자 A와 B의 DNA 상대량을 더한 값이 3이므로 A=2, B=1이다. Ⅰ에 B와 b가 모두 있으므로 두 쌍의 대립유전자는 모두 상염색체에 있다. 이를 정리하

면 표와 같다.

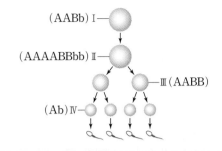

세포	DNA 상대량		DNA 상대량을 더한 값
	A	b	A+B
(가)(Ⅱ)	4	2	?(6)
(나)(Ⅳ)	1	?(1)	?(1)
(다)(Ⅰ)	?(2)	㉠(1)	3
(라)(Ⅲ)	?(2)	0	?(4)

ㄱ. ㉠은 1이다.

ㄴ. (나)는 Ⅳ이다.

ㄷ. 감수 1분열 결과 Ⅱ로부터 형성된 Ⅲ에서 a의 DNA 상대량은 0, B의 DNA 상대량은 2이다.

14 염색체와 유전자

Ⅱ와 Ⅳ는 대립유전자 ㉠~㉣ 중 3개를 가지므로 핵상이 $2n$이다. Ⅰ과 Ⅲ은 대립유전자 ㉠~㉣ 중 2개 이하를 가지므로 핵상이 n이다. Ⅲ은 ㉣만 가지므로, Ⅲ은 Y 염색체를 갖는(X 염색체는 갖지 않는) 수컷의 세포(n)이고, ㉣은 상염색체에 있다. Ⅲ(n)에 있는 ㉣이 Ⅱ($2n$)에는 없으므로 암컷 P의 세포이며, Ⅳ($2n$)의 대립유전자 구성이 Ⅱ와 다르므로 Ⅳ는 Q의 세포이다. 이를 정리하면, Ⅰ과 Ⅱ는 P(암컷)의 세포, Ⅲ과 Ⅳ는 Q(수컷)의 세포이다. P와 Q의 자손 R(수컷)의 세포 Ⅴ는 핵상이 n이며, R가 갖는 ㉣은 Q로부터 물려받은 것이다. ㉣은 상염색체에 있으며 핵상이 n인 세포에 함께 있는 ㉠과 ㉣은 서로 대립유전자 관계가 아니므로 ㉠은 성염색체(X 염색체)에 있다. 따라서 ㉠은 ㉡과 대립유전자, ㉢은 ㉣과 대립유전자이다. 이를 정리하면 표와 같다.

세포	대립유전자			
	㉠(X 염색체)	㉡(X 염색체)	㉢(상염색체)	㉣(상염색체)
Ⅰ(P, n)	○	✗	○	✗
Ⅱ(P, $2n$)	○	○	○	✗
Ⅲ(Q, n)	✗	✗	✗	○
Ⅳ(Q, $2n$)	○	✗	○	○
Ⅴ(R, n)	○	✗	✗	○

(○: 있음, ✗: 없음)

ㄱ. Ⅱ는 P의 세포이다.

✗. ㉢은 상염색체에 있다.

✗. 수컷인 R의 성염색체 조합(XY)은 P로부터 X 염색체를, Q로부터 Y 염색체를 물려받아 구성된다. ㉠은 X 염색체에 있으므로 R가 갖는 ㉠은 P로부터 물려받은 것이다.

15 단일 인자 유전

① 유전자형이 DDEeFf인 어머니와 DdeeFf인 아버지 사이에서 P가 태어날 때, P에게서 나타날 수 있는 ㉠~㉢의 표현형의 가짓수는 다음과 같다. 유전자형이 다르면 표현형이 다른 형질이 ㉠이라면 (DD, Dd) 2가지, (Ee, ee) 2가지, (FF, Ff, ff) 2가지이므로 표현형은 최대 8가지이다. 유전자형이 다르면 표현형이 다른 형질이 ㉡이라면 (DD, Dd) 1가지, (Ee, ee) 2가지, (FF, Ff, ff) 2가지이므로 표현형은 최대 4가지이다. 유전자형이 다르면 표현형이 다른 형질이 ㉢이라면 (DD, Dd) 1가지, (Ee, ee) 2가지, (FF, Ff, ff) 3가지이므로 표현형은 최대 6가지이다. 따라서 유전자형이 다르면 표현형이 다른 형질이 ㉢이다. P에서 ㉠~㉢ 중 적어도 2가지 형질의 표현형이 ⓐ와 같을 확률은 '㉠~㉢의 표현형이 모두 같을 확률$\left(1 \times \frac{1}{2} \times \frac{1}{2} = \frac{1}{4}\right)$', '㉠과 ㉡은 같고 ㉢은 다를 확률$\left(1 \times \frac{1}{2} \times \frac{1}{2} = \frac{1}{4}\right)$', '㉠과 ㉢은 같고 ㉡은 다를 확률$\left(1 \times \frac{1}{2} \times \frac{1}{2} = \frac{1}{4}\right)$', '㉡과 ㉢은 같고 ㉠은 다를 확률$\left(0 \times \frac{1}{2} \times \frac{1}{2} = 0\right)$'을 모두 더한 값인 $\frac{3}{4}$이다.

16 염색체 비분리

1은 H*를 갖지 않으므로 H만 가지며, 표현형이 정상이므로 H는 정상 대립유전자이고, H*는 (가) 발현 대립유전자이다. 정상인 1과 2 사이에서 (가) 발현인 4가 태어났으므로 H는 H*에 대해 완전 우성임을 알 수 있다. H가 상염색체에 있다면 1의 유전자형은 HH이므로, 1로부터 (가)가 발현된 4가 태어난 것은 모순이다. 따라서 H와 H*는 성염색체(X 염색체)에 있으며, 1의 (가)의 유전자형은 $X^H Y$이다. (가)와 (나)의 유전자는 같은 염색체에 있으므로 (나)의 유전자도 X 염색체에 있다. 1은 T*를 갖지 않으므로 T만 가지며, 표현형이 정상이므로 T는 정상 대립유전자, T*는 (나) 발현 대립유전자이다. 따라서 4의 (나)의 유전자형은 $X^T Y$, 5의 (나)의 유전자형은 $X^T Y$이다. 4와 5의 X 염색체는 어머니인 2로부터 물려받은 것이므로 2의 (나)의 유전자형은 $X^T X^T$이며, 2에서 (나)가 발현되었으므로 T*는 T에 대해 우성이다.

이를 정리하면 H(정상 대립유전자)는 H*((가) 발현 대립유전자)에 대해 완전 우성이고, T*((나) 발현 대립유전자)는 T(정상 대립유전자)에 대해 완전 우성이다.

✗. 4와 5는 어머니인 2로부터 X 염색체를 물려받았다. 즉, 4는 2로부터 $X^{H T^*}$를 받았으며, 5는 2로부터 $X^{H T}$를 받았으므로 2에서 H와 T*가 같은 염색체에 있고, H*와 T가 같은 염색체에 있다.

㉡. 6의 (가)와 (나)의 유전자형은 $X^{H^* T} X^{H^* T}$이므로, 7은 5로부터 $X^{H T}$를, 6으로부터 $X^{H^* T}$를 물려받은 것이다. 8의 핵형은 정상이므로 8은 5의 생식세포 형성 과정 중 감수 1분열에서 비분리가 일어나 형성된 염색체 수가 비정상적인($X^{H T^*}$와 Y를 모두 가지는) 정자와 6의 생식세포 형성 과정 중 비분리가 일어나 형성된 염색체 수가 비정상적인 난자(X 염색체를 갖지 않는)의 수정으로 태어난 것이다.

㉢. 1, 2, 3, 4 각각의 G_1기 체세포 1개당 T*의 DNA 상대량을 더한 값 0+1+(구성원 3의 T* DNA 상대량)+0=2이므로, 3이 가지는 T* 대립유전자의 수는 1이다. 3의 (가)와 (나)의 유전자형은

$X^{H T^*} X^{H T^*}$이고, 4의 (가)와 (나)의 유전자형은 $X^{H T^*} Y$이므로, 3과 4 사이에서 태어나는 아이의 (가)와 (나)의 유전자형은 $X^{H T^*} X^{H T^*}$, $X^{H T^*} Y$, $X^{H T^*} X^{H T^*}$, $X^{H T^*} Y$이다. 따라서 3과 4 사이에서 아이가 태어날 때, 아이에게서 (가)와 (나)가 모두 발현될 확률은 $\frac{1}{2}$이다.

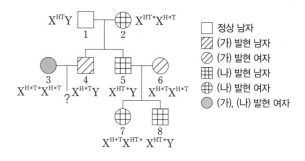

□ 정상 남자
▨ (가) 발현 남자
⊘ (가) 발현 여자
▦ (나) 발현 남자
⊕ (나) 발현 여자
▨ (가), (나) 발현 여자

17 생물과 환경의 상호 관계

㉠은 생물이 비생물적 요인에 영향을 주는 것을, ㉡은 서로 다른 개체군 사이에 영향을 주고받는 '군집 내 개체군 사이의 상호 작용'을, ㉢은 개체군 내의 개체들 사이에 영향을 주고받는 '개체군 내의 상호 작용'을 나타낸 것이다. 늑대 개체군에서 우두머리 늑대가 무리의 사냥 시기나 사냥감 등을 정하는 것은 개체군 내의 상호 작용이므로 (가)는 ㉢에 해당하고, 식물에 서식하는 균류는 쓴맛이 나는 화합물을 만들어 초식 동물로부터 식물을 보호하고, 식물로부터 광합성 산물을 얻는 것은 개체군 사이의 상호 작용이므로 (나)는 ㉡에 해당한다.

㉠. (가)는 ㉢이다.

㉡. 균류가 쓴맛이 나는 화합물을 만드는 것은 생물의 특성 중 물질 대사와 가장 관련이 있다.

✗. 토양의 염분 농도는 비생물적 요인이고, 습지 식물의 서식 분포는 생물적 요인이다. 따라서 토양의 염분 농도에 따라 습지 식물의 서식 분포가 달라지는 현상은 비생물적 요인이 생물적 요인에 영향을 주는 것에 해당한다.

18 개체군 사이의 상호 작용

(가)에서 큰 잎 부들과 좁은 잎 애기부들을 각각 단독 배양했을 때 좁은 잎 애기부들은 얕은 물(수심 0~20 cm)과 수면 위(수심 −20~0 cm)에서도 자랄 수 있으나, (나)에서 큰 잎 부들과 함께 혼합 배양했을 때는 수심 약 20 cm보다 깊은 곳에만 서식한다. 두 종 모두 얕은 물에서 살 수 있다. 그러나 좁은 잎 애기부들만이 수심 80 cm 이상의 깊은 물에서 살 수 있다. 큰 잎 부들은 보다 얕은 물에서 우점하고, 좁은 잎 애기부들은 물가에서 먼 깊은 물에서 우점한다.

✗. 수심 80 cm 이상의 깊은 물에서 큰 잎 부들은 자라지 못하고 좁은 잎 애기부들만 자랄 수 있다. 그러나 이상적인 환경이 아닌 자원의 제한이 있는 실제 환경에서는 환경 저항이 있다. 따라서 수심 80 cm 이상인 깊은 물에서 좁은 잎 애기부들은 환경 저항을 받는다.

✗. (가)는 두 종의 부들을 단독 배양한 결과이므로, 경쟁이 일어나지 않는다. 구간 Ⅰ에서 큰 잎 부들이 생존하지 못한 것은 깊은 수심이 환경 저항으로 작용했기 때문이다.

ㄷ. 군집은 한 지역에서 함께 생활하는 개체군들의 집단이므로 (나)에서 두 종의 부들은 군집을 이룬다.

19 식물 군집의 분포

상대 밀도(%), 상대 빈도(%), 상대 피도(%)의 합은 각각 100 %이며, 중요치(상대 밀도+상대 빈도+상대 피도)가 가장 높은 종이 우점종이다.

(가)에서 C의 개체 수가 0이므로, C의 상대 밀도, 상대 빈도, 상대 피도는 모두 0이다. (가)에서 A의 상대 피도는 $100-(39+37+0)=24$이다. A의 중요치가 74이므로, 상대 밀도(%)+상대 빈도(%)+상대 피도(%)=74이다. 따라서 A의 상대 밀도(%)는 $74-(40+24)=10$이다. B의 개체 수를 x라 하면, $\frac{6}{6+x+36}\times100=10$이므로 x는 18이다. (나)에서 C의 상대 밀도는 $46-(10+20)=16$이다. (나)에서 C의 개체 수를 y라 하면 $\frac{y}{7+16+y+19}\times100=16$이므로 y는 8이다. 이를 정리하면 표와 같다.

지역	종	상대 밀도 (%)	상대 빈도 (%)	상대 피도 (%)	중요치	개체 수
(가)	A	(10)	40	?(24)	74	6
	B	(30)	40	37	?(107)	?(18)
	C	(0)	?(0)	?(0)	?(0)	0
	D	(60)	?(20)	39	?(119)	36
(나)	A	(14)	20	?(15)	?(49)	7
	B	(32)	?(40)	35	107	16
	C	(16)	10	20	46	?(8)
	D	(38)	30	30	?(98)	19

ㄱ. (가)에서 지표를 덮고 있는 면적이 가장 큰 종은 상대 피도(%)가 가장 높은 D이다.

ㄴ. A의 상대 밀도(%)는 (가)에서 10 %이고 (나)에서 14 %이므로 (가)에서가 (나)에서보다 작다.

ㄷ. (나)에서 우점종은 중요치가 107로 가장 높은 B이다.

20 에너지 흐름

A는 1차 소비자, B는 2차 소비자, C는 분해자, D는 생산자이다. 안정된 생태계이므로 한 영양 단계로 유입되는 에너지양과 유출되는 에너지양은 같다. 따라서 생산자로 유입되는 에너지양인 ㉠$=530+35+11+24=600$이다. 1차 소비자의 에너지 효율이 10 %이므로, $\frac{㉡}{600}\times100=10$ %, 따라서 ㉡$=60$이다. ㉠$=530+$㉡$+$㉢이므로 ㉢은 10이다.

ㄱ. 광합성을 통해 빛에너지를 화학 에너지로 전환하는 것은 생산자(D)이다.

ㄴ. ㉡은 60, ㉢은 10이므로 ㉡+㉢$=70$이다.

ㄷ. A에서 B로 넘어가는 에너지양은 $60-(35+7)=18$이다. 따라서 B(2차 소비자)의 에너지 효율은

$\frac{\text{B(현 영양 단계)가 보유한 에너지양}}{\text{A(전 영양 단계)가 보유한 에너지양}}\times100=\frac{18}{60}\times100=30$ %이다.

01 연역적 탐구 방법

자연 현상을 관찰하면서 생긴 의문에 대한 답을 찾기 위해 가설을 세우고, 이를 실험적으로 검증해 결론을 이끌어내는 탐구 방법을 연역적 탐구 방법이라고 한다.

✗. 독립변인은 탐구 결과에 영향을 미칠 수 있는 요인으로 조작 변인과 통제 변인이 있다.

ㄴ. 통제 변인은 대조군과 실험군에서 동일하게 유지하는 변인이다. 대조군과 달리 실험군에서 의도적으로 변화시키는 변인은 조작 변인이다.

✗. 탐구를 설계하기 전에 가설을 먼저 설정해야 한다.

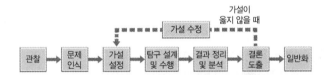

02 물질대사와 에너지

㉠은 빛에너지를 이용하여 포도당을 합성하는 광합성이고, ㉡은 포도당에서 에너지를 방출시켜 생명 활동에 이용하는 세포 호흡이다. ⓐ는 ADP, ⓑ는 ATP이다.

ㄱ. ㉠은 빛에너지가 화학 에너지로 전환되는 광합성이다.

✗. ADP(ⓐ)는 인산기를 2개 가지고 있으므로 1분자당 고에너지 인산 결합의 수는 1이다.

ㄷ. 세포 호흡(㉡)에서 생성된 에너지의 일부는 ATP(ⓑ)에 저장되고, 일부는 열에너지 형태로 방출된다.

03 기관계의 특징

A는 신경계, B는 소화계, C는 호흡계이다.

✗. 회피 반사의 중추(ⓐ)는 척수이다.

ㄴ. 소화계(B)에서 소화 효소의 분비는 자율 신경이 속한 신경계(A)에 의해 조절된다.

ㄷ. 호흡계(C)에 속하는 폐에서 기체 교환이 일어난다.

04 대사성 질환의 특징

인슐린의 분비가 부족하면 오줌으로 당이 배출되는 당뇨병이 나타나므로 B는 당뇨병, 혈액 속의 콜레스테롤이나 중성 지방의 농도가 정상 범위보다 지속적으로 높은 질환은 고지혈증이므로 C는 고지혈증(고지질 혈증)이다. 따라서 A는 갑상샘 기능 항진증이다.

ㄱ. 갑상샘 기능 항진증(A), 당뇨병(B), 고지혈증(C)은 모두 물질대사 장애에 의해 발생하는 대사성 질환이므로 ㉠과 ㉡은 모두 '○'이다.

ㄴ. C는 고지혈증(고지질 혈증)이다.

X. 이자의 α세포에 연결된 교감 신경은 글루카곤의 분비를 촉진하여 혈당량을 높인다. 이자의 β세포에 연결된 부교감 신경이 인슐린(@)의 분비를 촉진하여 혈당량을 낮춘다.

05 체액성 면역 반응

㉠은 대식세포, ㉡은 보조 T 림프구, ㉢은 형질 세포, ㉣은 기억 세포이다.

㉠. 대식세포(㉠)는 체내로 침입한 병원체를 종류에 관계없이 자신의 세포 안으로 끌어들여 분해하는 식세포 작용(식균 작용)을 하므로 비특이적 반응에 관여한다.

㉡. 보조 T 림프구(㉡)는 골수에서 생성되어 가슴샘에서 성숙(분화)한다.

X. 형질 세포(㉢)는 분화가 일어난 세포로 이 사람이 X에 2차 감염되었을 때 기억 세포(㉣)로 분화할 수 없다.

06 군집의 수직 분포

A는 관목대, B는 침엽수림, C는 낙엽 활엽수림, D는 상록 활엽수림이다.

X. D는 상록 활엽수림이다.

㉡. 관목은 낙엽 활엽수보다 평균 높이가 작으므로 우점종의 평균 높이는 관목대(A)에서가 낙엽 활엽수림(C)에서보다 작다.

㉢. 고도가 높아질수록 기온은 낮아지며, 주로 기온의 영향을 받아 식물 군집의 수직 분포가 나타난다.

07 골격근의 수축

t_1일 때 ㉠의 길이와 t_2일 때 ㉡의 길이는 같고, 이 길이를 x라 하자. t_1일 때 ㉡의 길이와 t_2일 때 ㉢의 길이는 같고, 이 길이를 y라 하자. t_1일 때 ㉠의 길이와 ㉡의 길이를 더한 값이 $x+y$이므로 t_2일 때 ㉠의 길이와 ㉡의 길이를 더한 값도 $x+y$이어야 한다. 따라서 t_2일 때 ㉠의 길이는 y이다. t_1일 때 ㉢의 길이를 z라 하자. t_1과 t_2에서 X, ㉠~㉢의 길이는 표와 같다.

시점	X의 길이	㉠의 길이	㉡의 길이	㉢의 길이
t_1	L	x	y	z
t_2	?	y	x	y

t_1일 때 $\dfrac{\text{@의 길이}}{\text{㉢의 길이}}=3$이고, t_2일 때 $\dfrac{\text{@의 길이}}{\text{㉠의 길이}}=\dfrac{2}{3}$이다. 만약 @가 ㉠ 또는 ㉢일 경우 각 값이 1이 나와야 하는데, 모두 다른 값이므로 @는 ㉡이다.

t_1일 때 $\dfrac{\text{㉡의 길이}}{\text{㉢의 길이}}=\dfrac{y}{z}=3$이고, t_2일 때 $\dfrac{\text{㉡의 길이}}{\text{㉠의 길이}}=\dfrac{x}{y}=\dfrac{2}{3}$이다. 따라서 $y=3z$이고, $x=2z$이다. X의 길이는 $2㉠+2㉡+㉢$이다. t_1과 t_2에서 X, ㉠~㉢의 길이를 z에 대해 정리하면 표와 같다.

시점	X의 길이	㉠의 길이	㉡의 길이	㉢의 길이
t_1	$11z$	$2z$	$3z$	z
t_2	$13z$	$3z$	$2z$	$3z$

㉠. X의 길이는 t_1일 때 $11z$, t_2일 때 $13z$이므로 t_1일 때가 t_2일 때보다 짧다.

X. ㉡의 길이와 ㉢의 길이를 더한 값은 t_1일 때 $4z$, t_2일 때 $5z$이므로 t_1일 때가 t_2일 때보다 짧다.

X. t_1일 때 X의 Z_1로부터 Z_2 방향으로 거리가 $\dfrac{4}{11}$L인 지점은 ㉡에 해당한다.

08 혈당량 조절

㉠. 인슐린을 투여하면 혈중 포도당 농도가 감소해 혈중 글루카곤 농도가 증가하므로 인슐린을 투여한 사람은 A이고, ㉠은 혈중 글루카곤 농도이다.

X. A의 혈중 글루카곤 농도는 t_1일 때가 t_2일 때보다 낮다. 혈중 글루카곤 농도가 낮은 것은 혈중 포도당 농도가 높기 때문이므로 A의 혈중 포도당 농도는 t_1일 때가 t_2일 때보다 높다.

X. 구간 I에서 글루카곤의 농도가 증가하고 있으므로 인슐린의 농도는 감소하고 있다. 따라서 A의 글리코젠 합성량은 감소한다.

09 흥분의 전도

만약 B의 ㉡이 d_3이라면 d_2와 d_4에서의 막전위가 같아야 하지만 서로 다르다. 만약 B의 ㉡이 d_4라면 @는 $-70\,\text{mV}$이므로 A의 $d_3 \sim d_5$가 모두 $-70\,\text{mV}$이어야 하므로 모순이다. 따라서 B의 ㉡은 d_2이고, ⓑ는 $-70\,\text{mV}$이다. A의 ㉠도 $-70\,\text{mV}$(ⓑ)이어야 하므로 A의 ㉠은 d_4이다.

B에서 d_2에 역치 이상의 자극을 1회 주고 경과된 시간이 $4\,\text{ms}$일 때 d_5의 막전위가 $0\,\text{mV}$이므로 d_2에서 d_5까지 흥분이 전도되는 데 걸린 시간은 $1.5\,\text{ms}$ 또는 $2.5\,\text{ms}$이다. 만약 B의 d_2에서 d_5까지 흥분이 전도되는 데 걸린 시간이 $2.5\,\text{ms}$일 경우 B의 d_4에서의 막전위(@)가 0보다 크므로 조건에 맞지 않는다. 따라서 B의 d_2에서 d_5까지 흥분이 전도되는 데 걸린 시간은 $1.5\,\text{ms}$이다. d_2에서 d_5까지 거리가 $6\,\text{cm}$이므로 B에서 흥분 전도 속도는 $4\,\text{cm/ms}$이다. 따라서 A의 흥분 전도 속도는 $2\,\text{cm/ms}$이다.

X. ㉠은 d_4이다.

㉡. A의 흥분 전도 속도는 $2\,\text{cm/ms}$이다.

X. $4\,\text{ms}$일 때 B의 d_2에서 d_1까지 흥분이 이동하는 데 걸린 시간이 $0.5\,\text{ms}$이고, d_1에서 막전위 변화 시간은 $3.5\,\text{ms}$이므로 B의 d_1에서 과분극이 일어나고 있다.

10 자율 신경

방광에 연결된 교감 신경과 부교감 신경은 모두 척수와 연결되어 있으므로 I은 척수, II는 연수이다. 연수(II)와 심장을 연결하는 자율 신경은 부교감 신경이므로 ㉢과 ㉣은 부교감 신경을 구성하는 뉴런이다. ㉡과 ㉣의 말단에서 분비되는 신경 전달 물질은 서로 다르므로 ㉠과 ㉡은 교감 신경을 구성하는 뉴런이다.

㉠. 척수(I)는 배뇨 반사의 중추이다.

㉡. 교감 신경의 신경절 이전 뉴런(㉠)과 부교감 신경의 신경절 이후 뉴런(㉣)의 말단에서 분비되는 신경 전달 물질은 모두 아세틸콜린이다.

㉢. ㉡은 교감 신경을 구성하는 뉴런이므로 ㉡에서 흥분의 발생 빈도가 증가하면 방광이 확장된다.

11 핵형 분석

(라)에는 (나)에 없는 가장 작은 염색체가 있고, (나)에는 이 염색체가 없으므로 (나)의 성염색체는 XX이고, ㉠은 X 염색체이다. (나)와 (라)는 서로 같은 종이므로 Ⅰ과 Ⅱ의 세포 중 하나이고, (가)와 (다)는 모두 Ⅲ의 세포이다. (다)는 (가)에 없는 가장 작은 염색체를 가지므로 (가)에는 X 염색체가 1개 있음을 알 수 있다.

㉠. Ⅲ이 수컷이고, Ⅰ과 Ⅲ은 성이 같으므로 Ⅰ도 수컷이다.

㉡. (나)의 성염색체는 XX이므로 암컷인 Ⅱ의 세포이다.

㉢. Ⅲ의 감수 2분열 중기의 세포에는 2개의 상염색체가 있고, 각 염색체는 2개의 염색 분체를 갖는다. 따라서 Ⅲ의 감수 2분열 중기의 세포 1개당 상염색체의 염색 분체 수는 4이다.

12 세포 주기

물질 X를 처리하면 G_1기의 세포 수가 증가하는 것으로 보아 G_1기에서 S기로의 전환을 억제하는 물질 ㉡은 X이고, 물질 Y를 처리하면 S기의 세포 수가 증가하는 것으로 보아 S기에서 G_2기로의 전환을 억제하는 물질 ㉠은 Y이다.

㉠. ㉡은 X이다.

㉡. Ⅱ에는 핵막을 갖는 G_1기의 세포가 많다.

✗. (다)에서 S기의 세포 수는 Ⅰ에서가 Ⅲ에서보다 적다.

13 생식세포 형성 과정

Ⅱ에는 ㉠과 ㉡이 있고, ㉢과 ㉣이 없으므로 ㉠은 ㉡과 대립유전자가 아니고, Ⅳ에는 ㉠과 ㉣이 있고, ㉡과 ㉢이 없으므로 ㉠은 ㉣과 대립유전자가 아니다. ㉠은 ㉢과 서로 대립유전자이고, ㉡은 ㉣과 서로 대립유전자이다. 세포 Ⅱ에는 ㉠이 있고, ㉣이 없으며 ㉠과 ㉣의 DNA 상대량을 더한 값(㉠+㉣)이 4이므로 ㉠의 DNA 상대량이 4인 감수 1분열 중기 세포이다. Ⅲ에서 ㉠과 ㉣의 DNA 상대량을 더한 값(㉠+㉣)이 6이므로 Ⅲ에는 ㉣이 있고, ㉣의 DNA 상대량은 2이며, 감수 1분열 중기의 세포이다. 만약 Ⅱ가 Q의 세포라면 ㉠의 DNA 상대량이 4이므로 Ⅱ는 감수 1분열 중기의 세포이고, ㉡의 DNA 상대량도 4가 된다. ㉣을 갖는 Ⅲ과 Ⅳ는 P의 세포이고, 나머지 Ⅰ은 Q의 세포인데 Ⅰ은 ㉡을 갖지 않아 모순이 발생하므로 Ⅱ는 P의 세포이다. ㉣의 유무를 통해 Ⅰ은 Q의 세포, Ⅲ과 Ⅳ는 Q의 세포임을 알 수 있다. 핵상이 $2n$인 Ⅱ에는 ㉡이 있고, 핵상이 n인 Ⅰ에는 ㉡이 없으므로 ㉡와 ㉣은 X 염색체에 있다. 따라서 P의 (가)의 유전자형은 ㉠㉠㉡Y이고, Q의 (가)의 유전자형은 ㉠㉠㉡㉣이다.

| 세포 | 사람 | 핵상 | 대립유전자(DNA 상대량) | | | | ㉠+㉣ |
			㉠	㉡	㉢	㉣	
Ⅰ	P	n	○(2)	✗	?(✗)	?(✗)	ⓐ(2)
Ⅱ		$2n$	○(4)	○(4)	✗	✗	4
Ⅲ	Q	$2n$	○(4)	○(2)	✗	?(2)	6
Ⅳ		n	○(2)	✗	✗	○(2)	ⓑ(4)

(○: 있음, ✗: 없음)

㉠. Ⅰ은 P의 세포이다.

✗. Ⅱ는 감수 1분열 중기 세포이므로 핵상이 $2n$이고, Q의 (가)의 유전자형은 ㉠㉠㉡㉣이므로 ㉠과 ㉣만 갖는 Ⅳ의 핵상은 n이다. 따라서 Ⅱ와 Ⅳ의 핵상은 서로 다르다.

㉢. P의 (가)의 유전자형은 ㉠㉠㉡Y이고, Ⅰ에는 ㉡이 없으므로 Ⅰ은 감수 2분열 중기의 세포이다. Ⅰ에서 ㉠의 DNA 상대량은 2이므로 ⓐ는 2이다. Q의 (가)의 유전자형은 ㉠㉠㉡㉣이고, Ⅳ에는 ㉡이 없으므로 Ⅳ는 감수 2분열 중기의 세포이다. Ⅳ에서 ㉠과 ㉣의 DNA 상대량은 각각 2이므로 ㉠과 ㉣의 DNA 상대량을 더한 값(㉠+㉣)인 ⓑ는 4이다. 따라서 ⓐ+ⓑ=6이다.

14 사람의 유전

① (가)의 유전은 다인자 유전이고, (나)의 유전에서 유전자형 EE, Ee, ee의 표현형은 모두 다르다. ⓐ에게서 나타날 수 있는 (가)와 (나)의 표현형이 최대 9(=3×3)가지인 것은 (가)의 표현형이 최대 3가지, (나)의 표현형이 최대 3가지임을 의미한다. ⓐ에게서 나타날 수 있는 (나)의 표현형이 최대 3가지(EE, Ee, ee)이므로 P와 Q의 (나)의 유전자형은 모두 Ee이다. P의 (가)의 유전자형이 AABbDd이므로 P의 생식세포에서 대문자로 표시되는 (가)의 대립유전자 수는 3가지(3개, 2개, 1개)이다. 이때 ⓐ에게서 나타날 수 있는 (가)의 표현형이 최대 3가지이므로 Q의 생식세포에서 대문자로 표시되는 (가)의 대립유전자 수가 1가지임을 알 수 있다.

따라서 Q의 (가)의 유전자형은 AABBdd(또는 AAbbDD 또는 aaBBDD)이다.

유전자형에서 대문자로 표시되는 (가)의 대립유전자 수(확률)		
P의 생식세포	3개($\frac{1}{4}$)	2개($\frac{1}{2}$)	1개($\frac{1}{4}$)
Q의 생식세포		2개(1)	

↓

유전자형에서 대문자로 표시되는 (가)의 대립유전자 수(확률)		
P와 Q의 자손의 체세포	5개($\frac{1}{4}$)	4개($\frac{1}{2}$)	3개($\frac{1}{4}$)

ⓐ가 AaBbDdee인 사람과 (가)의 표현형(대문자로 표시되는 (가)의 대립유전자 수 3개)이 같을 확률은 $\frac{1}{4}$이고, (나)의 표현형(유전자형이 ee)이 같을 확률은 $\frac{1}{4}$이므로 (가)와 (나)의 표현형이 모두 같을 확률은 $\frac{1}{4} \times \frac{1}{4} = \frac{1}{16}$이다.

15 질소 순환

(가)는 질소 고정 세균, (나)는 질산화 세균, (다)는 녹색 식물이고, ㉠은 암모늄 이온(NH_4^+), ㉡은 질산 이온(NO_3^-)이다.

㉠. ㉠은 암모늄 이온(NH_4^+)이다.

㉡. 탈질산화 세균은 질산 이온(㉡)이 대기 중 질소(N_2)로 전환되는 과정에 관여한다.

㉢. (다)에서 질산 이온(㉡)이 아미노산으로 전환되는 과정은 질소 동화 작용에 해당한다.

16 사람의 유전

7은 A와 F의 DNA 상대량을 더한 값(A+F)이 0이므로 (가)의 유전자형은 aa이고, a와 E의 DNA 상대량을 더한 값(a+E)이 3이므로 (나)의 유전자형은 EG이다. 7에서 (가)가 발현되지 않았으므로

(가) 발현 대립유전자는 A이고, A가 a에 대해 완전 우성이므로 (가)는 우성 형질이다. 6에게서 (가)가 발현되었는데 2에게서 (가)가 발현되지 않았으므로 (가)의 유전자는 상염색체에 있다. 8의 (가)에 대한 유전자형이 aa이므로 A와 F의 DNA 상대량을 더한 값(A+F)은 F의 DNA 상대량과 같고, 3이 될 수 없다. a와 E의 DNA 상대량을 더한 값(a+E)의 최솟값이 2이므로 ⓒ은 2이다. 5의 (가)에 대한 유전자형이 aa이므로 A와 F의 DNA 상대량을 더한 값(A+F)은 F의 DNA 상대량과 같고, 3이 될 수 없으므로 ㉠은 1이다. 따라서 ㉡은 3이다.

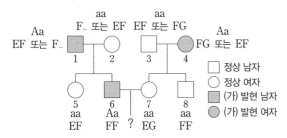

㉠. 만약 (가)의 유전자와 (나)의 유전자가 같은 염색체에 있다면 8의 유전자형이 aF/aF이고, 4의 유전자형은 A_/aF이므로 7의 유전자형인 aE/aG가 나올 수 없다. 따라서 (가)의 유전자와 (나)의 유전자는 서로 다른 염색체에 있다.

㉡. 6과 8의 (나)의 유전자형은 모두 FF로 같다.

✗. 6(AaFF)과 7(aaEG) 사이에서 아이가 태어날 때, 이 아이에게서 (가)와 (나)의 표현형이 모두 5(aaEF)와 같을 확률은 $\frac{1}{2} \times \frac{1}{2} = \frac{1}{4}$ 이다.

17 사람의 유전(돌연변이)

아버지의 (가)와 (나)의 유전자형은 $X^{AB}Y$이고, (다)의 유전자형은 Dd이다. (다)의 유전자는 상염색체에 있고, 자녀 3의 (다)의 유전자형은 ddd이므로 자녀 3은 상염색체를 하나 더 가지고 있으며, (가)와 (나)의 유전자형이 $X^{Ab}X^{Ab}$이므로 여자이다. 자녀 3은 아버지로부터 X^{AB}를 받았는데, (가)와 (나)의 유전자형이 $X^{Ab}X^{Ab}$이므로 아버지의 생식세포 P 형성 과정에서 대립유전자 B(㉠)가 대립유전자 b(ⓒ)로 바뀌는 돌연변이가 1회 일어났음을 알 수 있다. 또한 자녀 3은 어머니로부터 X^{Ab}를 받았고, 어머니의 A와 b의 DNA 상대량이 각각 1이므로 어머니의 (가)와 (나)의 유전자형은 $X^{Ab}X^{aB}$이다.

㉠. ㉠은 B이다.

✗. 자녀 1의 (가)와 (나)의 유전자형은 $X^{AB}X^{Ab}$이고, 자녀 2의 (가)와 (나)의 유전자형은 $X^{Ab}Y$이므로 자녀 1은 여자, 자녀 2는 남자이다.

㉡. 어머니의 (다)의 유전자형은 Dd이고, 자녀 3의 (다)의 유전자형은 ddd이다. 어머니의 생식세포 Q 형성 과정에서 dd를 갖는 난자가 형성되었으므로 염색체 비분리는 감수 2분열에서 일어났다.

18 중추 신경계의 구조

㉠은 간뇌, ㉡은 중간뇌, ⓒ은 연수, ㉣은 소뇌이다.

㉠. 간뇌(㉠)는 체온, 혈당량, 삼투압과 같은 항상성 조절의 중추이다.

㉡. 중간뇌(㉡)와 소뇌(㉣)는 모두 몸의 평형(균형) 유지에 관여한다.

ⓒ. 뇌줄기에는 중간뇌(㉡), 뇌교, 연수(ⓒ)가 해당되고, 몸에서 일어

나는 무의식적인 활동에 관여한다.

19 종 사이의 상호 작용

✗. 개체군은 같은 종인 개체들로 이루어진 집단이므로 서로 다른 종인 ㉠과 ㉡은 한 개체군을 이루지 않는다.

㉡. 구간 Ⅱ에서 ㉠이 존재할 때가 ㉠을 제거했을 때보다 ㉡의 생존 비율이 낮은 것을 통해 ㉠과 ㉡이 함께 존재할 때 ㉠과 ㉡ 사이에서 종간 경쟁이 일어났음을 알 수 있다.

✗. 환경 저항은 개체군의 생장을 억제하는 요인이다. 구간 Ⅱ에서 t_1일 때 ㉡의 생존 비율은 ㉠을 제거했을 때가 ㉠이 존재할 때보다 크므로 ㉡에 작용하는 환경 저항은 ㉠을 제거했을 때가 ㉠이 존재할 때보다 작다.

20 군집의 물질 생산과 소비

㉠은 총생산량, ㉡은 순생산량, ⓒ은 생장량이다.

㉠. ㉡은 순생산량이다.

✗. 1차 소비자의 호흡량은 이 식물 군집의 피식량에 포함되고, 이 식물 군집의 피식량은 순생산량(㉡)에서 생장량(ⓒ)을 제외한 양에 포함된다.

✗. 구간 Ⅰ에서 생장량(ⓒ)이 0보다 크므로 이 식물 군집에서 생물량은 구간 Ⅰ에서 시간에 따라 증가한다. 구간 Ⅰ에서 순생산량(㉡)은 시간에 따라 감소한다. 따라서 구간 Ⅰ에서 $\frac{생물량}{순생산량}$은 시간에 따라 증가한다.

01 생물의 특성

② 펭귄이 물고기, 새우, 오징어 등을 잡아 먹고 활동에 필요한 에너지를 얻는 것(㉠)은 생물의 특성 중 물질대사에 해당한다. 펭귄이 수중 사냥을 위해 녹색과 적색에 대한 감각은 둔화되고 청색에는 예민하여 물속에서 먹잇감을 보기에 적합한 것(㉡)은 생물의 특성 중 적응과 진화에 해당한다.

02 사람의 물질대사

지방이 세포 호흡을 통해 분해된 결과 생성되는 노폐물에는 이산화 탄소와 물이 있다. 따라서 이산화 탄소와 물이 ⓐ에 해당한다.

X. 암모니아(㉠)는 ⓐ에 해당하지 않는다.

㉡. 지방이 세포 호흡을 통해 분해되는 과정은 이화 작용에 해당한다. 따라서 (가)에서 이화 작용이 일어난다.

㉢. 요소(㉡)는 오줌에 포함되어 배설계를 통해 몸 밖으로 배출된다.

03 기관계의 통합적 작용

(가)는 호흡계, (나)는 소화계, (다)는 배설계이다.

㉠. 소화계(나)에는 글루카곤의 표적 기관인 간이 있다.

㉡. 배설계(다)에는 항이뇨 호르몬(ADH)이 작용하여 수분의 재흡수를 촉진하는 기관인 콩팥이 있다.

㉢. 순환계에서 호흡계(가)로 이동하는 ㉠에는 CO_2의 이동이 포함되고, 조직 세포에서 순환계로 이동하는 ㉡에는 조직 세포에서 세포 호흡의 결과로 발생되는 CO_2의 이동이 포함된다.

04 혈당량 조절과 대사성 질환

포도당 투여 시 농도가 증가하고 이자에서 분비되는 호르몬 X는 인슐린이다. 인슐린(X)은 이자의 β세포(㉠)에서 분비된다.

㉠. ㉠은 β세포이다.

㉡. 인슐린이 정상적으로 분비되지 못하거나 인슐린이 정상적으로 분비되어도 반응을 나타내지 못하여 혈당량 조절에 이상이 나타나는 당뇨병은 대사성 질환에 해당한다.

㉢. 정상인 A에서 단위 시간당 조직 세포로의 포도당 유입량(ⓐ)은 인슐린(X)의 농도가 높은 t_1일 때가 t_2일 때보다 많다.

05 호르몬

X는 갑상샘 자극 호르몬(TSH)이고, Y는 티록신이다. TSH가 분비되는 ㉠은 뇌하수체 전엽이고, 티록신이 분비되는 ㉡은 갑상샘이다.

㉠. 생장 호르몬은 뇌하수체 전엽(㉠)에서 분비된다.

㉡. 저온 자극이 주어지면 갑상샘(㉡)에서 티록신(Y)의 분비량이 증

가하여 물질대사가 촉진되고, 열 발생량이 증가한다.

X. TSH(X)의 농도가 정상보다 낮으면 갑상샘에서 티록신의 분비량이 감소한다. 티록신의 분비량이 감소하면 열 발생량은 정상보다 감소한다.

06 염색체

㉠이 Y 염색체이면 핵상이 $2n$인 (다)에는 X 염색체를 나타내지 않았으므로 (다)는 암컷인 A의 세포이고, 염색체 수는 8이다. 서로 같은 종인 C의 세포 (가)의 핵상은 n이지만 염색체 수는 4일 수 없으므로 ㉠은 Y 염색체가 아니라 X 염색체이다. (다)에는 X 염색체(㉠) 2개를 나타낸 것이고, (다)는 암컷인 A의 세포이며, 염색체 수는 6이다. (다)와 염색체의 모양과 크기가 같은 것이 들어 있는 (가)가 C의 세포이다. (가)에는 Y 염색체가 있으며, Y 염색체를 나타내지 않은 것이다. 핵상이 n인 (나)는 B의 세포이고, (나)에 X 염색체(㉠)가 있으면 (나)의 염색체 수는 3이 되어 B와 C의 체세포 1개당 염색체 수가 서로 다른 조건을 만족하지 못한다. 따라서 (나)에는 Y 염색체가 있고, Y 염색체를 나타내지 않은 것이므로 (나)의 염색체 수는 4이다.

X. (나)의 핵상은 n이고, (다)의 핵상은 $2n$이다.

㉡. (가)에는 Y 염색체가 1개 있고, (나)에는 Y 염색체가 1개 있으며, (다)에는 X 염색체가 2개 있다. (가)~(다)에서 성염색체의 수는 4이고, X 염색체(㉠)의 수는 2이다. $\dfrac{(가)\sim(다)에서\ ㉠의\ 수}{(가)\sim(다)에서\ 성염색체의\ 수} = \dfrac{1}{2}$이다.

X. B의 체세포 1개당 염색체 수는 8이다. B의 감수 2분열 중기 세포 1개당 상염색체의 수는 3이고, 감수 2분열 중기 세포에는 2가닥의 염색 분체가 있으므로 감수 2분열 중기 세포 1개당 상염색체의 염색 분체 수는 6이다.

07 골격근의 수축 과정

t_1일 때 $\dfrac{ⓐ의\ 길이}{X의\ 길이} = \dfrac{1}{3}$이므로 ⓐ의 길이는 $1.0\ \mu m$이다. 제시된 조건을 표로 정리하면 다음과 같다.

시점	X의 길이	ⓐ의 길이	ⓑ의 길이	ⓒ의 길이
t_1	$3.0\ \mu m$	$1.0\ \mu m$	$2k$	x
t_2	$18k$	x	$3k$	?

X의 길이는 $2㉠+2㉡+㉢$이고, A대의 길이는 $2㉡+㉢$이다. ⓐ가 ㉡이면 t_1일 때 $2 \times ㉡$의 길이$=2.0\ \mu m$이므로 A대의 길이($2㉡+㉢$)가 $1.6\ \mu m$인 조건을 만족하지 않는다. ⓐ가 ㉠이면 t_1일 때 $2 \times ㉠$의 길이$=2.0\ \mu m$이고, X의 길이($3.0\ \mu m$, $2㉠+2㉡+㉢$)에서 A대의 길이($1.6\ \mu m$, $2㉡+㉢$)를 뺀 값($2㉠$)이 $1.4\ \mu m$이므로 모순이다. 따라서 ⓐ는 ㉢이다. X의 길이 변화량은 ㉢(ⓐ)의 길이 변화량과 같으므로 $3.0-18k=1.0-x$이고, $x=18k-2.0$이다. ⓒ가 ㉡이면 t_1일 때 A대의 길이($2㉡+㉢$)가 $1.6\ \mu m$이므로 ㉡의 길이는 $0.3\ \mu m$이다. t_1일 때 ⓒ의 길이$=x=18k-2.0=0.3$이고, $k=\dfrac{2.3}{18}$이지만 X의 길이가 $3.0\ \mu m$인 조건을 만족하지 않는다. 따라서 ⓒ가 ㉠이고, ⓑ는 ㉡이다. t_1일 때 ⓑ의 길이($2k$)는 $0.3\ \mu m$이므로

$k=0.15$이고, 두 시점에서 X, ㉠~㉢의 길이는 표와 같다.

시점	X의 길이	ⓐ(ⓒ)의 길이	ⓑ(ⓛ)의 길이	ⓒ(㉠)의 길이
t_1	3.0 μm	1.0 μm	0.3 μm	0.7 μm
t_2	2.7 μm	0.7 μm	0.45 μm	0.55 μm

㉠. ⓐ는 ㉢이다.

㉡. t_2일 때 ⓑ의 길이는 0.45 μm이고, ㉢의 길이는 0.55 μm이다. 따라서 t_2일 때 ⓑ의 길이와 ㉢의 길이를 더한 값은 1.0 μm이다.

㉢. X의 길이는 t_1일 때 3.0 μm이고, t_2일 때 2.7 μm이므로 t_1일 때가 t_2일 때보다 0.3 μm 길다.

08 자율 신경

중간뇌로부터 뻗어 나와 (가)에 연결된 자율 신경은 부교감 신경이고, (가)는 눈이다. 척수 가운데에서 뻗어 나와 (나)에 연결된 자율 신경은 교감 신경이고, (나)는 소장이다. 척수 끝에서 뻗어 나와 (다)에 연결된 자율 신경은 부교감 신경이고, (다)는 방광이다.

㉠. (다)는 방광이다.

✗. 부교감 신경은 신경절 이전 뉴런이 신경절 이후 뉴런보다 길다. (가)에 연결된 부교감 신경에서 ⓐ에 신경절이 없고, ⓑ에 신경절이 있다.

✗. Ⅰ은 교감 신경의 신경절 이후 뉴런이므로 Ⅰ의 축삭 돌기 말단에서 노르에피네프린이 분비된다. Ⅱ는 부교감 신경의 신경절 이후 뉴런이므로 Ⅱ의 축삭 돌기 말단에서 아세틸콜린이 분비된다. 따라서 Ⅰ과 Ⅱ의 축삭 돌기 말단에서 분비되는 신경 전달 물질은 다르다.

09 사람의 질병

'비감염성 질병이다.'는 헌팅턴 무도병에 해당하고, '병원체가 곰팡이에 속한다.'는 무좀에 해당하며, '병원체가 세포 구조로 되어 있다.'는 결핵, 무좀에 해당한다. A와 C가 모두 해당하는 특징 ㉡은 '병원체가 세포 구조로 되어 있다.'이며, A와 C는 각각 결핵과 무좀 중 하나이다. ㉠은 A에만 해당하는 특징이므로 A는 무좀이고, ㉠은 '병원체가 곰팡이에 속한다.'이다. C는 결핵이고, ㉢은 '비감염성 질병이다.'이다. B는 ㉢이 있으므로 B가 헌팅턴 무도병, D가 독감이다.

㉠. 병원체가 세균인 결핵(C)의 치료에 항생제가 사용된다.

✗. 무좀(A)의 병원체는 곰팡이에 속하며 독립적으로 물질대사를 하고, 독감(D)의 병원체인 바이러스는 독립적으로 물질대사를 하지 못한다.

㉢. ㉢은 '비감염성 질병이다.'이다.

10 사람의 유전

② (가)와 (나)의 유전자가 서로 다른 상염색체에 있고, P와 Q 사이에서 ⓐ가 태어날 때, ⓐ에게서 나타날 수 있는 (가)와 (나)의 표현형이 최대 18가지이므로 ⓐ의 (가)의 표현형은 최대 3가지, (나)의 표현형은 최대 6가지이다. P의 (가)의 유전자형이 Aa이므로 Q의 (가)의 유전자형도 Aa인 경우에 ⓐ의 (가)의 표현형이 최대 3가지인 경우를 만족한다. ⓐ는 (가)와 (나)의 유전자형이 aabbddee인 사람과 같은 표현형을 가질 수 있으므로 P와 Q에는 모두 b와 d가 같이 있는 염색체가 있고, Q에는 e가 있다. P는 B와 D, b와 d가 각각 같이 있는

염색체가 있고, P의 생식세포는 (나)의 유전자형에서 대문자로 표시되는 대립유전의 수가 0, 1, 2, 3 중 하나이다. Q에서 A, b, d, E를 모두 갖는 생식세포가 형성될 수 있으므로 Q는 E와 e를 모두 갖는다. Q에는 b와 d가 같이 있는 1번 염색체가 1개 있으므로 나머지 1번 염색체에 B와 D가 같이 있는 경우 ⓐ의 (나)의 표현형은 최대 7가지이고, b와 d가 같이 있는 경우 ⓐ의 (나)의 표현형은 최대 5가지이다. 따라서 Q의 나머지 1번 염색체에는 B와 d(또는 b와 D)가 같이 있다. Q의 생식세포는 (나)의 유전자형에서 대문자로 표시되는 대립유전자의 수가 0, 1, 2 중 하나이다. P와 Q의 (가)의 유전자형이 모두 Aa이므로 ⓐ의 (가)의 표현형이 Q와 같을 확률은 $\frac{1}{2}$이다. Q는 (나)의 유전자형에서 대문자로 표시되는 대립유전자의 수가 2이다. ⓐ의 (나)의 표현형이 Q와 같을 확률은 $\left(\frac{1}{4}\times\frac{1}{4}\right)+\left(\frac{1}{4}\times\frac{1}{2}\right)+\left(\frac{1}{4}\times\frac{1}{4}\right)=\frac{1}{4}$이다. 따라서 ⓐ의 (가)와 (나)의 표현형이 모두 Q와 같을 확률은 $\frac{1}{2}\times\frac{1}{4}=\frac{1}{8}$이다.

11 핵형 분석과 체세포 주기

성염색체 구성이 XXY이면 클라인펠터 증후군의 염색체 이상이 나타난다.

✗. (가)에서 성염색체 구성이 XXY이므로 클라인펠터 증후군의 염색체 이상이 관찰된다.

✗. 구간 Ⅰ에는 DNA가 복제되기 전인 G_1기 세포가 있으므로 구간 Ⅰ에는 핵막이 관찰되는 세포가 있고, 핵막이 소실된 세포는 없다.

㉢. 구간 Ⅱ에는 체세포 분열 중인 세포가 있으므로 응축된 3번 염색체(㉠)가 관찰되는 세포가 있다.

12 방어 작용

X를 주사하고 일정 시간이 지난 후에 Ⅰ에서 분리한 혈장(ⓐ)에는 X에 대한 항체가 있고, Y를 주사하고 일정 시간이 지난 후에 Ⅱ에서 분리한 혈장(ⓑ)에는 Y에 대한 항체가 있다. (마)의 Ⅴ에서 Ⓐ를 주사하고 Ⓐ에 대한 혈중 항체 농도 변화가 2차 면역 반응을 나타내므로 Ⅴ에는 Ⓐ에 대한 기억 세포가 있는 것이다. (다)에서 Ⅴ에 주사한 ㉢은 Y에 대한 기억 세포(ⓒ)이고, Ⓐ는 Y이다. (마)의 Ⅲ에서 ㉠을 주사했을 때 Ⓐ(Y)에 대한 항체가 있으므로 ㉠은 ⓑ(Ⅱ에서 분리한 혈장)이다. (마)의 Ⅳ에서 ㉡을 주사했을 때 Ⓐ(Y)에 대한 항체가 없으므로 ㉡은 ⓐ(Ⅰ에서 분리한 혈장)이다.

㉠. ㉡은 ⓐ이다.

✗. Ⓐ(Y)를 주사하였으므로 구간 ㉮에서 Y에 대한 항체가 형질 세포로부터 생성되었다.

㉢. 구간 ㉯에서 Ⓐ에 대한 혈중 항체 농도가 빠르게 증가하고 항체 농도도 높으므로 구간 ㉯에서 Ⓐ에 대한 2차 면역 반응이 일어났다.

13 흥분의 전도와 전달

A와 B의 지점 X에 역치 이상의 자극을 동시에 1회 주고 경과된 시간(㉠)이 t_1일 때 A와 B의 X에서의 막전위는 서로 같다. X는 d_1, d_3, d_5 중 하나이다. X가 d_3이면 ㉠이 t_1일 때 B의 d_3에서의 막전위

가 $+30$ mV이므로 t_1은 2 ms이다. ㉠이 2 ms일 때 A의 d_2에서의 막전위가 -80 mV일 수 없으므로 X는 d_3이 아니다. X가 d_5이면 ㉠이 t_1일 때 A의 d_2에서의 막전위가 -80 mV이므로 t_1은 3 ms보다 크다. ㉠이 3 ms보다 클 때 A의 d_5에서의 막전위가 -60 mV일 수 없으므로 X는 d_5가 아니다. 따라서 X는 d_1이다. A의 d_2에서의 막전위가 -80 mV, A의 d_4에서의 막전위가 $+30$ mV이므로 A의 d_2에서 d_4까지 흥분이 전도되는 데 걸린 시간은 1 ms이고, d_2에서 d_4까지 거리인 3 cm이다. 따라서 A의 흥분 전도 속도는 3 cm/ms이다. ㉠이 t_1일 때 A의 d_1에서 d_2까지 거리인 3 cm를 흥분이 전도되는 데 걸린 시간은 1 ms이고, A의 d_2에서의 막전위가 -80 mV이므로 막전위 변화 시간은 3 ms이다. 따라서 t_1은 4 ms이다. ㉠이 t_1(4 ms)일 때 B의 d_3에서의 막전위는 $+30$ mV이므로 막전위 변화 시간이 2 ms이고, B의 d_1에서 d_3까지 흥분이 이동하는 데 걸린 시간이 2 ms이다. d_1에서 d_3까지 거리는 4 cm이고 B의 흥분 전도 속도는 2 cm/ms이므로 B의 d_1과 d_3 사이에 시냅스는 없다. 따라서 A의 d_4와 d_5 사이에 시냅스가 있다. Y가 d_1이면 ㉡은 1곳, Y가 d_2이면 ㉡은 2곳, Y가 d_3이면 ㉡은 1곳, Y가 d_4이면 ㉡은 4곳, Y가 d_5이면 ㉡은 1곳이다. 따라서 Y는 d_4이다.

㉠. X는 d_1이다.

✗. ㉠이 t_1(4 ms)일 때 B의 Y(d_4)에서의 막전위는 -60 mV이고, 막전위 변화 시간이 1 ms이다. 따라서 ㉠이 t_1(4 ms)일 때 B의 Y(d_4)에서 탈분극이 일어나고 있다.

㉢. A와 B의 Y(d_4)에 역치 이상의 자극을 동시에 1회 주고 경과된 시간이 t_1(4 ms)일 때 A와 B의 d_1~d_5 중 막전위가 -80 mV인 지점(㉡)은 A의 d_2와 d_5, B의 d_3과 d_5이다. 따라서 A의 d_5와 B의 d_3은 모두 ㉡에 해당한다.

14 사람의 유전

Ⅰ~Ⅲ의 b의 DNA 상대량이 모두 다르므로 (나)의 유전자가 상염색체에 있으면 1~3의 (나)의 유전자형은 각각 BB, Bb, bb 중 하나이다. 1~3 중 1만 (나)가 발현되었으므로 1의 (나)의 유전자형은 bb이고 Ⅰ은 1이 된다. (가)가 발현된 1의 A의 DNA 상대량이 1이므로 (가)는 우성 형질이 되지만, (가)가 발현되지 않은 2와 3 중 하나인 Ⅲ의 A의 DNA 상대량이 1이므로 모순이다. 따라서 (나)의 유전자는 상염색체에 있지 않고 (나)가 발현된 여자인 4와 6이 있으므로 (나)의 유전자는 X 염색체에 있다. (가)의 유전자와 (나)의 유전자는 서로 다른 염색체에 있고, (가)가 발현된 여자인 4가 있으므로 (가)의 유전자는 상염색체에 있다. Ⅰ의 b의 DNA 상대량이 2인 경우는 X 염색체가 2개인 여자에서 가능하므로 Ⅰ은 2이다. 2의 (가)와 (나)의 유전자형은 AaX^{B}X^{b}이고, 2는 정상 여자이므로 (가)는 열성 형질, (나)는 우성 형질이다. A는 정상 대립유전자, a는 (가) 발현 대립유전자이고, B는 (나) 발현 대립유전자, b는 정상 대립유전자이다. 1은 (가)가 발현되었으므로 A가 없다. 따라서 1은 Ⅱ이고, 3은 Ⅲ이다. 1의 (가)와 (나)의 유전자형은 aaX^{B}Y, 3의 (가)와 (나)의 유전자형은 AaX^{b}Y이다. (가)와 (나)가 모두 발현된 4의 (가)와 (나)의 유전자형은 aaX^{B}X$^-$이고, (나)만 발현된 6의 (가)와 (나)의 유전자형은 A_X^{B}X$^-$이다. 6은 4로부터 a를 물려받고, 3으로부터 b를 물려받으므로 6의 (가)와 (나)의 유전자형은 AaX^{B}X^{b}이다. 4는 (가)와 (나)가 모두 발현

되었고, (나)의 유전자형은 동형 접합성이므로 4의 (가)와 (나)의 유전자형은 aaX^{B}X^{b}이다. ⓐ+ⓑ=1이고, ㉠은 2로부터 b를 반드시 물려받으므로 ⓐ는 1, ⓑ는 0이다. ㉡은 b의 DNA 상대량이 1이므로 3으로부터 b가 있는 X 염색체를 물려받는다. 따라서 ㉡은 여자이다. ㉡은 A의 DNA 상대량이 0이고, 4로부터 B를 물려받으므로 ㉡의 (가)와 (나)의 유전자형은 aaX^{B}X^{b}이다. ㉠은 A의 DNA 상대량이 1이고, 2로부터 b를 물려받은 남자이므로 ㉠의 (가)와 (나)의 유전자형은 AaX^{b}Y이다.

㉠. Ⅱ는 1이다.

㉡. 6의 (가)와 (나)의 유전자형은 AaX^{B}X^{b}이므로 모두 이형 접합성이다.

㉢. ㉠(AaX^{b}Y)과 ㉡(aaX^{B}X^b) 사이에서 아이가 태어날 때, 이 아이에게서 (가)가 발현될 확률은 $\frac{1}{2}$이고, (나)가 발현될 확률은 $\frac{1}{2}$이다. 따라서 이 아이에게서 (가)와 (나)가 모두 발현될 확률은 $\frac{1}{2}\times\frac{1}{2}=\frac{1}{4}$이다.

15 사람의 돌연변이

(가)의 유전자형이 AB인 사람과 BB인 사람의 표현형이 다르므로 A가 B에 대해 완전 우성이고, AC인 사람과 CC인 사람의 표현형이 같으므로 C가 A에 대해 완전 우성이며, BB인 사람과 BC인 사람의 표현형이 다르므로 C가 B에 대해 완전 우성이다. (가)의 대립유전자 사이의 우열 관계는 C>A>B이다. 남자인 아버지와 여자인 어머니에서 (가)의 유전자형이 모두 이형 접합성이므로 (가)의 유전자는 상염색체에 있다. 이 가족 구성원의 (가)의 유전자형은 모두 다르므로 각각 AA, AB, AC, BB, BC, CC 중 하나이다. (가)의 표현형은 아버지, 어머니, 자녀 1이 서로 같으므로 아버지, 어머니, 자녀 1은 모두 C가 있고, 자녀 1의 (가)의 유전자형이 동형 접합성이므로 자녀 1은 CC이다. 아버지와 어머니는 각각 AC와 BC 중 하나이다. (가)의 표현형은 자녀 2와 3이 서로 같으므로 자녀 2와 3은 모두 A가 있고, (가)의 유전자형이 이형 접합성인 자녀 2는 AB, 동형 접합성인 자녀 3은 AA이다. 자녀 4는 (가)의 유전자형이 BB이다. 자녀 1의 (나)의 유전자형은 이형 접합성이고, (나)가 발현되었으므로 (나)는 우성 형질이다. D는 (나) 발현 대립유전자, d는 정상 대립유전자이다. $\frac{\text{자녀 1~3 각각의 체세포 1개당 d의 DNA 상대량을 더한 값}}{\text{자녀 1~3 각각의 체세포 1개당 A의 DNA 상대량을 더한 값}}=1$인 조건에서 자녀 1~3 각각의 체세포 1개당 A의 DNA 상대량을 더한 값은 3이므로 자녀 1~3 각각의 체세포 1개당 d의 DNA 상대량을 더한 값도 3이다. (나)의 유전자가 상염색체에 있으면, (나)의 유전자형은 자녀 1이 Dd, 자녀 2가 d, 자녀 3이 dd이므로 주어진 조건에 맞지 않다. 따라서 (나)의 유전자는 X 염색체에 있다. (나)의 유전자형은 아버지가 X^{D}Y, 어머니가 X^{D}X^{d}이다. 아버지는 딸에게 D가 있는 X 염색체(X^D)를 반드시 물려주므로 여자인 자녀 2는 (나)가 발현되어야 하지만 (나)가 발현되지 않았다. 따라서 아버지의 생식세포 형성 과정에서 염색체 결실이 일어나 D(㉠)가 결실된 정자 ㉮가 정상 난자 ㉯와 수정되어 자녀 2가 태어난 것이다. 따라서 자녀 2의 (나)의 유전자형은 X^{d}X이고, ㉠은 D이다. (나)의 유전자형은 자녀 1이 X^{D}X^d, 자녀 3이 X^{d}Y, 자녀 4가 X^{d}Y이다. ㉯는 난자이고, B가 있으므로 (가)의 유전자형은 어머니가 BC이고, 아버지가 AC이다. 자

녀 3은 (가)의 유전자형이 AA이므로 아버지로부터 AA를 모두 물려받은 것이다. 염색체 수가 24인 생식세포 ㉯는 아버지로부터 형성된 정자이고, 염색체 수가 22인 생식세포 ㉰는 난자이다. 자녀 4는 (가)의 유전자형이 BB이므로 어머니로부터 BB를 모두 물려받은 것이다. 염색체 수가 24인 생식세포 ㉱는 어머니로부터 형성된 난자이고, 염색체 수가 22인 생식세포 ㉲는 정자이다.

㉠. (나)의 유전자는 X 염색체에 있다.

㉡. 어머니의 (가)와 (나)의 유전자형은 BCX^DX^d이므로 어머니에서 B와 d를 모두 갖는 난자가 형성될 수 있다.

㉢. ㉮, ㉯, ㉰는 모두 아버지로부터 형성된 정자이다.

16 감수 분열

Ⅱ에서 B와 b의 DNA 상대량이 ⓒ로 같다. ⓒ가 2이면 Ⅱ의 d의 DNA 상대량이 1일 수 없으므로 ⓒ는 2가 아니다. ⓒ가 0이면 Ⅱ의 핵상은 n이고 B와 b는 X 염색체에 있는 것이며, Ⅴ에서 A와 a의 DNA 상대량이 모두 0이므로 Ⅴ의 핵상은 n이고 A와 a는 X 염색체에 있는 것이다. 이는 (가)의 유전자 중 1개만 X 염색체에 있다라고 제시된 조건에 모순이다. 따라서 ⓒ는 0이 아니고 1이다. Ⅴ에서 A와 a의 DNA 상대량을 더한 값이 1일 때 ⓑ가 2일 수 없으므로 ⓑ는 0, ⓐ는 2이다. 표를 완성하면 다음과 같다.

사람	세포	DNA 상대량					
		A	a	B	b	D	d
P	Ⅰ	ⓐ(2)	?(0)	ⓑ(0)	?(2)	?(0)	2
	Ⅱ	?(2)	0	ⓒ(1)	ⓒ(1)	?(1)	1
	Ⅲ	?(1)	0	0	ⓒ(1)	1	?(0)
Q	Ⅳ	0	ⓐ(2)	2	0	ⓑ(0)	ⓑ(0)
	Ⅴ	ⓒ(1)	0	1	ⓑ(0)	1	?(0)
	Ⅵ	ⓐ(2)	2	2	?(2)	?(2)	ⓑ(0)

Ⅳ에서 D와 d의 DNA 상대량이 모두 0이므로 Ⅳ는 핵상이 n인 세포이고, D와 d는 X 염색체에 있으며, Ⅳ에는 Y 염색체가 있다. 따라서 Q는 남자이고, P는 여자이다. P의 (가)의 유전자형은 $AABbX^DX^d$이고, Q의 (가)의 유전자형은 $AaBbX^DY$이다.

✗. P는 여자이다.

㉡. Ⅲ의 B의 DNA 상대량이 0이므로 Ⅲ의 핵상은 n이다. Ⅴ의 a의 DNA 상대량이 0이므로 Ⅴ의 핵상은 n이다.

㉢. Ⅰ의 b의 DNA 상대량이 2이고, Ⅵ의 D의 DNA 상대량은 2이다.

17 개체군의 생장 곡선과 개체군 사이의 상호 작용

종 A와 B를 혼합 배양했을 때 B가 사라진 경쟁 배타가 일어났으므로 A와 B 사이의 상호 작용은 종간 경쟁에 해당한다. (나)에서 개체 수 증가율이 0보다 크면 개체 수가 증가하고, 개체 수 증가율이 0이면 개체 수가 일정하다. 따라서 ㉠은 A이다.

㉠. ㉠은 A이다.

㉡. 구간 Ⅰ과 Ⅱ에서 모두 개체 수 증가율이 0보다 크므로 개체 수는 증가한다. 서식지의 면적은 동일하므로 구간 Ⅰ과 Ⅱ에서 모두 개체군의 밀도는 증가한다.

㉢. A를 단독 배양했을 때는 A를 B와 혼합 배양했을 때와 달리 종

간 경쟁이 일어나지 않는다. 따라서 최대 개체 수는 단독 배양했을 때가 혼합 배양했을 때보다 크다. A를 단독 배양했을 때 A의 환경 수용력은 혼합 배양했을 때 환경 수용력(K)보다 크다.

18 방형구법을 이용한 식물 군집 조사

A와 B가 동시에 출현한 방형구는 없으므로 A가 출현한 12개의 방형구와 B가 출현한 8개의 방형구는 서로 다른 방형구이다. C가 출현한 11개의 방형구 중 5개는 A가 출현한 방형구와 중복되고, 4개는 B가 출현한 방형구와 중복되며, 나머지 2개는 A, B가 출현한 방형구와 중복되지 않는다. D가 출현한 9개의 방형구 중 8개는 A~C가 출현한 방형구와 중복되며, 1개의 방형구는 D만 출현하였다. A~D가 모두 출현하지 않은 방형구 수는 1개이다. 따라서 전체 방형구 수는 12+8+2+1+1=24이다. 따라서 ⓐ는 24이다. 출현한 방형구 수가 개체 수보다 많을 수 없으므로 B의 개체 수는 8, D의 개체 수는 10이다. (다)에서 우점종은 C라고 결론을 내렸으므로 A의 개체 수는 12, C의 개체 수는 20이다.

㉠. A의 빈도는 $\frac{12}{24}=0.5$이다.

㉡. B의 상대 빈도는 20 %이고, D의 상대 밀도는 20 %이다.

✗. A의 개체 수는 12이므로 A는 1개의 방형구에 1개체씩 출현하였고, B의 개체 수는 8이므로 B는 1개의 방형구에 1개체씩 출현하였다. 방형구 Ⅰ에 있는 A의 개체 수는 1이므로 C의 개체 수는 5이다. C의 개체 수는 20이므로 나머지 10개의 방형구에 15개체가 출현한다. 9개의 방형구에 C가 1개체씩 출현하고 나머지 방형구 Ⅱ에는 C가 최대 6개체가 출현할 수 있다. D의 개체 수는 10이고 출현한 방형구 수는 9이므로 Ⅱ에는 D가 최대 2개체 출현할 수 있다. Ⅱ에는 B가 1개체 있다. 따라서 Ⅱ에서 총개체 수(ⓑ)의 최댓값은 6+2+1=9이다.

19 개체군의 생존 곡선

초기 사망률이 후기 사망률보다 높은 ㉠은 Ⅲ형, 사망률이 일정하게 나타나는 ㉡은 Ⅱ형, 후기 사망률이 초기 사망률보다 높은 ㉢은 Ⅰ형이다.

㉠. ㉠은 Ⅲ형이다.

✗. 표의 생물 중 Ⅰ형에 해당하는 생물은 사람, Ⅱ형에 해당하는 생물은 다람쥐, Ⅲ형에 해당하는 생물은 굴, 고등어이다. 표의 생물 중 생존 곡선이 Ⅱ형(㉡)에 해당하는 생물의 수는 1이다.

✗. 한 번에 낳는 자손의 수(출생 수)는 Ⅰ형은 적고, Ⅲ형은 많다. 따라서 한 번에 낳는 자손의 수는 ㉠(Ⅲ형)에서가 ㉢(Ⅰ형)에서보다 많다.

20 물질 순환과 에너지 효율

A는 생산자, B는 1차 소비자, C는 2차 소비자이다. Ⅲ이 A(생산자)이면 3차 소비자의 에너지 효율은 $\frac{2.4}{12}\times100=20$ %이고, 2차 소비자(Ⅰ)의 에너지 효율은 $\frac{12}{1000}\times100=1.2$ %이므로 조건에 맞지 않는다. 따라서 Ⅲ은 A(생산자)가 아니다. Ⅲ이 2차 소비자(C)이면 1차 소비자(Ⅰ)의 에너지 효율은 $\frac{12}{1000}\times100=1.2$ %이고, 2차 소비자

(Ⅲ)의 에너지 효율은 $\frac{x}{12} \times 100$, 3차 소비자의 에너지 효율은 $\frac{2.4}{x} \times$ 100이지만 1차 소비자의 에너지 효율이 2차 소비자의 에너지 효율보다 작으므로 조건에 맞지 않는다. 따라서 Ⅲ은 B(1차 소비자)이다. Ⅱ는 생산자인 A이고, Ⅰ은 2차 소비자인 C이다. 1차 소비자의 에너지 효율은 $\frac{x}{1000} \times 100$, 2차 소비자의 에너지 효율은 $\frac{12}{x} \times 100$, 3차 소비자의 에너지 효율은 $\frac{2.4}{12} \times 100 = 20\,\%$이다. 3차 소비자의 에너지 효율이 2차 소비자의 에너지 효율의 2배이므로 2차 소비자의 에너지 효율은 10%이다. 따라서 1차 소비자인 Ⅲ의 에너지양은 120이다.

㉠. Ⅰ은 C이다.

✗. 1차 소비자(Ⅲ)의 에너지 효율은 $\frac{120}{1000} \times 100 = 12\,\%$이다.

㉢. 광합성은 대기 중 CO_2가 생산자(A)로 이동하는 과정 ㉠에 해당한다.

01 ⑤	02 ④	03 ①	04 ⑤	05 ①
06 ⑤	07 ③	08 ③	09 ①	10 ③
11 ④	12 ⑤	13 ③	14 ④	15 ⑤
16 ④	17 ④	18 ③	19 ②	20 ⑤

01 생물의 특성

㉠. 큰장수앵무는 세포로 구성되는 생물이다.

㉡. 씨앗을 먹어 생명 활동에 필요한 에너지를 얻는 과정에서 물질대사가 일어난다.

㉢. 환경이 변화하면서 큰장수앵무의 평균 부리 크기가 바뀌었으므로 ㉡은 적응과 진화의 예이다.

02 세포의 생명 활동

✗. ㉠과 무기 인산이 결합하여 ㉡이 합성되므로 ㉠은 ADP, ㉡은 ATP이다.

㉡. (나)는 작고 간단한 물질인 아미노산이 크고 복잡한 물질인 단백질로 합성되는 과정이므로 이 과정에서는 동화 작용이 일어난다.

㉢. (가)와 (나)는 모두 효소가 관여하는 물질대사이다.

03 생명 과학의 탐구 방법

㉠. (가)에서 X가 물의 이동에 관여할 것이라는 가설을 설정하였다.

✗. 넣어준 Y의 양을 A와 B에서 서로 달리하였으므로 통제 변인이 아닌 조작 변인이다.

✗. X가 물의 이동을 촉진한다는 결론을 내렸으므로 넣어준 Y의 양은 A가 B보다 적다.

04 기관계의 통합적 작용

㉠. ㉠은 폐이다. 폐에서 산소를 흡수하고 이산화 탄소를 배출하는 기체 교환이 일어난다.

㉡. ㉡은 소화계에 속하는 간이다.

㉢. ㉢은 배설계에 속하는 콩팥이다. 간(㉡)에서 합성된 요소의 일부는 콩팥을 통해 배설된다.

05 흥분의 전도와 전달

㉠. t_1일 때 Ⅱ의 d_2와 d_5의 막전위가 각각 ⓐ이므로 ⓐ가 -80이거나 $+30$이라면 Ⅱ에서 역치 이상의 자극을 준 지점은 d_2와 d_5 사이에 있는 d_3와 d_4 중 하나이다. Ⅱ가 B이거나 C이면 역치 이상의 자극을 준 지점은 d_2와 d_5의 중간 지점이어야 하는데 이 지점은 d_3이거나 d_4가 될 수 없으므로 주어진 조건을 만족시키지 못한다. Ⅱ가 A이면 t_1일 때 d_2의 막전위는 $-80\,mV$이나 $+30\,mV$가 될 수 없으므로 ⓐ는 -70이다. A~C에서 흥분이 전도를 통해 $1\,cm$를 이동하는 데 걸리는 시간은 $0.5\,ms$이거나 $1.0\,ms$이므로 t_1일 때 간격이 $1\,cm$이고 사이에 시냅스가 없는 두 지점에서의 막전위가 $+30\,mV$와 $-70\,mV$일 수는 없다. t_1일 때 Ⅱ에서 d_4의 막전위가 ⓑ mV이

고 d_5의 막전위가 $-70\,mV$이므로 ⓑ는 -80, ⓒ는 $+30$이다. t_1일 때 III의 d_1에서 막전위와 d_5에서의 막전위가 $+30\,mV$로 같으므로 III에서 역치 이상의 자극을 준 지점은 d_3이고 III은 시냅스가 없는 B와 C 중 하나이다. III이 B라면 A에서도 역치 이상의 자극을 준 지점이 d_3이고, t_1일 때 d_1과 d_2에서의 막전위가 모두 $-70\,mV$이므로 t_1일 때 d_1에서의 막전위가 $+30$(ⓒ) mV인 I은 A가 아니다. 따라서 II는 A이어야 하는데 t_1일 때 d_3과 d_5에서의 막전위가 모두 $-70\,mV$이고, d_4에서의 막전위가 $-80\,mV$일 수는 없으므로 III은 C이다.

✗. C에서 t_1일 때 d_1과 d_5에서의 막전위가 $+30\,mV$이므로 t_1은 4 ms이고, C의 흥분 전도 속도는 1 cm/ms이다. t_1일 때 C에서 역치 이상의 자극을 준 지점(Q)의 막전위가 $-70\,mV$이므로 A와 B에서 역치 이상의 자극을 준 지점(P)의 막전위도 $-70\,mV$이다. 따라서 P는 d_1과 d_4는 아니다. P가 d_3이면 t_1일 때 II의 d_3과 d_5에서의 막전위가 모두 $-70\,mV$이고, d_4에서의 막전위가 $-80\,mV$일 수는 없으므로 P는 d_3이 아니다. P가 d_2이면 t_1일 때 I의 d_1과 d_2에서의 막전위가 각각 ⓒ mV와 $-70\,mV$이고, II의 d_4와 d_5에서의 막전위가 각각 ⓑ mV와 $-70\,mV$이므로 ⓑ와 ⓒ가 각각 -80과 $+30$ 중 하나라는 조건을 만족할 수 없다. 따라서 P는 d_5이다. t_1일 때 A의 d_1과 d_2에서의 막전위는 모두 $-70\,mV$이므로 I은 B이고, II는 A이다. t_1일 때 B의 d_1에서 막전위가 $+30\,mV$이므로 B의 흥분 전도 속도는 2 cm/ms이다.

✗. ㉠이 3 ms일 때 II(A)의 d_2는 분극 상태이고, I의 d_2는 흥분이 발생하고 1.5 ms가 지난 탈분극 상태이다. 따라서 ㉠이 3 ms일 때 Na^+의 막 투과도는 II의 d_2에서가 I의 d_2에서보다 낮다.

06 근수축

㉠. t_1일 때 ⓐ의 길이와 ⓑ의 길이를 각각 x라고 하고 ⓒ의 길이를 y라고 하자. t_1에서 t_2로 될 때 ㉠의 길이는 0.2 μm 감소하고, ㉡의 길이는 0.2 μm 증가하고, ㉢의 길이는 0.4 μm 감소하므로 ⓒ가 ㉠이면
$$\frac{(x+0.2)-(x-0.4)}{y-0.2}=\frac{1}{3}$$의 식이 성립한다. 이 경우 y가 2.0 μm인데 t_1일 때 X의 길이가 3.2 μm이므로 ⓒ는 ㉠이 아니다. t_1에서 t_3으로 될 때 ㉠의 길이는 0.3 μm 감소하고, ㉡의 길이는 0.3 μm 증가하고, ㉢의 길이는 0.6 μm 감소하므로 ⓒ가 ㉢이면
$$\frac{(x+0.3)-(x-0.3)}{y-0.6}=\frac{3}{7}$$의 식이 성립한다.

이 경우 y가 2.0 μm이므로 t_1일 때 ㉠의 길이와 ㉡의 길이는 각각 0.3 μm이고, ㉢의 길이는 2.0 μm이다. 이 경우 t_2일 때 조건을 만족시키지 못하므로 ⓒ는 ㉢이 아니며 ㉡이다.

㉡. t_1에서 t_2로 될 때 ㉠의 길이는 0.2 μm 감소하고, ㉡의 길이는 0.2 μm 증가하고, ㉢의 길이는 0.4 μm 감소하므로
$$\frac{(x-0.2)-(x-0.4)}{y+0.2}=\frac{1}{3}$$의 식이 성립하며, ⓐ는 ㉠, ⓑ는 ㉢이며, y는 0.4 μm이고, x는 0.8 μm이다. t_1일 때 A대의 길이는 $2y+x$이므로 1.6 μm이다.

㉢. t_2일 때 ⓐ의 길이는 $x-0.2$ μm이므로 0.6 μm이다. t_3일 때 ⓑ의 길이는 $x-0.6$ μm이므로 0.2 μm이다. 따라서 $\dfrac{t_2 일 \ 때 \ ⓐ의 \ 길이}{t_3 일 \ 때 \ ⓑ의 \ 길이}=3$이다.

07 삼투압 조절

㉠. ㉠의 값이 증가할수록 혈중 ADH 농도가 증가하므로 ㉠은 혈장 삼투압이다.

㉡. ADH 농도가 증가할수록 오줌 삼투압은 증가하고 단위 시간당 오줌 생성량은 감소하므로 (가)는 오줌 삼투압, (나)는 단위 시간당 오줌 생성량이다.

✗. 땀을 많이 흘리면 혈중 ADH 농도가 증가하므로 (나)는 감소한다.

08 체온 조절

㉠. 골격근이 떨리면 열 발생량이 증가하므로 저온 자극을 받는 조건에서 골격근의 떨림이 일어난다. 구간 I 에서는 열 발산량이 감소하다 일정하고, 구간 II에서는 열 발산량이 증가하므로 구간 I 은 저온 자극을 받는 구간이고, 구간 II는 고온 자극을 받는 구간이다. 따라서 골격근의 떨림이 발생한 구간은 I 이다.

㉡. 피부 근처 혈관을 흐르는 단위 시간당 혈액량은 열 발산량이 증가할수록 증가한다. 따라서 피부 근처 혈관을 흐르는 단위 시간당 혈액량은 t_1일 때가 t_2일 때보다 많다.

✗. 땀 분비량은 열 발산량이 많은 t_3일 때가 적은 t_2일 때보다 많다.

09 혈당량 조절

㉠. 탄수화물을 섭취하면 혈당량이 증가하고 이를 낮추기 위해 인슐린의 분비는 증가하고 이와 길항 작용하는 글루카곤의 분비는 감소한다. 따라서 ㉠은 인슐린이고, ㉡은 글루카곤이다. 인슐린은 이자의 β 세포에서 분비된다.

✗. 글루카곤이 간에 작용하면 간에서는 글리코젠 분해가 촉진된다.

✗. 이자에 연결된 교감 신경의 흥분 발생 빈도가 증가하면 글루카곤(㉡)의 분비는 촉진된다.

10 질병과 병원체

㉠. (가)는 병원체가 원생생물이므로 말라리아이고, (나)는 결핵이다. 말라리아는 모기를 매개로 전염된다.

㉡. 결핵인 (나)의 병원체는 세균인 결핵균이므로 (나)의 치료에 세균을 죽이거나 생장을 억제하는 항생제가 사용된다.

✗. 독감의 병원체는 스스로 물질대사를 하지 못하는 독감 바이러스이다.

11 방어 작용

㉠. II에 X를 주사하고 일정 시간 뒤 Y를 주사하였을 때 ⓐ에 대한 2차 면역 반응이 일어났으므로 Y에는 ⓐ가 있다.

✗. ㉠을 주사한 직후 III에 ⓐ에 대한 항체가 없으며, III에 Y를 주사하였을 때 2차 면역 반응이 일어났으므로 ㉠은 ⓐ에 대한 기억 세포이다.

㉢. 구간 ㉯에서는 2차 면역 반응이 일어나 ⓐ에 대한 기억 세포가 형질 세포로 분화되었다.

12 핵형 분석

ㄱ. ㉠이 X 염색체이면 (가)를 갖는 개체의 체세포 핵상과 염색체 수는 2n=6이다. (가)에 있는 염색체와 상동인 염색체가 (라)에 있으므로 (가)를 갖는 개체와 (라)를 갖는 개체는 같은 종의 개체이다. 이 종의 개체에서 핵상이 n이면서 염색체가 4개인 (라)와 같은 세포는 형성될 수 없으므로 ㉠은 Y 염색체이다.

ㄴ. ㉠이 Y 염색체이므로 (가)를 갖는 개체는 암컷이고, (라)를 갖는 개체는 수컷이다. 따라서 (가)를 갖는 개체와 (라)를 갖는 개체는 B와 C 중 하나이고 (나)와 (다)를 갖는 개체는 A이다. A와 B는 체세포 1개당 염색체 수가 서로 같으므로 A는 수컷이며, A와 C의 성이 서로 같으므로 (가)를 갖는 개체는 B이고, (라)를 갖는 개체는 C이다.

ㄷ. A의 감수 1분열 중기 세포의 염색 분체 수는 16이고, B의 감수 2분열 중기 세포의 염색체 수는 4이다.

13 세포 주기

ㄱ. X를 처리한 B에서 G_1기 세포의 비율은 증가하고 S기 세포, G_2기 세포, M기 세포의 비율은 감소하였으므로 X는 G_1기에서 S기로의 전환을 억제하는 물질이다.

ㄴ. 구간 Ⅰ에 해당하는 세포는 간기의 세포이므로 핵막이 있다.

ㄨ. 2가 염색체는 감수 분열에서 형성되며 체세포 분열에서는 형성되지 않는다.

14 감수 분열

ㄱ. 두 대립유전자의 합이 1인 경우는 Ⅰ과 Ⅳ에서만 가능하다. ⓐ가 1이라면 ㉠과 ㉢은 각각 Ⅰ과 Ⅳ 중 하나이고, ㉣에서 a+B가 0이므로 ㉡은 Ⅱ, ㉣은 Ⅲ이어야 한다. ㉡이 Ⅱ이므로 a+B가 1인 ㉢은 Ⅳ이고, ㉠은 Ⅰ이어야 하며, ⓒ는 0이어야 한다. (가)의 유전자가 상염색체에 있으므로 A+b와 a+B가 모두 0인 세포는 형성될 수 없으므로 ⓐ는 1이 아니다. ㉡에서 a+B가 4이므로 ⓑ는 1이 아니며 ⓒ가 1이다.

ㄴ. ⓒ가 1이므로 ㉢과 ㉣은 각각 Ⅰ과 Ⅳ 중 하나이고, ㉠과 ㉡은 각각 Ⅱ와 Ⅲ 중 하나이다. ㉡에서 a+B가 4이므로 a+B가 0인 ㉣은 Ⅳ이고, ㉢은 Ⅰ이다. 따라서 ⓐ는 2, ⓑ는 0이다. ㉡에서 A+b가 0이므로 ㉡은 Ⅲ, ㉠은 Ⅱ이다. ㉠과 ㉣의 핵상은 모두 2n이다.

ㄨ. Ⅰ에서 A+b가 1이고, a+B가 2이므로 (나)의 유전자는 성염색체에 있다.

15 가계도 분석

ㄨ. 3에서 A+b가 1이므로 (가)와 (나)의 유전자형은 AaBB, X^AX^aBB, AaX^BX^B, $X^{AB}X^{aB}$이거나 aaBb, X^aX^aBb, aaX^BX^b, $X^{aB}X^{ab}$이다. (나)가 발현된 3에게서 (나)가 발현되지 않은 7이 태어났으므로 3의 (나)의 유전자형이 우성 동형 접합성일 수 없으며, (가)는 열성 형질, (나)는 우성 형질이다. (가)와 (나)의 유전자가 모두 상염색체에 있으면 (가)가 발현되지 않은 1로부터 (가)가 발현된 5가 태어났으므로 1의 (가)의 유전자형은 Aa이고, A+b가 1이므로 (나)의 유전자형은 BB이어야 한다. 그런데 1로부터 (나)가 발현되지 않은 4가 태어났으므로 (가)와 (나)의 유전자 중 최소 하나는 X 염색체에 있

다. (가)의 유전자가 X 염색체에 있다면 3의 (가)의 유전자형이 X^aX^a이므로 7에게서도 (가)가 발현되어야 하는데 발현되지 않았으므로 (가)의 유전자는 상염색체에 있고, (나)의 유전자는 X 염색체에 있다.

ㄴ. (나)의 유전자와 (다)의 유전자가 같은 염색체에 있으므로 (다)의 유전자는 X 염색체에 있다. (다)가 발현되지 않은 ⓐ로부터 (다)가 발현된 6이 태어났으므로 (다)는 열성 형질이다. 4와 6에서 (다)의 표현형이 다르므로 ⓐ는 4와 6에게 서로 다른 X 염색체를 물려주었으며, 4와 6에서 모두 (나)가 발현되지 않았으므로 ⓐ의 (나)의 유전자형은 X^bX^b이다. ⓑ의 A+b가 3이고, 3의 (가)의 유전자형이 aa이므로 ⓑ의 (가)의 유전자형은 Aa이다. 따라서 ⓑ의 (나)의 유전자형은 X^bX^b이다.

ㄷ. 6의 (가)~(다)의 유전자형은 $aaX^{bd}Y$이고, ⓑ의 (가)~(다)의 유전자형은 $AaX^{bd}X^{bD}$이다. 따라서 6과 ⓑ 사이에서 아이가 태어날 때 (나)는 발현될 수 없으며, (가)와 (다)가 모두 발현될 확률은 $\frac{1}{4}$이다.

16 사람의 유전

ㄨ. B와 b가 3번 염색체에 있다면 P와 Q의 (가)의 유전자형은 모두 AaBb이므로 3번 염색체에 이 대립유전자의 구성은 AB/ab이거나, Ab/aB이다. P와 Q가 모두 Ab/aB라면 R에게서 나타날 수 있는 (가)의 표현형이 최대 1가지이므로 ⓐ는 3이고, R에게서 나타날 수 있는 (나)의 표현형은 최대 3가지이며, ㉠은 G이다. 이 경우 R의 (가)와 (나)의 표현형이 P와 같을 확률은 Q와 같을 확률의 2배이므로 주어진 조건을 만족시키지 못한다. P와 Q의 대립유전자 구성이 모두 AB/ab라면 R에게서 나타날 수 있는 (가)의 표현형은 최대 3가지이므로 ⓐ는 6이고, (나)의 표현형은 최대 2가지이며, ㉠은 F이다. 이 경우 R의 (가)와 (나)의 표현형이 P와 같을 확률은 Q와 같을 확률의 3배가 될 수 없으므로 주어진 조건을 만족시키지 못한다. P와 Q 중 한 사람은 AB/ab이고 다른 한 사람은 Ab/aB이면 R의 (가)의 표현형은 P나 Q와 같을 수 없다. 따라서 B와 b는 18번 염색체에 있다.

ㄴ. B와 b가 18번 염색체에 있으므로 ⓐ는 6이 될 수 없으며, 10이다. ㉠이 F이면 R의 (가)와 (나)의 표현형이 P와 같을 확률과 Q와 같을 확률이 같으므로 ㉠은 G이다.

ㄷ. P에서 대립유전자 구성은 A/a, BE/bG이거나 A/a, BG/bE이고, Q에서 대립유전자 구성은 A/a, BF/bG이거나 A/a, BG/bF이다. P와 Q의 대립유전자 구성에 따른 R의 (가)와 (나)의 표현형이 P, Q와 같을 확률은 표와 같다.

Q \ P	A/a, BE/bG	A/a, BG/bE
A/a, BF/bG	P와 같을 확률: $\frac{3}{16}$ Q와 같을 확률: $\frac{1}{8}$	P와 같을 확률: $\frac{3}{16}$ Q와 같을 확률: $\frac{1}{16}$
A/a, BG/bF	P와 같을 확률: $\frac{3}{16}$ Q와 같을 확률: $\frac{1}{16}$	P와 같을 확률: $\frac{3}{16}$ Q와 같을 확률: $\frac{1}{8}$

P에서 대립유전자 구성은 A/a, BE/bG이면 Q에서 대립유전자 구성은 A/a, BG/bF이고, P에서 대립유전자 구성은 A/a, BG/bE

이면 Q에서 대립유전자 구성은 A/a, BF/bG이다. 따라서 R의 표현형이 (가)와 (나)의 유전자형이 AAbb㉠(G)㉠(G)인 사람과 같을 확률은 $\frac{1}{8}$이다.

17 돌연변이

㉠. ㉯이 어머니이면 ㉠과 ㉡은 딸이다. A가 없는 어머니로부터 A를 2개 갖는 딸 ㉠이 태어날 수 없으므로 ㉯은 어머니가 아니다. (가)의 유전자와 (나)의 유전자가 모두 X 염색체에 있고, ㉠이 어머니이면 어머니는 A와 B가 함께 있는 X 염색체 2개를 갖는다. 자녀 1~4 중 누구도 이 어머니에게서 X 염색체를 2개 물려받은 클라인펠터 증후군 염색체 이상을 나타내는 자녀일 수 없으므로 ㉠은 어머니가 아니다. ㉡이 어머니이면 ㉠은 딸이고, ㉠은 어머니와 아버지로부터 모두 A와 B가 함께 있는 X 염색체를 물려받았다. 따라서 어머니의 X 염색체 중 하나는 A와 B가 함께 있고, 다른 하나는 a와 b가 함께 있는데 이 경우 A와 b를 갖는 ㉯과 같은 아들이 태어날 수 없다. 따라서 (가)의 유전자와 (나)의 유전자가 모두 X 염색체에 있는 것은 아니다. (나)의 유전자와 (다)의 유전자가 모두 X 염색체에 있고 ㉠이 어머니이면 어머니는 A와 a 중 A만, B와 b 중 B만 갖는다. 이 경우 클라인펠터 증후군 염색체 이상을 나타내는 자녀는 A를 갖고, B의 DNA 상대량이 2이어야 하는데 이런 자녀는 없으므로 ㉠은 어머니가 아니다. ㉡이 B와 D가 함께 있는 X 염색체와 b와 d가 함께 있는 X 염색체를 가지는 어머니이면 ㉠이 딸이고 ㉢이 아버지이어야 한다. 이 경우 ㉣~㉯ 중 누구도 클라인펠터 증후군인 아들일 수 없다. ㉡이 B와 d가 함께 있는 X 염색체와 b와 D가 함께 있는 X 염색체를 가지는 어머니이면 ㉠이 딸이고 ㉣이 아버지이어야 하는데 ㉯과 같은 아들은 태어날 수가 없다. 따라서 (나)와 (다)의 유전자가 모두 X 염색체에 있는 것은 아니다. (가)의 유전자와 (다)의 유전자가 함께 X 염색체에 있으므로 ㉠에서 A와 d는 모두 X 염색체에 있다.

✕. ㉠이 어머니이면 어머니는 A만 가지므로 클라인펠터 증후군 염색체 이상을 나타내는 자녀의 A의 DNA 상대량이 2이어야 하는데 이를 만족하는 경우가 없으므로 ㉠은 어머니가 아니라 딸이며, ㉡이 어머니이다. 어머니가 A와 d가 함께 있는 X 염색체와 a와 D가 함께 있는 X 염색체를 가지면 딸인 ㉠이 A와 D가 함께 있는 X 염색체를 가지므로 아버지는 A와 D가 함께 있는 X 염색체를 갖는 ㉣이다. ㉯은 A가 없으므로 아들이며, a와 d가 함께 있는 X 염색체를 어머니로부터 물려받아야 하는데 불가능하므로 어머니는 A와 D가 함께 있는 X 염색체와 a와 d가 함께 있는 X 염색체를 갖는다. 따라서 딸인 ㉠은 A와 d가 함께 있는 X 염색체를 가지고 아버지는 이 염색체를 물려주었으므로 ㉢과 ㉤ 중 하나이다. 만약 아버지가 ㉤이라고 하면 어머니의 (나)의 유전자형이 Bb이고 아버지의 (나)의 유전자형이 bb이므로 (나)의 유전자형이 BB인 자녀가 태어날 수가 없다. 따라서 아버지는 ㉢이다.

㉢. ㉣은 어머니로부터 A와 D가 함께 있는 X 염색체를 물려받았고, ㉯은 어머니로부터 a와 d가 함께 있는 X 염색체를 물려받았다. ㉤은 A와 D가 함께 있는 X 염색체와 a와 d가 함께 있는 X 염색체를 모두 물려받았으므로 ⓐ는 감수 1분열에서 염색체 비분리가 일어나 형성되었다.

18 식물 군집 조사

㉠. 이 식물 군집의 서식지 면적을 x라고 하면 t_2일 때 Ⅰ~Ⅳ의 밀도를 모두 더한 값은 $\frac{120}{x}$이고, Ⅳ의 밀도는 $\frac{48}{x}$이므로 t_2일 때 Ⅳ의 상대 밀도는 40 %이다. Ⅰ~Ⅳ의 상대 피도를 모두 더한 값은 100 %이므로 ⓐ는 37 %이다. 따라서 t_2일 때 Ⅳ의 상대 밀도는 ⓐ보다 크다.

✕. t_1일 때 Ⅰ~Ⅳ의 밀도를 모두 더한 값이 $\frac{100}{x}$이고, Ⅰ의 밀도는 $\frac{48}{x}$이므로 Ⅰ의 상대 밀도는 48 %이다. Ⅰ~Ⅳ의 빈도를 모두 더한 값은 2.0이고, Ⅰ의 빈도는 0.9이므로 Ⅰ의 상대 빈도는 45 %이다. 따라서 Ⅰ의 중요치(중요도)는 146이다. t_2일 때 Ⅲ의 밀도는 $\frac{60}{x}$이므로 Ⅲ의 상대 밀도는 50 %이다. Ⅰ~Ⅳ의 빈도를 모두 더한 값이 2.5이고, Ⅲ의 빈도가 1.0이므로 Ⅲ의 상대 빈도는 40 %이다. 따라서 Ⅲ의 중요치(중요도)는 150이다.

㉢. t_1일 때는 양수가 우점하고, t_2일 때는 음수가 우점하므로 이 식물 군집은 t_2일 때 극상을 이룬다.

19 개체군 생장 곡선

✕. 구간 Ⅰ에서 이 개체군의 개체 수가 증가하고 있으므로 사망한 개체 수는 태어난 개체 수보다 적다.

㉡. 환경 저항은 개체 수가 많을수록 크므로 t_2일 때가 t_1일 때보다 크다.

✕. 환경 수용력은 특정 환경에서 서식할 수 있는 개체군의 최대 크기이다. 따라서 환경 수용력은 200보다 작다.

20 질소 순환

✕. (가)는 탈질산화 작용이다. 탈질산화 작용에서는 질산 이온(NO_3^-)이 대기 중의 질소(N_2)로 전환된다.

㉡. (나)는 질소 고정이다. 뿌리혹박테리아에서는 질소 고정이 일어난다.

㉢. (다)는 질소 동화 작용이다. 식물에서는 질소 동화 작용이 일어나 단백질이나 핵산이 합성된다.

실전 모의고사 5회

본문 137~142쪽

01 ⑤	02 ②	03 ①	04 ④	05 ③
06 ④	07 ①	08 ①	09 ④	10 ③
11 ⑤	12 ③	13 ⑤	14 ②	15 ②
16 ④	17 ⑤	18 ②	19 ①	20 ①

01 생물의 특성

㉠. 검은머리갈매기가 알을 낳아 번식하는 것은 생물의 특성 중 생식과 유전의 예에 해당한다.

㉡. 암컷과 수컷이 교대로 알을 품는 기간(㉠) 동안 알에서 배아의 발생과 생장이 일어난다.

㉢. 성체의 머리 깃털이 흰색에서 검은색으로 변하는 과정(㉡)에서 색소 합성을 비롯한 물질대사가 일어난다.

02 신경계

✗. 대뇌의 겉질은 위치에 따라 전두엽, 두정엽, 측두엽, 후두엽으로 구분된다. 따라서 두정엽은 대뇌의 겉질인 회색질에 있다.

✗. 중추 신경계에는 뇌와 척수가 있고, 말초 신경계에는 뇌 신경과 척수 신경이 있다. 뇌교는 뇌에 속하므로 중추 신경계에 속한다.

㉢. 간뇌의 시상 하부에 삼투압 조절 중추가 있다.

03 생명 과학의 탐구 방법

고온에서 가열하여 멸균한 토양을 넣은 Ⅰ에서는 생명체가 없어서 물질대사가 일어나지 않았고, 가열하지 않은 토양을 넣은 Ⅱ에서는 생명체가 방사성 동위 원소로 표지된 영양소를 분해하여 방사성 기체를 생성하였다.

㉠. Ⅱ에서 방사성 동위 원소로 표지된 영양소를 분해하여 방사성 기체를 생성하는 이화 작용이 일어났다.

✗. 연역적 탐구 방법의 대조 실험이 수행되었다.

✗. 토양의 가열 여부는 조작 변인이며, Ⅰ과 Ⅱ에서 동일한 조건들이 통제 변인이다.

04 물질대사와 노폐물

아미노산이 분해되어 생성되는 노폐물 중 구성 원소에 수소와 산소가 모두 있는 ㉡은 물이고, 산소는 없고 수소가 있는 ㉠은 암모니아이며, 수소는 없고 산소가 있는 ㉢은 이산화 탄소이다.

✗. 녹말의 기본 단위는 포도당이며, 단백질이 (가)에 해당한다.

㉡. 간에서 독성이 강한 암모니아(㉠)는 독성이 약한 요소로 전환된다.

㉢. ㉢은 이산화 탄소이다.

05 세포 주기와 핵형 분석

㉠은 G_2기, ㉡은 M기, ㉢은 G_1기이다.

㉠. 간기에 속하는 G_1기(㉢) 시기의 세포에서 핵막이 관찰된다.

㉡. 일반적으로 체세포 분열 중기의 세포를 이용해 핵형 분석을 하며, M기(㉡) 시기에 (나)의 응축된 염색체가 관찰된다.

✗. 성염색체로 1개의 X 염색체만 있을 때 터너 증후군이 나타나며, (나)에서 2개의 X 염색체와 1개의 Y 염색체가 있으므로 클라인펠터 증후군의 염색체 이상이 관찰된다.

06 염색체와 유전자

Ⅰ과 Ⅱ가 각각 ⓐ와 ⓑ에 대한 유전자형이 모두 동형 접합성이므로 (나)를 갖는 개체의 유전자형은 aaBB이고, (가)와 (다)를 갖는 개체의 유전자형은 AAbb이다. 따라서 (가)와 (다)는 Ⅰ의 세포이고, (나)는 Ⅱ의 세포이다.

✗. (가)와 (다)를 갖는 Ⅰ의 유전자형이 AAbb이므로 ㉠에는 B가 없고, b가 있다.

㉡. (나)를 갖는 Ⅱ는 암컷이고, (다)를 갖는 Ⅰ은 수컷이므로 성염색체의 구성이 달라 핵형이 다르다.

㉢. Ⅰ의 세포 (가)와 (다)에서 검은색 염색체의 모양과 크기가 다르므로 Ⅰ은 성염색체 XY를 갖는 수컷이다.

07 질병의 구분

㉠. 병원체인 결핵균을 제거하기 위한 치료에 항생제가 사용되므로 결핵은 ㉠에 해당한다.

✗. 말라리아의 병원체는 모기를 매개로 전염되는 원생생물이므로 '병원체가 바이러스이다.'는 (가)에 해당하지 않는다.

✗. 낭성 섬유증은 유전자 이상에 의한 유전병이므로 감염성 질병이 아니다.

08 생식세포 형성

(가)에는 3쌍의 대립유전자 중 2개만 있으므로 (가)는 핵상이 n이고 Y 염색체를 가지며, P는 남자이고 ㉡과 ㉣은 상염색체에 있다. (다)에 있는 대립유전자가 (라)에 없는 경우도 있고, (라)에 있는 대립유전자가 (다)에 없는 경우도 있어서 (다)와 (라)의 핵상은 모두 n이다. (다)에서 ㉡과 ㉣이 상염색체에 있으므로 ㉤은 X 염색체에 있다. (가)에 있는 유전자가 (나)에 없는 경우가 있으므로 (나)는 핵상이 n이고, ㉤이 X 염색체에 있으므로 ㉣과 ㉥은 상염색체에 있다. (가)에 ㉡과 ㉣을 갖는 상염색체가 있고, (나)에 ㉣과 ㉥을 갖는 상염색체가 있으므로 ㉡은 ㉥과 대립유전자이다. (라)에서 ㉣과 ㉥이 상염색체에 있으므로 ㉢은 X 염색체에 있으며, ㉢은 ㉤과 대립유전자이다. 따라서 나머지 ㉠은 ㉣과 대립유전자이다. 남자인 P의 유전자형은 ㉡㉥㉣㉣$X^{㉤}$Y이고, 여자인 Q의 유전자형은 ㉡㉥㉣㉣$X^{㉢}X^{㉤}$이다.

㉠. ㉢과 ㉤이 X 염색체에 있다.

✗. 상염색체에서 ㉠은 ㉣과, ㉡은 ㉥과 각각 대립유전자이며, X 염색체에서 ㉢은 ㉤과 대립유전자이다.

✗. 여자인 Q의 유전자형은 ㉡㉥㉣㉣$X^{㉢}X^{㉤}$이므로 3쌍의 대립유전자 중 2쌍은 이형 접합성이고 나머지 1쌍은 동형 접합성이다. 따라서 Q의 유전자형은 $AaBbX^DX^d$가 아니다.

09 근수축

가장 어두운 구간인 ㉠은 마이오신 필라멘트와 액틴 필라멘트가 겹치는 부분이고, ㉡은 마이오신 필라멘트만 있는 부분으로 H대이며, ㉢

은 액틴 필라멘트만 있는 부분이다.

$\bigcirc$. A대는 마이오신 필라멘트가 있는 구간으로 $(2\bigcirc+\bigcirc)$의 구간에 해당하며, 마이오신 필라멘트만 있는 구간인 $\bigcirc$은 A대에 포함된다.

$\times$. $\bigcirc$은 마이오신 필라멘트만 있는 부분인 H대이므로 $\bigcirc$에는 항상 액틴 필라멘트가 없다.

$\bigcirc$. t_2일 때가 t_1일 때보다 H대의 길이가 ⓐ μm만큼 더 긴 것은 근육 원섬유 마디의 길이와 $\bigcirc$의 길이가 각각 ⓐ μm만큼 더 길다는 것을 의미한다. 따라서 t_1일 때의 $\bigcirc$의 길이를 $\bigcirc_1$ μm, $\bigcirc$의 길이를 $\bigcirc_1$ μm 라고 하면 t_2일 때 $\bigcirc$의 길이에서 $\bigcirc$의 길이를 뺀 값은 $(\bigcirc_1+$ ⓐ$)-(\bigcirc_1+$ⓐ$)$이므로 t_1일 때와 t_2일 때가 같다.

10 체내 삼투압 조절

$\times$. 뇌하수체 후엽을 제거하면 항이뇨 호르몬(ADH)을 생성하지 못해 콩팥에서의 수분 재흡수가 촉진되지 않는다. 따라서 진한 농도의 소금물을 섭취하였을 때 오줌 생성량이 감소한 $\bigcirc$은 정상 개체이고, $\bigcirc$에 비해 오줌 생성량이 많은 $\bigcirc$은 뇌하수체 후엽을 제거한 개체이다.

$\times$. t_1일 때 혈중 ADH의 농도는 뇌하수체 후엽을 제거한 개체인 $\bigcirc$이 정상 개체인 $\bigcirc$보다 낮다.

$\bigcirc$. t_1일 때 단위 시간당 오줌 생성량이 $\bigcirc$이 $\bigcirc$보다 많으므로 생성되는 오줌의 삼투압은 $\bigcirc$이 $\bigcirc$보다 낮다.

11 체온 조절

$\bigcirc$. 고온 자극이 주어졌을 때 땀 분비량이 증가하고 열 발생량이 감소하며, 저온 자극이 주어졌을 때 땀 분비량이 감소하고 열 발생량이 증가하므로 $\bigcirc$은 '체온보다 높은 온도의 물'이고, $\bigcirc$은 '체온보다 낮은 온도의 물'이다.

$\bigcirc$. 저온 자극이 주어졌을 때 털세움근이 수축되어 열 발산량(열 방출량)이 감소된다. 체온보다 높은 온도의 물에 들어간 구간 I 일 때가 체온보다 낮은 온도의 물에 들어간 구간 II 일 때보다 털세움근이 더 이완된 상태이다.

$\bigcirc$. 체온보다 낮은 온도의 물에 들어간 구간 II 일 때 간에서 물질대사가 촉진된다.

12 혈당량 조절

$\bigcirc$. 대사성 질환은 비만이나 운동 부족, 영양 과다 등 잘못된 생활 습관이 원인이 되어 나타나는 질환으로 고혈압, 당뇨병 등이 있다.

$\times$. t_1일 때 혈중 포도당 농도는 정상인($\bigcirc$)이 '규칙적인 운동을 하기 전의 A($\bigcirc$)'보다 낮다.

$\bigcirc$. 포도당 섭취 후의 혈중 포도당 농도는 '규칙적인 운동을 한 후의 A($\bigcirc$)'가 '규칙적인 운동을 하기 전의 A($\bigcirc$)'보다 낮으므로 규칙적인 운동은 A의 혈중 포도당 농도 조절에 영향을 미친다.

13 흥분 전도와 전달

ⓐ(A~C의 d_2에 역치 이상의 자극을 동시에 1회 주고 경과된 시간)가 4 ms일 때 A의 d_1과 d_3이 모두 탈분극 상태이므로 $\bigcirc$과 $\bigcirc$에는 모두 시냅스가 없다. ⓐ가 4 ms일 때 B의 d_1이 분극 상태이므로 $\bigcirc$에 시냅스가 있어서 d_1에 흥분이 도달하지 않았고, B의 d_3이 재분극 상태이므로 d_2에서 d_3까지의 흥분 전도 속도는 B가 A보다 빠르다. ⓐ가 4 ms일 때 C의 d_1이 재분극, d_3이 탈분극 상태이므로 d_3보다 d_1에 흥분이 빨리 도달하였으며, d_2에서 d_1까지의 흥분 전도 속도는 C가 A보다 빠르고, $\bigcirc$에 시냅스가 있다.

$\bigcirc$. ⓐ가 4 ms일 때 B의 d_1에 흥분이 도달하지 않았고, C에서 d_1보다 d_3에 흥분이 늦게 도달하였으므로 시냅스는 $\bigcirc$과 $\bigcirc$에 있다.

$\times$. 흥분 전도 속도가 B와 C보다 느린 A의 흥분 전도 속도는 1 cm/ms이다. ⓐ가 6 ms일 때 d_2로부터 d_3까지 흥분이 이동하는 데 걸린 시간이 3 ms이고 d_3에 흥분이 도달한 후 3 ms가 지난 시점이므로 d_3에서의 막전위는 재분극 상태에 속한다.

$\bigcirc$. 흥분 전도 속도는 B와 C가 A보다 빠르므로 B와 C를 구성하는 뉴런의 흥분 전도 속도는 모두 2 cm/ms이고, A의 흥분 전도 속도는 1 cm/ms이다.

14 군집에서의 상호 작용

$\times$. (라)와 같은 결론을 내리려면 도마뱀을 제거한 집단이 도마뱀과 거미가 함께 있는 집단보다 거미 개체 수가 많아야 하므로 A가 도마뱀을 제거한 집단이다.

$\bigcirc$. 개체군 생장을 억제하는 모든 요인이 환경 저항이며, 포식자인 도마뱀이 없더라도 서식 공간과 먹이의 부족, 노폐물 축적, 질병, 개체 간 경쟁 등의 환경 저항이 작용한다.

$\times$. 도마뱀과 거미의 관계에서 도마뱀은 포식자이고 거미는 피식자이므로 도마뱀은 거미의 천적이다.

15 여러 가지 유전

어머니는 유전자형에 e가 있고 f와 G가 없으며, E+F+G가 3이므로 어머니의 (가)~(다)의 유전자형은 EeFFgg이다. I 의 E+F+G가 5인데 I 은 어머니로부터 G를 받지 못하므로 I 의 (가)~(다)의 유전자형은 EEFFGg이다. I 은 아버지로부터 EFG를 받았고, 아버지의 E+F+G는 3이므로 아버지의 (가)~(다)의 유전자형은 EeFfGg이다. I 과 II 의 (다)의 표현형이 같으므로 II 의 (다)의 유전자형은 Gg이다. I 과 II 의 (가)의 표현형이 다르고 II 의 E+F+G가 4이므로 II 의 (가)~(다)의 유전자형은 EeFFGg이다. (가)의 유전자형이 EE인 I 과 Ee인 II 의 (가)의 표현형이 다르므로 (가)는 유전자형이 다르면 표현형이 다르다. (다)의 유전자형이 gg인 어머니에게서만 (다)가 발현되므로 (다)는 열성 형질이고, (나)는 우성 형질이다.

$\times$. 아버지의 (가)~(다)의 유전자형은 EeFfGg이다.

$\times$. (가)는 유전자형이 다르면 표현형이 다르다. (나)는 우성 형질이고, (다)는 열성 형질이다.

$\bigcirc$. I 과 II 는 (나)의 유전자형이 FF로 같다.

16 면역

⑤은 세포독성 T 림프구이고, ⓒ은 보조 T 림프구이다.

ⓐ. ⑤은 세포독성 T 림프구이며, 골수에서 T 림프구의 생성이 일어나고 가슴샘에서 T 림프구의 성숙이 일어난다.

✗. ⓒ은 보조 T 림프구이며, 보조 T 림프구에 의해 세포독성 T 림프구가 활성화가 촉진된다.

ⓒ. 구간 Ⅰ에서 활성화된 세포독성 T 림프구(⑤)가 X에 감염된 세포를 파괴하는 세포성 면역이 일어났다.

17 돌연변이

⑤ P와 Q의 아이가 가질 수 있는 21번, 7번, 8번 염색체의 유전자형을 표로 나타내면 다음과 같다. 전좌에 의해 A와 a를 모두 갖지 않는 염색체의 대립유전자는 ○로 나타냈다.

염색체 번호	대립유전자의 조합(확률)			
21번	A○$\left(\frac{1}{4}\right)$	Aa$\left(\frac{1}{4}\right)$	a○$\left(\frac{1}{4}\right)$	aa$\left(\frac{1}{4}\right)$
7번	BAB$\left(\frac{1}{4}\right)$	Bb$\left(\frac{1}{4}\right)$	bAB$\left(\frac{1}{4}\right)$	bb$\left(\frac{1}{4}\right)$
8번	DDHh$\left(\frac{1}{4}\right)$	DdHH$\left(\frac{1}{4}\right)$	Ddhh$\left(\frac{1}{4}\right)$	ddHh$\left(\frac{1}{4}\right)$

P와 Q는 모두 ☆((가)의 유전자형에서 대문자로 표시되는 대립유전자의 수)이 3이고, (나)에 대해 우성 대립유전자를 가진다. 따라서 P와 Q의 아이의 표현형이 (가)와 (나) 중 (가)만 부모와 같은 경우는 아이의 ☆이 3이고 (나)의 유전자형이 hh인 경우이다. 8번 염색체에서 (나)의 유전자형이 hh인 경우는 유전자형이 Ddhh일 때뿐이고, 확률은 $\frac{1}{4}$이다. 따라서 21번과 7번 염색체에서 ☆이 2인 경우를 구하면 유전자형이 A○Bb, AaBb, a○bAB, aabAB일 때이고, 확률은 $\frac{1}{4}\left(=\frac{1}{4}\times\frac{1}{4}+\frac{1}{4}\times\frac{1}{4}+\frac{1}{4}\times\frac{1}{4}+\frac{1}{4}\times\frac{1}{4}\right)$이다. 따라서 P와 Q의 아이의 ☆이 3이고 (나)의 유전자형이 hh인 경우의 확률은 $\frac{1}{16}\left(=\frac{1}{4}\times\frac{1}{4}\right)$이다.

18 가계도

(가)가 발현된 딸인 4의 아버지 1에게서 (가)가 발현되지 않았으므로 (가)는 X 염색체 열성 형질이 아닌, X 염색체 우성 형질이다. 만약 (나)가 X 염색체 우성 형질이라면 (가)와 (나)가 모두 발현되지 않은 6의 유전자형은 $X^{ab}X^{ab}$이고, ⓑ와 ⓒ 중 남자는 염색체 X^{ab}를 가지므로 (가)와 (나)가 모두 발현되지 않아서 모순이다. 따라서 (나)는 X 염색체 열성 형질이다. 만약 그림과 같이 ⓒ가 남자라면 6이 가진 염색체 X^{aB} 또는 X^{ab}가 3으로부터 ⓒ를 거쳐 6에게 와야 하므로 ⓒ에는 염색체 X^{ab}가 있다. 따라서 ⓑ는 1로부터 받은 염색체 X^{ab}와 ⓐ로부터 받은 염색체 X^{aB}를 가지게 되어 (가)와 (나)가 모두 발현되지 않게 되므로 모순이다.

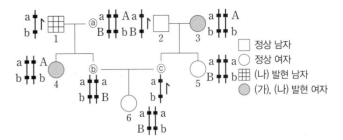

따라서 ⓑ가 남자이고 ⓒ가 여자이다. (가)와 (나)의 유전자형이 2는 $X^{aB}Y$, 5는 $X^{aB}X^{ab}$, 3은 $X^{ab}X^{Ab}$이다. ⓒ가 2로부터 염색체 X^{aB}를, 3으로부터 염색체 X^{ab}를 받으면 ⓒ에게서 (가)와 (나)가 모두 발현되지 않게 되므로 모순이다. 따라서 그림과 같이 ⓒ는 2로부터 염색체 X^{aB}를, 3으로부터 염색체 X^{Ab}를 받아 (가)만 발현되었다. (가)와 (나)의 유전자형이 1은 $X^{ab}Y$, 4는 $X^{ab}X^{Ab}$이며, ⓐ는 염색체 X^{Ab}를 가진다. ⓒ에게서 (가)만 발현되었으므로 ⓐ에게서 (가)와 (나)가 모두 발현되고, ⓑ에게서 (나)만 발현되어야 한다. 따라서 ⓑ의 (가)와 (나)의 유전자형은 $X^{ab}Y$이고, ⓐ의 (가)와 (나)의 유전자형은 $X^{ab}X^{Ab}$이다.

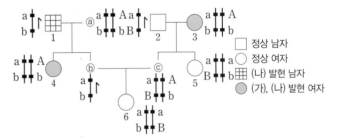

✗. (나)는 열성 형질이다.

ⓒ. ⓒ는 여자이다.

✗. ⓐ는 염색체 X^{ab}와 X^{Ab}를 가지므로 A와 B를 모두 갖는 생식세포가 형성될 수 없다.

19 방형구법

A~C의 개체 수의 합이 120이므로 C의 개체 수는 48이고, 상대 밀도는 A가 30 %, B가 30 %, C가 40 %이다. A~C의 상대 피도의 합은 100 %이므로 A의 상대 피도는 30 %이다. 중요치는 상대 밀도, 상대 빈도, 상대 피도를 더한 값이므로 상대 빈도는 A가 40 %(=100−30−30), C가 35 %(=105−40−30)이다. A~C의 상대 빈도의 합은 100 %이므로 B의 상대 빈도는 25 %(=100−40−35)이다. 상대 빈도가 25 %인 B의 빈도가 0.5이므로 상대 빈도가 40 %인 A의 빈도는 0.8이고, 상대 빈도가 35 %인 C의 빈도는 0.7이다. B의 중요치는 95(=30+25+40)이다. 표에 모든 값을 나타내면 다음과 같다.

종	개체 수	상대 밀도(%)	빈도	상대 빈도(%)	상대 피도(%)	중요치(중요도)
A	36	30	0.8(⑤)	40	?(30)	100
B	36	30	0.5	25	40	?(95)
C	?(48)	40	0.7(ⓒ)	35	30	105

ⓐ. C의 상대 밀도는 40 %이다.

✗. ⑤+ⓒ은 1.5이다.

✗. 중요치가 가장 큰 우점종은 C이다.

20 식물 군집의 물질 생산과 소비

안정된 상태의 극상에 이른 식물 군집에서는 총생산량이 일정해지며 호흡량과 총생산량이 거의 같고, 순생산량이 거의 없는 상태가 된다. 따라서 ㉠은 순생산량이다.

㉠. 총생산량에서 호흡량을 제외한 나머지인 피식량, 고사량, 낙엽량, 생장량은 모두 순생산량(㉠)에 포함된다.

✗. 총생산량과 순생산량(㉠)의 차이인 호흡량은 t_1일 때가 t_2일 때보다 작다.

✗. 표에서 총생산량의 74 %가 호흡량이고 26 %가 순생산량이므로 표는 t_1일 때의 비율을 나타낸 것이다.

한눈에 보는 정답

01 생명 과학의 이해

본문 5~9쪽

닮은 꼴 문제로 유형 익히기   ⑤

수능 2점 테스트

01 ④	02 ④	03 ⑤	04 ③	05 ⑤
06 ⑤	07 ③	08 ①		

수능 3점 테스트

01 ⑤	02 ④	03 ③	04 ⑤

02 생명 활동과 에너지

본문 11~15쪽

닮은 꼴 문제로 유형 익히기   ⑤

수능 2점 테스트

01 ⑤	02 ④	03 ⑤	04 ②	05 ④
06 ⑤	07 ③	08 ③		

수능 3점 테스트

01 ①	02 ②	03 ③	04 ③

03 물질대사와 건강

본문 17~23쪽

닮은 꼴 문제로 유형 익히기   ②

수능 2점 테스트

01 ④	02 ⑤	03 ④	04 ⑤	05 ③
06 ④	07 ⑤	08 ②	09 ④	10 ①
11 ⑤	12 ①			

수능 3점 테스트

01 ⑤	02 ③	03 ③	04 ③	05 ⑤
06 ③				

04 자극의 전달

본문 25~33쪽

닮은 꼴 문제로 유형 익히기   ⑤

수능 2점 테스트

01 ①	02 ①	03 ①	04 ③	05 ④
06 ⑤	07 ③	08 ⑤	09 ⑤	10 ③
11 ⑤	12 ④			

수능 3점 테스트

01 ⑤	02 ④	03 ⑤	04 ①	05 ③
06 ④	07 ⑤	08 ⑤	09 ②	10 ③

05 신경계

본문 35~41쪽

닮은 꼴 문제로 유형 익히기   ④

수능 2점 테스트

01 ②	02 ③	03 ⑤	04 ③	05 ①
06 ⑤	07 ④	08 ⑤		

수능 3점 테스트

01 ②	02 ②	03 ④	04 ①	05 ②
06 ③	07 ④	08 ⑤		

06 항상성

본문 43~49쪽

닮은 꼴 문제로 유형 익히기   ⑤

수능 2점 테스트

01 ②	02 ③	03 ①	04 ⑤	05 ③
06 ②	07 ④	08 ⑤		

수능 3점 테스트

01 ①	02 ⑤	03 ③	04 ④	05 ④
06 ③	07 ③	08 ④		

07 방어 작용

본문 51~57쪽

닮은 꼴 문제로 유형 익히기 ②

수능 2점 테스트

| 01 ④ | 02 ④ | 03 ⑤ | 04 ③ | 05 ④ |
| 06 ⑤ | 07 ④ | 08 ⑤ | | |

수능 3점 테스트

| 01 ④ | 02 ② | 03 ⑤ | 04 ② | 05 ④ |
| 06 ③ | 07 ① | 08 ④ | | |

08 유전 정보와 염색체

본문 60~67쪽

닮은 꼴 문제로 유형 익히기 ④

수능 2점 테스트

| 01 ⑤ | 02 ① | 03 ① | 04 ③ | 05 ③ |
| 06 ③ | 07 ② | 08 ① | | |

수능 3점 테스트

| 01 ② | 02 ③ | 03 ③ | 04 ④ | 05 ⑤ |
| 06 ③ | 07 ① | 08 ③ | 09 ① | 10 ③ |

09 사람의 유전

본문 69~78쪽

닮은 꼴 문제로 유형 익히기 ⑤

수능 2점 테스트

| 01 ④ | 02 ② | 03 ③ | 04 ⑤ | 05 ⑤ |
| 06 ③ | 07 ③ | 08 ① | 09 ② | 10 ⑤ |

수능 3점 테스트

| 01 ⑤ | 02 ④ | 03 ② | 04 ⑤ | 05 ⑤ |
| 06 ⑤ | 07 ① | 08 ③ | 09 ④ | 10 ⑤ |

10 사람의 유전병

본문 81~91쪽

닮은 꼴 문제로 유형 익히기 ①

수능 2점 테스트

| 01 ④ | 02 ③ | 03 ③ | 04 ④ | 05 ① |
| 06 ② | 07 ① | 08 ③ | 09 ② | 10 ⑤ |

수능 3점 테스트

| 01 ① | 02 ③ | 03 ⑤ | 04 ④ | 05 ② |
| 06 ③ | 07 ② | 08 ② | 09 ⑤ | 10 ④ |

11 생태계의 구성과 기능

본문 93~101쪽

닮은 꼴 문제로 유형 익히기 ②

수능 2점 테스트

01 ⑤	02 ④	03 ①	04 ④	05 ①
06 ③	07 ⑤	08 ⑤	09 ⑤	10 ③
11 ③	12 ②			

수능 3점 테스트

| 01 ① | 02 ② | 03 ③ | 04 ② | 05 ⑤ |
| 06 ③ | 07 ⑤ | 08 ④ | 09 ⑤ | 10 ③ |

12 에너지 흐름과 물질 순환, 생물 다양성

본문 103~109쪽

닮은 꼴 문제로 유형 익히기 ②

수능 2점 테스트

01 ②	02 ④	03 ③	04 ②	05 ①
06 ⑤	07 ⑤	08 ③	09 ②	10 ①
11 ②	12 ③			

수능 3점 테스트

| 01 ① | 02 ⑤ | 03 ② | 04 ④ | 05 ② |
| 06 ③ | | | | |

실전 모의고사 1회 본문 112~117쪽

01 ②	02 ⑤	03 ③	04 ①	05 ③
06 ⑤	07 ③	08 ④	09 ②	10 ①
11 ①	12 ④	13 ⑤	14 ①	15 ①
16 ④	17 ③	18 ②	19 ⑤	20 ④

실전 모의고사 4회 본문 130~136쪽

01 ⑤	02 ④	03 ①	04 ⑤	05 ①
06 ⑤	07 ③	08 ③	09 ①	10 ③
11 ④	12 ⑤	13 ③	14 ④	15 ⑤
16 ④	17 ④	18 ③	19 ②	20 ⑤

실전 모의고사 2회 본문 118~123쪽

01 ②	02 ④	03 ④	04 ③	05 ③
06 ④	07 ①	08 ①	09 ①	10 ⑤
11 ⑤	12 ③	13 ④	14 ①	15 ⑤
16 ③	17 ④	18 ⑤	19 ②	20 ①

실전 모의고사 3회 본문 124~129쪽

01 ②	02 ⑤	03 ⑤	04 ⑤	05 ③
06 ②	07 ⑤	08 ①	09 ③	10 ②
11 ③	12 ③	13 ④	14 ⑤	15 ⑤
16 ④	17 ⑤	18 ③	19 ①	20 ④

실전 모의고사 5회 본문 137~142쪽

01 ⑤	02 ②	03 ①	04 ④	05 ③
06 ④	07 ①	08 ①	09 ④	10 ③
11 ⑤	12 ③	13 ⑤	14 ②	15 ②
16 ④	17 ⑤	18 ②	19 ①	20 ①

MEMO

THE
기대돼!
한기대!

FUTURE
HAS
BEGUN

AT **KOREATECH.**

내일의 내 일에 대한 설렘,
그것은 이미 시작됐어!
가슴 뛰게 만드는 한기대에서.

KOREATECH
한국기술교육대학교

1위 2023	**80.3%**	**4,358** 만원	공학 **238** 만원 사회 **166**	입학문의
중앙일보 대학평가 '학생교육우수대학'	우수한 취업률, 전국 2위	학생 1인당 교육비(연간)	저렴한 등록금	**041) 560-1234**

나의 미래를 위한
새로운 도전,
연세 미래캠퍼스!

연세미래의 경쟁력
**최고수준의
취업률**

생활과 교육을 하나로,
RC프로그램

미래가치를 창조하는
자율융합대학

YONSEI
MIRAE
CAMPUS

· 본 교재 광고의 수익금은 콘텐츠 품질 개선과 공익사업에 사용됩니다
· 모두의 요강(mdipsi.com)을 통해 연세대학교 미래캠퍼스의 입시정보를 확인할 수 있습니다

미래를 움직이는
국립금오공과대학교

지금오라

2025학년도 국립금오공과대학교 신입생 모집

I수시모집I 2024. 9. 9. (월) ~ 13. (금) 19:00

I정시모집I 2024. 12. 31. (화) ~ 2025. 1. 3. (금) 19:00

I입학상담I 054-478-7900, 카카오톡 국립금오공과대, ipsi@kumoh.ac.kr

국립금오공과대학교
Kumoh National Institute of Technology

동행·매력 특별시 서울

SEOUL MY SOUL

인터넷 강의 & 대학생 멘토링 100% 무료

수능공부 서울런으로 0원 학습!

원활한 강의수강을 위한 교재쿠폰 무료 제공
(기본 5권, EBS 교재 5권)

서울런에는 어떤 인터넷 강의가 있나요?

EBS **ETOOS** megastudy ⅶ ❶대성마이맥 **eduwill** ⅶ해커스

i-Scream HOME Learn **milkⓉ** elihigh **ONLY** META 토도원 **Mbest** 윌라

본 교재 광고의 수익금은 콘텐츠 품질 개선과 공익사업에 사용됩니

서울런
SEOUL LEARN

차별없는 교육환경과 교육사다리 복원을 위해
다양한 온라인 학습 콘텐츠와 대학생 멘토링 서비스를
무료로 지원하는 **서울시 운영 교육 플랫폼**

서울런 공식 홈페이지 (https://slearn.seoul.go.kr)

간편 대상 확인